站在巨人的肩上
Standing on Shoulders of Giants

TURING
图灵教育

iTuring.cn

TURING 图灵原创

第2版
关东升 著

从零开始学
Swift

人民邮电出版社
北　京

图书在版编目（CIP）数据

从零开始学Swift / 关东升著. -- 2版. -- 北京：
人民邮电出版社，2017.5
（图灵原创）
ISBN 978-7-115-45092-0

Ⅰ．①从… Ⅱ．①关… Ⅲ．①程序语言－程序设计
Ⅳ．①TP312

中国版本图书馆CIP数据核字(2017)第045003号

内 容 提 要

本书基于 Swift 3.x，通过大量案例全面介绍苹果平台的应用开发。全书共分 5 部分，第一部分介绍了 Swift 的一些基础知识，第二部分介绍了基于 Swift 语言的中高级内容，第三部分主要介绍了 Swift 与 Objective-C/C/C++ 的混合编程等相关问题，第四部分介绍了基于 Swift 语言的 2D 游戏引擎技术，第五部分详细介绍了一个游戏 App 的开发过程。

本书适合 iOS 开发者、其他移动平台开发者及计算机专业学生参考阅读，也非常适合用作培训教材。

◆ 著　　关东升
责任编辑　毛倩倩
责任印制　彭志环

◆ 人民邮电出版社出版发行　北京市丰台区成寿寺路11号
邮编　100164　电子邮件　315@ptpress.com.cn
网址　http://www.ptpress.com.cn
三河市海波印务有限公司印刷

◆ 开本：800×1000　1/16
印张：34
字数：803千字　　　　　　　　2017年 5 月第 2 版
印数：4 301 - 7 800册　　　　　2017年 5 月河北第 1 次印刷

定价：99.00元

读者服务热线：(010)51095186转600　印装质量热线：(010)81055316
反盗版热线：(010)81055315
广告经营许可证：京东工商广字第 8052 号

前　　言

Swift 语言推出已经两年多了，历经多个版本，现在升级到了 Swift 3.x。Swift 3.x 较 2.x 有很多变化，Swift 3.x 之后 Swift 语法更加独立于 Objective-C。加之苹果将 Swift 开源，Swift 已经迎来了一个新的时代。

2016 年智捷课堂与图灵教育推出了《从零开始学 Swift》一书，此书基于 Swift 2.x，而随着 Swift 版本的升级，广大读者也亟需了解 3.x 的新特性，并学习更加深入的 Swift 内容。基于上述原因，我们将《从零开始学 Swift》一书升级，推出了《从零开始学 Swift（第 2 版）》。

内容和组织结构

本书是我们团队编写的 iOS 系列图书之一，旨在使从事 iOS 开发的广大读者掌握苹果 Swift 语言，并使原来有 Objective-C 开发经验的人能够快速转型到 Swift iOS 应用开发上来。全书共分 5 部分。

第一部分为 Swift 语法篇，共 19 章，介绍了 Swift 的一些基础知识。

第 1 章介绍了 Swift 的开发背景以及本书约定。

第 2 章介绍了运行 Swift 程序的交互式方式和编译为可执行文件的方式，介绍了 Swift 的程序结构。希望大家能够熟悉 Xcode 工具的使用，了解如何在 Linux 下搭建 Swift 开发环境。

第 3 章介绍了 Swift 的基本语法，其中包括标识符、关键字、常量、变量、表达式和注释等内容。

第 4 章介绍了 Swift 的基本运算符，包括算术运算符、关系运算符、逻辑运算符、位运算符等。

第 5 章介绍了 Swift 原生数据类型，例如 UInt8、Int8 和 Double 等，此外还有元组（tuple）等类型。

第 6 章介绍了 Swift 原生字符和字符串，以及字符串可变性和字符的比较等内容。

第 7 章介绍了 Swift 语言的控制语句，包括分支语句（if 和 switch）、循环语句（while、repeat-while 和 for）和跳转语句（break、continue、fallthrough 和 return）等。

第 8 章介绍了 Swift 提供的几种数据结构的实现：数组、字典和 Set 集合。

第 9 章介绍了 Swift 中的函数：Swift 中的函数可以独立存在，即全局函数；也可以在别的函数中存在，即函数嵌套；还可以在类、结构体和枚举中存在，即方法。

第 10 章介绍了 Swift 语言中的闭包，包括闭包的概念、闭包表达式、尾随闭包和捕获值等内容。

第 11 章首先介绍了现代计算机语言中面向对象的基本特性，然后介绍了 Swift 语言中面向对象的基本特性，主要包括枚举、结构体和类等基本概念及其定义。最后，该章还介绍了 Swift 面向对象类型嵌套、可选类型和可选链等基本概念。

第 12 章介绍了 Swift 中属性和下标的基本概念及其使用规律，主要包括存储属性、计算属性、静态属性和属性观察者等重要的属性概念。此外，该章还介绍了下标的概念及使用。

第 13 章介绍了 Swift 语言中方法的概念、定义以及调用等内容，并讲述了实例方法和静态方法的声明和调用。

第 14 章介绍了 Swift 语言对象类型的构造过程和析构过程，以及构造函数和析构函数的使用方法。

第 15 章讨论了类继承性，告诉大家 Swift 中继承只能发生在类类型上，而枚举和结构体不能发生继承。此外，该章还介绍了 Swift 中子类继承父类的方法、属性、下标等特征的过程，以及如何重写父类的方法、属性、下标等特征。

第 16 章介绍了 Swift 中扩展的基本概念及重要性。该章具体讲述了如何扩展属性、方法、构造函数和下标。

第 17 章介绍了协议的概念、方法和属性，阐述了如何把协议当作一种类型使用，以及协议的继承和合成机制。另外，该章还说明了"面向协议编程"的重要意义。

第 18 章介绍了 Swift 中泛型的重要性，内容涵盖泛型概念、泛型函数和泛型类型，最后还介绍了泛型扩展。

第 19 章介绍了 Swift 编码规范，包括命名规范、注释规范、声明规范和代码排版。

第二部分为进阶篇，共 3 章，介绍了 Swift 语言的中高级内容。

第 20 章介绍了 Swift 中的内存管理机制，讲述了 ARC 内存管理的原理，以及如何解决对象间、闭包与引用对象之间的强引用循环问题。

第 21 章介绍了 Swift 2 之后的 do-try-catch 错误处理模式，包括捕获错误、错误类型、声明抛出错误，以及函数或方法中抛出错误等内容。

第 22 章介绍了 Foundation 框架，以及通过 Swift 语言使用 Foundation 框架的方式方法。我们将带大家了解 Foundation 框架中的常用类：数字、字符串、数组、字典和 NSSet 等。此外，该章还阐述了文件管理、字节缓存、日期与时间、谓词 NSPredicate 和正则表达式。

第三部分为混合编程篇，共 2 章，主要介绍了 Swift 与 Objective-C 的混合编程，以及 Swift 与 C/C++的混合编程等相关问题。

第 23 章介绍了 Swift 与 Objective-C 的混合编程，其中包括：同一应用目标中的混合编程和同一框架目标中的混合编程。

第 24 章介绍了 Swift 与 C/C++的混合编程，其中包括：应用目标中的混合编程和框架目标中的混合编程。

第四部分为游戏篇，只有 1 章，介绍了基于 Swift 语言的 2D 游戏引擎技术。

第 25 章介绍了苹果公司的 2D 游戏引擎 SpriteKit，内容涵盖 SpriteKit 中的节点、精灵、场景切换、动作、粒子系统、游戏的音乐与音效、物理引擎等内容。

第五部分为项目实战篇，只有 1 章，详细介绍了游戏 App 的开发过程。

第 26 章完整地介绍了《迷失航线》游戏的分析与设计、编程过程，使广大读者能够了解采用 SpriteKit 引擎开发手机游戏的过程。通过对本章的学习，读者能够将前面学到的知识串联起来。

本书配套网站

为了更好地为广大读者服务，我们专门为本书建立了一个服务平台（http://51work6.com/book/swift12.php），大家可以在此查看相关出版进度，并对书中内容发表评论，提出宝贵意见。

源代码

本书包括 200 多个完整的示例项目源代码，大家可以到本书配套网站 http://51work6.com/book/swift12.php 下载，或者至图灵社区本书页面下载：www.ituring.com.cn/book/1951。

同步练习

为了帮助读者消化吸收本书内容，前 21 章章末还安排了数量不等的同步练习题。为了能够让广大读者主动思考，同步练习题的参考答案并没有放在书中，而是放在了本书网站上，我们还为此专门设立了一个讨论频道；大家也可以到图灵社区本书主页下载和参考。

勘误与支持

我们在本书网站上建立了一个勘误专区[1]，以便及时地把书中的问题、失误和纠正信息反馈

---

[1] 读者也可至图灵社区本书页面提交勘误：www.ituring.com.cn/book/1951。

给广大读者。如果你发现了任何问题，均可以在网上留言或发送电子邮件到 eorient@sina.com，我们会在第一时间回复你。此外，你也可以通过新浪微博（@tony_关东升）与我联系。

致谢

在此感谢图灵编辑王军花给我们提供的宝贵意见，感谢智捷课堂团队的赵志荣参与内容的讨论和审核，感谢赵大羽老师手绘了书中全部草图，并从专业的角度修改书中图片，力求更加真实完美地奉献给广大读者。此外，还要感谢我的家人容忍我的忙碌，以及他们对我的关心和照顾，使我能抽出这么多时间，投入全部精力专心编写此书。

由于时间仓促，书中难免存在不妥之处，请读者谅解。

关东升

2017 年元月于鹤城

目　　录

第一部分　Swift 语法篇

第1章　准备起航……………………………2
- 1.1　本书约定……………………………2
  - 1.1.1　示例代码约定……………………2
  - 1.1.2　图示约定…………………………3
  - 1.1.3　函数和方法签名约定……………5
  - 1.1.4　承接上一行代码约定……………6
  - 1.1.5　代码行号约定……………………6
- 1.2　Swift 开发工具……………………7
  - 1.2.1　Xcode 开发工具…………………7
  - 1.2.2　AppCode 开发工具………………13
- 1.3　本章小结……………………………14
- 1.4　同步练习……………………………14

第2章　第一个 Swift 程序………………15
- 2.1　使用 REPL…………………………15
  - 2.1.1　启动 Swift REPL…………………15
  - 2.1.2　使用 Swift REPL…………………17
- 2.2　使用 Playground…………………18
  - 2.2.1　编程利器 Playground……………18
  - 2.2.2　编写 HelloWorld 程序……………19
- 2.3　通过 Xcode 创建 macOS 工程……23
  - 2.3.1　创建 macOS 工程…………………23
  - 2.3.2　编译和运行………………………25
- 2.4　使用 swiftc 命令…………………26
  - 2.4.1　编译………………………………26
  - 2.4.2　运行………………………………27
- 2.5　代码解释……………………………27
- 2.6　本章小结……………………………29
- 2.7　同步练习……………………………29

第3章　Swift 语法基础……………………30
- 3.1　标识符和关键字……………………30
  - 3.1.1　标识符……………………………30
  - 3.1.2　关键字……………………………31
- 3.2　常量和变量…………………………33
  - 3.2.1　常量………………………………33
  - 3.2.2　变量………………………………33
  - 3.2.3　使用 var 还是 let…………………34
- 3.3　注释…………………………………35
- 3.4　表达式………………………………36
- 3.5　本章小结……………………………37
- 3.6　同步练习……………………………37

第4章　运算符………………………………39
- 4.1　算术运算符…………………………39
  - 4.1.1　一元运算符………………………39
  - 4.1.2　二元运算符………………………40
  - 4.1.3　算术赋值运算符…………………41
- 4.2　关系运算符…………………………42
- 4.3　逻辑运算符…………………………44
- 4.4　位运算符……………………………44
- 4.5　其他运算符…………………………47
- 4.6　本章小结……………………………47
- 4.7　同步练习……………………………48

第5章　Swift 原生数据类型………………50
- 5.1　Swift 数据类型……………………50
- 5.2　整型…………………………………50
- 5.3　浮点型………………………………52
- 5.4　数字表示方式………………………52
  - 5.4.1　进制数字表示……………………53

5.4.2　指数表示 ································ 53
　　5.4.3　其他表示 ································ 53
5.5　数字类型之间的转换 ······················ 54
　　5.5.1　整型之间的转换 ···················· 54
　　5.5.2　整型与浮点型之间的转换 ······ 55
5.6　布尔型 ··· 55
5.7　元组类型 ··· 56
5.8　可选类型 ··· 57
　　5.8.1　可选类型概念 ·························· 57
　　5.8.2　可选类型值拆包 ······················ 58
　　5.8.3　可选绑定 ································ 59
5.9　本章小结 ··· 59
5.10　同步练习 ··· 59

第6章　Swift简介 ·· 61

6.1　字符 ·· 61
　　6.1.1　Unicode编码 ·························· 61
　　6.1.2　转义符 ···································· 62
6.2　创建字符串 ··· 63
6.3　可变字符串 ··· 64
　　6.3.1　字符串拼接 ······························ 64
　　6.3.2　字符串插入、删除和替换 ······ 65
6.4　字符串比较 ··· 66
　　6.4.1　大小和相等比较 ······················ 66
　　6.4.2　前缀和后缀比较 ······················ 68
6.5　本章小结 ··· 68
6.6　同步练习 ··· 69

第7章　控制语句 ·· 70

7.1　分支语句 ··· 70
　　7.1.1　if语句 ······································ 70
　　7.1.2　switch语句 ····························· 72
　　7.1.3　guard语句 ······························ 74
7.2　循环语句 ··· 77
　　7.2.1　while语句 ······························· 77
　　7.2.2　repeat-while语句 ················ 78
　　7.2.3　for语句 ···································· 79
7.3　跳转语句 ··· 80
　　7.3.1　break语句 ······························· 80
　　7.3.2　continue语句 ························ 82
　　7.3.3　fallthrough语句 ··················· 83

7.4　范围与区间运算符 ······················ 85
　　7.4.1　switch中使用区间运算符 ······ 86
　　7.4.2　for中使用区间运算符 ············ 87
7.5　值绑定 ·· 88
　　7.5.1　if中的值绑定 ·························· 88
　　7.5.2　guard中的值绑定 ·················· 89
　　7.5.3　switch中的值绑定 ················· 90
7.6　where语句 ·· 91
　　7.6.1　switch中使用where语句 ······ 91
　　7.6.2　for中使用where语句 ············ 92
7.7　本章小结 ··· 92
7.8　同步练习 ··· 92

第8章　Swift原生集合类型 ······························· 97

8.1　Swift中的数组集合 ······················ 97
　　8.1.1　数组声明和初始化 ···················· 98
　　8.1.2　可变数组 ···································· 99
　　8.1.3　数组遍历 ·································· 100
8.2　Swift中的字典集合 ···················· 101
　　8.2.1　字典声明与初始化 ·················· 102
　　8.2.2　可变字典 ·································· 103
　　8.2.3　字典遍历 ·································· 104
8.3　Swift中的Set集合 ······················ 105
　　8.3.1　Set声明和初始化 ··················· 106
　　8.3.2　可变Set集合 ·························· 107
　　8.3.3　Set集合遍历 ·························· 108
　　8.3.4　Set集合运算 ·························· 109
8.4　本章小结 ··· 110
8.5　同步练习 ··· 110

第9章　函数 ··· 112

9.1　定义函数 ··· 112
9.2　函数参数 ··· 113
　　9.2.1　使用参数标签 ·························· 113
　　9.2.2　省略参数标签 ·························· 113
　　9.2.3　参数默认值 ······························ 114
　　9.2.4　可变参数 ·································· 114
　　9.2.5　值类型参数的引用传递 ·········· 115
9.3　函数返回值 ··· 116
　　9.3.1　无返回值函数 ·························· 116
　　9.3.2　多返回值函数 ·························· 117

9.4 函数类型 117
　9.4.1 作为函数返回类型使用 118
　9.4.2 作为参数类型使用 119
9.5 嵌套函数 120
9.6 本章小结 121
9.7 同步练习 121

第10章 闭包 125
10.1 回顾嵌套函数 125
10.2 闭包的概念 126
10.3 使用闭包表达式 127
　10.3.1 类型推断简化 127
　10.3.2 隐藏return关键字 128
　10.3.3 省略参数名 128
　10.3.4 使用闭包返回值 129
10.4 使用尾随闭包 130
10.5 捕获上下文中的变量和常量 131
10.6 本章小结 132
10.7 同步练习 132

第11章 Swift语言中的面向对象特性 135
11.1 面向对象概念和基本特征 135
11.2 Swift中的面向对象类型 135
11.3 枚举 136
　11.3.1 成员值 136
　11.3.2 原始值 138
　11.3.3 相关值 140
11.4 结构体与类 141
　11.4.1 类和结构体定义 141
　11.4.2 再谈值类型和引用类型 142
　11.4.3 引用类型的比较 144
　11.4.4 运算符重载 145
11.5 类型嵌套 146
11.6 可选链 147
　11.6.1 可选链的概念 148
　11.6.2 使用问号(?)和感叹号(!) 150
11.7 访问限定 151
　11.7.1 访问范围 151
　11.7.2 访问级别 152
　11.7.3 使用访问级别最佳实践 154

11.8 选择类还是结构体最佳实践 157
　11.8.1 类和结构体的异同 157
　11.8.2 选择的原则 157
11.9 本章小结 158
11.10 同步练习 159

第12章 属性与下标 163
12.1 存储属性 163
　12.1.1 存储属性概念 163
　12.1.2 延迟存储属性 164
12.2 计算属性 165
　12.2.1 计算属性的概念 165
　12.2.2 只读计算属性 167
　12.2.3 结构体和枚举中的计算属性 168
12.3 属性观察者 169
12.4 静态属性 171
　12.4.1 结构体静态属性 173
　12.4.2 枚举静态属性 174
　12.4.3 类静态属性 175
12.5 使用下标 176
　12.5.1 下标概念 176
　12.5.2 示例：二维数组 176
12.6 本章小结 178
12.7 同步练习 178

第13章 方法 180
13.1 实例方法 180
13.2 可变方法 181
13.3 静态方法 182
　13.3.1 结构体静态方法 183
　13.3.2 枚举静态方法 183
　13.3.3 类静态方法 184
13.4 本章小结 184
13.5 同步练习 185

第14章 构造与析构 186
14.1 构造函数 186
　14.1.1 默认构造函数 186
　14.1.2 构造函数与存储属性初始化 187
　14.1.3 使用参数标签 189

14.2 构造函数重载·····190
14.2.1 构造函数重载概念·····190
14.2.2 结构体构造函数代理·····191
14.2.3 类构造函数横向代理·····192
14.3 析构函数·····194
14.4 本章小结·····195
14.5 同步练习·····195

第15章 类继承·····197
15.1 从一个示例开始·····197
15.2 构造函数继承·····198
15.2.1 构造函数调用规则·····198
15.2.2 构造过程安全检查·····200
15.2.3 构造函数继承·····204
15.3 重写·····206
15.3.1 重写实例属性·····206
15.3.2 重写静态属性·····209
15.3.3 重写实例方法·····209
15.3.4 重写静态方法·····211
15.3.5 下标重写·····211
15.3.6 使用 final 关键字·····213
15.4 类型检查与转换·····214
15.4.1 使用 is 进行类型检查·····216
15.4.2 使用 as、as!和 as?进行类型转换·····217
15.4.3 使用 AnyObject 和 Any 类型·····220
15.5 本章小结·····221
15.6 同步练习·····221

第16章 扩展·····223
16.1 "轻量级"继承机制·····223
16.2 声明扩展·····223
16.3 扩展计算属性·····224
16.4 扩展方法·····226
16.5 扩展构造函数·····227
16.5.1 值类型扩展构造函数·····227
16.5.2 引用类型扩展构造函数·····228
16.6 扩展下标·····229
16.7 本章小结·····230
16.8 同步练习·····230

第17章 协议·····231
17.1 协议概念·····231
17.2 协议定义和遵从·····232
17.3 协议方法·····232
17.3.1 协议实例方法·····232
17.3.2 协议静态方法·····233
17.3.3 协议可变方法·····234
17.4 协议属性·····236
17.4.1 协议实例属性·····236
17.4.2 协议静态属性·····237
17.5 面向协议编程·····238
17.5.1 协议类型·····238
17.5.2 协议的继承·····240
17.5.3 协议扩展·····242
17.5.4 协议的合成·····243
17.5.5 扩展中遵从协议·····244
17.6 面向协议编程示例：表视图中使用扩展协议·····245
17.7 本章小结·····247
17.8 同步练习·····247

第18章 泛型·····249
18.1 一个问题的思考·····249
18.2 泛型函数·····249
18.2.1 使用泛型函数·····250
18.2.2 多类型参数·····251
18.3 泛型类型·····251
18.4 泛型扩展·····253
18.5 本章小结·····254
18.6 同步练习·····254

第19章 Swift 编码规范·····255
19.1 命名规范·····255
19.2 注释规范·····257
19.2.1 文件注释·····257
19.2.2 文档注释·····258
19.2.3 代码注释·····259
19.2.4 使用地标注释·····260
19.3 声明·····262

19.3.1 变量或常量声明 ················ 262
19.3.2 属性声明 ·························· 263
19.4 代码排版 ································· 264
19.4.1 空行 ······························ 264
19.4.2 空格 ······························ 265
19.4.3 断行 ······························ 266
19.4.4 缩进 ······························ 268
19.5 本章小结 ································· 269
19.6 同步练习 ································· 269

第二部分 进阶篇

第 20 章 Swift 内存管理 ··················· 272
20.1 Swift 内存管理概述 ·················· 272
20.1.1 引用计数 ······················· 273
20.1.2 示例：Swift 自动引用计数 ··· 273
20.2 强引用循环 ······························ 275
20.3 打破强引用循环 ························ 279
20.3.1 弱引用 ·························· 279
20.3.2 无主引用 ······················· 282
20.4 闭包中的强引用循环 ··················· 285
20.4.1 一个闭包中的强引用循环
    示例 ······························ 285
20.4.2 解决闭包强引用循环 ·········· 286
20.5 本章小结 ································· 288
20.6 同步练习 ································· 288

第 21 章 错误处理 ··························· 290
21.1 Cocoa 错误处理模式 ················· 290
21.2 do-try-catch 错误处理模式 ········ 291
21.2.1 捕获错误 ······················· 292
21.2.2 错误类型 ······················· 292
21.2.3 声明抛出错误 ·················· 293
21.2.4 在函数或方法中抛出错误 ··· 293
21.2.5 try?和 try!的使用区别 ······ 294
21.3 案例：MyNotes 应用数据持久层
    实现 ····································· 295
21.3.1 MyNotes 应用介绍 ·········· 296
21.3.2 MyNotes 应用数据持久层
    设计 ······························ 296

21.3.3 实现 Note 实体类 ············ 297
21.3.4 NoteDAO 代码实现 ········ 297
21.3.5 使用 defer 语句释放资源 ··· 298
21.3.6 测试示例 ······················· 299
21.4 本章小结 ································· 300
21.5 同步练习 ································· 301

第 22 章 Foundation 框架 ··················· 302
22.1 数字类 NSNumber ··················· 302
22.1.1 获得 NSNumber 对象 ······ 302
22.1.2 比较 NSNumber 对象 ······ 304
22.1.3 数字格式化 ···················· 305
22.1.4 NSNumber 与 Swift 原生
    数字类型之间的桥接 ······· 307
22.2 字符串类 ································· 307
22.2.1 NSString 类 ··················· 308
22.2.2 NSMutableString 类 ········ 310
22.2.3 NSString 与 String 之间的
    桥接 ······························ 312
22.3 数组类 ···································· 313
22.3.1 NSArray 类 ···················· 313
22.3.2 NSMutableArray 类 ········ 314
22.3.3 NSArray 与 Swift 原生数组
    之间的桥接 ···················· 315
22.4 字典类 ···································· 316
22.4.1 NSDictionary 类 ············· 316
22.4.2 NSMutableDictionary 类 ··· 317
22.4.3 NSDictionary 与 Swift 原生
    字典之间的桥接 ·············· 318
22.5 NSSet 集合类 ··························· 319
22.5.1 NSSet 类 ······················· 320
22.5.2 NSMutableSet 类 ············ 321
22.5.3 NSSet 与 Swift 原生 Set 之
    间的桥接 ························ 322
22.6 文件管理 ································· 322
22.6.1 访问目录 ······················· 322
22.6.2 目录操作 ······················· 323
22.6.3 文件操作 ······················· 324
22.7 字节缓存 ································· 327
22.7.1 访问字节缓存 ·················· 327

22.7.2 示例：Base64 解码与编码……330
22.8 日期与时间……332
　　22.8.1 NSDate 和 Date……332
　　22.8.2 日期时间格式化……334
　　22.8.3 NSCalendar、Calendar、
　　　　　NSDateComponents 和
　　　　　DateComponents……335
　　22.8.4 示例：时区转换……337
22.9 使用谓词 NSPredicate 过滤数据……339
　　22.9.1 一个过滤员工花名册的
　　　　　示例……339
　　22.9.2 使用谓词 NSPredicate……341
　　22.9.3 NSPrdicate 与集合……342
　　22.9.4 格式说明符……343
　　22.9.5 运算符……344
22.10 使用正则表达式……347
　　22.10.1 在 NSPredicate 中使用
　　　　　 正则表达式……347
　　22.10.2 使用 NSRegularExpression……348
　　22.10.3 示例：日期格式转换……350
22.11 本章小结……352

第三部分　混合编程篇

第 23 章　Swift 与 Objective-C 混合编程……354
23.1 选择语言……354
23.2 文件扩展名……354
23.3 Swift 与 Objective-C API 映射……355
　　23.3.1 构造函数映射……355
　　23.3.2 方法名映射……357
23.4 同一应用目标中的混合编程……360
　　23.4.1 什么是目标……360
　　23.4.2 Swift 调用 Objective-C……363
　　23.4.3 Objective-C 调用 Swift……366
23.5 同一框架目标中的混合编程……370
　　23.5.1 链接库和框架……370
　　23.5.2 Swift 调用 Objective-C……372
　　23.5.3 测试框架目标……376
　　23.5.4 Objective-C 调用 Swift……380

23.6 本章小结……383

第 24 章　Swift 与 C/C++ 混合编程……384
24.1 数据类型映射……384
　　24.1.1 C 语言基本数据类型……384
　　24.1.2 C 语言指针类型……385
24.2 应用目标中的混合编程……392
　　24.2.1 Swift 调用 C API……392
　　24.2.2 Swift 调用 C++ API……393
24.3 框架目标中的混合编程……399
　　24.3.1 同一框架目标中 Swift 调用
　　　　　C 或 C++ API……399
　　24.3.2 Swift 调用第三方库中的
　　　　　C 或 C++ API……402
24.4 案例：用 SQLite 嵌入式数据库实现
　　 MyNotes 数据持久层……405
　　24.4.1 Note 实体类代码……405
　　24.4.2 创建表……405
　　24.4.3 插入数据……407
　　24.4.4 查询数据……409
　　24.4.5 应用沙箱目录……411
　　24.4.6 表示层开发……412
24.5 本章小结……414

第四部分　游戏篇

第 25 章　SpriteKit 游戏引擎……416
25.1 移动平台游戏引擎介绍……416
25.2 第一个 SpriteKit 游戏……416
　　25.2.1 创建工程……416
　　25.2.2 工程剖析……419
25.3 一切都是节点……426
　　25.3.1 节点"家族"……426
　　25.3.2 节点树……427
　　25.3.3 节点中重要的方法……428
　　25.3.4 节点中重要的属性……428
25.4 精灵……429
　　25.4.1 精灵类 SKSpriteNode……429
　　25.4.2 案例：沙漠英雄场景……431
　　25.4.3 使用纹理图集性能优化……438

25.5 场景切换……441
　25.5.1 场景切换方法……441
　25.5.2 场景过渡动画……442
　25.5.3 案例：沙漠英雄场景切换……443
25.6 动作……447
　25.6.1 常用动作……447
　25.6.2 组合动作……449
　25.6.3 案例：帧动画实现……455
25.7 粒子系统……458
　25.7.1 粒子系统属性……459
　25.7.2 内置粒子系统模板……460
25.8 游戏音乐与音效……464
　25.8.1 音频文件介绍……464
　25.8.2 macOS 和 iOS 平台音频优化……465
　25.8.3 背景音乐……466
　28.8.4 3D 音效……467
25.9 物理引擎……468
　25.9.1 物理引擎核心概念……469
　25.9.2 物理引擎中的物体……469
　25.9.3 接触与碰撞……471
　25.9.4 案例：食品的接触与碰撞……472
25.10 本章小结……475

第五部分　项目实战篇

第26章　游戏App实战——迷失航线……478

26.1 《迷失航线》游戏分析与设计……478
　26.1.1 《迷失航线》故事背景……478
　26.1.2 需求分析……478
　26.1.3 原型设计……479
　26.1.4 游戏脚本……480
26.2 任务1：游戏工程的创建与初始化……481
　26.2.1 迭代1.1：创建工程……481
　26.2.2 迭代1.2：自定义类型维护……481
　26.2.3 迭代1.3：添加资源文件……484
　26.2.4 迭代1.4：添加粒子系统……486
26.3 任务2：创建Loading场景……486
　26.3.1 迭代2.1：设计场景……486
　26.3.2 迭代2.2：Loading动画……487
　26.3.3 迭代2.3：预处理加载纹理……488
26.4 任务3：创建Home场景……489
　26.4.1 迭代3.1：设计场景……489
　26.4.2 迭代3.2：实现代码……490
26.5 任务4：创建设置场景……493
　26.5.1 迭代4.1：设计场景……493
　26.5.2 迭代4.2：实现代码……494
26.6 任务5：创建帮助场景……497
　26.6.1 迭代5.1：设计场景……498
　26.6.2 迭代5.2：实现代码……498
26.7 任务6：实现游戏场景……499
　26.7.1 迭代6.1：设计场景……500
　26.7.2 迭代6.2：创建敌人精灵……502
　26.7.3 迭代6.3：创建玩家飞机精灵……506
　26.7.4 迭代6.4：创建子弹精灵……507
　26.7.5 迭代6.5：初始化游戏场景……508
　26.7.6 迭代6.6：玩家移动飞机……512
　26.7.7 迭代6.7：游戏循环与任务调度……513
　26.7.8 迭代6.8：游戏场景菜单实现……514
　26.7.9 迭代6.9：玩家飞机发射子弹……516
　26.7.10 迭代6.10：子弹与敌人的碰撞检测……517
　26.7.11 迭代6.11：玩家飞机与敌人的碰撞检测……520
26.8 任务7：游戏结束场景……521
　26.8.1 迭代7.1：设计场景……522
　26.8.2 迭代7.2：实现代码……523
26.9 还有"最后一公里"……524
　26.9.1 添加图标……524
　26.9.2 调整Identity和Deployment Info属性……526
　29.9.3 调整程序代码……527
26.10 本章小结……528

Part 1

第一部分

Swift 语法篇

本部分内容

- 第 1 章　准备起航
- 第 2 章　第一个 Swift 程序
- 第 3 章　Swift 语法基础
- 第 4 章　运算符
- 第 5 章　Swift 原生数据类型
- 第 6 章　Swift 简介
- 第 7 章　控制语句
- 第 8 章　Swift 原生集合类型
- 第 9 章　函数
- 第 10 章　闭包
- 第 11 章　Swift 语言中的面向对象特性
- 第 12 章　属性与下标
- 第 13 章　方法
- 第 14 章　构造与析构
- 第 15 章　类继承
- 第 16 章　扩展
- 第 17 章　协议
- 第 18 章　泛型
- 第 19 章　Swift 编码规范

第 1 章 准备起航

当你拿到本书的时候,我相信你已经下定决心学习Swift语言了。那么应该怎么开始呢?这一章我们不讨论技术,而是告诉大家本书中的一些约定,并介绍开发工具等内容。

1.1 本书约定

为了方便大家阅读,本节会介绍一下书中示例代码和图示的相关约定。

1.1.1 示例代码约定

本书包含大量示例代码,我们可以从图灵网站iTuring.cn本书主页免费注册下载,或者从智捷教育提供的本书服务网站(www.51work6.com)下载,解压后可看到如图1-1所示的目录结构。

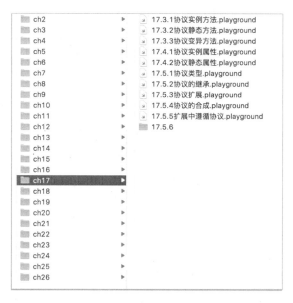

图1-1 源代码文件目录

ch2~ch26代表第2章到第26章的示例代码或一些资源文件，其中Playground文件、工程或工作空间的命名有如下几种形式。

- 二级目录标号，如"13.1实例方法"说明是13.1节中使用的"实例方法"Playground文件或工程或工作空间示例。图标为 的是Playground文件，图标为 的是Xcode工程，图标为 的是Xcode工作空间。
- 三级目录标号，如"17.3.2协议静态方法"说明是17.3.2节中使用的"协议静态方法"。带有"~"的情况，如"23.5.2~23.5.3"说明是23.5.2节到23.5.3节共同使用的文件、工程或工作空间示例。
- ch26目录下只有一个LostRoutes工程，没有标号，说明该章中都在使用LostRoutes这个示例。
- 资源目录，是保存了本章中用到的一些资源文件，如图片、声音和配置文件等。

1.1.2 图示约定

为了更形象有效地说明知识点或描述操作，本书添加了很多图示，下面简要说明图示中一些符号的含义。

- **图中的圆框**。有时读者会看到图1-2中所示的圆框，其中是选中的或重点说明的内容。

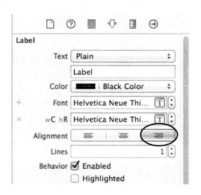

图1-2　图中的圆框

- **图中的箭头**。如图1-3所示，实线箭头用于说明用户的动作，一般箭尾是动作开始的地方，箭头指向动作结束的地方。图1-4所示的虚线箭头在书中用得比较多，常用来描述设置控件的属性等操作。

4　第 1 章　准备起航

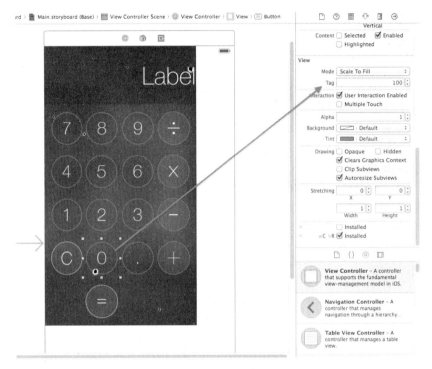

图1-3　图中实线箭头

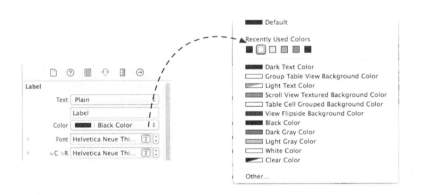

图1-4　图中虚线箭头

- **图中的手势**。为了描述操作，我们在图中放置了 等手势符号，这说明点击了此处的按钮，如图1-5所示。

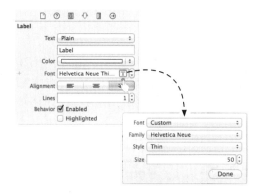

图1-5 图中的手势

1.1.3 函数和方法签名约定

函数和方法签名是函数和方法表示方式，签名由函数（或方法）的名称和参数标签组成，不包括返回值和参数类型。例如下面的log函数就有两种不同的函数签名：

- log(_:separator:terminator:)
- log(_:separator:terminator:toStream:)

无论是函数还是方法，小括号中凡是有冒号（：）的地方，说明这里有一个参数。"_"表示函数或方法在调用时省略参数标签，separator、terminator和toStream是没有省略的参数标签。

> **提示**
>
> Swift函数或方法中的参数包括：参数标签和参数名，参数名是在函数或方法内部使用的名字，参数标签是在函数或方法调用时使用的参数名。

函数或方法签名经常用于书面文档中，但是要在程序代码中调用函数或方法，我们还需要进一步了解签名背后的参数和返回值类型，这就需要查找API文档了。上述两个函数的API文档描述如下：

```
// log(_:separator:terminator:)签名API描述
func log(_ items: Any...,
         separator separator: String = default,
          terminator terminator: String = default)

// log(_:separator:terminator:toStream:)签名API描述
func log<Target : OutputStreamType>(_ items: Any...,
                                     separator separator: String = default,
                                     terminator terminator: String = default,
                                     inout toStream output: Target)
```

从API文档描述中,我们不难看出各个参数和返回值的类型。关于具体的语法问题,后面的章节会详细介绍。

 提示

> 本书默认情况下采用签名描述函数和方法,但是需要强调参数类型和返回值时会使用API描述。

1.1.4 承接上一行代码约定

本书中展示代码时,由于有的代码行比较长,我们采用➡符号表示承接上一行代码,如下所示:

```
class ViewController: UIViewController,
➡UITableViewDataSource, UITableViewDelegate {                    ①

    // MARK: UITableViewDataSource协议方法
    func tableView(_ tableView: UITableView,
    ➡numberOfRowsInSection section: Int) -> Int {                 ②
        return self.listTeams.count
    }

    // MARK: UITableViewDelegate协议方法
    func tableView(_ tableView: UITableView,
    ➡didSelectRowAtIndexPath indexPath: NSIndexPath) {            ③
        ...
    }
}
```

上述有标号的三行代码都使用➡符号表示承接上一行代码。

1.1.5 代码行号约定

本书中展示代码时,为了解释说明某一行特定代码,我们会在其后面添加带有圆圈的阿拉伯数字,如下所示:

```
class ViewController: UIViewController,
➡UITableViewDataSource, UITableViewDelegate {                    ①

    // MARK: UITableViewDataSource协议方法
    func tableView(_ tableView: UITableView,
    ➡numberOfRowsInSection section: Int) -> Int {                 ②
        return self.listTeams.count
    }

    // MARK: UITableViewDelegate协议方法
```

```
func tableView(_ tableView: UITableView,
↪didSelectRowAtIndexPath indexPath: NSIndexPath) {           ③
    ...
}
}
```

这些行号并不是程序代码中的实际行号。

1.2 Swift 开发工具

2015年12月3日苹果将Swift开源，并提供Linux下的Swift编译和运行环境，但并没有一个很好的集成开发工具（IDE）。而截至本书出版时，Swift开发工具主要是在macOS系统下使用Xcode。此外，我们还可以选择第三方开发工具，其中AppCode被认为是最优秀的。

> 💡 **提示**
>
> 很多读者会问Windows下是否有Swift开发工具，遗憾的是，Xcode和AppCode等IDE工具只能安装在macOS系统下。我们也可以考虑在Windows下安装macOS虚拟机，在虚拟机下安装Xcode，这样就可以学习并进行Swift开发了。具体的安装过程超出了本书的介绍范围，广大读者若感兴趣可以参考我们录制的视频教程《没有苹果电脑也可以学习iOS开发》教程，参见http://www.zhijieketang.com/course/60。

1.2.1 Xcode 开发工具

苹果公司于2008年3月6日发布了iPhone和iPod touch的应用程序开发包，其中包括Xcode开发工具、iPhone SDK和iPhone手机模拟器。第一个Beta版本是iPhone SDK 1.2b1（build 5A147p），发布后可以立即使用，但是同时推出的App Store所需要的固件更新直到2008年7月11日才发布。编写本书时，iOS SDK 9正式版本已经发布。

macOS和iOS开发工具主要是Xcode。自从Xcode 3.1发布以后，Xcode就成为了iPhone软件开发工具包的开发环境。Xcode可以开发macOS和iOS应用程序，其版本是与SDK相互对应的。例如，Xcode 7与iOS SDK 9对应，Xcode 8与iOS SDK 10对应。

在Xcode 4.1之前还有一个配套使用的工具Interface Builder，它是Xcode套件的一部分，用来设计窗体和视图，通过它可以"所见即所得"地执行拖曳控件并定义事件等操作，其数据以XML的形式存储在XIB文件中。在Xcode 4.1之后，Interface Builder成为了Xcode的一部分，与Xcode集成在一起。

本书介绍的Swift开发语言使用Xcode 8工具进行学习和编写，后面在介绍iOS应用开发时，我们也会使用Xcode。

1. Xcode安装

Xcode必须安装在macOS系统上，Xcode的版本与macOS系统版本有着严格的对应关系，Xcode 8要求macOS版本在10.12以上。

安装可以通过macOS的Dock启动App Store，如图1-6所示。如果需要安装软件或查询软件则需要用户登录，这个用户就是你的Apple ID，弹出的登录对话框如图1-7所示。如果你没有可用的Apple ID，可以点击"创建Apple ID"按钮创建。

图1-6　应用启动App Store界面

图1-7　App Store用户登录界面

之后，我们可以在右上角的搜索栏中输入要搜索的软件或工具名称，如"xcode"关键字，搜索结果如图1-8所示。

1.2 Swift 开发工具

图1-8　搜索Xcode工具

点击Xcode进入Xcode信息介绍界面（如图1-9所示），点击安装App按钮Install开始安装。

图1-9　Xcode安装

2. Xcode卸载

卸载Xcode非常简单，事实上在macOS应用程序中直接删除就可以了。如图1-10所示，打开应用程序，右键选择Xcode弹出菜单，选择"移到废纸篓"便可删除Xcode应用。如果想彻底删除，你只需清空废纸篓。

图1-10　Xcode卸载

3. Xcode界面

打开Xcode 8工具后看到的主界面如图1-11所示。该界面主要分成3个区域：①号区域是工具栏，其中的按钮可以完成大部分工作；②号区域是导航栏，主要是对工作空间中的内容进行导航；③号区域是代码编辑区，我们的编码工作就是在这里完成的。在导航栏上面还有一排按钮（如图1-12所示），默认选中的是"文件"导航面板。关于各个按钮的具体用法，我们会在以后用到的时候详细介绍。

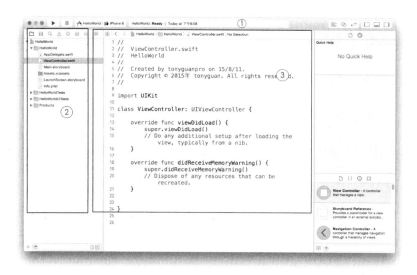

图1-11　Xcode主界面

1.2 Swift 开发工具

图1-12　Xcode导航面板

在选中导航面板时，导航栏下面也有一排按钮（如图1-13所示）。这是辅助按钮，它们的功能都与该导航面板内容相关；对于不同的导航面板，这些按钮也不同。

图1-13　导航面板的辅助按钮

有关使用Xcode进行Swift开发的详细过程将在第2章介绍。

4. 如何使用API帮助

对于初学者来说，学会在Xcode中使用API帮助文档是非常重要的。下面我们通过一个例子来介绍API帮助文档的用法。

在编写HelloWorld程序时，可以看到ViewController.swift的代码，具体如下所示：

```swift
import UIKit

class ViewController: UIViewController {

    override func viewDidLoad() {
        super.viewDidLoad()
    }

    override func didReceiveMemoryWarning() {
        super.didReceiveMemoryWarning()
    }


}
```

如果我们对于didReceiveMemoryWarning方法感到困惑，就可以查找帮助文档。如果只是简单查看帮助信息，可以选中该方法，然后选择右边的快捷帮助检查器 ⓘ ，如图1-14所示。

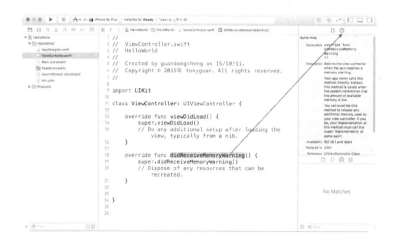

图1-14　Xcode快捷帮助检查器

打开的Xcode快捷帮助检查器窗口中有该方法的描述，其中包括使用的iOS版本、相关主题以及一些相关示例。这里需要说明的是，如果需要查看官方的示例，直接从这里下载即可。

如果想查询比较完整、全面的帮助文档，可以按住Alt键双击didReceiveMemoryWarning方法名，这样就会打开一个Xcode API帮助搜索结果窗口（如图1-15所示）。然后，请选择感兴趣的主题，进入API帮助界面（如图1-16所示）。

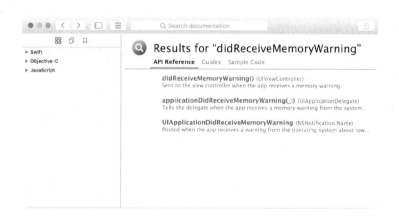

图1-15　Xcode API帮助搜索结果窗口

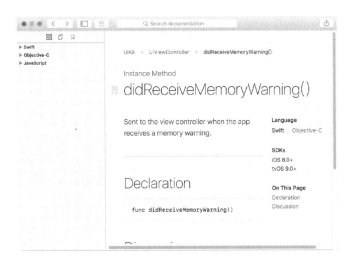

图1-16　Xcode API帮助界面

1.2.2　AppCode 开发工具

AppCode是JetBrains公司开发用以替代Xcode的一款产品，JetBrains公司是著名的集成开发工具软件提供商（开发的产品包括Java开发工具IntelliJ IDEA）。AppCode提供了很多Xcode没有的功能，操作界面继承了JetBrains的一贯风格（如图1-17所示）。AppCode提供了很多灵活的设置项目（如图1-18所示），可以根据用户的喜好设置操作界面，这也是很多人喜欢它的原因。

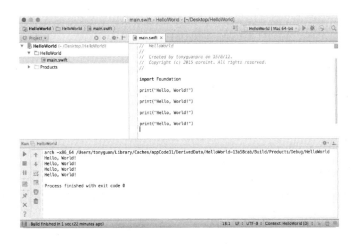

图1-17　AppCode界面

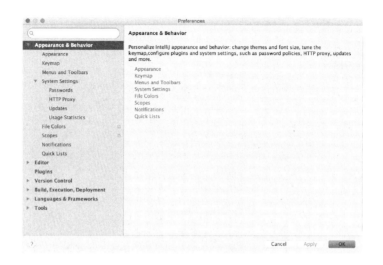

图1-18　AppCode设置

但是AppCode是付费软件，而Xcode是免费的。如果想尝试一下，你可以先到http://www.jetbrains.com/products.html#ios下载一个试用版。另外，从来没有使用过JetBrains工具的人需要适应AppCode的操作界面和风格。

> **提示**
> 考虑到Xcode工具的用户群体还是主流，所以本书重点围绕Xcode工具展开介绍。

1.3　本章小结

通过对本章内容的学习，我们可以了解本书的学习路线图，熟悉书中的约定，便于学习后续内容，还可以掌握Xcode开发工具的安装和卸载，并熟练使用API文档。

1.4　同步练习

(1) 介绍说明Xcode界面中各个区域的作用。

(2) 请使用Xcode中的API帮助文档，找UIViewController关键字的相关帮助信息。

第 2 章 第一个Swift程序

本章以HelloWorld作为切入点，向大家系统介绍如何编写和运行Swift程序代码。

编写和运行Swift程序有多种方式，总的来说可以分为：

- 交互式方式运行；
- 编译为可执行文件方式运行。

交互式方式运行可以采用REPL和Xcode提供的Playground等方式实现。编译为可执行文件方式运行就是使用Xcode创建一个iOS或macOS工程，通过这些工具可以将工程编译为可执行文件，然后运行。另外，你还可以使用swiftc命令在终端中编译Swift源程序文件为可执行文件，然后运行。

下面我们分别进行详细介绍。

2.1 使用 REPL

REPL是英文Read-Eval-Print Loop的缩写，直译为"读取–求值–输出"循环，指代一种简单的交互式运行编程环境。REPL对于学习一门新的编程语言具有很大帮助，因为它能立刻对初学者做出回应。许多编程语言可以使用REPL研究算法以及进行调试。

2.1.1 启动 Swift REPL

安装Xcode之后，Swift的REPL编译和运行就有了，使用Swift REPL可以在终端中运行。你可以在macOS中选择"应用程序"→"实用工具"→"终端"，打开如图2-1所示的终端。

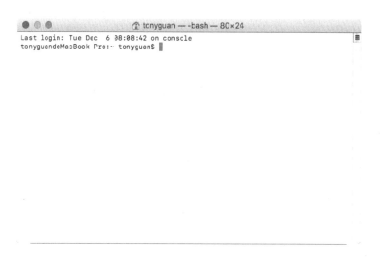

图2-1　终端窗口

在终端中通过swift命令启动Swift REPL，但若是Xcode 6版本，可以通过xcrun swift命令启动。启动Swift REPL的终端如图2-2所示，可见命令提示符由$变为>，并且现在使用的Swift版本是3.x。

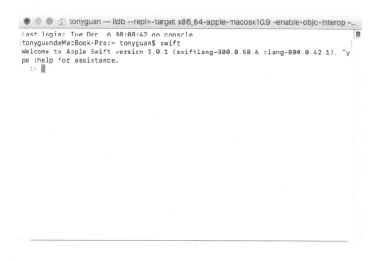

图2-2　启动Swift REPL的终端

> **提示**
>
> Swift 3.x要求安装Xcode 8.0及以上版本。如果你的macOS系统中安装了多个版本的Xcode，如Xcode 7.0和Xcode 8.0，Xcode 7.0对应的Swift 2.x，Xcode 8.0对应的Swift 3.x，这样很有可能REPL不是Swift 3.x版本。这种情况下需要切换默认的Xcode工具，在终端中输入指令：
>
> ```
> sudo xcode-select -s /<Xcode安装路径>/Xcode.app/Contents/Developer/
> ```

2.1.2 使用 Swift REPL

要启动Swift REPL，请输入如下代码：

```
import Foundation
var str = "Hello World"
print(str)
```

结果如下所示：

```
  1> import Foundation                           ①
  2> var str = "Hello World"                     ②
str: String = "Hello World"                      ③
  3> print(str)                                  ④
Hello World                                      ⑤
```

其中第①行、第②行和第④行是输入的代码，第③行是显示变量str的内容，第⑤行是输出结果。

REPL中还有一些环境变量，例如$RN，其中N表示第几次输出结果。如果我们在REPL中编写函数：

```
func doubler(num:Int) -> Int {
    return(num * 2)
}
```

然后通过如下的doubler(10)语句调用函数两次，执行过程如下：

```
  1>  func doubler(num:Int) -> Int {
  2.      return(num * 2)
  3.  }
  4> doubler(num: 10)
$R0: Int = 20                                    ①
  5> doubler(num: 10)
$R1: Int = 20                                    ②
```

第①行和第②行分别显示了调用的结果，其中返回结果中的$R0和$R1都是Swift REPL自动分配的变量名，我们可以向使用其他变量一样使用这些变量。如果还有其他普通变量则命名为$R2，依次类推。如果有错误发生，无论编译错误还是运行错误，都会出现错误提示，如下：

```
1> func doubler(num:Int) -> Int {
2.     return(num * 2)
3. }
4> doubler(num: "10")
error: repl.swift:4:14: error: cannot convert value of type 'String' to expected argument type 'Int'
doubler(num: "10")
             ^~~~
```

最后如果想退出Swift REPL，你可以执行下面的命令:exit（或:quit），如图2-3所示。

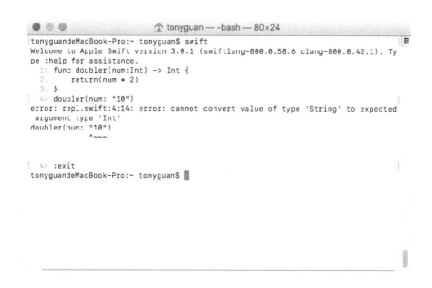

图2-3　退出Swift REPL

2.2　使用 Playground

使用Swift REPL在终端中编写和运行Swift程序，操作界面很不友好。Xcode 6之后，通过提供一个Playground工具封装了Swift REPL，Playground因此成为图形界面化的交互式运行编程环境工具。

2.2.1　编程利器 Playground

Playground是苹果公司在Xcode 6中添加的新功能。使用Xcode创建工程编写和运行程序，目的是使最终的程序通过编译和发布，而使用Playground的目的是学习、测试算法、验证想法和可视化运行结果。

图2-4所示是一个Playground程序运行界面，其中各个区域说明如下。

- 区域①是文件导航面板，可以通过工具栏中的□按钮显示或隐藏。
- 区域②是代码编写视图。
- 区域③是运行结果视图。
- 区域④是检查器面板，可以通过工具栏中的□按钮显示或隐藏。
- 区域⑤是控制台视图。print等日志函数用于将结果输出到控制台，你可以通过左下角的▽按钮（或工具栏中的□按钮）隐藏和显示控制台。

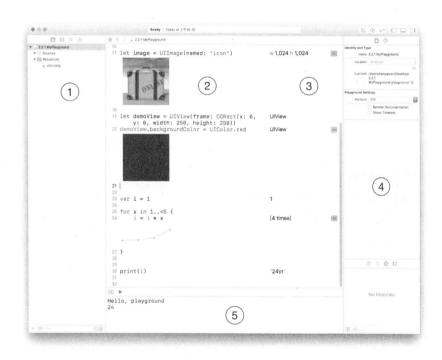

图2-4　Playground界面

2.2.2　编写 HelloWorld 程序

下面我们具体介绍如何使用Playground编写HelloWorld程序。首先，打开Xcode的欢迎界面（如图2-5所示）。一般第一次启动Xcode就可以看到这个界面，如果没有，可以通过菜单Windows→Welcome to Xcode打开。

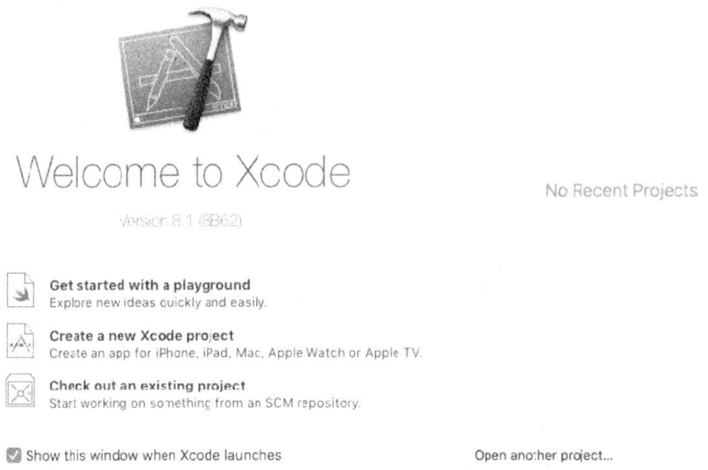

图2-5　Xcode欢迎界面

在图2-5所示的欢迎界面中，点击Get started with a playground将弹出如图2-6所示的对话框。接下来，请在Name中输入文件名MyPlayground，这是我们要保存的文件名；在Platform中选择macOS或iOS，然后点击Next按钮，此时弹出保存文件对话框；点击Create按钮创建Playground，创建成功后的界面如图2-7所示。

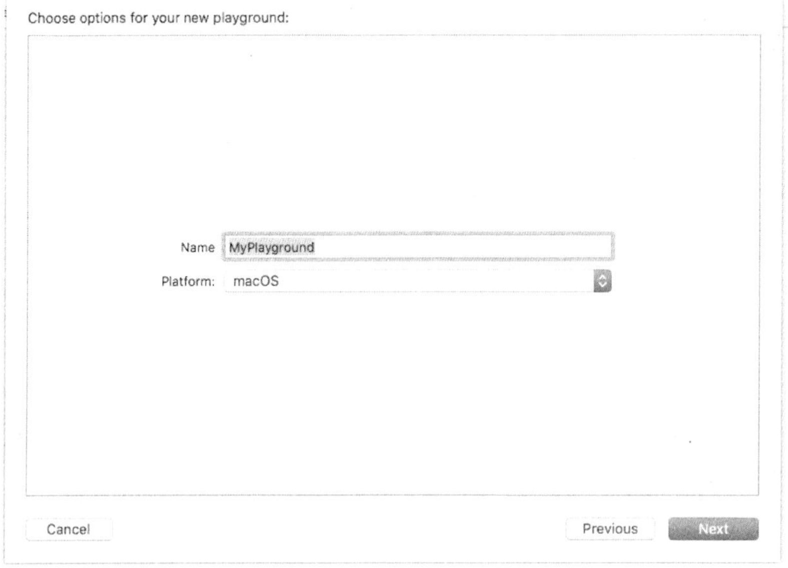

图2-6　输入文件名

图2-7　新建Playground界面

我们在图2-7所示的界面中可以进行编辑了，其中模板已经生成了一些代码，请修改代码如下：

```
import Foundation

var str = "Hello World"
print(str)
```

代码修改完成后，程序马上就会编译运行，但是在右边只能看到str变量的情况，不能看到print输出结果，如图2-8所示。此时将鼠标放到Hello World后面（如图2-9所示），你可看到Quick Look（快速查看）按钮 和Show Result（查看结果）按钮 。如果点击"查看结果"按钮，结果如图2-10所示，编辑窗口将显示结果。如果点击"快速查看"按钮，结果如图2-11所示，你将看到一个气泡，内容显示在其中。

图2-8　修改后的playground界面

图2-9　显示按钮

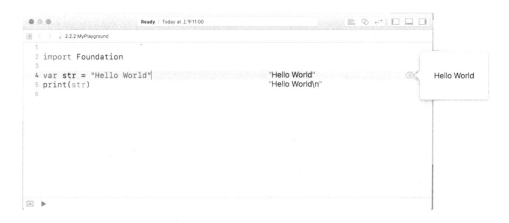

图2-10　显示结果

图2-11　显示快速查看

2.3 通过 Xcode 创建 macOS 工程

前面我们介绍了如何以交互式方式编写和运行Swift程序，交互式方式在很多情况下适合用于学习Swift语言，但是如果要使用Swift语言开发iOS或macOS应用，交互式方式就不适合了。此时，我们需要创建工程，然后编译工程，再运行。

首先我们介绍如何使用Xcode创建macOS工程以编写HelloWorld程序。虽然我们可以创建iOS工程，但是macOS工程相对比较简单，因此在Swift语言学习阶段笔者推荐创建macOS工程。

2.3.1 创建 macOS 工程

要在Xcode中创建macOS工程，你可以在图2-5所示的欢迎界面中选择Create a new Xcode project，也可以通过Xcode菜单File→New→Project创建。创建过程中会弹出选择工程模板对话框（如图2-12所示），此时请选择macOS→Application→Command Line Tool。

图2-12　选择工程模板对话框

Command Line Tool模板是macOS下命令行的应用程序，就是没有图形界面在终端下运行的程序。其他模板随着以后学习的深入再逐步介绍，这里不再赘述。

在图2-12所示界面中点击Next按钮，你将看到如图2-13所示的界面。

这里我们可以按照提示并结合实际情况和需要输入相关内容。下面简要说明图2-13中的选项。

- ❑ Product Name。工程名字。
- ❑ Team。苹果App Store开发者名字，没有可以为None。

- Organization Name。组织名称,可以是团队、机构或开发者名字。
- Organization Identifier。组织标识(很重要)。一般情况下,这里输入的是团队、机构或开发的域名(如com.51work6),这类似于Java中的包命名。
- Bundle Identifier。捆绑标识符(很重要)。该标识符由Product Name + Organization Identifier构成。因为在App Store上发布应用时会用到它,所以它的命名不可重复。
- Language。开发语言选择。我们在这里可以选择开发应用所使用的语言,本例选择Swift。

图2-13 新工程中的选项

设置完相关的工程选项后请点击Next按钮,进入选择文件存放位置的对话框,选择合适的位置后点击Create按钮,此时将出现如图2-14所示的界面。

图2-14 新创建的工程

2.3.2 编译和运行

我们可以在代码编辑视图中编写Swift程序代码，代码编写完成就可以编译和运行。编译和运行事实上是两个不同的阶段，而Xcode和AppCode等开发工具都一键运行。在Xcode中点击左上角工具栏中的Run按钮▶，或使用command + R快捷键，都可以一键编译和运行，运行结果输出到如图2-15所示的控制台。如果你看不到控制台，则需要点击右下角的"显示控制台"按钮▢。

图2-15　运行结果

如果只进行编译，你可以通过Xcode菜单Product→Build，或使用command + R快捷键进行编译。要查看编译是否成功，你可以点击Xcode导航面板中的"显示报告导航"按钮▣，显示界面如图2-16所示，其中最近一次的Build结果全部为绿色则表示编译成功。

图2-16　编译结果

2.4 使用 swiftc 命令

Xcode工具还提供了一个基于命令行的Swift代码编译命令swiftc，我们可以在终端中运行swiftc命令编译Swift代码。

2.4.1 编译

首先进入终端，使用vi[①]、TextMate、BBEdit和Sublime等文本编辑工具。vi使用起来最为方便，macOS系统中不需要安装，但是需要记住那些讨厌的命令。使用vi在终端中编写HelloWorld.swift文件请使用指令：

```
$ vi HelloWorld.swift
```

HelloWorld.swift文件内容如下：

```
import Foundation

var str = "Hello World"
print(str)
```

然后使用swiftc命令编译：

```
$ swiftc HelloWorld.swift
```

如果有编译错误，编译器会返回一些错误提示，如下代码是错误使用了println函数：

```
$ vi HelloWorld.swift
$ swiftc HelloWorld.swift
HelloWorld.swift:16:1: error: use of unresolved identifier 'println'
println(str)
^~~~~~~
```

如果没有编译成功，终端没有任何的提示，在当前目录下生成HelloWorld.swift名字相同的可执行文件HelloWorld（如图2-17所示），那个黑色exec图标的应用就是刚刚的可执行文件。

如果有多个Swift文件，可以使用如下指令：

```
    $ swiftc *.*
```

那么编译成功输出一个名为main的文件。

[①] vi编辑器是Linux和Unix上最基本的文本编辑器，工作在字符模式下。由于不需要图形界面，它成了效率很高的文本编辑器。

——引自丁百度百科：http://baike.baidu.com/view/908054.htm

图2-17 可执行文件

2.4.2 运行

在macOS下运行可执行文件HelloWorld很简单，由于是基于命令行的应用，需要在终端中执行如下命令：

```
$ ./HelloWorld
Hello World                                              ①
```

代码第①行的Hello World是执行文件HelloWorld运行的结果。

> **提示** 笔者并不推荐读者掌握所有的工具，也不会把笔者的个人喜好强加于人。本章之所以介绍这么多方式，一方面是想帮助大家开拓视野，一方面是让读者可以根据自己的喜好进行选择。但是交互式方式运行一般只是适用于Swift学习、测试算法、验证想法和可视化运行结果。而上升到开发层面，我们还是要使用Xcode创建一个iOS或macOS工程。

2.5 代码解释

至此，我们只是介绍了如何编写、编译和运行HelloWorld程序，还没有对如下的HelloWorld代码进行解释。

```
import Foundation                                        ①

var str = "Hello World"                                  ②
print(str)                                               ③
```

从代码中可见，Swift实现HelloWorld的方式比C和Objective-C等语言要简单得多，下面详细解释一下代码。

1．import Foundation语句

代码第①行的import Foundation语句表示引入Foundation框架，类似于Objective-C中的#import和C中的#include，至于后面引入何种Foundation框架就需要查找API来确定了。就本例而言，我们可以不引入任何框架，不过导入也没关系。

> **提示**
>
> Foundation是macOS和iOS应用程序开发的基础框架，它包括了一些基本的类，如数字、字符串、数组、字典等。如果使用Playground创建选择macOS平台，则模板生成import Cocoa语句；如果选择iOS平台，则模板生成import UIKit语句。Cocoa框架是macOS开发所需要的基本框架，包括AppKit和Foundation框架。UIKit框架是iOS图形用户界面开发需要的框架，包括常见的视图和视图控制器等。

2．var str = "Hello World"

声明str变量，var表示声明变量。在var中并不能看出变量是什么类型，但Swift可以通过赋值的类型推断出变量的类型。由于赋值的是"Hello World"字符串，因此我们可知str是字符串变量。另外请注意，语句结束时没有出现像C和Objective-C等语言结束时的分号（;）。

3．print (str)

print是一个函数，能够将表达式的结果输出到控制台，类似于C中的printf函数和Objective-C中的NSLog函数。有关格式化输出的问题后面章节再介绍。

print函数定义如下：

```
func print(_ items: Any...,         // 任意个数、任何类型的参数，它们将输出到控制台
           separator separator: String = default,   // 输出多个参数之间的分割符号
           terminator terminator: String = default) // 输出字符串之后的结束符号
```

参数separator和terminator都可以省略，separator参数只有在输出的数据个数多于1时才有实际意义。print函数的参数比较多，我们看看下面的示例：

```
print("Hello", terminator: " ")                              ①
print("World", terminator: ",")                              ②
print("playground")                                          ③

print(20, 18, 39, "Hello", "playground", separator: "|")     ④
```

输出结果如下：

```
Hello World,playground
20|18|39|Hello|playground
```

上述代码的第①行给terminator传递的参数是空格字符，所以在输出结果中可见Hello和World之间有一个空格。代码第②行给terminator传递的参数是逗号（,），所以在输出结果中可见World和playground之间有一个是逗号（,）。代码第③行表示terminator参数默认是换行符，所以

在输出结果中可见playground和20之间有换行。

代码第④行使用了separator参数，该print函数输出20、18、39、Hello、playground这5个常量值，输出结果是它们之间使用"|"符号分割。

2.6　本章小结

通过对本章内容的学习，读者可以了解到交互式方式和编译为可执行文件方式，可编译和运行Swift程序代码。另外，读者还可了解Swift的程序结构，熟悉Xcode工具的使用。

2.7　同步练习

（1）请使用Xcode的Playground编写一个输出Hello Swift字符串的Swift程序，并解释代码的含义。

（2）请使用Xcode创建macOS工程，并编写一个输出Hello Swift字符串的Swift程序，并解释代码的含义。

第3章 Swift语法基础

本章主要为大家介绍Swift的一些语法，其中包括标识符、关键字、常量、变量、表达式和注释等内容。

3.1 标识符和关键字

任何一种计算机语言都离不开标识符和关键字，因此下面我们将详细介绍Swift标识符和关键字。

3.1.1 标识符

标识符就是变量、常量、方法、函数、枚举、结构体、类、协议等由开发人员指定的名字。构成标识符的字母均有一定的规范，Swift语言中标识符的命名规则如下：

- 区分大小写，Myname与myname是两个不同的标识符；
- 标识符首字符可以是下划线（_）或者字母，但不能是数字；
- 标识符中其他字符可以是下划线（_）、字母或数字。

例如，identifier、userName、User_Name、_sys_val、身高等为合法的标识符，而2mail、room#和class为非法的标识符。其中，使用中文"身高"命名的变量是合法的。

> **注意**
>
> Swift中的字母采用的是Unicode编码[①]。Unicode叫作统一编码制，它包含了亚洲文字编码，如中文、日文、韩文等字符，甚至是我们在聊天工具中使用的表情符号，如☺ ☻ ☺等，这些符号事实上也是Unicode，而非图片。这些符号在Swift中都可以使用。

[①] Unicode是国际组织制定的可以容纳世界上所有文字和符号的字符编码方案。Unicode用数字0-0x10FFFF来映射这些字符，最多可以容纳1 114 112个字符，或者说有1 114 112个码位。

——引自于百度百科：http://baike.baidu.com/view/2602518.htm

如果一定要使用关键字作为标识符，可以在关键字前后添加重音符号（`），例如：

let π = 3.14159

let_Hello = "Hello"

let 您好 = "你好世界"

let `class` = "😀😀😀"

// 诺亚方舟
let 🐑🐄🐖🐎🐪🐘🐁🐇🐿🐈🐕🐓🦃🦆🐦🐧🕊🦅🦉🦇🐢🐍🦎🐊🐸🐠🦈🐬🐳 = "🍎🍐🍊🍋🍌🍉🍇🍓🍈🍒🍑🍍🥝🥑🍅🍆🥒🥕🌽🌶🥔🍠🌰🥜🍯🥐🍞🧀🍳🥞🥓🥩🍗🍖🌭🍔🍟🍕🥪🌮🌯🥙🥚🥘🍲🥣🥗🍿🥫🍱🍘🍙🍚🍛🍜🍝🍠🍢🍣🍤🍥🥮🍡🥟🥠🥡🍦🍧🍨🍩🍪🎂🍰🧁🥧🍫🍬🍭🍮🍯🍼🥛☕🍵🍶🍾🍷🍸🍹🍺🍻🥂🥃"

其中class是关键字，事实上重音符号（`）不是标识符的一部分，它也可以用于其他标识符，如π和`π`是等价的。因此，将关键字用作标识符是一种很不好的编程习惯。

> **💡 提示**
>
> 重音符号（`）不是键盘的单引号，也不是中文单引号，一般键盘无法输入，可以通过 MS Word 等工具插入特殊字符（如图所示选择重音符），注意它的Unicode编码是FF07。
>
>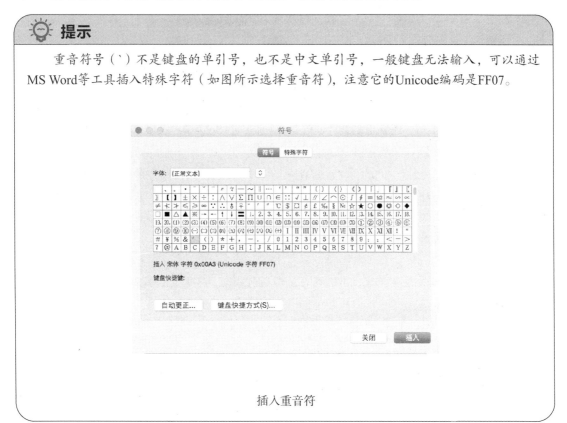
>
> 插入重音符

3.1.2 关键字

关键字是类似于标识符的保留字符序列，是由语言本身定义好的，不能挪作他用，除非用重音符号（`）将其括起来。Swift语言常见的关键字有以下4种。

- 与声明有关的关键字：associatedtype、class、deinit、enum、extension、fileprivate、func、import、init、inout、internal、let、open、operator、private、protocol、public、static、struct、subscript、typealias和var。
- 与语句有关的关键字：break、case、continue、default、defer、do、else、fallthrough、for、guard、if、in、repeat、return、switch、where和while。
- 表达式和类型关键字：as、Any、catch、false、is、nil、rethrows、super、self、Self、throw、throws、true和try。
- 以#符号开头的关键字：#available、#colorLiteral、#column、#else、#elseif、#endif、#file、#fileLiteral、#function、#if、#imageLiteral、#line、#selector和#sourceLocation。
- 在特定上下文中使用的关键字：associativity、convenience、dynamic、didSet、final、get、infix、indirect、lazy、left、mutating、none、nonmutating、optional、override、postfix、precedence、prefix、Protocol、required、right、set、Type、unowned、weak和willSet。
- 下划线（_）关键字：表示模式匹配，可以替换任何字符。

上述关键字与Java等语言的关键字不同，Java关键字全部是小写字母，而Swift关键字没有这种规律性，有大写、小写、还有下划线等。但是要记住：在Swift中，关键字是区分大小写的，因此class和Class是不同的；当然，Class不是Swift的关键字。

目前没有必要全部知道它们的含义，现在介绍一下那几个带有#符号开头的关键字。

- #column：所在的列数。
- #file：所在的文件名。
- #function：所在函数的名字。
- #line：所在的行数。

这些关键字更像是系统中的宏，可以动态获得当前数据，这些关键字常常用来输出日志。示例代码如下：

```
func log(message: String) {
    print("FUNCTION:\(#function) COLUMN:\(#column),
    ↪FILE:\(#file) LINE:\(#line) \(message)")
}
log(message: "Test")
```

输出结果如下所示：

```
FUNCTION:log(message:) COLUMN:43,
FILE:/var/folders/3k/jl0frl3j3xj0ppsdq3s_5jnm0000gn/T/./lldb/992/playground141.swift LINE:25 Test
```

代码中的\(...)表达式是将括号表达式计算出结果后进行字符串拼接。

3.2 常量和变量

上一章中介绍了如何使用Swift编写一个HelloWorld小程序,其中就用到了变量。常量和变量是构成表达式的重要组成部分。

3.2.1 常量

在声明和初始化常量时,请在标识符的前面加上关键字let。顾名思义,常量是其值在使用过程中不会发生变化的量,示例代码如下:

```
let _Hello = "Hello"
```

_Hello标识符就是常量,只能在初始化的时候赋值,如果再次给_Hello赋值,代码如下:

```
_Hello = "Hello, World"
```

则程序会报错(如图3-1所示,控制台中显示了错误信息)。

图3-1 控制台中的错误信息

从错误信息可以获知_Hello是let分配的值,不能被赋值。

3.2.2 变量

在Swift中声明变量,就是在标识符的前面加上关键字var,示例代码如下:

```
var scoreForStudent = 0.0
```

该语句声明Double类型scoreForStudent变量,并且将其初始化为0.0。如果在一个语句中声明和初始化了多个变量,那么所有变量都具有相同的数据类型:

```
var x = 10, y = 20
```

在多个变量的声明中，我们也能指定不同的数据类型：

```
var x = 10, y = true
```

其中x为整型，y为布尔型。

3.2.3 使用 var 还是 let

在开发过程中，有时选择var或let都能满足需求，那么我们应该如何选择呢？例如，可以将圆周率π定义为let或var：

```
let π = 3.14159
var π = 3.14159
```

对于上述代码，编译器并不会报错。但是从业务层面上来看，π应该定义为常量（let），因为一方面常量不能修改，一方面在程序中使用常量可以提高程序的可读性。

但是如果数据类型是引用数据类型（类声明类型），则最好声明为let，let声明的引用数据类型不会改变引用（即：指针），但可以改变其内容。

> **提示**
>
> 在Swift中数据类型分为：值类型和引用类型。整型、浮点型、布尔型、字符、字符串、元组、集合、枚举和结构体属于值类型，而类属于引用类型。"引用"本质上是指向对象的指针，它是一个地址。引用类型类似于Java的引用数据类型，以及C++和Objective-C中的对象指针类型。

let声明的引用数据类型示例代码如下：

```
class Person {                                          ①
    var name : String
    var age : Int

    init (name : String, age : Int) {
        self.name = name
        self.age  = age
    }
}

let p1 = Person(name: "Tony", age: 18)                  ②
p1.age   = 20                                           ③

p1 = Person(name: "Tom", age: 18) // 编译错误           ④
```

上述代码第①行定义了一个Person类，代码第②行是实例化Person类，p1是该实例的引用，因为声明为let，所以不能改变p1引用，但可以改变实例内容，代码第③行是改变实例内容（改变它的age属性）。若代码第④行试图改变实例的引用，则会有编译错误。但是如果p1（实例的引用）被声明为var，则代码第④行可以编译通过。

>
>
> let和var关键字声明时，原则上优先使用let，它有很多好处，可以防止程序运行过程中不必要的修改并提高程序的可读性。特别值得一提的是，引用数据类型声明时经常采用let声明，虽然从业务层面来讲并不需要一个常量，但是使用let可以防止引用数据类型在程序运行过程中被错误地修改。

3.3 注释

Swift程序有两类注释：单行注释(//)和多行注释(/*…*/)。注释方法与C、C++和Objective-C语言都类似，下面我们详细介绍一下。

1. 单行注释

单行注释可以注释整行或者一行中的一部分，一般不用于连续多行的注释文本；当然，它也可以用来注释连续多行的代码段。以下是两种注释风格的例子：

```
if x > 1 {
    // 注释1
} else {
    // 注释2
}

// if x > 1 {
//     // 注释1
// } else {
//     // 注释2
// }
```

>
>
> 在Xcode中对连续多行的注释文本可以使用快捷键：选择多行然后按住"command + /"组合键进行注释，去掉注释也是按住"command + /"组合键。

2. 块注释

一般用于连续多行的注释文本，但也可以对单行进行注释。以下是几种注释风格的例子：

```
if x > 1 {
    /* 注释1 */
} else {
    /* 注释2 */
}
```

```
/*
if x > 1 {

} else {

}
*/

/*
if x > 1 {
    /* 注释1 */
} else {
    /* 注释2 */
}
*/
```

> **提示**
>
> Swift多行注释有一个其他语言没有的优点,就是可以嵌套,上述示例的最后一种情况便实现了多行注释嵌套。

在程序代码中,对容易引起误解的代码进行注释很必要,但应避免对已清晰表达信息的代码进行注释。需要注意的是,频繁的注释有时反映了代码的低质量。当你觉得被迫要加注释的时候,不妨考虑一下重写代码使其更清晰。

3.4 表达式

表达式是程序代码的重要组成部分,在Swift中,表达式有3种形式。

1. 不指定数据类型

```
var a1 = 10
let a2 = 20
var a = a1 > a2 ? "a1" : "a2"
```

在上述代码中,我们直接为变量或常量赋值,并没有指定数据类型,因为在Swift中可以自动推断数据类型。

2. 指定数据类型

```
var a1: Int  = 10
let a2: Int = 20
var a = a1 > a2 ? "a1" : "a2"
```

在上述代码中,:Int是为变量或常量指定数据类型。

3. 使用分号

```
var a1: Int = 10; var a2: Int = 20
var a = a1 > a2 ? "a1" : "a2"
```

在Swift语言中，一条语句结束后可以不加分号，也可以加分号，但是有一种情况必须加分号，那就是多条语句写在一行的时候，此时需要通过分号来区别语句。例如：

var a1: Int = 10; var a2: Int = 20;

> 💡 **提示**
>
> 原则上在声明变量或常量时不要指定数据类型，因为这样程序代码非常简洁，但有时需要指定特殊的数据类型，例如var a3: Int16 = 10代码。对应语句结束后的分号（;）不是必需情况下也不要加。

3.5 本章小结

通过对本章内容的学习，我们可以了解到Swift语言的基本语法，其中包括标识符和关键字、常量、变量、表达式和注释等内容。

3.6 同步练习

(1) 下列是Swift合法标识符的是（　　）。

  A. 2variable   B. variable2   C. _whatavariable

  D. _3_   E. $anothervar   F. #myvar

  G. 体重   H.   I. \`class\`

(2) 下列不是Swift关键字的是（　　）。

  A. if   B. then   C. goto   D. while

  E. case   F. #column   G. where   H. Class

(3) 描述下列代码的运行结果。

```
let _Hello1 = "Hello"              ①
_Hello1 = "Hello, World"           ②
print(_Hello1)                     ③
var _Hello2 = "Hello"              ④
_Hello2 = "Hello, World"           ⑤
print(_Hello2)                     ⑥
```

(4) 下列有关Swift注释使用正确的是（　　）。

```
A. if x > 1 {
       //注释1
   } else {
       return false //注释2
   }
```

```
B. //let _Hello1 = "Hello"
   //_Hello1 = "Hello, World"
   //print(_Hello1)
```

C. /*
   let _Hello1 = "Hello"
   _Hello1 = "Hello, World"
   print(_Hello1)
   */

D. /**
   let _Hello1 = "Hello"
   _Hello1 = "Hello, World"
   print(_Hello1)
   */

(5) 下列表达式不正确的是（　　）。

    A. var n1: Int = 10;

    B. var n1: Int = 10

    C. var n1 = 10

    D. var n1: Int = 10; var str: String = 20

    E. var n1: Int = 10; var str: String = "20"

    F. var n1: Int = 10; var str: String = '20'

第4章 运算符

本章为大家介绍Swift语言中一些主要的运算符，包括算术运算符、关系运算符、逻辑运算符、位运算符和其他运算符。

4.1 算术运算符

Swift中的算术运算符用来组织整型和浮点型数据的算术运算，按照参加运算的操作数的不同，可以分为一元运算符和二元运算符。

4.1.1 一元运算符

Swift一元运算符有多个，但是算术一元运算符只有一个，即：-。-是取反运算符，例如：-a是对a取反运算。

> **提示**
>
> Swift 3之前算术一元运算符还有++（自加一运算符）和--（自减一运算符），Swift 3之后不能使用++和--，例如：Swift 2中的a++表达式在Swift 3中应该使用a += 1表达式替换，Swift 2中的a--表达式在Swift 3中应该使用a -= 1表达式替换。

下面我们来看一个一元算术运算符的示例：

```
var a = 12
print(-a)                                              ①

a += 1      // 替代Swift 2中的a++表达式                 ②
var b = a
print(b)

a -= 1      // 替代Swift 2中的a--表达式                 ③
b = a
print(b)
```

输出结果如下：

```
-12
```

13
14

上述代码第①行是-a,是把a变量取反,结果输出是-12。第②行代码是把a变量加一。第③行代码是把a变量减一。代码第②行的运算符+=和第③行的运算符-=都属于算术赋值运算符,算术赋值运算符将在4.1.3节详细介绍。

4.1.2 二元运算符

二元运算符包括+、-、*、/和%,这些运算符对整型和浮点型数据都有效,具体说明参见表4-1。

表4-1 二元算术运算

运算符	名称	说明	例子
+	加	求a加b的和,还可用于String类型,进行字符串连接操作	a+b
-	减	求a减b的差	a-b
*	乘	求a乘以b的积	a*b
/	除	求a除以b的商	a/b
%	取余	求a除以b的余数	a%b

下面我们来看一个二元算术运算符的示例:

```
// 声明一个整型变量
var intResult = 1 + 2
print(intResult)

intResult = intResult - 1
print(intResult)

intResult = intResult * 2
print(intResult)

intResult = intResult / 2
print(intResult)

intResult = intResult + 8
intResult = intResult % 7
print(intResult)

print("-------")
// 声明一个浮点型变量
var doubleResult = 10.0
print(doubleResult)

doubleResult = doubleResult - 1
print(doubleResult)

doubleResult = doubleResult * 2
print(doubleResult)
```

```
doubleResult = doubleResult / 2
print(doubleResult)

doubleResult = doubleResult + 8
doubleResult = doubleResult
    .truncatingRemainder(dividingBy: 7) // 替代Swift 2语句doubleResult % 7 ①
print(doubleResult)
```

输出结果如下：

```
3
2
4
2
3
-------
10.0
9.0
18.0
9.0
3.0
```

上述例子分别对整型和浮点型进行了二元运算，具体语句不再赘述。

> **注意**
>
> 在Swift 3之后取余运算符（%）不能应用于浮点数运算，见代码第①行使用浮点数的truncatingRemainder(dividingBy:)函数进行取余运算。

4.1.3 算术赋值运算符

算术赋值运算符只是一种简写，一般用于变量自身的变化，具体说明参见表4-2。

表4-2 算术赋值符

运算符	名称	例子
+=	加赋值	a+=b、a+=b+3
-=	减赋值	a-=b
*=	乘赋值	a*=b
/=	除赋值	a/=b
%=	取余赋值	a%=b

下面我们来看一个算术赋值运算符的示例：

```
var a = 1
var b = 2
a += b          // 相当于 a = a + b
print(a)
```

```
a += b + 3      // 相当于 a = a + b + 3
print(a)
a -= b          // 相当于 a = a - b
print(a)

a *= b          // 相当于 a=a*b
print(a)

a /= b          // 相当于 a=a/b
print(a)

a %= b          // 相当于 a=a%b
print(a)
```

输出结果如下：

```
3
8
6
12
6
0
```

上述例子分别对整型进行了+=、-=、*=、/=和%=运算，具体语句不再赘述。

4.2 关系运算符

关系运算是比较两个表达式大小关系的运算，它的结果是布尔型数据，即如果表达式成立则结果为true，否则为false。关系运算符有8种：==、!=、>、<、>=、<=、===和!==，具体说明参见表4-3。

表4-3 关系运算符

运算符	名称	说明	例子	可应用的类型
==	等于	a等于b时返回true，否则返回false。==与=的含义不同	a==b	整型、浮点型、字符、字符串、布尔型等值类型比较
!=	不等于	与==恰恰相反	a!=b	整型、浮点型、字符、字符串、布尔型等值类型比较
>	大于	a大于b时返回true，否则返回false	a>b	整型、浮点型、字符、字符串
<	小于	a小于b时返回true，否则返回false	a<b	整型、浮点型、字符、字符串
>=	大于等于	a大于等于b时返回true，否则返回false	a>=b	整型、浮点型、字符、字符串
<=	小于等于	a小于等于b时返回true，否则返回false	a<=b	整型、浮点型、字符、字符串
===	恒等于	a与b引用同一个实例时返回true，否则返回false ===与==的含义不同。===是比较两个引用的内容是否为同一个实例	a===b	主要用于引用类型数据比较
!==	不恒等于	与===恰恰相反	a!==b	主要用于引用类型数据比较

4.2 关系运算符

下面我们来看一个关系运算符的示例：

```
var value1 = 1
var value2 = 2
if value1 == value2 {
    print("value1 == value2")
}

if value1 != value2 {
    print("value1 != value2")
}

if value1 > value2 {
    print("value1 > value2")
}

if value1 < value2 {
    print("value1 < value2")
}

if value1 <= value2 {
    print("value1 <= value2")
}

let name1 = "world"
let name2 = "world"
if name1 == name2 {                                  ①
    print("name1 == name2")
}

let a1 = [1,2]      // 数组类型常量
let a2 = [1,2]      // 数组类型常量

if a1 == a2 {                                        ②
    print("a1 == a2")
}

if a1 === a2 {      // 编译错误                       ③
    print("a1 === a2")
}                                                    ④
```

若注释掉第③行~第④行代码，运行程序输出结果如下：

```
value1 != value2
value1 < value2
value1 <= value2
name1 == name2
a1 == a2
```

上述例子中，第①行是比较两个字符串内容是否相等，注意字符串String类型不能使用===进行比较，因为String是值类型而不是引用类型。第②行代码是比较两个数组（Array）类型内容是否相等，结果是相等的，因为数组类型是值类型。第③行代码有编译错误，因为数组类型不是引用类型，不能使用===或!==进行比较。

4.3 逻辑运算符

逻辑运算符是对布尔型变量进行运算，其结果也是布尔型，具体说明参见表4-4。

表4-4 逻辑运算符

运算符	名称	例子	说明	可应用的类型
!	逻辑反	!a	a为true时，值为false；a为false时，值为true	布尔型
&&	逻辑与	a&&b	a、b全为true时，计算结果为true，否则为false	布尔型
||	逻辑或	a||b	a、b全为false时，计算结果为false，否则为true	布尔型

&&和||都具有短路计算的特点：例如x && y，如果 x 为false，则不计算 y（因为不论 y 为何值，"与"操作的结果都为false）；而对于x || y，如果 x 为true，则不计算 y（因为不论 y 为何值，"或"操作的结果都为true）。

这种短路形式的设计，使它们在计算过程中就像电路短路一样采用最优化的计算方式，从而提高效率。

为了进一步理解它们的区别，我们看看下面的例子：

```
var i = 0
var a = 10
var b = 9

if (a > b) || (i == 1) {        ①
    print("或运算为 真")
} else {
    print("或运算为 假")
}

if (a < b) && (i == 1) {        ②
    print("与运算为 真")
} else {
    print("与运算为 假")
}
```

上述代码运行输出结果如下：

```
或运算为 真
与运算为 假
```

其中，第①行代码进行短路计算，由于(a > b)是true，后面的表达式(i == 1)不再计算，输出的结果为真。

类似地，第②行代码也进行短路计算，由于(a < b)是false，后面的表达式(i == 1)不再计算，输出的结果为假。

4.4 位运算符

位运算是以二进位（bit）为单位进行运算的，操作数和结果都是整型数据。位运算符有如下

几个运算符：&、|、^、~、>>、<<，具体说明参见表4-5。

表4-5 位运算符

运算符	名称	例子	说明
~	位反	~x	将x的值按位取反
&	位与	x&y	x与y位进行位与运算
|	位或	x|y	x与y位进行位或运算
^	位异或	x^y	x与y位进行位异或运算
>>	右移	x>>a	x右移a位，无符号整数高位采用0补位，有符号整数高位采用符号位补位
<<	左移	x<<a	x左移a位，低位位补0

为了进一步理解它们，我们看看下面的例子：

```
let a: UInt8 = 0b10110010                          ①
let b: UInt8 = 0b01011110                          ②

print("a | b = \(a | b)")       // 11111110        ③
print("a & b = \(a & b)")       // 00010010        ④
print("a ^ b = \(a ^ b)")       // 11101100        ⑤
print("~a = \(~a)")             // 01001101        ⑥

print("a >> 2 = \(a >> 2)")     // 00101100        ⑦
print("a << 2 = \(a << 2)")     // 11001000        ⑧

let c:Int8 = -0b1100                               ⑨

print("c >> 2 = \(c >> 2)")     // -00000011       ⑩
print("c << 2 = \(c << 2)")     // -00110000       ⑪
```

输出结果如下：

```
a | b = 254
a & b = 18
a ^ b = 236
~a = 77
a >> 2 = 44
a << 2 = 200
c >> 2 = -3
c << 2 = -48
```

上述代码中，我们在第①行和第②行分别定义了UInt8（无符号八位整数）变量a和b，0b01011110表示二进制整数，前面的0b（阿拉伯数字0和英文字母b）前缀表示二进制。第⑨行定义了c为Int8（有符号八位整数），它右位移的时候，高位使用符号位占位。注意，输出结果是十进制的。

代码第③行print("a | b = \(a | b)")是进行位或运算，结果是二进制的11111110，它的运算过程如图4-1所示。从图中可见，a和b按位进行或计算，只要有一个为1，这一位就为1，否则为0。

图4-1 位或运算

代码第④行print("a & b = \(a & b)")是进行位与运算,结果是二进制的00010010,它的运算过程如图4-2所示。从图中可见,a和b按位进行与计算,只有两位全部为1,这一位才为1,否则为0。

图4-2 位与运算

代码第⑤行print("a ^ b = \(a ^ b)")是进行位异或运算,结果是二进制的11101100,它的运算过程如图4-3所示。从图中可见,a和b按位进行异或计算,只有两位相反时这一位才为1,否则为0。

图4-3 异或位运算

代码第⑦行print("a >> 2 = \(a >> 2)")是进行右位移2位运算,结果是二进制的00101100,它的运算过程如图4-4所示。从图中可见,a的低位被移除掉,高位用0补位。

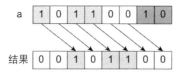

图4-4 右位移2位运算

代码第⑧行print("a << 2 = \(a << 2)")是进行左位移2位运算,结果是二进制的11001000,它的运算过程如图4-5所示。从图中可见,a的高位被移除掉,低位用0补位。

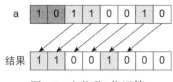

图4-5 左位移2位运算

通过上面的详细解释，相信大家已经能够理解上述代码的运行结果了，其他的这里不再赘述。

4.5 其他运算符

除了前面介绍的主要运算符，我们再来看其他一些运算符。

- 三元运算符（？：）。例如x?y:z;，其中x、y和z都为表达式。
- 括号。起到改变表达式运算顺序的作用，它的优先级最高。
- 引用号（.）。实例调用属性、方法等操作符。
- 赋值号（=）。赋值是用等号运算符（=）进行的。
- 问号（?）。用来声明可选类型。
- 感叹号（!）。对可选类型值进行显式拆包。
- is。判断某个实例是否为某种类型。
- as。强制类型转换。
- 箭头（->）。说明函数或方法返回值类型。
- 逗号运算符（,）。用于集合分割元素。
- 冒号运算符（:）。用于字典集合分割"键值"对。

示例代码如下：

```
let score: UInt8 = 80
let result = score > 60 ? "及格" : "不及格"      // 三元运算符（? :）
print(result)

var arr = [93, 5, 3, 55, 57]                      // 使用逗号运算符（,）
print(arr[2])                                      // 下标运算符（[]）

var airports = ["TYO": "Tokyo", "DUB": "Dublin"]   // 使用冒号运算符（:）
```

其他运算符将在后面的学习过程中展开介绍。

4.6 本章小结

通过对本章内容的学习，我们可以了解到Swift语言的基本运算符，这些运算符包括算术运算符、关系运算符、逻辑运算符、位运算符和其他运算符。

4.7 同步练习

(1) 下列程序段执行后，t5 的结果是（　　）。

```
var t1 = 9, t2 = 11, t3=8
var t4, t5: Int

t4 = t1 > t2 ? t1: t2+t1
t5 = t4 > t3 ? t4: t3
```

A. 8　　　　　　　　B. 20　　　　　　　　C. 11　　　　　　　　D. 9

(2) 设有定义 var x=3.5, y=4.6, z=5.7，则以下的表达式中值为 true 的是（　　）。

A. x > y || x > z　　　B. x != y

C. z > (y + x)　　　D. x < y && !(x > z)

(3) 下列程序段执行后，b3 的结果是（　　）。

```
var b1 = true, b2, b3 : Bool
b3 = b1 ? b1 : b2
```

A. 0　　　　　　　　B. 1　　　　　　　　C. true

D. false　　　　　　E. 无法编译

(4) 下列关于使用"<<"和">>"操作符的结果正确的是（　　）。

A. 1010 0000 0000 0000 >> 4 的结果是 0000 1010 0000 0000

B. 1010 0000 0000 0000 >> 4 的结果是 1111 1010 0000 0000

C. 0000 1010 0000 0000 << 2 的结果是 0010 1000 0000 0000

D. 0000 1010 0000 0000 << 2 的结果是 0000 1010 0000 0000

(5) 下列表达式中哪两个相等？（　　）

A. 16>>2　　　　　　B. 16/2^2　　　　　　C. 16*4　　　　　　D. 16<<2

(6) 下列程序段执行后，输出结果是（　　）。

提示：String 是结构体，结构体是值类型。

```
var a :String = "123", b :String = "123"
print(a === b)
a = b
print(a === b)
```

A. false　　　　　　B. false　　　　　　C. true　　　　　　D. true
　　false　　　　　　　true　　　　　　　　true　　　　　　　false

E. 编译错误

(7) 下列程序段执行后，输出结果是（　　）。

提示：NSString是类，它是引用数据类型。

```
var a: NSString = "123", b: NSString = "123"
print(a === b)
a = b
print(a === b)
```

A. false B. false C. true D. true
   false   true   true   false

E. 编译错误

(8) 下列程序段执行后，输出结果是（　　）。

```
var a1: String = "123", b1: String = "123"
var a2: NSString = "123", b2: NSString = "123"
print(a1 == b1)
print(a2 !== b2)
```

A. false B. false C. true D. true
   false   true   true   false

E. 编译错误

第 5 章 Swift原生数据类型

我们在前面已经用到一些数据类型，例如UInt8、Int8和Double等，这些数据类型都是Swift语言的Native数据类型，Native一般翻译为"原生"或"本地"，本书使用"原生数据类型"。本章只介绍一些基本的Swift原生数据类型，后面我们再介绍一些复杂的Swift原生数据类型，如集合等类型。

5.1 Swift 数据类型

Swift中的数据类型包括：整型、浮点型、布尔型、字符、字符串、元组、集合、枚举、结构体和类等。

> **注意**
> 本书默认情况下所说的数据类型都是Swift原生数据类型，除非需要重点强调时才说"Swift原生数据类型"。

这些类型在赋值或给函数传递时的方式不同，可以分为：值类型和引用类型。值类型就是创建一个副本，把副本赋值或传递过去，这样在函数的调用过程中不会影响原始数据。引用类型就是把数据本身的引用（即：指针）赋值或传递过去，这样在函数的调用过程中会影响原始数据。

在上述数据类型中，整型、浮点型、布尔型、字符、字符串、元组、集合、枚举和结构体属于值类型，而类属于引用类型。

本章将重点介绍整型、浮点型、布尔型和元组等基本数据类型。

5.2 整型

Swift提供8、16、32、64位形式的有符号及无符号整数。这些整数类型遵循C语言的命名规范，如8位无符号整数的类型为UInt8，32位有符号整数的类型为Int32。我们归纳了Swift中的整型，参见表5-1。

表5-1 整型

数据类型	名 称	说 明
Int8	有符号8位整型	
Int16	有符号16位整型	
Int32	有符号32位整型	
Int64	有符号64位整型	
Int	平台相关的有符号整型	在32位平台上，Int与Int32宽度一致 在64位平台上，Int与Int64宽度一致
UInt8	无符号8位整型	
UInt16	无符号16位整型	
UInt32	无符号32位整型	
UInt64	无符号64位整型	
UInt	平台相关的无符号整型	在32位平台，UInt与UInt32宽度一致 在64位平台，UInt与UInt64宽度一致

除非要求固定宽的整型，否则一般我们只使用Int或UInt，这些类型能够与平台保持一致。

下面我们来看一个整型示例：

```
print("UInt8 range: \(UInt8.min) ~ \(UInt8.max)")

print("Int8 range: \(Int8.min) ~ \(Int8.max)")

print("UInt range: \(UInt.min) ~ \(UInt.max)")

print("UInt64 range: \(UInt64.min) ~ \(UInt64.max)")

print("Int64 range: \(Int64.min) ~ \(Int64.max)")

print("Int range: \(Int.min) ~ \(Int.max)")
```

输出结果如下：

```
UInt8 range: 0 ~ 255
Int8 range: -128 ~ 127
UInt range: 0 ~ 18446744073709551615
UInt64 range: 0 ~ 18446744073709551615
Int64 range: -9223372036854775808 ~ 9223372036854775807
Int range: -9223372036854775808 ~ 9223372036854775807
```

上述代码是通过整数的min和max属性计算各个类型的范围。min属性获得当前整数的最小值，max属性获得当前整数的最大值。由于程序运行的电脑是64位的，UInt运行的结果与UInt64相同，Int运行的结果与Int64相同。

在前面的学习过程中我们声明过变量，有时明确指定数据类型，有时则没有指定，例如下面的代码：

```
var ageForStudent = 30
var scoreForStudent: Int = 90
```

变量ageForStudent没有指定任何数据类型，把30赋值给它，30默认表示Int类型的30，因此ageForStudent类型就被确定为Int，这就是Swift提供的类型推断功能；此后ageForStudent就不能接收非Int的数值了。如下代码是有编译错误的：

```
var ageForStudent = 30
ageForStudent = "20"
```

代码ageForStudent = "20"会发生编译错误，这是因为我们试图将字符串20赋值给Int类型的ageForStudent变量。

> **提示**
> 从编程过程上讲，声明变量或常量时应该尽可能采用类型推断，因为这样可使代码更加简洁，但有非默认数据类型时除外，例如Int16。

5.3 浮点型

浮点型主要用来储存小数数值，也可以用来储存范围较大的整数。它分为浮点数（Float）和双精度浮点数（Double）两种，双精度浮点数所使用的内存空间比浮点数多，可表示的数值范围与精确度也比较大。

下面我们归纳Swift中的浮点型，如表5-2所示。

表5-2　浮点型

数据类型	名　　称	说　　明
Float	32位浮点数	不需要很多大的浮点数时使用
Double	64位浮点数	默认的浮点数

下面我们来看一个浮点型示例：

```
var myMoney: Float = 300.5          ①
var yourMoney: Double = 360.5       ②
let pi = 3.14159                    ③
```

上述代码第①行明确指定变量myMoney是Float类型，第②行代码明确指定变量yourMoney是Double类型，第③行的pi没有明确数据类型，它被赋值为3.14159，Swift编译器会自动推断出它是Double类型。注意pi不是Float类型，这是因为Double是默认浮点型，如果一定声明为Float类型，就不能使用自动推断，而是要在声明的时候明确指定Float类型。

5.4 数字表示方式

整型和浮点型都表示数字类型，那么在给这些类型的变量或常量赋值时，应该如何表示这些

5.4 数字表示方式

数字的值呢？前文曾使用30表示整数Int，使用3.14159表示浮点数Double。在程序代码中，数字是比较丰富的，下面介绍一下数字和指数等的表示方式。

5.4.1 进制数字表示

如果为一个整数变量赋值，使用二进制数、八进制数和十六进制数表示，它们的表示方式分别如下：

- 二进制数，以 0b 为前缀，0是阿拉伯数字，不要误认为是英文字母o，b是英文小写字母，不能大写；
- 八进制数，以 0o 为前缀，第一个字符是阿拉伯数字0，第二个字符是英文小写字母o，不能大写；
- 十六进制数，以 0x 为前缀，第一个字符是阿拉伯数字0，第二个字符是英文小写字母x，不能大写。

例如下面几条语句都是将整型28赋值给常量：

```
let decimalInt = 28
let binaryInt = 0b11100
let octalInt = 0o34
let hexadecimalInt = 0x1C
```

5.4.2 指数表示

进行数学计算时往往会用到指数表示的数值。如果采用十进制表示指数，我们需要使用大写或小写的e表示幂，e2表示10^2。

采用十进制指数表示的浮点数示例如下：

```
var myMoney    = 3.36e2
var interestRate = 1.56e-2
```

其中3.36e2表示的是3.36×10^2，1.56e-2表示的是1.56×10^{-2}。

十六进制表示指数，需要使用p（大写或小写）表示幂，与十进制不同的是，p2表示2^2。由于十六进制换算起来比较麻烦，因此我们推荐使用十进制表示。

5.4.3 其他表示

在Swift中，为了阅读方便，整数和浮点数均可添加多个0或下划线以提高可读性，两种格式均不会影响实际值。

示例代码如下：

```
var interestRate = 000.0156                    ①
var myMoney    = 3_360_000                     ②
```

代码第①行的000.0156浮点数前面添加了多个0，变量interestRate实际值还是0.0156浮点数。代码第②行的3_360_000中间添加了很多个下划线，变量myMoney实际值还是3360000整数。下划线一般是每三位加一个。

5.5 数字类型之间的转换

Swift是一种安全的语言，对于类型的检查非常严格，不同类型之间不能随便转换。本节介绍数字类型之间的转换，其他类型之间的转换会在后面相关章节介绍。

5.5.1 整型之间的转换

在C、Objective-C和Java等其他语言中，整型之间有两种转换方法：

- 从小范围数到大范围数转换是自动的；
- 从大范围数到小范围数需要强制类型转换，有可能造成数据精度的丢失。

而在Swift中这两种方法是行不通的，需要通过一些函数进行显式转换，代码如下：

```
let historyScore:UInt8 = 90

let englishScore: UInt16 = 130

let totalScore = historyScore + englishScore            // 错误   ①

let totalScore = UInt16(historyScore) + englishScore    // 正确   ②

let totalScore = historyScore + UInt8(englishScore)     // 正确   ③
```

上述代码声明和初始化了两个常量historyScore和englishScore，将它们相加赋值给totalScore。如果采用第①行代码实现相加，程序就会有编译错误，原因是historyScore是UInt8类型，而englishScore是UInt16类型，它们之间不能转换。

两种转换方法如下。

- 一种是把UInt8的historyScore转换为UInt16类型。由于是从小范围数转换为大范围数，这种转换是安全的。代码第②行UInt16(historyScore)就是正确的转换方法。
- 另外一种是把UInt16的englishScore转换为UInt8类型。由于是从大范围数转换为小范围数，这种转换是不安全的，如果转换的数比较大，可能会造成精度的丢失。代码第③行UInt8(englishScore)是正确的转换方法。由于本例中englishScore的值是130，这个转换是成功的，如果把这个数修改为1300，虽然程序编译没有问题，但是会在控制台中输出异常信息，这是运行时异常。

> **提示**
>
> 上述代码中，UInt16(historyScore)和UInt8(englishScore)事实上是构造函数。整型、浮点型、布尔型、字符、字符串（String）和集合（Array、Dictionary和Set）等类型本质上都是结构体类型，结构体可以有构造函数，通过构造函数创建并初始化实例。关于结构体构造函数的内容会在后面章节中详细介绍。

5.5.2 整型与浮点型之间的转换

整型与浮点型之间的转换与整型之间的转换类似，我们将上一节的示例修改如下：

```
let historyScore: Float = 90.6                                         ①
let englishScore: UInt16 = 130                                         ②
let totalScore = historyScore + englishScore           // 错误         ③
let totalScore = historyScore + Float(englishScore)    // 正确，安全    ④
let totalScore = UInt16(historyScore) + englishScore   // 正确，小数被截掉 ⑤
```

上述代码经过了一些修改，第①行代码中historyScore变量类型是Float。第②行代码中englishScore变量还是UInt16类型。其中第③行代码直接进行了计算，结果有编译错误。第④行代码是将UInt16类型的englishScore变量转换为Float类型，这种转换是最安全的。第⑤行代码是将Float类型的historyScore变量转换为UInt16类型，这种转换首先会导致小数被截掉，另外如果historyScore变量数很大，会导致运行时异常，这与整型之间的转换类似。

5.6 布尔型

布尔型（Bool）只有两个值：true和false。它不能像C和Objective-C一样使用1替代true或使用0替代false。

示例代码如下：

```
var is🐭 = true

var is💀: Bool = false
```

上述代码中，对于变量is🐭和is💀的命名采用了Unicode编码，表现形式上看是一个图像，事实上在计算机内部存储的是Unicode编码。与整型和浮点型等其他类型一样，如果没有指定数据类型，Swift可以自动推断类型。

我们可以在if语句中直接使用布尔表达式，代码如下：

```
if (is🐎) {
    print("是的,它是马。")
} else {
    print("不,它是熊猫!")
}
```

5.7 元组类型

元组(tuple)这个词很抽象,它是一种数据结构,在数学中应用广泛。在计算机科学中,元组是关系数据库中的基本概念,元组表中的一条记录,每列就是一个字段。因此在二维表里,元组也称为记录。

元组将多个相互关联的组值合为单个值,以便于管理和计算。元组内的值可以是任意类型的,各字段类型不必相同。元组在作为函数返回多值时尤其有用。

表5-3所述是学生成绩表,它包含学号(id)、姓名(name)、英语成绩(english_score)和语文成绩(chinese_score)4个字段。

表5-3 学生成绩

学号(id)	姓名(name)	英语成绩(english_score)	语文成绩(chinese_score)
1001	张三	30	90
1002	李四	32	80

我们可以定义一个Student元组,那么使用Swift语法表示就是:

```
("1001", "张三", 30, 90)                                        // 第一种写法
(id:"1001", name:"张三", english_score:30, chinese_score:90)    // 第二种写法
```

这两种写法都表示一个叫"张三"的学生的元组,但是第一种写法代码可读性不好。如果不进行说明,或许你能猜出"1001"代表学号,"张三"代表学生姓名,但30和90代表的含义是什么呢?而第二种写法一目了然,决不会引起困惑,显然代码可读性更好。"键–值"对的表示更加直观,只不过要稍微多写一些代码。

下面来看一个示例:

```
var student1 = ("1001", "张三", 30, 90)                                         ①
print("学生:\(student1.1) 学号:\(student1.0)
➥英语成绩:\(student1.2) 语文成绩:\(student1.3)")                              ②

var student2 = (id:"1002", name:"李四", english_score:32, chinese_score:80)    ③
print("学生:\(student2.name) 学号:\(student2.id)
➥英语成绩:\(student2.english_score) 语文成绩:\(student2.chinese_score)")     ④

let (id1, name1,englishScore,chineseScore) = student1                          ⑤

print("学生:\(name1) 学号:\(id1) 英语成绩:\(englishScore) 语文成绩:\(chinesesScore)")    ⑥
```

```
let (id2, name2,_,_) = student2                                    ⑦
print("学生:\(name2) 学号:\(id2)")                                  ⑧
```

输出结果如下：

```
学生:张三 学号:1001 英语成绩:30 语文成绩:90
学生:李四 学号:1002 英语成绩:32 语文成绩:80
学生:张三 学号:1001 英语成绩:30 语文成绩:90
学生:李四 学号:1002
```

上述代码第①行声明并初始化了元组类型的student1变量。第②行代码通过字段索引访问字段内容，其中student1.0访问student1的第一个字段，student1.1访问student1的第二个字段，依次类推，索引是从0开始的。

第③行代码声明并初始化了元组类型的student2变量，在这一行中采用了"键-值"对表示方式，为每个字段定义一个名字，访问的时候比较方便。第④行代码通过字段名字访问其中内容，其中student2.name访问student2的name字段，student2.id访问student2的id字段。

第⑤行代码let (id1, name1,englishScore,chineseScore) = student1事实上是对student1元组变量的分解，元组变量student1被分解为4个不同的变量，因此我们在第⑥行代码打印输出"学生:张三 学号:1001 英语成绩:30 语文成绩:90"。有的时候我们并不想分解那么多变量，而是只需要学号和姓名，那么就可以使用第⑦行代码的方式，把不需要的字段使用下划线（_）替代。第⑧行代码输出结果是"学生:李四 学号:1002"。

> **提示**
> 虽然从技术角度上看可以将无关值放到元组中，但是这样的元组没有任何实际意义，例如：学生成绩表中的"他女朋友的名字"，很显然这个字段与其他字段格格不入，也与学生成绩无关。

5.8 可选类型

Swift语言与Objective-C和Java等语言有很大的不同：Swift所有的数据类型声明的变量或常量都不能为空值（nil）。

5.8.1 可选类型概念

我们先看看如下代码：

```
var n1: Int = 10
n1 = nil                                                           ①

let str: String = nil                                              ②
```

上述代码第①行和第②行会发生编译错误，原因是Int和String类型不能接受nil，但程序运行过程中有时被复制给nil，这是在所难免的。例如我们查询数据库记录，没有查询出符合条件的数据是很正常的事情。为此，Swift为每一种数据类型提供一种可选类型（optional），即在某个数据类型后面加上问号（?）或感叹号（!）。修改前文示例代码：

```
var n1: Int? = 10
n1 = nil

let str: String! = nil
```

Int?和String!都是原有类型Int和String的可选类型，它们可以接受nil。

5.8.2 可选类型值拆包

在可选类型之后的问号（?）或感叹号（!）究竟有什么区别呢？这与可选类型的拆包（unwrapping）有关。拆包是将可选类型变成普通类型，如果我们直接打印非空的可选类型值，代码如下：

```
var n1: Int? = 10
print(n1)
```

输出的结果是Optional(10)，而非10。这说明n1不是普通类型，也不能与不同值进行计算。所以试图计算表达式n1 + 100会发生编译错误，代码如下：

```
var n1: Int? = 10
print(n1 + 100)    // 发生编译错误
```

因此，对可选类型值进行拆包是必要的。拆包分为显式拆包和隐式拆包。使用问号（?）声明的可选类型在拆包时需要使用感叹号（!），这种拆包方式称为显式拆包；使用感叹号（!）声明的可选类型在拆包时可以不使用感叹号（!），这种表示方式称为隐式拆包。

我们看看下面的代码：

```
var n1: Int? = 10
print(n1! + 100)                              ①

var n2: Int! = 100
print(n2 + 200)                               ②
```

上述代码第①行中的n1!为显式拆包，因为n1在声明的时候是Int?可选类型。代码第②行中的n2为隐式拆包，因为n2在声明的时候是Int!可选类型。事实上隐式拆包可以带有感叹号（!），所以代码第②行可以这样表示：print(n2! + 200)。

> **提示**　隐式拆包的声明方式（即：感叹号!的可选类型）通常用于可选类型值可以确定为非空的情况。

5.8.3 可选绑定

在不能保证可选类型值是否为非空之前最好不要拆包,否则有可能出现如下运行时错误:

fatal error: unexpectedly found nil while unwrapping an Optional value

我们先看看下列代码:

```
func divide(n1: Int, n2: Int) ->Double? {         ①
    if n2 == 0 {
        return nil                                ②
    }
    return Double(n1)/Double(n2)
}
let result : Double? = divide(n1: 100, n2: 200)   ③
```

上述代码第①行使用了divide函数进行除法运算,在第二个参数n2为0的情况下,函数返回为空值(nil),所以第③行代码获得函数返回值要么有值,要么为空值。为了能够接受返回值为空值(nil)的情况,我们需要将返回值类型声明为可选类型,在本例中是Double?。

如果divide函数是别人封装好的,我们可以判断可选类型值是否为空值(nil),代码如下所示:

```
if let result = divide(n1: 100, n2: 0) {
    print(result)                                 ①
    print("Success.")
} else {
    //print(result)          // 编译错误
    print("failure.")                             ②
}
```

这种可选类型在if或while语句中赋值并进行判断的写法称为可选绑定。可选绑定过程做了两件事情:首先判断表达式是否为空值(nil);如果为非空则将可选类型值拆包,并赋值给一个常量。常量的作用域是if或while语句为true的分支,所以在代码第①行result常量作用域是有效的,而在代码第②行result常量作用域是无效的。

5.9 本章小结

通过对本章内容的学习,我们可以了解到Swift语言一些原生的基本数据类型,包括UInt8、Int8和Double等,还有布尔型和元组等。此外,本章还介绍了数字的表示方式和数字类型之间的转换。最后我们还介绍了可选类型。

5.10 同步练习

(1) 下列数据哪些是值类型?(   )

　　A. 元组　　　　　　B. 枚举　　　　　　C. 结构体　　　　　　D. 类

(2) 下列数据哪些是引用类型？（　　）

　　A. 字符串　　　　B. 枚举　　　　　C. 结构体

　　D. 类　　　　　　E. 集合

(3) 下列说法正确的是（　　）。

　　A. Int是与平台相关的有符号整型　　　B. UInt是与平台相关的无符号整型

　　C. UInt16是与平台相关的无符号整型　 D. Int8是与平台无关的有符号整型

(4) 下列表示数字正确的是（　　）。

　　A. 29　　　　　　B. 0X1C　　　　　C. 0x1A

　　D. 1.96e-2　　　 E. 9_600_000

(5) 判断正误：Swift中的整数从小范围数到大范围数转换是自动的。

(6) 判断正误：Swift中的整数从大范围数到小范围数需要强制类型转换，有可能造成数据精度的丢失。

(7) 下列语句中能够正常运行的有（　　）。

　　A. `let f: UInt8 = 10.0`
　　　 `let i: UInt16 = 10`
　　　 `let total = UInt16(f) + i`
　　　 `print(total)`

　　B. `let f: Double = 10.0`
　　　 `let i: UInt16 = 10`
　　　 `let total = UInt16(f) + i`
　　　 `print(total)`

　　C. `let n: UInt8 = 90`
　　　 `let i: UInt16 = 10`
　　　 `let total = UInt16(n) + i`
　　　 `print(total)`

　　D. `let n: UInt8 = 90`
　　　 `let i: UInt16 = 10`
　　　 `let total = UInt8(i) + n`
　　　 `print(total)`

(8) 请描述元组类型，并举例说明。

(9) 假设有语句var 张老师 = ("张三", 30)，则下列语句有语法错误的是（　　）。

　　A. `let (name,age) = 张老师`

　　B. `print("\(张老师.0) \(张老师.1)")`

　　C. `print("\(张老师.name) \(张老师.age)")`

　　D. `var (name,age) = 张老师`

(10) Swift中的布尔值表示正确的是（　　）。

　　A. true　　　　　B. false　　　　　C. 1　　　　　　　D. 0

第 6 章 Swift简介

由字符组成的一串字符序列称为字符串。我们在前面的章节中多次用到了字符串,本章将重点进行介绍。

6.1 字符

字符串的组成单位是字符,那么在Swift中什么能够算是字符?理解这个问题非常重要。

6.1.1 Unicode 编码

Swift是一种现代计算机语言,它采用Unicode编码,它几乎涵盖了我们所知的一切字符。表示一个字符可以使用字符本身,也可以使用它的Unicode编码,特别是无法通过键盘输入的字符,使用编码还是很方便的。但是编码不是很容易记忆,这也是它的问题。

Unicode编码可以有单字节编码、双字节编码和四字节编码,它们的表现形式是\u{n},其中n为1~8个十六进制数。

下面看看示例:

```
let andSign1: Character = "&"
let andSign2: Character = "\u{26}"

let lamda1: Character = "λ"
let lamda2: Character = "\u{03bb}"

var smile1: Character = "😃"
var smile2: Character = "\u{0001f603}"
```

> **提示**
> 在C和Objective-C等语言中,字符是放在单引号(')之间的。然而在Swift语言中,我们不能使用单引号方式,必须使用双引号(")把字符括起来。而Swift中的字符串也是使用双引号(")把字符括起来。

在Swift中字符类型是Character。与其他类型声明类似，我们可以指定变量或常量类型为Character，但是如果省略Character类型声明，编译器自动推断出的类型不是字符类型，而是字符串类型。因此下面的声明语句中，andSign1不是字符类型而是字符串类型，"&"默认类型是字符串类型：

```
let andSign1 = "&"
```

字符类型表示时也是放到双引号（"）中，但一定是一个字符，如下语句会出现编译错误：

```
let andSign1: Character = "&A"
```

前面代码中常量andSign1和andSign2保存有&字符，它的Unicode编码是0026，属于单字节编码，使用\u{26}表示。常量lamda1和lamda2保存有λ字符，它是希腊字母"莱姆达"，它的Unicode编码是03bb，属于双字节编码，使用\u{03bb}表示。常量smile1和smile2保存有笑脸符号（注意不是图片），它的Unicode编码是0001f603，属于双字节编码，使用\u{0001f603}表示。这些编码实在是难以记忆，我们可以在http://vazor.com/unicode/网站查询字符与编码的对应关系。

6.1.2 转义符

在Swift中，为了表示一些特殊字符，前面要加上反斜杠（\），这称为字符转义。常见转义符的含义参见表6-1。

表6-1 转义符

字符表示	Unicode编码	说　　明
\t	\u{0009}	水平制表符tab
\n	\u{000a}	换行
\r	\u{000d}	回车
\"	\u{0022}	双引号
\'	\u{0027}	单引号
\\	\u{005c}	反斜线

下面看看示例：

```
let specialCharTab1 = "Hello\tWorld."
print("specialCharTab1: \(specialCharTab1)")

let specialCharNewLine = "Hello\nWorld."
print("specialCharNewLine: \(specialCharNewLine)")

let specialCharReturn = "Hello\rWorld."
print("specialCharReturn: \(specialCharReturn)")

let specialCharQuotationMark = "Hello\"World\"."
print("specialCharQuotationMark: \(specialCharQuotationMark)")
```

```
let specialCharApostrophe = "Hello\'World\'."
print("specialCharApostrophe: \(specialCharApostrophe)")

let specialCharReverseSolidus = "Hello\\World."
print("specialCharReverseSolidus: \(specialCharReverseSolidus)")
```

输出结果如下：

```
specialCharTab1: Hello    World.
specialCharNewLine: Hello
World.
specialCharReturn: Hello
World.
specialCharQuotationMark: Hello"World".
specialCharApostrophe: Hello'World'.
specialCharReverseSolidus: Hello\World.
```

上述代码输出了几种特殊符号。

6.2 创建字符串

在Swift中字符串的类型是String。事实上String是一个结构体，有关结构体的知识我们会在11.4节介绍。

> **提示**
>
> 在macOS和iOS应用开发中有一个基础框架——Foundation框架，这个框架中也有字符串类型NSString。NSString是一个类，而非String结构体。因此提到字符串时应该明确是Swift中原生的字符串String，还是Foundation框架中的字符串NSString。为了能够使它们互相转化，苹果公司提供一种"零开销桥接技术"使得互相转化更加低成本、更加简单。

要创建一个字符串，我们可以使用字符串直接赋值，也可以通过结构体的构造函数创建。示例代码如下：

```
let 🚢 = "🐶🐱🐭🐹🐰🦊🐻🐼🐨🐯🦁🐮🐷🐸🐵🙈🙉🙊🐒🦍🐔🐧🐦🐤🐣🐥🦆🦅🦉🦇🐺🐗🐴🦄🐝🐛🦋🐌🐞🐜🦗🕷🕸🦂🐢🐍🦎🦖🦕🐙🦑🦐🦀🐡🐠🐟🐬🐳🐋🦈🐊🐅🐆🦓🦍🐘🦏🐪🐫🦒🐃🐂🐄🐎🐖🐏🐑🐐🦌🐕🐩🐈🐓🦃🕊🐇🐁🐀🐿"

print("已经上船的小动物数：\(🚢.characters.count)")

let 熊 = "🐻"
let 猫 = "🐱"

let 🐾 = 熊 + 猫

let emptyString1 = ""
let emptyString2 = String()
```

由于Swift的标识符也都是Unicode编码，因此上述代码中可以使用汉字（"熊"和"猫"）、🚢

和🐛等有意思的符号作为常量名。除了直接赋值字符串，我们还可以通过使用加号（+）把多个字符拼接成一个字符串。emptyString1和emptyString2常量被赋值为空的字符串，其中String()是调用了String的构造函数（关于构造函数我们会在第14章详细介绍）。我们还可以通过字符串的characters.count属性获得字符的个数，即字符串的长度。

6.3 可变字符串

在Objective-C和Java等语言中，字符串有两种：不可变字符串和可变字符串，二者的区别是不可变字符串不能进行拼接、追加等修改。

在Swift中通过let声明的字符串常量是不可变字符串，var声明的字符串变量是可变字符串。

> 提示
>
> Foundation框架中也有可变字符串类型——NSMutableString。NSMutableString继承自NSString。

6.3.1 字符串拼接

Swift中String字符串之间的拼接可以使用+和+=运算符，String字符串与字符拼接可以使用String的append(_ c: Character)方法。示例代码如下：

```
var 🚢 = "🐶🐱🐭🐹🐰🦊🐻🐼🐨🐯🦁🐮🐷🐸🐵🐔🐧🐦
         🐤🦆🦅🦉🦇🐺🐗🐴🦄🐝🐛🦋🐌🐞🐜🦗🕷🕸
         🦂🐢🐍🦎🦖🦕🐙🦑🦐🦀🐡🐠🐟🐬🐳🐋🦈"
🚢 = 🚢 + "🐓"
🚢 += "🐕"
var flower: Character = "🌸"

🚢.append(flower)                                         ①

print("诺亚方舟乘客数：\(🚢.characters.count)")              ②

let number = 9
let total = "\(number) 加 10 等于 \(Double(number) + 10)"   ③
```

首先，代码声明var字符串变量🚢，由于🚢是可变字符串通过语句🚢 = 🚢 + "🐓"进行字符串拼接的，字符串拼接也可以使用+=运算符号，所以语句🚢 += "🐕"也可以实现字符串拼接。

代码第①行是在String字符串后面拼接一个字符，append(_ c: Character)方法中的参数一定是Character。

有时需要将不同类型的变量、常量和表达式运算的结果等转换为字符串拼接起来，这种需求可以通过\()语句实现。代码第②行是输出一个字符串，其中\(❀.characters.count)语句能够与字符串"诺亚方舟乘客数："拼接起来。

代码第③行的\(number)和\(Double(number) + 10)也是将number常量值和Double(number) + 10表达式结果与字符串"加 10 等于"拼接起来。

> 💡 **提示**
>
> \()语句非常强大，可以将任何数据类型拼接起来，它与print函数结合使用，可以完全替代Foundation框架中的NSLog函数。NSLog函数在输出的时候，还需要根据拼接的数据类型指定格式化说明符，如下面代码中的%i：
>
> NSLog("诺亚方舟乘客数：%i", ❀.characters.count)

6.3.2 字符串插入、删除和替换

可变字符串还可以插入、删除和替换，String提供了几个方法可以帮助实现这些操作。这些方法API如下：

```
// 在索引位置插入字符
func insert(_ newElement: Character, at i: String.Index)

// 在索引位置删除字符
func remove(at i: String.Index) -> Character

// 删除指定范围内的字符串
func remove(at i: String.Index) -> Character

// 使用字符串或字符替换指定范围内的字符串
func replaceSubrange(_ bounds: Range<String.Index>, with newElements: String)
```

String.Index是索引类型，Range是范围类型，Range<String.Index>)是范围类型的String.Index泛型表示。泛型我们会在第18章介绍。

示例代码如下：

```
var str = "Objective-C and Swift"
print("原始字符串：\(str)")

//插入字符
str.insert(".", at: str.endIndex)                          ①
print("插入.字符后：\(str)")

str.remove(at: str.index(before: str.endIndex))            ②
print("删除.字符后：\(str)")

var startIndex = str.startIndex                            ③
var endIndex = str.index(startIndex, offsetBy: 9)          ④
```

```
        var range = startIndex...endIndex                            ⑤

        //删除范围
        str.removeSubrange(range)                                    ⑥
        print("删除范围后：\(str)")

        startIndex = str.startIndex
        endIndex = str.index(startIndex, offsetBy: 0)
        range = startIndex...endIndex                                ⑦

        //替换范围
        str.replaceSubrange(range, with: "C++")                      ⑧
        print("替换范围后：\(str)")
```

输出结果：

```
原始字符串：Objective-C and Swift
插入.字符后：Objective-C and Swift.
删除.字符后：Objective-C and Swift
删除范围后： C and Swift
替换范围后： C++ and Swift
```

上述代码第①行使用insert(_:at:)函数插入"."字符。代码第②行是使用remove(at:)行删除指定字符，其中str.endIndex表达式返回字符串的结束索引，返回值是字符串索引类型（String.Index），表达式str.index(before: str.endIndex)返回str字符串最后一个字符的索引值。

代码第③行是获得str字符串的开始字符的索引值。代码第④行是获得结束索引值，其中str.index(startIndex, offsetBy: 9)表达式计算出从startIndex索引开始向后9个字符的索引值。

代码第⑤行和第⑦行是定义一个范围，"..."是闭区间运算符，半开区间运算符是"..<"。var range = startIndex...endIndex语句表示startIndex ≤ range ≤ endIndex，而var range = startIndex..<endIndex语句表示startIndex ≤ range < endIndex。有关区间运算符的内容我们将在7.4节详细介绍。

代码第⑥行是删除指定范围内的字符串。

代码第⑧行是使用字符串或字符替换指定范围内的字符串。

6.4 字符串比较

字符串比较涉及字符串大小比较和相等比较，以及字符串前缀和后缀的比较。

6.4.1 大小和相等比较

字符串类型与整型和浮点型一样，都可以进行相等以及大小的比较，比较的依据是Unicode编码值大小。例如下面两个字符：

6.4 字符串比较

🐼 Unicode：1F43C

🐱 Unicode：1F431

我们比较一下，由于1F43C要大于1F431，因此在比较时🐼大于🐱。试运行以下代码并查看结果。

```
let 熊 = "🐼"
let 猫 = "🐱"

if 熊 > 猫 {
    print("🐼 大于 🐱")
} else {
    print("🐼 小于 🐱")
}
```

运行的结果是：🐼大于🐱。

当然，比较动物的大小没有多少实际意义，但是比较A、B、C等传统字符是有意义的。

除了比较大小，我们还需要比较字符串是否相等。下面的代码实现了String类型字符串的比较：

```
let 🐼 = 熊 + 猫

if 🐼 == "🐼🐱" {
    print("🐼 是 🐼🐱")
} else {
    print("🐼 不是 🐼🐱")
}

let emptyString1 = ""
let emptyString2 = string ()

if emptyString1 == emptystring2 {
    print("相等")
} else {
    print("不相等")
}
```

在上述代码中，我们比较字符串变量🐼是否等于"🐼🐱"字符串，结果是🐼 是 🐼🐱，这个结果不用过多解释。代码中还比较了通过""和String()创建的两种空字符串是否相等，结果显示它们也是相等的。

> ✳ **注意**
>
> Swift中字符Character和字符串String都是结构体类型，只能使用==或!=比较是否相等或不等。而Foundation框架中的NSString字符串的比较是否相等或不等，则需要使用===或!==运算符。

6.4.2 前缀和后缀比较

字符串比较中有时候需要比较前缀或后缀。例如，如果需要判断某个文件夹中特定类型的文件，我们就要判断它们的扩展名，这就需要判断它的后缀，比较后缀可以使用String字符串hasSuffix(_:)方法。如果需要判断某个文件夹中特定字符串开头的文件，我们就可以使用String字符串的hasPrefix(_:)方法来判断前缀。

以下代码实现的是文件的查找过程：

```
import Foundation
let docFolder = [
    "java.docx",
    "JavaBean.docx",
    "Objecitve-C.xlsx",
    "Swift.docx"
]                                                               ①

var wordDocCount = 0
for doc in docFolder {                                          ②
    if doc.hasSuffix(".docx") {                                 ③
        wordDocCount += 1
    }
}
print("文件夹中Word文档个数是：\(wordDocCount)")

var javaDocCount = 0
for doc in docFolder {

    let lowercaseDoc = doc.lowercased()                         ④

    if lowercaseDoc.hasPrefix("java") {                         ⑤
        javaDocCount += 1
    }
}
print("文件夹中Java相关文档个数是：\(javaDocCount)")
```

上述代码第①行声明并初始化了数组变量docFolder，关于数组我们会在第7章介绍。第②行代码是使用for语句（关于for语句我们会在7.2节详细介绍）遍历数组集合，这个过程就是从集合docFolder中取出一个元素保存在doc变量中。第③行代码中的doc.hasSuffix(".docx")语句是判断doc字符串的结尾是否是.docx，.docx表示Word文档。第④行代码doc.lowercased()方法是获得小写字符串，这样我们在判断前缀的时候直接判断是否为"java"就可以了。与lowercased()方法类似的还有uppercased()方法。

6.5 本章小结

通过对本章内容的学习，我们可以了解到Swift语言的字符和字符串，以及可变字符串和字符串的比较等内容。

6.6 同步练习

(1) 关于Swift中的字符表示方式正确的是（　　）。

  A. "\u{0001f603}"　　　B. '\u{0001f603}'　　　C. "😃"　　　D. 😀

(2) 请说明下面转义符代表的含义。

  \t \n \r \" \' \\

(3) 下列表达式正确的是（　　）。

  A. let andSign1: Character = "&"

  B. let andSign2 = "\u{26}"

  C. let lamda1: Character = "λ"

  D. var lamda2: String = "\u{03bb}"

  E. let 熊: String = "🐻"

  F. let 猫: Character = "🐱"

(4) 判断正误：Character类型比较不能使用===或!==运算符。String类型比较可以使用===或!==运算符。

(5) 判断正误：Character和String类型都能使用==和!=运算符。

第 7 章 控制语句

程序设计中的控制语句有3种，即顺序、分支和循环语句。Swift程序通过控制语句来执行程序流，完成一定的任务。程序流是由若干个语句组成的，语句可以是单条语句，也可以是一个用大括号（{}）括起来的复合语句。Swift中的控制语句有以下几类。

- 分支语句：if、switch和guard。
- 循环语句：while、repeat-while和for。
- 跳转语句：break、continue、fallthrough、return和throw。

7.1 分支语句

分支语句提供了一种控制机制，使程序具有了"判断能力"，能够像人类的大脑一样分析问题。分支语句又称条件语句，条件语句使部分程序可根据某些表达式的值被有选择地执行。Swift编程语言提供了if、switch和guard这3种分支语句。

7.1.1 if 语句

由if语句引导的选择结构有if结构、if-else结构和else-if结构3种。

1. if结构

如果条件表达式为true就执行语句组，否则就执行if结构后面的语句。与C和Objective-C语言不同的是，即便语句组是单句，也不能省略大括号。语法结构如下：

```
if 条件表达式 {
    语句组
}
```

if结构示例代码如下：

```
var score = 95

if score >= 85 {
    print("你真优秀！")
}
```

```
if score < 60 {
    print("你需要加倍努力！")
}

if score >= 60 && score < 85 {
    print("你的成绩还可以，仍需继续努力！")
}

if score < 60 {
    print("不及格")
} else {
    print("及格")
}
```

程序运行结果如下：

```
你真优秀！
及格
```

2. if-else结构

所有的语言都有这个结构，而且结构的格式基本相同，语句如下：

```
if 条件表达式 {
    语句组1
} else {
    语句组2
}
```

当程序执行到if语句时，先判断条件表达式：如果条件表达式的值为true，则执行语句组1，然后跳过else语句及语句组2，继续执行后面的语句；如果条件表达式的值为false，则忽略语句组1，而直接执行语句组2，然后继续执行后面的语句。

if-else结构示例代码如下：

```
var score = 95

if score < 60 {
    print("不及格")
} else {
    print("及格")
}
```

程序运行结果如下：

```
及格
```

3. else-if结构

else-if结构如下：

```
if 条件表达式1 {
    语句组1
} else if 条件表达式2 {
    语句组2
```

```
} else if 条件表达式3 {
    语句组3
...
} else if 条件表达式n {
    语句组n
} else {
    语句组n+1
}
```

可以看出，else-if结构实际上是if-else结构的多层嵌套。它明显的特点就是在多个分支中只执行一个语句组，而其他分支都不执行，所以这种结构可以用于有多种判断结果的分支中。

else-if结构示例代码如下：

```
let testscore = 76
var grade: Character

if testscore >= 90 {
    grade = "A"
} else if testscore >= 80 {
    grade = "B"
} else if testscore >= 70 {
    grade = "C"
} else if testscore >= 60 {
    grade = "D"
} else {
    grade = "F"
}
print("Grade = \(grade)")
```

输出结果如下：

```
Grade = C
```

其中，var grade: Character是声明字符变量，然后经过判断最后结果是C。

7.1.2 switch 语句

switch语句也称开关语句，它提供多分支程序结构。

Swift彻底颠覆了自C语言以来大家对于switch的认知，这个颠覆表现在以下两个方面。

- 一方面，在C、C++、Objective-C、Java甚至是C#语言中，switch语句只能比较离散的单个的整数（或可以自动转换为整数）变量或常量，而Swift中的switch语句可以使用整数、浮点数、字符、字符串和元组等类型，而且它的数值可以是离散的，也可以是连续的范围。
- 另一方面，Swift中的switch语句case分支不需要显式地添加break语句，分支执行完成就会跳出switch语句。

下面先介绍一下switch语句基本形式的语法结构，如下所示：

7.1 分支语句

```
switch 条件表达式{
    case 值1:
        语句组1
    case 值2:
        语句组2
    case 值3:
        语句组3
        ...
    case 判断值n:
        语句组n
    default:
        语句组n+1
}
```

每个case后面可以跟一个或多个值，多个值之间用逗号分隔。每个switch必须有一个default语句，它放在所有分支后面。每个case中至少要有一条语句。

当程序执行到switch语句时，先计算条件表达式的值，假设值为A，然后拿A与第一个case语句中的值1进行匹配，如果匹配则执行语句组1。语句组执行完成就跳出switch，不像C语言那样只有遇到break才跳出switch。如果A没有与第一个case语句匹配，则与第二个case语句进行匹配，如果匹配则执行语句组2，以此类推，直到执行语句组n。如果所有的case语句都没有执行，程序就执行default的语句组n+1，这时才跳出switch。

switch语句基本形式的示例代码如下：

```
let testscore = 86

var grade: Character

switch testscore / 10 {                              ①
case 9:
    grade = "优"
case 8:
    grade = "良"
case 7,6:                                            ②
    grade = "中"
default:
    grade = "差"
}

print("Grade = \(grade)")
```

输出结果如下：

```
Grade = 良
```

上述代码将100分制转换为"优""良""中""差"评分制。第①行计算表达式获得0~9分数值。第②行代码中的7,6是将两个值放在一个case中。

Swift中的switch不仅可以比较整数类型，还可以比较浮点和字符等类型。下面是一个比较浮点数的示例：

```
let value = 1.000

var desc: String

switch value {
case 0.0:
    desc = "最小值"
case 0.5:
    desc = "中值"
case 1.0:
    desc = "最大值"
default:
    desc = "其他值"
}

print("说明 = \(desc)")
```

输出结果如下：

说明 = 最大值

结果说明1.000与1.0相等。

下面是一个字符比较示例：

```
let level = "优"

var desc:String

switch level {
case "优":
    desc = "90分以上"
case "良":
    desc = "80分~90分"
case "中":
    desc = "70分~80分"
case "差":
    desc = "低于60分"
default:
    desc = "无法判断"
}

print("说明 = \(desc)")
```

输出结果如下：

说明 = 90分以上

7.1.3　guard 语句

　　guard语句是Swift 2之后新添加的关键字，与if语句非常类似，可以在判断一个条件为true的情况下执行某语句，否则终止或跳过执行某语句。它的设计目的是替换复杂if-else语句的嵌套，提高程序的可读性。

guard语句必须带有else语句，它的语法如下：

```
guard 条件表达式 else {
    跳转语句
}
语句组
```

当条件表达式为true时跳过else语句中的内容，执行语句组内容，条件表达式为false时执行else语句中的内容。跳转语句一般是return、break、continue和throw，return和throw关键字用于guard语句中，break和continue要在一个循环体中使用guard语句。有关跳转语句的内容，我将在7.3节详细介绍。

下面先看一个简单的示例：

```
// 定义一个Blog（博客）结构体
struct Blog {
    let name: String?
    let URL: String?
    let Author: String?
}

func ifStyleBlog(blog: Blog) {                          ①
    if let blogName = blog.name {
        print("这篇博客名：\(blogName)")
    } else {
        print("这篇博客没有名字")
    }
}

func guardStyleBlog(blog: Blog) {                       ②
    guard let blogName = blog.name else {
        print("这篇博客没有名字")
        return
    }
    print("这篇博客名：\(blogName)")
}
```

首先定义一个Blog（博客）结构体。代码第①行与代码第②行定义的函数功能完全相同。

> **提示**
>
> 语句中使用的let blogName = blog.name表达式称为"值绑定"，它做了两件事情，一是把blog.name赋值给blogName，一是判断blogName是否为空值（用nil表示）。

从上面的示例可见，guard语句相对于if语句并没有明显提高程序的可读性。我们再看一个示例：

```
// 定义一个Blog（博客）结构体
struct Blog {
    let name: String?
    let URL: String?
```

```
    let Author: String?
}

func ifLongStyleBlog(blog: Blog) {
    
    if let blogName = blog.name {
        print("这篇博客名：\(blogName)")
        
        if let blogAuthor = blog.Author {
            print("这篇博客由\(blogAuthor)写的")
            
            if let blogURL = blog.URL {
                print("这篇博客网址：\(blogURL)")
            } else {
                print("这篇博客没有网址！")
            }
        } else {
            print("这篇博客没有作者！")
        }
    } else {
        print("这篇博客没有名字！")
    }
}


func guardLongStyleBlog(blog: Blog) {
    
    guard let blogName = blog.name else {
        print("这篇博客没有名字！")
        return
    }
    
    print("这篇博客名：\(blogName)")
    
    guard let blogAuthor = blog.Author else {
        print("这篇博客没有作者")
        return
    }
    
    print("这篇博客由\(blogAuthor)写的")
    
    guard let blogURL = blog.URL else {
        print("这篇博客没有网址！")
        return
    }
    
    print("这篇博客网址：\(blogURL)")
}
```

上述代码我们不用过多地解释了，相信你能够看出在多个if-else语句嵌套的情况下guard语句更有优势，它能够提高程序的可读性。

7.2 循环语句

循环语句能够使程序代码重复执行。Swift编程语言支持3种循环构造类型：while、repeat-while和for。while循环是在执行循环体之前测试循环条件，而repeat-while是在执行循环体之后测试循环条件。这就意味着while循环可能连一次循环体都不执行，而repeat-while将至少执行一次循环体。for与in结合使用，是专门为集合遍历而设计的。

7.2.1 while 语句

while语句是一种先判断的循环结构，格式如下：

```
while 循环条件 {
    语句组
}
```

while循环没有初始化语句，循环次数是不可知的，只要循环条件满足，循环就会一直进行下去。

下面看一个简单的示例，代码如下：

```
var i:Int64 = 0

while i * i < 100000 {
    i += 1
}
print("i = \(i)")
print("i * i = \(i * i)")
```

输出结果如下：

```
i = 317
i * i = 100489
```

上述程序代码的目的是找到平方数大于100 000的最小整数。使用while循环需要注意几点，while循环条件语句中只能写一个表达式，而且是一个布尔型表达式，那么如果循环体中需要循环变量，就必须在while语句之前对循环变量进行初始化。示例中先给i赋值为0，然后我们在循环体内部必须通过语句更改循环变量的值，否则将会发生死循环。

> 💡 **提示**
>
> 循环是比较耗费资源的操作，那么如何让开发人员测试和评估循环效率呢？Xcode提供的Playground工具可以帮助我们实现这个目的。打开Playground运行代码，点击循环体中i后面的查看结果按钮，出现二维坐标的图形界面，如图7-1所示横轴是经历的时间，纵轴是i值变化。

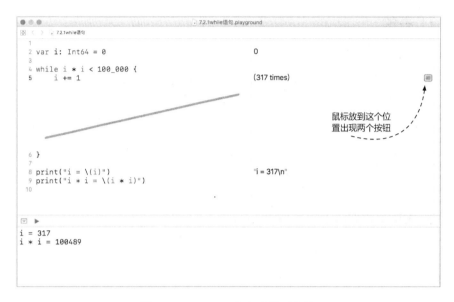

图7-1　Playground中查看循环变量

7.2.2　repeat-while 语句

repeat-while语句的使用与while语句相似,不过repeat-while语句是事后判断循环条件结构。语句格式如下:

```
repeat {
    语句组
} while 循环条件
```

repeat-while循环没有初始化语句,循环次数是不可知的,不管循环条件是否满足,都会先执行一次循环体,然后再判断循环条件。如果条件满足则执行循环体,不满足则停止循环。

下面看一个示例代码:

```
var i: Int64 = 0

repeat {
    i += 1
} while  i * i < 100000

print("i = \(i)")
print("i * i = \(i * i)")
```

输出结果如下:

```
i = 317
i * i = 100489
```

该示例与上一节的示例一样,都是找到平方数小于100 000的最大整数。输出结果也是一样的。

7.2.3 for 语句

Swift 3之前可以使用C语言风格的for语句。C语言风格的for语句格式如下：

```
for 初始化; 循环条件; 迭代 {
    语句组
}
```

Swift 3之后C语言风格的for语句不再使用，Swift 3之后for语句只能与in关键字结合使用，用于对范围和集合进行遍历。

范围示例代码如下：

```
print("n    n*n")
print("---------")
for i in 1 ..< 10 {
    print("\(i) x \(i) = \(i * i)")
}
```

输出结果如下：

```
n    n*n
---------
1 x 1 = 1
2 x 2 = 4
3 x 3 = 9
4 x 4 = 16
5 x 5 = 25
6 x 6 = 36
7 x 7 = 49
8 x 8 = 64
9 x 9 = 81
```

上述代码是计算1~9的平方表，for循环中循环变量i取值是1 ≤ i < 10。因此，最后的结果是打印出1~9的平方，不包括10。

集合遍历示例代码如下：

```
let numbers = [1, 2, 3, 4, 5, 6, 7, 8, 9, 10]
for item in numbers {
    print("Count is: \(item)")
}
```

输出结果如下：

```
Count is: 1
Count is: 2
Count is: 3
Count is: 4
Count is: 5
Count is: 6
Count is: 7
Count is: 8
Count is: 9
Count is: 10
```

上述语句let numbers = [1, 2, 3, 4, 5, 6, 7, 8, 9, 10]声明并初始化了10个元素的数组集合。目前大家只需要知道当初始化数组时，要把相同类型的元素放到[...]中并用逗号分隔(,)，关于数组集合我们会在第8章详细介绍。

在for语句遍历集合时，一般不需要循环变量，但是如果需要使用循环变量，可以使用集合enumerated()方法，示例代码如下：

```
let numbers = [1, 2, 3, 4, 5, 6, 7, 8, 9, 10]

for (index, element) in numbers.enumerated() {
    print("Item \(index): \(element)")
}
```

numbers.enumerate()返回集合元组实例(index, element)。其中index字段是循环变量，element字段是集合元素。

7.3 跳转语句

跳转语句能够改变程序的执行顺序，可以实现程序的跳转。Swift有5种跳转语句：break、continue、fallthrough、throw和return。本章重点介绍break、continue和fallthrough语句的使用，throw和return将在后面章节中介绍。

7.3.1 break 语句

break语句可用于上一节介绍的while、repeat-while和for循环结构，它的作用是强行退出循环结构，不执行循环结构中剩余的语句。

> 💡 **提示**
>
> break语句也可用于switch分支语句，但switch默认在每一个分支之后隐式地添加了break，如果一定要显式地添加break，程序运行也不受影响。

在循环体中使用break语句有两种方式：可以带标签，也可以不带标签。语法格式如下：

```
break           // 不带标签
break label     // 带标签，label是标签名
```

定义标签的时候后面需要跟一个冒号。不带标签的break语句使程序跳出所在层的循环体，而带标签的break语句使程序跳出标签指示的循环体。

下面看一个示例，代码如下：

```
let numbers = [1, 2, 3, 4, 5, 6, 7, 8, 9, 10]

for var i = 0; i < numbers.count; i++ {
```

```
        if i == 3 {
            break
        }
        print("Count is: \(i)")
    }
```

在上述程序代码中，当条件i==3满足的时候执行break语句，break语句会终止循环，程序运行结果如下：

```
Count is: 0
Count is: 1
Count is: 2
```

break还可以配合标签使用，示例代码如下：

```
label1: for x in 0 ..< 5 {                              ①
    label2: for y in (1...5).reversed() {               ②
        if y == x {
            break label1                                ③
        }
        print("(x,y) = (\(x),\(y))")
    }
}

print("Game Over!")
```

默认情况下，break只会跳出最近的内循环（代码第②行的for循环）。如果要跳出代码第①行的外循环，可以为外循环添加一个标签label1:，然后在第③行的break语句后面指定这个标签label1，这样当条件满足执行break语句的时候，程序就会跳转出外循环了。

另外，代码第②行中"..."是闭区间，包含上下边界，函数reversed()是反向遍历区间。

程序运行结果如下：

```
(x,y) = (0,5)
(x,y) = (0,4)
(x,y) = (0,3)
(x,y) = (0,2)
(x,y) = (0,1)
(x,y) = (1,5)
(x,y) = (1,4)
(x,y) = (1,3)
(x,y) = (1,2)
Game Over!
```

如果break后面没有指定外循环标签，则运行结果如下：

```
(x,y) = (0,5)
(x,y) = (0,4)
(x,y) = (0,3)
(x,y) = (0,2)
(x,y) = (0,1)
(x,y) = (1,5)
(x,y) = (1,4)
(x,y) = (1,3)
```

```
(x,y) = (1,2)
(x,y) = (2,5)
(x,y) = (2,4)
(x,y) = (2,3)
(x,y) = (3,5)
(x,y) = (3,4)
(x,y) = (4,5)
Game Over!
```

比较两种运行结果就会发现给break添加标签的意义，添加标签对于多层嵌套循环是很有必要的，适当使用可以提高程序的执行效率。

7.3.2 continue 语句

continue语句用来结束本次循环，跳过循环体中尚未执行的语句，接着进行终止条件的判断，以决定是否继续循环。对于for语句，在进行终止条件的判断前，程序还要先执行迭代语句。

在循环体中使用continue语句有两种方式：可以带标签，也可以不带标签。语法格式如下：

```
continue            // 不带标签
continue label      // 带标签，label是标签名
```

下面看一个示例，代码如下：

```
let numbers = [1, 2, 3, 4, 5, 6, 7, 8, 9, 10]

for var i = 0; i < numbers.count; i++ {
    if i == 3 {
        continue
    }
    print("Count is: \(i)")
}
```

在上述程序代码中，当条件i==3满足的时候执行continue语句，continue语句会终止本次循环，循环体中continue之后的语句将不再执行。接着，程序进行下次循环，所以输出结果中没有3。程序运行结果如下：

```
Count is: 0
Count is: 1
Count is: 2
Count is: 4
Count is: 5
Count is: 6
Count is: 7
Count is: 8
Count is: 9
```

带标签的continue语句示例代码如下：

```
label1: for x in 0 ..< 5 {                              ①
    label2: for y in (1...5).reversed() {               ②
        if y == x {
            continue label1                             ③
```

```
            }
            print("(x,y) = (\(x),\(y))")
        }
    }
    print("Game Over!")
```

默认情况下，continue只会跳出最近的内循环（代码第②行中的for循环），如果要跳出代码第①行的外循环，可以为外循环添加一个标签label1:，然后在第③行的continue语句后面指定这个标签label1。这样当条件满足执行continue语句时候，程序就会跳转出外循环了。

程序运行结果如下：

```
(x,y) = (0,5)
(x,y) = (0,4)
(x,y) = (0,3)
(x,y) = (0,2)
(x,y) = (0,1)
(x,y) = (1,5)
(x,y) = (1,4)
(x,y) = (1,3)
(x,y) = (1,2)
(x,y) = (2,5)
(x,y) = (2,4)
(x,y) = (2,3)
(x,y) = (3,5)
(x,y) = (3,4)
(x,y) = (4,5)
Game Over!
```

由于跳过了x==y，因此下面的内容没有输出：

```
(x,y) = (1,1)
(x,y) = (2,2)
(x,y) = (3,3)
(x,y) = (4,4)
```

7.3.3　fallthrough 语句

fallthrough是贯通语句，只能使用在switch语句中。为了防止错误的发生，Swift中的switch语句case分支默认不能贯通，即执行完一个case分支就跳出switch语句。但是凡事都有例外，如果你的算法真的需要多个case分支贯通，也可以使用fallthrough语句。

下面是一个没有贯通的示例代码：

```
var j = 1
var x = 4

switch x {
case 1:
    j += 1
case 2:
```

```
        j += 1
    case 3:
        j += 1
    case 4:
        j += 1
    case 5:
        j += 1
    default:
        j += 1
}
print("j = \(j)")
```

运行结果如下：

```
j = 2
```

程序流程如图7-2所示，x = 4进入case 4，然后j加一，跳出switch语句，所以最后输出j的值为2。

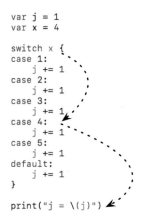

图7-2　没有贯通的switch语句

我们来修改这个示例代码如下：

```
var j = 1
var x = 4

switch x {
case 1:
    j += 1
case 2:
    j += 1
case 3:
    j += 1
case 4:
    j += 1
    fallthrough
case 5:
```

```
        j += 1
        fallthrough
default:
        j += 1
}
print("j = \(j)")
```

运行结果如下：

```
j = 4
```

程序流程如图7-3所示，x = 4进入case 4分支，然后j加一。由于fallthrough，程序会进入case 5分支，然后j加一。由于还有fallthrough，程序会进入default分支，走完该分支后跳出switch语句，所以最后输出j的值为4。

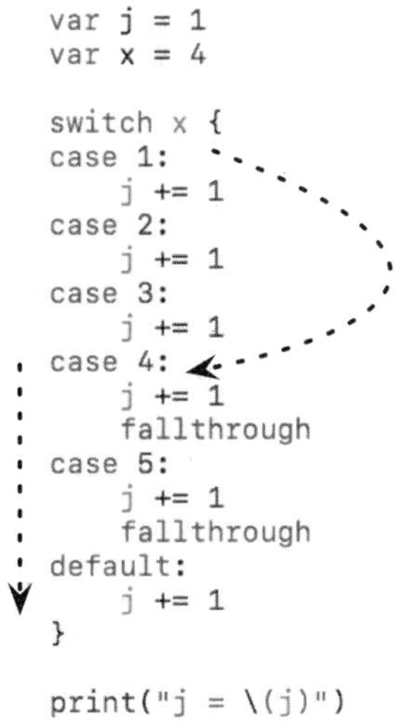

```
var j = 1
var x = 4

switch x {
case 1:
        j += 1
case 2:
        j += 1
case 3:
        j += 1
case 4:
        j += 1
        fallthrough
case 5:
        j += 1
        fallthrough
default:
        j += 1
}
print("j = \(j)")
```

图7-3　有贯通的switch语句

从以上两个例子可见，fallthrough就是为了贯穿case分支而设的。或许这种语句我们用得很少，但作为一门编程语言，还是要照顾用户的少数特殊需求。

7.4　范围与区间运算符

在前面的学习过程中我们多次需要使用区间运算符描述范围，且在定义范围的时候使用了闭区间（...）和半开区间（..<）运算符。闭区间包含上下临界值；半开区间包含下临界值，但不包含上临界值。

闭区间含义如下：

下临界值≤ 范围 ≤上临界值

半开区间含义如下：

下临界值 ≤ 范围 < 上临界值

区间运算符经常应用于switch和for等控制语句中，以及表示范围。我们在前面6.3.2节和7.2.3节已经用到了区间运算。

7.4.1 switch中使用区间运算符

我们可以为switch中的case指定一个范围，如果要比较的值在这个范围内，则执行这个分支。示例代码如下：

```
let testscore = 80

var grade: Character

switch testscore {
case 90...100:                              ①
    grade = "优"
case 80..<90:                               ②
    grade = "良"
case 60..<80:                               ③
    grade = "中"
case 0..<60:                                ④
    grade = "差"
default:                                    ⑤
    grade = "无"
}

print("Grade = \(grade)")
```

输出结果如下：

```
Grade = 良
```

上述代码通过判断成绩范围，给出"优""良""中"和"差"评分标准，默认值"无"是分数不在上述范围内时给出的。

代码第①行90...100范围使用闭区间表示，即90 ≤ grade ≤100的情况，包含两个临界值。而第②行、第③行、第④行代码的范围使用了半开区间，因此80..<90表示 80 ≤ grade < 90，包含下临界值，不包含上临界值。

我们再来看一个复杂一点儿的示例：

```
var student = (id:"1002", name:"李四", age:32, ChineseScore:80, EnglishScore:89)
var desc: String

switch student {
case (_, _, _, 90...100, 90...100):                ①
    desc = "优"
case (_, _, _, 80..<90, 80..<90):                  ②
    desc = "良"
```

```
    case (_, _, _, 60..<80, 60..<80):                              ③
        desc = "中"
    case (_, _, _, 60..<80, 90...100), (_, _, _, 90...100, 60..<80):   ④
        desc = "偏科"
    case (_, _, _, 0..<80, 90...100), (_, _, _, 90...100, 0..<80):    ⑤
        desc = "严重偏科"
    default:
        desc = "无"
}

print("说明: \(desc)")
```

输出结果如下:

说明: 良

上述代码声明并初始化学生元组student，该元组有5个字段，其中id为学号，name为姓名，age为年龄，ChineseScore为语文成绩，EnglishScore为英语成绩。在这个示例中，我们只是比较学生的语文成绩和英语成绩，不比较其他字段，我们可以在case中使用下划线（_）忽略其中的字段值。第①行代码中(_, _, _, 90...100, 90...100)的前3个下划线忽略了id、name和age这3个字段，switch不比较它们的值，只比较ChineseScore成绩是否属于90...100范围，比较EnglishScore成绩是否属于90...100范围。代码第②行和第③行也是类似的。

代码第④行和第⑤行有些特殊，这里使用了逗号（,）分隔两个元组值，这表示"或"的关系，即(_, _, _, 60..<80, 90...100)或(_, _, _, 90...100, 60..<80)的情况。

7.4.2 for中使用区间运算符

for是用来遍历一个集合的，由于一个集合可以使用区间运算符表示，这样在for语句中有时会使用区间运算。

示例代码如下:

```
let numbers = [1, 2, 3, 4, 5, 6, 7, 8, 9, 10]

let count = numbers.count
print("----半开区间----")
for i in 0..<count {                                               ①
    print("第\(i + 1)个元素: \(numbers[i])")
}

print("----闭区间----")
for i in 0...5 {                                                   ②
    print("第\(i + 1)个元素: \(numbers[i])")
}
```

输出结果如下:

```
----半开区间----
第1个元素: 1
第2个元素: 2
```

```
第3个元素：3
第4个元素：4
第5个元素：5
第6个元素：6
第7个元素：7
第8个元素：8
第9个元素：9
第10个元素：10
----闭区间----
第1个元素：1
第2个元素：2
第3个元素：3
第4个元素：4
第5个元素：5
第6个元素：6
```

上述代码在for语句中使用了区间运算符。代码第①行for语句使用了半开区间，它与C语言风格的for语句没有太大的区别，其中的i就是循环变量，count是数组的长度，如果是闭区间就会发生运行错误。代码第②行使用了闭区间，但是上临界值一定要小于count。

7.5 值绑定

有时候在一些控制语句中可以将表达式的值临时赋给一个常量或变量，这些常量或变量能够在该控制语句中使用，这称为"值绑定"。

值绑定可以应用于if、guard和switch等控制语句中。

7.5.1 `if`中的值绑定

在if语句的"条件表达式"部分可以绑定值，这个绑定过程是先将表达式赋值给一个变量或常量，然后判断这个值是否为nil，如果不等于nil则绑定成功进入true分支，否则进入false分支。示例代码如下：

```
// 定义一个Blog (博客) 结构体
struct Blog {
    let name: String?
    let URL: String?
    let Author: String?
}

func ifStyleBlog(blog: Blog) {
    
    if let blogName = blog.name,
        let blogURL = blog.URL,
        let blogAuthor = blog.Author {                          ①
        
        print("这篇博客名：\(blogName)")
        print("这篇博客由\(blogAuthor)写的")
        print("这篇博客网址：\(blogURL)")
```

```
    } else {
        print("这篇博客信息不完整!")
    }
}

let blog1 = Blog(name: nil, URL: "51work6.com", Author: "Tom")
let blog2 = Blog(name: "Tony'Blog", URL: "51work6.com", Author: "Tony")

print("--blog1--")
ifStyleBlog(blog: blog1)
print("--blog2--")
ifStyleBlog(blog: blog2)
```

输出结果如下：

```
--blog1--
这篇博客信息不完整!
--blog2--
这篇博客名：Tony'Blog
这篇博客由Tony写的
这篇博客网址：51work6.com
```

上述代码第①行使用if语句，其中绑定了3个值，多个值绑定语句用逗号（,）分隔，只要有一个值绑定失败，整个结果都是false。绑定的常量blogName、blogURL和blogAuthor在if语句的true分支中是有效的。

7.5.2 guard 中的值绑定

guard非常类似于if语句，也支持值绑定。示例代码如下：

```
// 定义一个Blog（博客）结构体
struct Blog {
    let name: String?
    let URL: String?
    let Author: String?
}

func guardStyleBlog(blog: Blog) {
    
    guard let blogName = blog.name,
        let blogURL = blog.URL,
        let blogAuthor = blog.Author else {        ①
        
        print("这篇博客信息不完整!")
        return
    }
    
    print("这篇博客名：\(blogName)")
    print("这篇博客由\(blogAuthor)写的")
    print("这篇博客网址：\(blogURL)")
    
}
```

```
let blog1 = Blog(name: nil, URL: "51work6.com", Author: "Tom")
let blog2 = Blog(name: "Tony'Blog", URL: "51work6.com", Author: "Tony")

print("--blog1--")
guardStyleBlog(blog: blog1)
print("--blog2--")
guardStyleBlog(blog: blog2)
```

上述代码实现了与7.5.1节中代码完全相同的功能，第①行代码中也绑定了3个值，多个值绑定语句也是用逗号（,）分隔的，只要有一个值绑定失败，整个结果都是false。

7.5.3 switch 中的值绑定

switch的case分支中可以使用值绑定。示例代码如下：

```
var student = (id:"1002", name:"李四", age:32, ChineseScore:90, EnglishScore:91)

var desc: String

switch student {
case (_, _, let AGE, 90...100, 90...100):                              ①
    if (AGE > 30) {                                                     ②
        desc = "老优"
    } else {
        desc = "小优"
    }
case (_, _, _, 80..<90, 80..<90):
    desc = "良"
case (_, _, _, 60..<80, 60..<80):
    desc = "中"
case (_, _, _, 60..<80, 90...100), (_, _, _, 90...100, 60..<80):
    desc = "偏科"
case (_, _, _, 0..<80, 90...100), (_, _, _, 90...100, 0..<80):
    desc = "严重偏科"
default:
    desc = "无"
}

print("说明：\(desc)")
```

输出结果如下：

说明：老优

本示例还是关于成绩的问题，其中第①行代码中的let age就是值绑定，我们在case中声明了一个AGE常量，然后AGE常量就可以在该分支中使用了。我们在第②行代码使用AGE常量，判断AGE > 30。

7.6　where 语句

有时我们可以在一些控制语句中使用where语句进行条件过滤，where类似于SQL语句[1]中的where语句。能够使用where语句的控制语句在switch和for等语句中使用。此外，where语句还可以应用于泛型[2]。

7.6.1　switch 中使用 where 语句

switch语句在绑定值的情况下可以在case中使用where语句，进行条件过滤。

示例代码如下：

```
var student = (id:"1002", name:"李四", age:32, ChineseScore:90, EnglishScore:91)

var desc: String

switch student {
case (_, _, let age, 90...100, 90...100) where age > 20:            ①
    desc = "优"
case (_, _, _, 80..<90, 80..<90):
    desc = "良"
case (_, _, _, 60..<80, 60..<80):
    desc = "中"
case (_, _, _, 60..<80, 90...100), (_, _, _, 90...100, 60..<80):
    desc = "偏科"
case (_, _, _, 0..<80, 90...100), (_, _, _, 90...100, 0..<80):
    desc = "严重偏科"
default:
    desc = "无"
}

print("说明：\(desc)")
```

输出结果如下：

说明：优

本示例是对上个示例的修改，代码第①行中的let age就是值绑定。然后我们在case后面使用了where age > 20，过滤掉元组age字段小于20的数据。

---

[1] 结构化查询语言（Structured Query Language，SQL），是一种数据库查询和程序设计语言，用于存取数据以及查询、更新和管理关系数据库系统；同时也是数据库脚本文件的扩展名。
　　——引自于百度百科：http://baike.baidu.com/view/595350.htm
[2] 泛型是程序设计语言的一种特性，允许程序员在强类型程序设计语言中编写代码时定义一些可变部分，那些部分在使用前必须指明。
　　——引自于百度百科：http://baike.baidu.com/view/965887.htm

7.6.2 for 中使用 where 语句

for语句中也可以使用where语句，它能够在取出集合元素时为元素添加过滤条件。

示例代码如下：

```
let numbers = [1, 2, 3, 4, 5, 6, 7, 8, 9, 10]

print("----for----")
for item in numbers where item > 5 {
    print("Count is: \(item)")
}
```

输出结果如下：

```
----for----
Count is: 6
Count is: 7
Count is: 8
Count is: 9
Count is: 10
```

7.7 本章小结

通过对本章内容的学习，我们可以了解Swift语言的控制语句，其中包括分支语句（if、switch和guard）、循环语句（while、repeat-while和for）和跳转语句（break、continue、fallthrough、throw和return）等。

7.8 同步练习

(1) 编程题：水仙花数是一个三位数，三位数各位的立方之和等于三位数本身。

❑ 请使用while循环计算水仙花数。
❑ 水仙花数是一个三位数，三位数各位的立方之和等于三位数本身。请使用repeat-while循环计算水仙花数。
❑ 水仙花数是一个三位数，三位数各位的立方之和等于三位数本身。请使用for循环计算水仙花数。

(2) 编程题：编写程序以输出以下形式的金字塔图案。

```
   *
  ***
 *****
*******
```

(3) 能从循环语句的循环体中跳出的语句是（　　）。

A. for语句　　　　B. break语句

C. while语句   D. continue语句

(4) 若有如下循环语句，则循环体将被执行（   ）。

```
var x=5, y=20
repeat{
    y -= x
    x += 1
} while(x < y)
```

A. 0次   B. 1次   C. 2次   D. 3次

(5) 下列语句序列执行后，i的值是（   ）。

```
var i=16
repeat {
    i /= 2
} while i > 3
```

A. 16   B. 8   C. 4   D. 2

(6) 若有以下代码段：

```
let m = ?
switch m
{
case 0:
    print("case 0")
case 1:
    print("case 1")
case 2:
    print("case 2")
    fallthrough
default:
    print("default")
}
```

则下列m的哪些值将引起"default"的输出？（   ）

A. 0   B. 1   C. 2   D. 3

(7) 下列语句执行后，x的值是（   ）。

```
var a=3, b=4, x=5
if a < b {
    a += 1
    x += 1
}
```

A. 5   B. 3   C. 4   D. 6

(8) 下列语句序列执行后，k的值是（   ）。

```
var  i=6, j=8, k=10, n=5, m=7
if i<j || m<n {
    k += 1
} else {
```

```
    k -= 1
}
```
A. 9   B. 10   C. 11   D. 12

(9) 下列语句序列执行后，r的值是（   ）。
```
var ch = "8"
var r = 10
switch ch {
case "7":
    r = r+3
case "8":
    r = r+5
case "9":
    r = r+6
    break;
default:
    r = r+7
}
```
A. 13   B. 15   C. 16   D. 10

(10) 下列语句序列执行后，j的值是（   ）。
```
var j=0,i=3
while i > 0 {
    j += i
    i -= 1
}
```
A. 5   B. 6   C. 7   D. 8

(11) 下列语句序列执行后，i的值是（   ）。
```
var i = 10
repeat {
    i -= 2
} while i > 6
```
A. 10   B. 8   C. 6   D. 4

(12) 能构成多分支的语句是（   ）。

   A. for语句   B. while语句

   C. switch语句   D. repeat-while语句

(13) 以下由repeat-while语句构成的循环执行的次数是（   ）。
```
var k = 0
repeat {
    k += 1
} while k < 1
```
   A. 一次也不执行   B. 执行1次

C. 无限次　　　　　　　　D. 有语法错，不能执行

(14) 下列语句序列执行后，x的值是（　　）。

```
var a=3, b=4, x=5
if a == b {
    a += 1
    x = a * x
}
```

A. 35　　　　　　B. 25　　　　　　C. 20　　　　　　D. 5

(15) 下列语句序列执行后，k的值是（　　）。

```
var i=6, j=8, k=10, m=7
if  i > j || m < k {
    k += 1
} else {
    k -= 1
}
```

A. 12　　　　　　B. 11　　　　　　C. 10　　　　　　D. 9

(16) 下列语句序列执行后，k的值是（　　）。

```
var j=8, k=15
for i in 2 ..< j {
    j -= 2
    k += 1
}
```

A. 21　　　　　　B. 15　　　　　　C. 16　　　　　　D. 17

(17) 下列语句序列执行后，j的值是（　　）。

```
var j=3, i=2
while i != i/j {
    j = j+2
    i -= 1
}
```

A. 2　　　　　　B. 4　　　　　　C. 6　　　　　　D. 7

(18) 下列代码执行的结果是（　　）。

```
var x = 1, y = 6
while y == 6 {
    x -= 1
    y -= 1
}
print("x= \(x) ,y = \(y)")
```

A. 程序能运行，输出结果：x=0,y=5　　　　B. 程序能运行，输出结果：x=-1,y=4

C. 程序能运行，输出结果：x=0,y=4　　　　D. 程序不能编译

(19) 下列语句序列执行后，k的值是（　　）。

```
var x=6, y=10, k=5
switch  x % y {
    case 0:
        k = x*y
    case 6:
        k = x/y
        fallthrough
    case 12:
        k = x-y
        fallthrough
    default:
        k = x*y-x
}
```

A. 60　　　　　　　　B. 5　　　　　　　　C. 0　　　　　　　　D. 54

(20) 简答题：请例举在switch中使用范围匹配。

(21) 简答题：请例举在switch中使用元组类型。

第 8 章 Swift原生集合类型

记得大学计算机老师曾告诉我们"程序＝数据结构＋算法",也记得学过很多数据结构的算法,例如数组(array)、Set[①]、队列(queue)、链表(linked list)、树(tree)、图(graph)、堆(heap)、栈(stack)和散列表(hash)等结构。这些数据结构的本质是一个集合,我们可以按照它们的算法对集合中的数据进行添加、删除、排序等集合运算。不同的结构对应不同的算法,有的考虑节省占用空间,有的考虑提高运行效率,对于程序员而言,两者就像是"熊掌"和"鱼肉",不可兼得!提高运行速度往往是以牺牲空间为代价的,而节省占用空间往往是以牺牲运行速度为代价的。

Swift中提供了3种数据结构的实现:数组、Set和字典。字典也叫映射或散列表。这3种结构很有代表性,所以Swift主要提供了这3种结构的实现。

8.1 Swift 中的数组集合

数组是一串有序的由相同类型元素构成的集合。数组中的集合元素是有序的,可以重复出现。图8-1是一个班级集合数组,这个集合中有一些学生,这些学生是有序的,顺序是他们被放到集合中的顺序,我们可以通过下标序号访问他们。这就像老师给进入班级的人分配学号,第一个报到的是"张三",老师给他分配的是0,第二个报到的是"李四",老师给他分配的是1,以此类推,最后一个序号应该是"学生人数–1"。

> **提示**
>
> 数组更关心元素是否有序,而不关心是否重复,请大家记住这个原则。例如,图8-1所示的班级集合中就有两个"张三"。

[①] Set是不能重复的集合,中文不是很好翻译,有的翻译为"集""集合"和"套",笔者认为这几种翻译方式都会误导读者,因此本书不翻译,统一称为Set集合。

图8-1 数组集合

8.1.1 数组声明和初始化

Swift数组类型是Array，Array是结构体类型，是一个一维泛型集合（多维集合需要自己实现）。

>
>
> Foundation框架中也有数组类型——NSArray。NSArray是一个类，而非结构体。因此提到数组时应该明确是Swift中的Array数组，还是Foundation框架中的NSArray数组；它们之间可以通过"零开销桥接技术"互相转化。本章默认情况下所提及的数组为Swift数组。

在声明一个Array类型的时候，可以使用下列语句之一：

var studentList1: Array<String>

var studentList2: [String]

其中变量studentList1明确指定类型为Array<String>，<String>是泛型，说明在这个数组中只能存放字符串类型的数据。studentList2变量也是声明一个只能存放字符串类型的数组。[String]与Array<String>是等价的，[String]是简化写法。

上面声明的Array还不能用，还需要进行初始化；Array类型往往在声明的同时进行初始化。示例代码如下：

```
var studentList1: Array<String> = ["张三","李四","王五","董六"]        ①
var studentList2: [String]      = ["张三","李四","王五","董六"]        ②
let studentList3: [String]      = ["张三","李四","王五","董六"]        ③
var studentList4 = [String]()                                          ④
```

上述代码都是对Array进行声明和初始化，①~③采用["张三","李四","王五","董六"]的方式进行初始化（这是Array的表示方式），它的语法如图8-2所示。

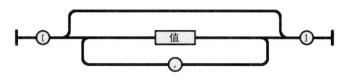

图8-2　Array表示语法

这个语法类似于JSON[①]中的数组，数组以"["（左中括号）开始，以"]"（右中括号）结束，值之间使用","（逗号）进行分隔。

第③行是let声明数组。let声明的数组是不可变数组，必须在声明的同时进行初始化，一旦初始化，就不可以修改。

代码第④行是初始化一个空的数组，它与var studentList2: [String]是有区别的。var studentList2: [String]语句声明没有初始化，即没有开辟内存空间，而第④行的[String]()进行了初始化，只不过没有任何元素。

8.1.2　可变数组

var声明的数组是可变数组，如果初始化之后不再修改数组，应该将数组声明为let的，即不变的数组。

 提示

不可变数组在访问效率上比可变数组要高，可变数组通过牺牲访问效率换取可变性。例如，当往可变数组内添加新元素的时候，数组要重新改变大小，然后重排它们的索引下标，这些都会影响性能。因此，如果你真的确定数组是不需要修改的，那么应该将它声明为不可变的。

提示

Foundation框架中也有可变数组类型——NSMutableArray。NSMutableArray继承自NSArray。

我们可以对可变数组中的元素进行追加、插入、删除和替换等修改操作。

[①] JSON（JavaScript Object Notation）是一种轻量级的数据交换格式。它基于JavaScript（Standard ECMA-262 3rd Edition-December 1999）的一个子集。JSON采用完全独立于语言的文本格式，但是也使用了类似于C语言家族的习惯（包括C、C++、C#、Java、JavaScript、Perl、Python等）。这些特性使JSON成为理想的数据交换语言，易于人们阅读和编写，同时也易于机器解析和生成。

——引自于百度百科：http://baike.baidu.com/view/136475.htm

追加元素可以使用数组append(_:)方法、+和+=操作符实现，+和+=操作符能将两个数组合并在一起。插入元素可以使用数组的insert(_:at:)方法实现，删除元素可以使用数组的remove(at:)方法实现。

下面来看一个示例：

```
var studentList: [String] = ["张三","李四","王五"]            ①
print(studentList)

studentList.append("董六")                                    ②
print(studentList)

studentList += ["刘备", "关羽"]                               ③
print(studentList)

studentList.insert("张飞", at: studentList.count)             ④
print(studentList)

let removeStudent = studentList.remove(at: 0)                 ⑤
print(studentList)

studentList[0] = "诸葛亮"                                     ⑥
print(studentList)
```

输出结果如下：

```
[张三，李四，王五]
[张三，李四，王五，董六]
[张三，李四，王五，董六，刘备，关羽]
[张三，李四，王五，董六，刘备，关羽，张飞]
[李四，王五，董六，刘备，关羽，张飞]
[诸葛亮，王五，董六，刘备，关羽，张飞]
```

上述代码第①行是声明并初始化数组studentList。代码第②行是追加一个元素"董六"；append(_:)不能追加多个元素，如果要想追加多个元素，可以采用第③行+=操作符。+和+=操作符都能够将两个数组合并。

代码第④行是使用insert(_:at:)方法插入元素，at参数是插入位置。本例中传递的是studentList.count，count是数组的属性，可以获取数组长度。

代码第⑤行是使用remove(at:)方法删除元素，参数是删除位置，方法返回值是删除的元素。本例中传递的是0，表示删除第一个元素。当remove(at:)方法成功执行后，第一个元素会被删除，因此最后studentList输出的结果中没有"张三"，而此时removeStudent的内容是"张三"。

代码第⑥行是替换第一个元素为"诸葛亮"。

8.1.3 数组遍历

数组最常用的操作是遍历，就是将数组中的每一个元素取出来，进行操作或计算。整个遍历过程与循环分不开，我们可以使用for循环进行遍历。

下面是遍历数组的示例代码：

```
var studentList: [String]  = ["张三","李四","王五"]

for item in studentList {                                   ①
    print (item)
}

for (index, value) in studentList.enumerated() {            ②
    print("Item \(index + 1 ) : \(value)")
}
```

运行结果如下：

```
张三
李四
王五
Item 1 : 张三
Item 2 : 李四
Item 3 : 王五
```

从上述代码可见，遍历数组有两种方法，它们都采用for语句。第①行代码的遍历适用于不需要循环变量的情况，for可以直接从studentList数组中逐一取出元素，然后进行打印输出。第②行代码的遍历适用于需要循环变量的情况，数组的enumerated方法可以取出数组的索引和元素，其中(index, value)是元组类型，index是索引，value是元素。

8.2　Swift 中的字典集合

Swift字典表示一种非常复杂的集合，允许按照某个键来访问元素。字典是由两部分集合构成的，一个是键（key）集合，一个是值（value）集合。键集合是不能有重复元素的，而值集合可以，键和值是成对出现的。

图8-3所示是字典结构的"国家代号"集合。键是国家代号集合，不能重复。值是国家集合，可以重复。

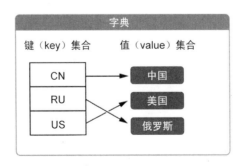

图8-3　字典集合

提示

字典中键和值的集合是无序的,即便开始是按照顺序添加的,当取出这些键或值的时候,也会变得无序。字典集合更适合通过键快速访问值,就像查英文字典一样,键就是要查的英文单词,而值是英文单词的翻译和解释等内容。有的时候,一个英文单词会对应多个翻译和解释,这也是与字典集合特性对应的。

8.2.1 字典声明与初始化

Swift字典类型是Dictionary,Dictionary也是结构体类型,也是一个泛型集合。

 提示

Foundation框架中也有字典类型——NSDictionary。NSDictionary是一个类,而非结构体。因此提到字典时应该明确是Swift中的Dictionary字典,还是Foundation框架中的NSDictionary字典,它们之间可以通过"零开销桥接技术"互相转化。本章默认情况下所提及的字典为Swift字典。

在声明一个Dictionary类型的时候可以使用下列语句之一:

```
var studentDictionary1: Dictionary<Int, String>
var studentDictionary2: [Int: String]
```

其中,变量studentDictionary明确指定类型为Dictionary<Int, String>。其中<Int, String>是泛型,这表明键集合元素类型是Int,值集合元素类型是String。[Int: String]与Dictionary<Int, String>是等价的,[Int: String]是简化写法。

上面声明的字典还需要进行初始化才能使用,字典类型往往是在声明的同时进行初始化的。示例代码如下:

```
var studentDictionary1: Dictionary<Int, String>
    = [102 : "张三",105 : "李四", 109 : "王五"]                    ①
var studentDictionary2 = [102 : "张三",105 : "李四", 109 : "王五"]   ②
let studentDictionary3 = [102 : "张三",105 : "李四", 109 : "王五"]   ③
var studentDictionary4 = Dictionary<Int, String>()               ④
var studentDictionary5 = [Int: String]()                         ⑤
```

上述代码都是对字典进行声明和初始化,代码第①行~第③行采用[102 : "张三",105 : "李四", 109 : "王五"]的方式进行初始化,这是字典的表示方式,语法如图8-4所示。

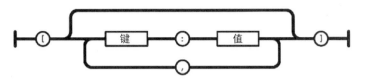

图8-4 字典表示语法

这个语法类似于JSON中的对象，字典以"["（左括号）开始，以"]"（右括号）结束。每个键后跟一个":"（冒号），"键–值"对之间使用","（逗号）分隔。

第③行是let声明字典，let声明的字典是不可变字典，必须在声明的同时初始化，一旦被初始化就不可以修改了。

代码第④行是初始化一个空的字典，键集合为Int类型，值集合为String，初始化后没有任何元素。

8.2.2 可变字典

不可变字典与可变字典之间的关系类似于不可变数组和可变数组之间的关系。var声明的字典是可变字典，如果初始化之后不再修改字典，应该将字典声明为let的，即不变的字典。

> 💡 **提示**
>
> Foundation框架中也有可变字典类型——NSMutableDictionary。NSMutableDictionary继承自NSDictionary。

我们可以对字典中的元素进行追加、删除和替换等修改操作。字典元素的追加比较简单，只要给一个不存在的键赋一个有效值，就会追加一个"键–值"对元素。

字典元素的删除有两种方法，一种是给一个键赋值为nil，这样就可以删除元素；一种是通过字典的removeValue(forKey:)方法删除元素，方法返回值是要删除的值。

字典元素替换也有两种方法，一种是直接给一个存在的键赋值，这样新值就会替换旧值；另一种方法是通过updateValue(_:forKey:)方法替换，方法的返回值是要替换的值。

下面我们来看一个示例：

```
var studentDictionary = [102 : "张三",105 : "李四", 109 : "王五"]    ①
studentDictionary[110] = "董六"                                      ②
print("班级人数: \(studentDictionary.count)")                         ③
let dismissStudent = studentDictionary.removeValue(forKey: 102)      ④
```

```
print("开除的学生：\(dismissStudent!)")                                    ⑤

studentDictionary[105] = nil                                              ⑥

studentDictionary[109] = "张三"                                           ⑦

let replaceStudent = studentDictionary.updateValue("李四", forKey:110)    ⑧
print("被替换的学生是：\(replaceStudent!)")                                ⑨
```

输出结果如下：

```
班级人数：4
开除的学生：张三
被替换的学生是：董六
```

上述代码第①行是声明并初始化字典studentDictionary，第②行代码追加键为110、值为"董六"的一个元素，第③行代码是打印班级学生的人数，count是字典的属性，返回字典的长度。

第④行和第⑥行都是删除元素，第④行代码是使用removeValueForKey(_:)方法删除元素，dismissStudent是返回值，它保持了被删除的元素。因此我们在第⑤行打印输出dismissStudent!是"开除的学生:张三"，dismissStudent是可选类型，需要拆包处理。第⑥行studentDictionary[105] = nil语句是直接赋值nil，也可以删除105对应的元素。

第⑦行和第⑧行都是替换旧元素，如果第⑦行的键不存在，那么结果是在字典中追加一个新的"键–值"对元素。第⑧行是通过updateValue(_:forKey:)方法替换元素，方法的返回值是"董六"，第⑨行代码是打印"被替换的学生是：董六"，replaceStudent也是可选类型，也需要拆包处理。

8.2.3 字典遍历

字典遍历集合也是字典的重要操作。与数组不同，字典有两个集合，因此遍历过程可以只遍历值的集合，也可以只遍历键的集合，也可以同时遍历。这些遍历过程都是通过for循环实现的。

下面是遍历字典的示例代码：

```
var studentDictionary = [102 : "张三",105 : "李四", 109 : "王五"]

print("---遍历键---")
for studentID in studentDictionary.keys {                                 ①
    print("学号：\(studentID)")
}

print("---遍历值---")
for studentName in studentDictionary.values {                             ②
    print("学生：\(studentName)")
}

print("---遍历键:值---")
for (studentID, studentName) in studentDictionary {                       ③
    print ("\(studentID) : \(studentName)")
}
```

运行结果如下：

```
---遍历键---
学号：105
学号：102
学号：109
---遍历值---
学生：李四
学生：张三
学生：王五
---遍历键：值---
105 : 李四
102 : 张三
109 : 王五
```

从上述代码可见，我们有3种方法遍历字典，而它们都采用了for语句。第①行代码遍历了键集合，其中keys是字典属性，可以返回所有键的集合。第②行代码遍历了值的集合，其中values是字典属性,可以返回所有值的集合。第③行代码遍历取出的字典元素,(studentID, studentName)是元组类型，它由键变量studentID和值变量studentName组成。

8.3 Swift 中的 Set 集合

Swift中Set集合是由一串无序的，不能重复的相同类型元素构成的集合。

图8-5是一个班级的Set集合。这个Set集合中有一些学生，这些学生是无序的，不能通过下标索引访问，而且没有重复的同学。

图8-5　Set集合

> 💡 **提示**
>
> 如果与数组比较，数组中的元素是有序的，可以重复出现，而Set中是无序的，不能重复的元素。数组强调的是有序，Set强调的是不重复。当不考虑顺序，而且没有重复的元素时，Set和数组可以互相替换。

8.3.1 Set 声明和初始化

Swift的Set类型是Set。Set是结构体类型，也是一个一维泛型集合。

> Foundation框架中也有Set类型——NSSet。NSSet是一个类，而非结构体。因此提到Set时应该明确是Swift中的Set，还是Foundation框架中的NSSet。它们之间可以通过"零开销桥接技术"互相转化。本章默认情况下所提及的Set为Swift中的Set。

在声明一个Set类型时可以使用下面的语句：

```
var studentList: Set<String>
```

其中变量studentList明确指定类型为Set<String>。<String>是泛型，说明在这个数组中只能存放字符串类型的数据。

> 声明Set类型时没有像数组那样的简化写法，如数组字符串[String]。

Set类型初始化，示例代码如下：

```
let studentList1: Set<String> = ["张三", "李四", "王五", "董六"]          ①
var studentList2 = Set<String>()                                          ②

let studentList3 = ["张三", "李四", "王五", "董六"]                        ③
let studentList4: [String] = ["董六", "张三", "李四", "王五"]              ④

let studentList5: Set<String> = ["董六", "张三", "李四", "王五"]           ⑤

if studentList1 == studentList5 {                                         ⑥
    print("studentList1 等于 studentList5")
} else {
    print("studentList1 不等于 studentList5")
}

if studentList3 == studentList4 {                                         ⑦
    print("studentList3 等于 studentList4")
} else {
    print("studentList3 不等于 studentList4")
}
```

运行结果如下：

```
studentList1 等于 studentList5
studentList3 不等于 studentList4
```

上述代码第①行、第②行和第⑤行都是对Set进行声明和初始化，代码第①行和第⑤行采用

[...]的方式进行初始化，代码第④行是初始化一个空的数组。

Set表示方式与Array表示方式一样，它的语法如图8-2所示，默认情况下[...]形式表示数组，所以代码第③行不是初始化的Set而是Array。

代码第④行声明类型[String]，[String]表示类型是Array。

> 💡 **提示**
>
> 如果两个Set集合元素内容一样，只是初始化时元素顺序不同，那么进行比较的时候它们会相等吗？代码第⑥行是比较两个Set集合，它们的结果是相等。代码第⑦行是比较两个数组集合，它们的结果是不相等。从这个比较结果可知，Set集合不关注元素的顺序，也说明了第①行和第⑤行的Set集合没有区别，而第③行和第④行的数组是有区别的。

8.3.2 可变 Set 集合

不可变Set集合与可变Set集合之间的关系，类似于不可变数组和可变数组之间的关系。var声明的Set集合是可变的，如果初始化之后不再修改，应该将Set集合声明为let的，即不变的Set集合。

> 💡 **提示**
>
> Foundation框架中也有可变字典类型——NSMutableSet。NSMutableSet继承自NSSet。

我们可以对可变Set集合中的元素进行插入和删除等修改操作。插入元素可以使用Set集合的insert(_:)方法实现，删除元素可以使用Set集合的removeFirst()和remove(_:)方法实现。

下面我们来看一个示例：

```
var studentList: Set<String>  = ["张三","李四","王五"]            ①
print(studentList)                                              ②

let removeStudent = studentList.removeFirst()                   ③
print(studentList)
print(removeStudent)

studentList.insert("董六")                                       ④
print(studentList)

let student = "张三"

studentList.remove(student)                                     ⑤
print(studentList)

if !studentList.contains(student) {                             ⑥
```

```
        print("删除学生:\(student)成功。")
    } else {
        print("删除学生:\(student)失败!")
    }
    print("Set集合长度:\(studentList.count)")                              ⑦
```

输出结果如下：

```
["王五", "张三", "李四"]
["张三", "李四"]
王五
["董六", "张三", "李四"]
["董六", "李四"]
删除学生:张三成功。
Set集合长度:2
```

上述代码第①行是声明并初始化Set集合studentList，第②行是打印数组，第③行是使用removeFirst()方法删除第一个元素"王五"。第④行是使用insert(_:)方法插入元素。第⑤行代码是使用remove(_:)方法删除特定元素，方法返回值是删除的元素。

代码第⑥行是使用contains(_:)方法判断是否包含特定元素。

代码第⑦行是使用count属性获得Set集合的长度。

8.3.3 Set集合遍历

Set集合最常用的操作是遍历，就是将数组中的每一个元素取出来，以便进行操作或计算。整个遍历过程与循环分不开，我们可以使用for循环进行遍历。

下面是遍历Set集合的示例代码：

```
var studentList: Set<String> = ["张三","李四","王五"]

for item in studentList {                                                  ①
    print(item)
}

for (index, value) in studentList.enumerated() {                           ②
    print("Item \(index + 1 ) : \(value)")
}
```

运行结果如下：

```
王五
张三
李四
Item 1 : 王五
Item 2 : 张三
Item 3 : 李四
```

从上述代码可见，遍历Set集合也有两种方法，它们都采用for语句。代码第①行的遍历适用于不需要循环变量的情况，for可以直接从Set集合变量studentList中逐一取出元素，然后进行打印输出。第②行代码的遍历适用于需要循环变量的情况，数组的enumerated方法可以取出数组的索引和元素，其中(index, value)是元组类型。

> 💡 **提示**
>
> 上述代码第②行中的index是循环变量，可以表示循环的次数，而不是集合元素的序号。我们可以从打印结果看出第一次打印并不是"张三"，这是因为Set集合是无序的，序号对于Set集合没有意义。

8.3.4 Set集合运算

多个Set集合之间可以进行集合运算，这些运算操作会得到新的Set集合，如果A和B表示两个Set集合，它们的运算操作包括下面几项。

- **交集**。属于A且属于B的元素的集合，参见图8-6a。
- **并集**。属于A或属于B的元素的集合，参见图8-6b。
- **异或集合**。属于A且不属于B的元素的集合，属于B且不属于A的元素的集合，参见图8-6c。
- **差集**。属于A而不属于B的元素的集合称为A与B的差集，参见图8-6d。

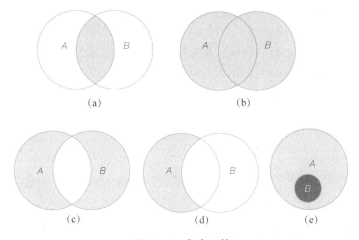

图8-6 Set集合运算

Set集合进行运算操作的过程中还涉及Set子集的概念，如果集合A的任意一个元素都是集合B的元素，那么集合A称为集合B的子集，参见图8-6e。

示例代码如下：

```
let A: Set<String>  = ["a","b","e","d"]
let B: Set<String>  = ["d","c","e","f"]
```

```
print("A与B交集 = \(A.intersection(B))")                  ①
print("A与B并集 = \(A.union(B))")                         ②
print("A与B异或集合 = \(A.symmetricDifference(B))")        ③

let C = A.subtracting(B)                                  ④
print("A与B差集 = \(C)")

if C.isSubset(A) {                                        ⑤
    print("C是A的子集")
}
```

运行结果如下：

```
A与B交集 = ["e", "d"]
A与B并集 = ["b", "e", "a", "f", "d", "c"]
A与B异或集合 = ["b", "f", "a", "c"]
A与B差集 = ["b", "a"]
C是A的子集
```

上述代码声明了两个Set集合A和B。代码第①行是通过intersection(_:)方法计算A与B的交集。代码第②行是通过union(_:)方法计算A与B的并集。代码第③行是通过symmetricDifference(_:)方法计算A与B的异或集。代码第④行是通过subtracting(_:)方法计算A与B的差集。

代码第⑤行是判断C是否为A的子集，使用方法isSubset(_:)进行判断。

8.4 本章小结

通过对本章内容的学习，我们可以了解Swift语言的集合，包括数组、字典和Set集合。

8.5 同步练习

(1) 以下定义数组的语句中，不正确的是（　　）。

    A. let a : Array<Int> = [1,2]　　　　B. let a : [Int] = [1,2]

    C. var b: [String] = ["张三","李四"]　　D. int Array [] a1,a2

    E. int a3[]={1,2,3,4,5}

(2) 在一个应用程序中有如下定义：let a = [1,2,3,4,5,6,7,8,9,10]。为了打印输出数组a的最后一个元素，下列代码正确的是（　　）。

    A. print(a[10])　　　　　　　　　　B. print(a[9])

    C. print(a[a.count])　　　　　　　　D. print(a(8))

(3) 下列语句序列执行后，打印输出结果是（　　）。

```
var ages = ["张三": 23, "李四": 35, "王五": 65, "董六": 19]
var copiedAges = ages
```

```
copiedAges["张三"] = 24
print(ages["张三"]!)
```

A. 65   B. 35   C. 24   D. 23

(4) 下列语句序列执行后，打印输出结果是（   ）。

```
var n1 = [900, 200, 300]
var n2 = n1
var n3 = n1

n1[0] = 1000
print(n1[0])
print(n2[0])
print(n3[0])
```

A. 900   B. 800   C. 1000   D. 1000
   900   900   900   800
   900   900   900   900

(5) 判断正误：数组的元素是不能重复的。

(6) 判断正误：字典由键和值两个集合构成，键集合中的元素不能重复，值集合中的元素可以重复。

(7) 编程题：编写一个程序说明Swift数组的使用。

(8) 编程题：假设有一个类的定义如下：

```
class Employee {
    var name: String         // 姓名
    var salary: Double       // 工资
    init (n : String) {
        name = n
        salary = 0
    }
}
```

试编写一个程序说明Swift字典的使用。

第 9 章 函数

我们将程序中反复执行的代码封装到一个代码块中,这个代码块模仿了数学中的函数,具有函数名、参数和返回值。

Swift中的函数很灵活,它可以独立存在,即全局函数;也可以存在于别的函数中,即函数嵌套;还可以存在于类、结构体和枚举中,即方法。

9.1 定义函数

要使用函数首先需要定义函数,然后在合适的地方进行调用。

函数的语法格式如下:

```
func 函数名(参数列表) -> 返回值类型 {
    语句组
    return 返回值
}
```

在Swift中定义函数时,关键字是func,函数名需要符合标识符命名规范;多个参数列表之间可以用逗号(,)分隔,极端情况下可以没有参数。参数列表语法如图9-1所示,每一个参数一般由3部分构成:参数标签、参数名和参数类型。

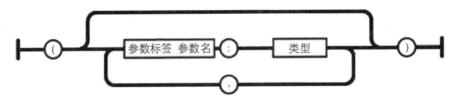

图9-1 参数列表语法

参数列表后使用箭头"->"指示返回值类型。返回值有单个值和多个值,多个值返回可以使用元组类型实现。如果函数没有返回值,则"-> 返回值类型"部分可以省略。对应地,如果函数有返回值,我们就需要在函数体最后使用return语句将计算的值返回;如果没有返回值,则函数体中可以省略return语句。

函数定义示例代码如下:

```swift
func rectangleArea(W width: Double, H height: Double) -> Double {          ①
    let area = width * height
    return area                                                             ②
}
print("320x480的长方形的面积:\(rectangleArea(W:320, H:480))")                ③
```

上述代码第①行是定义计算长方形面积的函数rectangleArea，它有两个Double类型的参数，分别是长方形的宽和高，参数列表中的W和H是参数标签，width和height是参数名。函数的返回值类型是Double。第②行代码是返回函数计算结果。调用函数的过程是通过代码第③行中的rectangleArea(W:320, H:480)表达式实现的，调用函数时需要指定函数名和参数值。

9.2 函数参数

Swift中的函数参数很灵活，具体体现在传递参数有多种形式上。这一节我们介绍几种不同形式的参数。

9.2.1 使用参数标签

在定义函数时，可以有很多参数，如果没有清晰的帮助说明，调用者很难知道参数的含义是什么。为此我们应该为每一个参数提供标签，并且这些标签命名应该是唯一的，并且有意义。

还记得上一节计算长方形面积的函数rectangleArea吗？rectangleArea函数的定义如下：

```swift
func rectangleArea(W width: Double, H height: Double) -> Double {
    let area = width * height
    return area
}
```

其中W和H就是参数标签，如果在定义函数时没有声明参数标签，原则上也是可以的，修改rectangleArea函数的定义如下：

```swift
func rectangleArea(width: Double, height: Double) -> Double {              ①
    let area = width * height
    return area
}

print("320x480的长方形的面积:\(rectangleArea(width: 320, height: 480))")     ②
```

上述代码第①行参数没有声明参数标签，当调用函数时可将参数名作为参数标签使用，代码第②行是调用rectangleArea函数，其中width和height参数名作为参数标签使用。

9.2.2 省略参数标签

在Swift 3后，调用函数时要求指定所有参数的标签，除非函数定义时使用下划线（_）关键字声明标签。示例代码如下：

```
func rectangleArea(_ width: Double, H height: Double) -> Double {         ①
    let area = width * height
    return area
}
print("W x H的长方形的面积:\(rectangleArea(320, H: 480))")                  ②

func rectangleArea(_ width: Double, height: Double) -> Double {           ③
    let area = width * height
    return area
}
print("width x height的长方形的面积:\(rectangleArea(320, height: 480))")     ④
```

上述代码第①行和第③行是定义函数，其中第一个参数width的标签使用下划线（_）关键字，这表示在调用时需要省略标签，见代码第②行和第④行，实际参数320没有指定标签。

> **注意**
>
> 一但使用下划线（_）关键字，在调用时，不需要指定参数标签，事实上也不能指定标签。如果代码第④行修改为rectangleArea(width: 320, height: 480)会有编译错误。

9.2.3 参数默认值

在定义函数的时候可以为参数设置一个默认值，当调用函数的时候可以忽略该参数。来看下面的示例：

```
func makecoffee(type: String = "卡布奇诺") -> String {
    return "制作一杯\(type)咖啡。"
}
```

上述代码定义了makecoffee函数，可以帮助我做一杯香浓的咖啡。由于我喜欢喝卡布奇诺，就把它设置为默认值。在参数列表中，默认值可以跟在参数的后面，通过等号赋值。

在调用的时候，如果调用者没有传递参数，则使用默认值。调用代码如下：

```
let coffee1 = makecoffee(type: "拿铁")                                     ①
let coffee2 = makecoffee()                                                ②
```

其中第①行代码是传递"拿铁"参数，没有使用默认值。第②行代码没有传递参数，因此使用默认值。最后输出结果如下：

```
制作一杯拿铁咖啡。
制作一杯卡布奇诺咖啡。
```

9.2.4 可变参数

Swift中函数的参数个数可以变化，它可以接受不确定数量的输入类型参数（这些参数具有相同的类型），有点像是传递一个数组。我们可以通过在参数类型名后面加入...的方式来表示这是可变参数。

下面看一个示例：

```
func sum(numbers: Double...) -> Double {
    var total: Double = 0
    for number in numbers {
        total += number
    }
    return total
}
```

上述代码定义了一个sum函数，用来计算传递给它的所有参数之和。参数列表numbers: Double...表示这是Double类型的可变参数。在函数体中参数numbers被认为是一个Double数组，我们使用for循环遍历numbers数组集合，计算它们的总和，然后返回给调用者。

下面是两次调用sum函数的代码：

```
sum(numbers: 100.0, 20, 30)
sum(numbers: 30, 80)
```

可以看到，每次所传递参数的个数是不同的。

9.2.5 值类型参数的引用传递

我们在第5章介绍过，参数传递方式有两种：值类型和引用类型。值类型给函数传递的是参数的一个副本，这样在函数的调用过程中不会影响原始数据。引用类型是把数据本身引用（内存地址）传递过去，这样在函数的调用过程中会影响原始数据。

在众多数据类型中，只有类是引用类型，其他的数据类型如整型、浮点型、布尔型、字符、字符串、元组、集合、枚举和结构体全部是值类型。

但是凡事都有例外，有的时候就是要将一个值类型参数以引用方式传递，这也是可以实现的，Swift提供的inout关键字就可以实现。来看下面一个示例：

```
func increment(value: inout Double, amount: Double = 1.0) {        ①
    value += amount
}

var value: Double = 10.0                                            ②

increment(value: &value)                                            ③
print(value)

increment(value: &value, amount: 100.0)                             ④
print(value)
```

第①行代码定义了increment函数，这个函数可以计算一个数值的增长。第一个参数value是需要增长的数值，它被设计为inout类型，inout修饰的参数称为输入输出参数，不能使用var或let标识。第二个参数amount是增长量，它的默认值是1.0。函数没有声明返回值类型，函数体中不需要return语句,事实上要返回的数据已经通过参数value传递回来,没有必要通过返回值返回了。

第②行代码声明并初始化了Double类型变量value,由于在函数调用过程中需要修改它,因此不能声明为常量。

第③行代码increment(value: &value)是调用函数increment,增长量是默认值,其中&value(在变量前面加&符号,取出value地址)是传递引用方式,它在定义函数时,参数标识与inout是相互对应的。

第④行代码increment(value: &value, amount: 100.0)也是调用函数increment,增长量是100.0。

上述代码输出结果如下:

```
11.0
111.0
```

由于是传递引用方式,输出这个结果就很容易解释了。

9.3 函数返回值

Swift中函数的返回值也比较灵活,主要有3种形式:无返回值、单一返回值和多返回值。前面使用的函数基本都采用单一返回值,本节我们重点介绍无返回值和多返回值两种形式。

9.3.1 无返回值函数

有的函数只是为了处理某个过程,或者要返回的数据要通过inout类型参数传递出来,这时可以将函数设置为无返回值。所谓无返回值,事实上是Void类型,即表示没有数据的类型。

无返回值函数的语法格式有如下3种形式:

```
func 函数名(参数列表) {                    ①
    语句组
}
func 函数名(参数列表) ->() {               ②
    语句组
}
func 函数名(参数列表) ->Void {             ③
    语句组
}
```

无返回值函数不需要"return 返回值"语句。第①行语法格式很彻底,参数列表后面没有箭头和类型,第②行语法格式->()表示返回类型是空的元组,第③行语法格式->Void表示返回Void类型。

第①行的格式函数定义我们在上一节的increment函数中使用过。increment函数修改为②和③格式的语法如下:

```
func increment(value: inout  Double, amount: Double = 1.0) {
    value += amount
}
func increment(value: inout  Double, amount: Double = 1.0) -> () {
    value += amount
}
func increment(value: inout  Double, amount: Double = 1.0) -> Void {
    value += amount
}
```

9.3.2 多返回值函数

有时需要函数返回多个值，这可以通过两种方式实现：一种是在函数定义时将函数的多个参数声明为引用类型传递，这样当函数调用结束时，这些参数的值就变化了；另一种是返回元组类型。

本节将介绍通过元组类型返回多值的实现方式。下面来看一个示例：

```
func position(dt: Double, speed: (x: Int, y: Int)) -> (x: Int, y: Int) {        ①

    let posx: Int = speed.x * Int(dt)                                           ②
    let posy: Int = speed.y * Int(dt)                                           ③

    return (posx, posy)                                                         ④
}
let move = position(dt: 60.0, speed: (10, -5))                                  ⑤
print("物体位移：\(move.x) , \(move.y)")                                        ⑥
```

这个示例是计算物体在指定时间和速度时的位移。第①行代码是定义position函数，其中dt参数是时间，speed参数是(x:Int, y:Int)元组类型，x和y分别表示在X轴和Y轴上的速度。速度是矢量，是有方向的，负值表示沿X轴或Y轴相反的方向运行。position函数的返回值也是(x:Int, y:Int)元组类型。

函数体中的第②行代码是计算X方向的位移，第③行代码是计算Y方向的位移。最后，第④行代码将计算后的数据返回，(posx, posy)是元组类型实例。

第⑤行代码调用函数，传递的时间是60.0 s，速度是(10, -5)。第⑥行代码打印输出结果，结果如下：

物体位移：600 , -300

9.4 函数类型

每个函数都有一个类型，使用函数的类型与使用其他数据类型一样，可以声明变量或常量，也可以作为其他函数的参数或者返回值使用。

我们有如下3个函数的定义：

```swift
// 定义计算长方形面积的函数
func rectangleArea(width: Double, height: Double) -> Double {     ①
    let area = width * height
    return area
}

// 定义计算三角形面积的函数
func triangleArea(bottom: Double, height: Double) -> Double {     ②
    let area = 0.5 * bottom * height
    return area
}

func sayHello() {                                                  ③
    print("Hello, World")
}
```

上述代码中，我们定义了两个函数。其中第①行rectangleArea(width: Double, height: Double) -> Double函数和第②行triangleArea(bottom: Double, height: Double) -> Double函数的函数类型都是(Double, Double) -> Double，第③行sayHello()函数的函数类型是()->()。

9.4.1 作为函数返回类型使用

我们可以把函数类型作为另一个函数的返回类型使用。下面来看一个示例：

```swift
// 定义计算长方形面积的函数
func rectangleArea(width: Double, height: Double) -> Double {
    let area = width * height
    return area
}

// 定义计算三角形面积的函数
func triangleArea(bottom: Double, height: Double) -> Double {
    let area = 0.5 * bottom * height
    return area
}

func getArea(type: String) -> (Double, Double) -> Double {         ①

    var returnFunction: (Double, Double) -> Double                 ②

    switch (type) {
    case "rect":   // rect表示长方形
        returnFunction = rectangleArea                             ③
    case "tria":   // tria表示三角形
        returnFunction = triangleArea                              ④
    default:
        returnFunction = rectangleArea                             ⑤
    }

    return returnFunction                                          ⑥
```

```
        // 获得计算三角形面积的函数
        var area: (Double, Double) -> Double = getArea(type: "tria")                    ⑦
        print("底10 高13，三角形面积：\(area(10, 15))")                                    ⑧

        // 获得计算长方形面积的函数
        area = getArea(type: "rect")                                                     ⑨
        print("宽10 高15，计算长方形面积：\(area(10, 15))")                                 ⑩
```

上述代码第①行定义函数getArea(type : String) -> (Double, Double) -> Double，其返回类型是(Double, Double) -> Double，这说明返回值是一个函数类型。第②行代码声明returnFunction，它的类型是(Double, Double) -> Double函数类型。第③行代码是在类型type为rect（即长方形）的情况下，把上一节定义的rectangleArea函数名赋值给returnFunction变量，这种赋值之所以能够成功是因为returnFunction类型是rectangleArea函数类型。第④行和第⑤行代码也是如此。第⑥行代码将returnFunction变量返回。

第⑦行和第⑨行代码调用函数getArea，返回值area是函数类型。第⑧行和第⑩行中的area(10,15)调用函数其参数列表是(Double, Double)。

上述代码运行结果如下：

```
底10 高15，三角形面积：75.0
宽10 高15，计算长方形面积：150.0
```

9.4.2 作为参数类型使用

我们可以把函数类型作为另一个函数的参数类型使用。下面来看一个示例：

```
// 定义计算长方形面积的函数
func rectangleArea(width: Double, height: Double) -> Double {
    let area = width * height
    return area
}

// 定义计算三角形面积的函数
func triangleArea(bottom: Double, height: Double) -> Double {
    let area = 0.5 * bottom * height
    return area
}

func getAreaByFunc(funcName: (Double, Double) -> Double, a: Double, b: Double) -> Double {    ①
    let area = funcName(a, b)
    return area
}

// 获得计算三角形面积的函数
var result: Double = getAreaByFunc(funcName: triangleArea, a: 10, b: 15)                      ②
print("底10 高15，三角形面积：\(result)")

// 获得计算长方形面积的函数
```

```
result = getAreaByFunc(funcName: rectangleArea, a: 10, b: 15)        ③
print("宽10 高15，计算长方形面积：\(result)")
```

上述代码第①行定义函数getAreaByFunc，它的第一个参数funcName类型是函数类型(Double, Double) -> Double，第二个和第三个参数都是Double类型。函数的返回值是Double类型，是计算得到的几何图形面积。

第②行是调用函数getAreaByFunc，我们给它传递的第一个参数triangleArea是前文定义的计算三角形面积的函数名，第二个参数是三角形的底边，第三个参数是三角形的高。函数的返回值result是Double，是计算所得的三角形面积。

第③行也是调用函数getAreaByFunc，我们给它传递的第一个参数rectangleArea是前文定义的计算长方形面积的函数名，第二个参数是长方形的宽，第三个参数是长方形的高。函数的返回值result也是Double，是计算所得的长方形面积。

上述代码的运行结果如下：

```
底10 高15，三角形面积：75.0
宽10 高15，计算长方形面积：150.0
```

综上所述，比较本节与上一节的示例，可见它们具有相同的结果，都使用了函数类型(Double, Double) -> Double，通过该函数类型调用triangleArea和rectangleArea函数来计算几何图形的面积。上一节是把函数类型作为函数返回值类型使用，而本节是把函数类型作为函数的参数类型使用。经过前文的介绍，你会发现函数类型也没有什么难理解的，与其他类型的用法一样。

9.5 嵌套函数

在此之前我们定义的函数都是全局函数，并将定义在全局作用域中。我们也可以把函数定义在另外的函数体中，称作"嵌套函数"。

下面我们来看一个示例：

```
func calculate(opr: String)-> (Int, Int)-> Int {        ①
    // 定义+函数
    func add(a: Int, b: Int) -> Int {                   ②
        return a + b
    }
    // 定义-函数
    func sub(a: Int, b: Int) -> Int                     ③
        return a - b
    }

    var result: (Int, Int)-> Int

    switch (opr) {
    case "+":
        result = add                                    ④
```

```
        case "-":
            result = sub                                    ⑤
        default:
            result = add                                    ⑥
    }
    return result                                           ⑦
}
let f1:(Int, Int)-> Int = calculate("+")                    ⑧
print("10 + 5 = \(f1(10, 5))")

let f2:(Int, Int)-> Int = calculate("-")                    ⑨
print("10 - 5 = \(f2(10, 5))")
```

上述代码第①行定义了calculate函数，作用是根据运算符进行数学计算，参数opr是运算符，返回值是函数类型(Int, Int)-> Int。在calculate函数体内，第②行定义了嵌套函数add，对两个参数进行加法运算。第③行定义了嵌套函数sub，对两个参数进行减法运算。第④行代码是在运算符为"+"的情况下，将add函数名赋值给函数类型变量result。第⑤行代码是在运算符为"-"号的情况下，将sub函数名赋值给函数类型变量result。第⑥行代码是默认将add函数名赋值给函数类型变量result。第⑦行代码返回函数变量result。第⑧行代码调用calculate函数进行加法运算。第⑨行代码调用calculate函数进行减法运算。

程序运行结果如下：

```
10 + 5 = 15
10 - 5 = 5
```

默认情况下，嵌套函数的作用域在外函数体内，但我们可以定义外函数的返回值类型为嵌套函数类型，从而将嵌套函数传递给外函数，被其他调用者使用。

9.6 本章小结

通过对本章内容的学习，我们可以了解Swift语言的函数，包括如何使用函数、如何进行参数传递、函数返回值、函数类型、函数重载和嵌套函数等内容。

9.7 同步练习

(1) 下列函数定义不正确的是（　　）。

A. func count(string: String) -> (vowels: Int, consonants: Int, others: Int) {
       return (1, 2, 3)
   }

B. func count(string: String) -> () {
   }

C. func count2(string: String) {
   }

D. func count3(String string) {
   }

(2) 下列关于函数参数列表的写法正确的是（　　）。

A. func rectangleArea(W width: Double, H height: Double) -> Double {
       let area = width * height
       return area
   }

B. func rectangleArea(width: Double, height: Double) -> Double {
       let area = width * height
       return area
   }

C. func rectangleArea(#width: Double, #height: Double) -> Double {
       let area = width * height
       return area
   }

D. func rectangleArea(Double width, Double height) -> Double {
       let area = width * height
       return area
   }

(3) 简答题：请写一个最简单形式的函数。

(4) 填空题：请在下列代码横线处填写一些代码，使之能够正确运行。

```
func test1____ {

}
test1("Ravi")
```

(5) 有下列函数toLower定义代码：

```
func toLower(string: String) ->String {
    return ""
}
```

下列调用语句正确的是（　　）。

A. toLower(string:"Ravi")　　　　B. toLower(String:"Ravi")

C. toLower(#:"Ravi")　　　　　　D. toLower("Ravi")

(6) 有下列函数join定义代码：

```
func join(str1: String, str2: String, with: String = "") -> String {
    return str1 + with + str2
}
```

下列调用语句正确的是（　　）。

A. var out1 = join(str1: "Hello", str2: "World", with: ",")

B. `var out2 = join("Hello", str2: "World")`

C. `join(str1: "Hello", str2: "World", with: "-")`

D. `join("Hello", "World", with: "#")`

(7) 有下列函数printNumbers定义代码：

```
func printNumbers(numbers: Int...) {
    for number in numbers {
        print(number)
    }
}
```

下列调用语句正确的是（   ）。

A. `printNumbers(numbers: 1, 2)`

B. `printNumbers(1, 2, 3, 4, 5, 6)`

C. `printNumbers(numbers: 100.0, 20, 30)`

D. `printNumbers(30.0f)`

(8) 有下列函数swapNumbers定义代码：

```
func swapNumbers( x: inout Int, y: inout Int ) {
    let temp = x
    x = y
    y = temp
}
var x: Int = 1
var y: Int = 2
```

下列调用语句正确的是（   ）。

A. `swapNumbers(x: x, y: y)`

B. `swapNumbers(x: &x, y: &y)`

C. `swapNumbers(inout:&x, inout:&y)`

D. `swapNumbers(inout:x, inout:y)`

(9) 填空题：请在下列代码横线处填写一些代码，使之能够正确运行。

```
func addNumber(a: Int, b: Int) -> Int {
    return a+b
}
var mathFunction: ____
mathFunction = addNumber

var sum = mathFunction(1,2)
```

(10) 填空题：请在下列代码横线处填写一些代码，使之能够正确运行。

```
func log____ {

}

log(1, "Ravi")
```

(11) 填空题：请在下列代码横线处填写一些代码，使之能够正确运行。

```
func addNumber( a: Int, b: Int ) -> Int {
    return a + b
}
func add() -> ____ {
    return addNumber
}

var out = add()(1, 2)
```

(12) 下列程序的运行结果是（　　　）。

```
func addNumber( a: Int, b: Int ) -> Int {
    func log() {
        print("a:\(a) b:\(b)")
    }
    log()
    return a + b
}

print(addNumber(a: 10, b: 20))
```

A. a:10 b:20　　　　　　　　　　B. 30

C. a:10 b:20　　　　　　　　　　D. 30
　　30　　　　　　　　　　　　　　　a:10 b:20

(13) 编程题：给定一个无序数组，编写一个函数对数组进行排序。

第 10 章 闭包

闭包是一个相对复杂的计算机命题,它的概念很抽象。因此,本章我们不会马上抛出闭包的概念,而是从一些示例入手逐渐引入。

10.1 回顾嵌套函数

一门计算语言要支持闭包有两个前提:

- 支持函数类型,能够将函数作为参数或返回值传递;
- 支持函数嵌套。

这两个前提在Swift中都是满足的。我们先回顾一下9.5节中嵌套函数的示例,通过这个示例,来了解一下闭包的概念,以及闭包与函数类型和函数嵌套之间的内在关系。

还记得9.5节中的示例吗?如下所示:

```
func calculate(opr: String) -> (Int, Int) -> Int {
    
    // 定义+函数
    func add(a: Int, b: Int) -> Int {
        return a + b
    }
    // 定义-函数
    func sub(a: Int, b: Int) -> Int {
        return a - b
    }
    
    var result: (Int, Int) -> Int
    
    switch (opr) {
    case "+":
        result = add
    case "-":
        result = sub
    default:
        result = add
    }
    return result
```

```
    let f1: (Int, Int) -> Int = calculate(opr: "+")
    print("10 + 5 = \(f1(10, 5))")

    let f2: (Int, Int) -> Int = calculate(opr: "-")
    print("10 - 5 = \(f2(10, 5))")
```

该示例定义了calculate函数,并且在calculate函数中定义了嵌套函数add和sub。calculate函数的返回值是(Int, Int)-> Int函数类型。

10.2 闭包的概念

在Swift中可以通过以下代码替代9.5节中的示例代码:

```
func calculate(opr: String) -> (Int, Int) -> Int {

    var result: (Int, Int) -> Int

    switch (opr) {
    case "+":
        result = {
            (a: Int, b: Int) -> Int in                    ①
            return a + b
        }
    default:
        result = {
            (a: Int, b: Int) -> Int in                    ②
            return a - b
        }
    }
    return result
}

let f1: (Int, Int) -> Int = calculate(opr: "+")
print("10 + 5 = \(f1(10, 5))")

let f2: (Int, Int) -> Int = calculate(opr: "-")
print("10 - 5 = \(f2(10, 5))")
```

原来的嵌套函数add和sub被表达式①和②替代,整理出来就是以下两种形式:

```
{(a:Int, b:Int) -> Int in              // 替代函数add
    return a + b
}

{(a:Int, b:Int) -> Int in              // 替代函数sub
    return a - b
}
```

事实上我们还可以把它们写成一行,如下所示:

```
{(a:Int, b:Int) -> Int in return a + b }              // 替代函数add
```

```
{(a:Int, b:Int) -> Int in return a - b }          // 替代函数sub
```

代码①和②的表达式就是Swift中的闭包表达式。

通过以上示例的演变，我们可以给Swift中的闭包一个定义：闭包是自包含的匿名函数代码块，可以作为表达式、函数参数和函数返回值，闭包表达式的运算结果是一种函数类型。

> 提示
>
> Swift中的闭包类似于Objective-C中的代码块以及C++ 11、C#和Java 8中的Lambda表达式。

10.3 使用闭包表达式

Swift中的闭包表达式很灵活，其标准语法格式如下：

```
{ (参数列表)->返回值类型 in
    语句组
}
```

其中，参数列表与函数中的参数列表形式一样，返回值类型类似于函数中的返回值类型，但不同的是后面有in关键字。

Swift提供了多种闭包简化写法，本节我们将介绍其中几种。

10.3.1 类型推断简化

类型推断是Swift的强项，Swift可以根据上下文环境推断出参数类型和返回值类型。以下代码是标准形式的闭包：

```
{(a: Int, b: Int) -> Int in
    return a + b
}
```

Swift能推断出参数a和b是Int类型，返回值也是Int类型。简化形式如下：

```
{(a, b) in return a + b }
{a, b in return a + b }          // 参数列表括号也可以省略
```

使用这种简化方式修改后的示例代码如下：

```
func calculate(opr: String)-> (Int, Int)-> Int {
    
    var result : (Int,Int)-> Int
    
    switch (opr) {
    case "+" :
        result = {a, b in return a + b }                    ①
    default:
```

```
        result = {a, b in return a - b }                    ②
    }
    return result
}

let f1:(Int, Int)-> Int = calculate("+")
print("10 + 5 = \(f1(10,5))")

let f2:(Int, Int)-> Int = calculate("-")
print("10 - 5 = \(f2(10,5))")
```

上述代码第①行和第②行的闭包是上一节示例的简化写法，其中a和b是参数，return后面是返回值。怎么样？很简单吧？

10.3.2 隐藏 return 关键字

如果在闭包内部语句组只有一条语句，如return a + b等，那么这种语句都是返回语句。前面的关键字return可以省略，省略形式如下：

```
{a, b in a + b }
```

使用这种简化方式修改后的示例代码如下：

```
func calculate(opr: String)-> (Int, Int)-> Int {
    var result : (Int, Int)-> Int

    switch (opr) {
    case "+" :
        result = {a, b in a + b }                           ①
    default:
        result = {a, b in a - b }                           ②
    }
    return result
}
```

上述代码第①行和第②行的闭包省略了return关键字。

> **提示**
>
> 省略的前提是闭包中只有一条return语句。下面这样有多条语句的情况下是不允许的：
> `{a, b in var c = 0; a + b }`

10.3.3 省略参数名

上一节介绍的闭包表达式已经很简洁了，不过Swift的闭包还可以再进行简化。Swift提供了参数名省略功能，我们可以用$0、$1、$2...来指定闭包中的参数：$0指代第一个参数，$1指代第二个参数，$2指代第三个参数，以此类推$n+1指代第n个参数。

使用参数名省略功能,在闭包中必须省略参数列表定义,Swift能够推断出这些缩写参数的类型。参数列表省略了,in关键字也需要省略。参数名省略之后如下所示:

```
{$0 + $1}
```

使用参数名省略后的示例代码如下:

```
func calculate(opr: String) -> (Int, Int)-> Int {
    var result : (Int, Int) -> Int
    switch (opr) {
    case "+" :
        result = {$0 + $1}                              ①
    default:
        result = {$0 - $1}                              ②
    }
    return result
}

let f1:(Int, Int) -> Int = calculate("+")
print("10 + 5 = \(f1(10,5))")

let f2:(Int, Int) -> Int = calculate("-")
print("10 - 5 = \(f2(10,5))")
```

上述代码第①行和第②行的闭包省略了参数名。

10.3.4　使用闭包返回值

闭包表达本质上是函数类型,是有返回值的,我们可以直接在表达式中使用闭包的返回值。重新修改add和sub闭包,示例代码如下:

```
let c1:Int = {(a: Int, b: Int) -> Int in
              return a + b
             }(10,5)                                    ①

print("10 + 5 = \(c1)")

let c2:Int = {(a: Int, b: Int) -> Int in
              return a - b
             }(10,5)                                    ②

print("10 - 5 = \(c2)")
```

上述代码有两个表达式,第①行代码是给c1赋值,后面是一个闭包表达式。但是闭包表达式不能直接赋值给c1,因为c1是Int类型,需要闭包的返回值。这就需要在闭包结尾的大括号后面接一对小括号(10,5),通过小括号(10,5)为闭包传递参数;第②行代码也是如此。我们可以通过这种方法直接为变量和常量赋值,这在有些场景下使用起来非常方便。

> **提示**
>
> 理解闭包返回值有一个窍门,就是将闭包部分看成一个函数。如下图所示把灰色部分替换为函数,那么函数调用时后面是小括号的参数列表。
>
> ```
> let c2:Int = {(a:Int, b:Int) -> Int in
>                 return a - b
>              }(10,5)
> ```
> 灰色部分是闭包,相当于一个函数
>
> 闭包返回值

10.4 使用尾随闭包

闭包表达式可以作为函数的参数传递,如果闭包表达式很长,就会影响程序的可读性。尾随闭包是一个书写在函数括号之后的闭包表达式,函数支持将其作为最后一个参数调用。

下面我们来看一个示例:

```
func calculate(opr: String, funN:(Int, Int) -> Int) {      ①
    switch (opr) {
    case "+" :
        print("10 + 5 = \(funN(10,5))")
    default:
        print("10 - 5 = \(funN(10,5))")
    }
}

calculate("+", funN: {(a: Int, b: Int) -> Int in return a + b })   ②
calculate("+"){(a: Int, b: Int) -> Int in return a + b }           ③
calculate("+") { $0 + $1 }                                          ④

calculate("-"){                                                     ⑤
    (a: Int, b: Int) -> Int in
    return a - b
}

calculate("-"){                                                     ⑥
    $0 - $1
}
```

上述代码第①行是定义calculate函数,其中最后一个参数funN是(Int,Int)-> Int函数类型,funN可以接受闭包表达式。第②行代码就是调用过程,{(a:Int, b:Int) -> Int in return a + b }是传递的参数。这个参数很长,我们可以使用代码第③行和第④行的形式,将闭包表达式移到()

之外，这种形式就是尾随闭包。

需要注意的是，闭包必须是参数列表的最后一个参数，如果calculate函数采用如下形式定义：

```
func calculate(funN:(Int, Int) -> Int, opr:String) {
    ...
}
```

由于闭包表达式不是最后一个参数，调用calculate函数就不能使用尾随闭包写法了。

> **提示**
>
> 尾随闭包有时容易被误认为函数，上述代码第⑤行和第⑥行将闭包内容表示为多行，你是不是会认为是一个函数呢？有一些窍门可以帮助我们判断是闭包还是函数：闭包中往往有一些关键字，例如in，还有缩写参数$0、$1…等，这些特征在函数中是没有的。

10.5 捕获上下文中的变量和常量

嵌套函数或闭包可以访问它所在上下文的变量和常量，这个过程称为捕获值（capturing value）。即便是定义这些常量和变量的原始作用域已经不存在，嵌套函数或闭包仍然可以在函数体内或闭包体内引用和修改这些值。

下面是一个嵌套函数示例：

```
func makeArray() -> (String)-> [String] {            ①
    var ary: [String] = [String]()                    ②
    func addElement(element:String) ->[String] {      ③
        ary.append(element)                           ④
        return ary                                    ⑤
    }
    return addElement                                 ⑥
}
let f1 = makeArray()                                  ⑦
print("---f1---")
print(f1("张三"))
print(f1("李四"))
print(f1("王五"))

print("---f2---")                                     ⑧
let f2 = makeArray()
print(f2("刘备"))
print(f2("关羽"))
print(f2("张飞"))
```

在上述代码中，第①行定义函数makeArray，它的返回值是(String)->String[]函数类型。第

②行声明并初始化了数组变量ary，它的作用域是makeArray函数体。第③行代码定义了嵌套函数addElement，在它的函数体内，第④行代码改变变量ary值。ary变量相对于函数addElement而言，是上下文中的变量。第⑤行代码是从函数体中返回变量ary。第⑥行代码是返回函数类型调用addElement。

这样当在第⑦行调用的时候，f1是嵌套函数addElement的一个实例。需要注意的是，f1每次调用的时候，变量ary值都能够被保持。第⑧行代码中f2也是嵌套函数addElement的一个实例。运行结果如下：

```
---f1---
[张三]
[张三，李四]
[张三，李四，王五]
---f2---
[刘备]
[刘备，关羽]
[刘备，关羽，张飞]
```

f1与f2是嵌套函数addElement的不同实例，它们的运行结果也是独立的。

上述示例也可以改为闭包实现，代码如下所示：

```
func makeArray() -> [string]{
    var ary:[string]=[string]()
    return {(element:sting) -> [string]in
        ary.append(element)
        return ary
}
```

其中闭包表达式结果直接作为函数值返回了，比较闭包与嵌套函数的实现，我们会发现闭包代码更加简洁。最后实现的结果完全一样。

10.6 本章小结

通过对本章内容的学习，我们可以了解Swift语言的闭包，包括闭包的概念、闭包表达式、尾随闭包和捕获值等内容。

10.7 同步练习

(1) 下列选项中，哪个是标准的闭包定义（　　　　）。

A. { (参数列表) ->返回值类型
　　　语句组
　　}

B. { (参数列表) ->返回值类型 in
　　　语句组
　　}

C. { (参数列表) -> in 返回值类型　　D. { (参数列表)　in
　　　语句组　　　　　　　　　　　　　　语句组
　　}　　　　　　　　　　　　　　　　　}

(2) 下列选项中，闭包表达式正确的是（　　）。

A. var testEquality1: (Int, Int) -> Bool = {
　　　return $0 == $1
　}

B. var testEquality2: (Int, Int) -> Bool = {
　　　$0 == $1
　}

C. var testEquality3: (Int, Int) -> Bool = {
　　　(a: Int, b: Int) -> Bool in
　　　return a == b
　}

D. var testEquality4: (Int, Int) -> Bool = {
　　　(a: Int, b: Int) -> Bool
　　　return a == b
　}

(3) 下列选项中，使用闭包表达式实现两个数相减的是（　　）。

A. var DoMath: (Int, Int) -> Int = {(a: Int, b: Int) -> Int in
　　　return a-b
　}

B. var DoMath: (Int, Int) -> Int = {(a, b)　return a-b}

C. var DoMath: (Int, Int) -> Int = {(a, b) in return a-b}

D. var DoMath: (Int, Int) -> Int = {$0-$1}

(4) 下面是一个函数的定义：

```
func applyMutliplication(value: Int, multFunction: (Int) -> Int) -> Int {
    return multFunction(value)
}
```

能正确调用applyMutliplication函数的语句是（　　）。

A. applyMutliplication(value: 2, multFunction: {value in
　　　value * 3
　})

B. applyMutliplication(value: 2, multFunction: {value in
　　　return value * 3
　})

C. applyMutliplication(value: 2, multFunction: {$0 * 3})

D. applyMutliplication(value: 2) {$0 * 3}

(5) 数组类型有一个sort方法可以实现参数数组元素的排序。

给定一个数组定义var array = [3,2,4,1]，那么下面的排序语句正确的是（　　）。

var array = [3,2,4,1]

A. array.sorted(by: { (item1: Int, item2: Int) -> Bool in return item1 < item2 })

B. array.sorted(by: { (item1, item2) -> Bool in return item1 < item2 })

C. array.sorted(by: { (item1, item2) in return item1 < item2 })

D. array.sorted { (item1, item2) in return item1 < item2 }

E. array.sorted { return $0 < $1 }

F. array.sorted { $0 < $1 }

第 11 章 Swift语言中的面向对象特性

在现代计算机语言中，面向对象是非常重要的特性，Swift语言也提供了对面向对象的支持。而且在Swift语言中不仅类具有面向对象特性，结构体和枚举也都具有面向对象特性。

11.1 面向对象概念和基本特征

面向对象（OOP）是现代流行的程序设计方法，是一种主流的程序设计规范。其基本思想是使用对象、类、继承、封装、属性、方法等基本概念来进行程序设计，从现实世界中客观存在的事物出发来构造软件系统，并且在系统构造中尽可能运用人类的自然思维方式。

例如，在真实的学生管理系统中，张三同学和李四同学是现实世界中客观存在的实体，他们有学号、姓名、班级等属性，有学习、问问题、吃饭、走路等动作（或操作）。如果我们要开发一个学生管理软件系统，那么张三同学和李四同学是对象，归纳总结他们共同的属性和方法（操作）后可得出一个抽象的描述，也就是类（class），即"学生类"。

OOP的基本特征包括：封装性、继承性和多态性。

- **封装性**。封装性就是尽可能隐藏对象的内部细节，对外形成一个边界，只保留有限的对外接口使之与外部发生联系。
- **继承性**。一些特殊类能够具有一般类的全部属性和方法，这称作特殊类对一般类的继承。例如客轮与轮船，客轮是特殊类，轮船是一般类。通常我们称一般类为父类（或基类），称特殊类为子类（或派生类）。
- **多态性**。对象的多态性是指在父类中定义的属性或方法被子类继承之后，可以使同一个属性或同一方法在父类及其各个子类中具有不同的含义，这称为多态性。例如动物都有吃的方法，但是老鼠的吃法和猫的吃法是截然不同的。

11.2 Swift 中的面向对象类型

上一节我们介绍了面向对象，要知道在不同的计算机语言中其具体的体现也不同。在C++和Java等语言中面向对象的数据类型只有类，但在Swift语言中类、结构体（struct）和枚举（enum）

都是面向对象的数据类型，具有面向对象的特征。而在其他语言中，结构体和枚举是完全没有面向对象特性的，Swift语言赋予了它们面向对象特征。

 提示

在面向对象中类创建对象的过程称为"实例化"，实例化的结果称为"实例"，类的"实例"也称为"对象"。但是在Swift中，结构体和枚举的实例一般不称为"对象"，这是因为结构体和枚举并不是彻底的面向对象类型，而只是包含了一些面向对象的特点。例如，在Swift中继承只发生在类上，结构体和枚举不能继承。

在Swift中，面向对象的概念还有属性、方法、扩展和协议等，这些概念对于枚举、类和结构体等不同类型有可能不同，我们会在后面的章节中再明确说明。

11.3 枚举

在C和Objective-C等其他语言中，枚举用来管理一组相关常量的集合，使用枚举可以提高程序的可读性，使代码更清晰且更易于维护。而在Swift中，枚举的作用已经不仅仅是定义一组常量以及提高程序的可读性了，它还具有了面向对象特性。

我们先来看Swift中的枚举声明。Swift中也是使用enum关键词声明枚举类型，具体定义放在一对大括号内，枚举的语法格式如下：

```
enum 枚举名
{
    枚举的定义
}
```

"枚举名"是该枚举类型的名称。它首先应该是有效的标识符，其次应该遵守面向对象的命名规范。它应该是一个名称，如果采用英文单词命名，首字母应该大写，且应尽量用一个英文单词。这个命名规范也适用于类和结构体的命名。"枚举的定义"是枚举的核心，它由一组成员值和一组相关值组成。

11.3.1 成员值

在枚举类型中定义一组成员，与C和Objective-C等其他语言中枚举的作用一样，不同的是在其他语言中成员值是整数类型，因此在C和Objective-C等其他语言中枚举类型属于整数类型。而在Swift中，枚举的成员值默认情况下不是整数类型，以下代码是声明枚举的示例：

```
enum WeekDays {
    case Monday
    case Tuesday
    case Wednesday
```

```
    case Thursday
    case Friday
}
```

上述代码声明了WeekDays枚举，表示一周中的每个工作日，其中定义了5个成员值Monday、Tuesday、Wednesday、Thursday和Friday，这些成员值并不是整数类型。

这些成员值前面还要加上case关键字，而我们也可以将多个成员值放在同一行，用逗号隔开，如下所示：

```
enum WeekDays {
    case Monday, Tuesday, Wednesday, Thursday, Friday
}
```

下面来看一个示例，代码如下：

```
var day = WeekDays.Friday                              ①
day = WeekDays.Wednesday                               ②
day = .Monday                                          ③

func writeGreeting(day: WeekDays) {                    ④
    switch day {                                       ⑤
    case .Monday:
        print("星期一好！")
    case .Tuesday :
        print("星期二好！")
    case .Wednesday :
        print("星期三好！")
    case .Thursday :
        print("星期四好！")
    case .Friday :
        print("星期五好！")
    }                                                  ⑥
}

writeGreeting(day)                                     ⑦
writeGreeting(WeekDays.Friday)                         ⑧
```

上述代码是使用WeekDays枚举的一个示例，其中第①行代码是把WeekDays枚举的成员值Friday赋值给变量day，第②行和第③行代码也是给变量day赋值。

> **提示**
>
> 使用枚举成员赋值时，我们可以采用完整的"枚举类型名.成员值"的形式，也可以省略枚举类型而采用".成员值"的形式（见代码第③行）。这种省略形式能够访问有一个前提：Swift编译器能够根据上下文环境推断类型。因为我们已经在第①行和第②行给day变量赋值，所以即使第③行代码采用缩写，Swift编译器仍能够推断出数据类型是WeekDays。

为了方便反复调用，我们在第④行定义了writeGreeting函数。第⑤行~第⑥行代码使用了switch语句，枚举类型与switch语句能够很好地配合使用。在switch语句中使用枚举类型可以没有default分支，这在使用其他类型时是不允许的。使用default分支的代码如下：

```
func writeGreeting(day: WeekDays) {

    switch day {
    case .Monday:
        print("星期一好！")
    case .Tuesday :
        print("星期二好！")
    case .Wednesday :
        print("星期三好！")
    case .Thursday :
        print("星期四好！")
    default:
        print("星期五好！")
    }
}
```

> **提示**
>
> 在switch中使用枚举类型时，switch语句中的case必须全面包含枚举中的所有成员，不能多也不能少，包括使用default的情况下，default也表示某个枚举成员。在上面的示例中，default表示的是Friday枚举成员，在这种情况下，Friday枚举成员的case分支不能再出现了。

上述代码第⑦行和第⑧行是调用函数writeGreeting，传递的参数可以是WeekDays变量（见代码第⑦行），也可以是WeekDays中的成员值（见代码第⑧行）。

11.3.2 原始值

有时我们也需要为每个成员提供某种基本数据类型，在定义枚举类型时，可以提供原始值（raw value），这些原始值类型可以是字符、字符串、整数和浮点数等。

原始值枚举的语法格式如下：

```
enum 枚举名: 数据类型
{
    case 成员名 = 默认值
    ...
}
```

在"枚举名"后面跟":"和"数据类型"就可以声明原始值枚举的类型，然后在定义case成员的时候需要提供原始值。

以下代码是声明枚举的示例：

```
enum WeekDays: Int {
```

```
    case Monday       = 0
    case Tuesday      = 1
    case Wednesday    = 2
    case Thursday     = 3
    case Friday       = 4
}
```

我们声明的WeekDays枚举类型的原始值类型是Int，需要给每个成员赋值，只要是Int类型都可以，但是每个分支不能重复。我们还可以采用如下简便写法，给第一个成员赋值即可，后面的成员值会依次加1。

```
enum WeekDays: Int {
    case Monday = 0, Tuesday, Wednesday, Thursday, Friday
}
```

以下是完整的示例代码：

```
var day   = WeekDays.Friday

func writeGreeting(day: WeekDays) {

    switch day {
    case .Monday:
        print("星期一好！")
    case .Tuesday :
        print("星期二好！")
    case .Wednesday :
        print("星期三好！")
    case .Thursday :
        print("星期四好！")
    case .Friday :
        print("星期五好！")
    }

}
let friday = WeekDays.Friday.rawValue                        ①

let thursday = WeekDays(rawValue: 3)                         ②

if (WeekDays.Friday.rawValue == 4) {                         ③
    print("今天是星期五")
}
writeGreeting(day)
writeGreeting(WeekDays.Friday)
```

上述代码与上一节的示例非常类似，相同的地方将不再赘述，我们重点看有标号的代码。其中第①行代码是通过WeekDays.Friday的属性rawValue转换为原始值。虽然在定义的时候Friday原始值为整数4，但是并不等于WeekDays.Friday就是整数4了，试图进行下面的比较是错误的：

```
if (WeekDays.Friday == 4) {
    print("今天是星期五")
}
```

使用WeekDays.Friday的原始值进行比较就可以了，见代码第③行。

rawValue属性是将成员值转换为原始值，相反WeekDays(rawValue: 3)是将原始值转换为成员值（见代码第②行），它是调用枚举WeekDays的构造函数初始化枚举WeekDays实例。

11.3.3 相关值

在Swift中除了可以定义一组成员值，还可以定义一组相关值（associated value），有点类似于C中的联合类型。下面来看一个枚举类型的声明：

```
enum Figure {
    case Rectangle(Int, Int)
    case Circle(Int)
}
```

枚举类型Figure（图形）有两个相关值：Rectangle（矩形）和Circle（圆形）。Rectangle和Circle是与Figure关联的相关值，它们都是元组类型，对于一个特定的Figure实例只能是其中一个相关值。从这一点来看，枚举类型的相关值类似于C中的联合类型。

下面我们来看一个示例，代码如下：

```
func printFigure(figure: Figure) {                              ①
    switch figure {                                             ②
    case .Rectangle(let width, let height):
        print("矩形的宽:\(width) 高:\(height)")
    case .Circle(let radius):
        print("圆形的半径: \(radius)")
    }                                                           ③
}

var figure = Figure.Rectangle(1024, 768)                        ④
printFigure(figure)                                             ⑤

figure = .Circle(600)                                           ⑥
printFigure(figure)                                             ⑦
```

上述代码使用前文声明的枚举类型Figure，为了能够反复调用，我们在代码第①行定义了一个函数。其中代码第②行~第③行使用了switch语句，为了从相关值中提取数据，可以在元组字段前面添加let或var。如果某个相关值元组中字段类型一致，需要全部提取，我们可以将字段前面的let或var移到相关值前面。修改Rectangle分支代码如下：

```
switch figure {
case let .Rectangle( width, height):
    print("矩形的宽:\(width) 高:\(height)")
case .Circle(let radius):
    print("圆形的半径: \(radius)")
}
```

上述代码第④行var figure = Figure.Rectangle(1024, 768)是声明变量figure，并初始化为Rectangle类型的相关值。第⑤行代码是调用函数printFigure打印输出结果：

```
矩形的宽:1024 高:768
```

代码第⑥行figure = .Circle(600)初始化为Circle类型的相关值。第⑦行代码调用函数printFigure并打印输出结果：

圆形的半径：600

11.4 结构体与类

面向过程的编程语言（如C语言）中结构体用得比较多，但是面向对象之后，（如在C++和Objective-C中）结构体已经很少使用了。这是因为结构体能够做的事情，类完全可以取而代之。

而Swift语言却非常重视结构体，把结构体作为实现面向对象的重要手段。Swift中的结构体与C++和Objective-C中的结构体有很大差别，后面两者中的结构体只能定义一组相关的成员变量，而Swift中的结构体不仅可以定义成员变量（属性），还可以定义成员方法。因此，我们可以把结构体看作一种轻量级的类。

Swift中的类和结构体非常类似，都具有定义和使用属性、方法、下标和构造函数等面向对象特性，但是结构体不具有继承性，也不具备运行时强制类型转换、使用析构函数和使用引用计等能力。

11.4.1 类和结构体定义

Swift中的类和结构体定义的语法也非常相似。我们可以使用class关键词定义类，使用struct关键词定义结构体，它们的语法格式如下：

```
class 类名 {
    定义类的成员
}
struct 结构体名 {
    定义结构体的成员
}
```

从语法格式上看，Swift中的类和结构体的定义更类似于Java语法，不需要像C++和Objective-C那样把接口部分和实现部分放到不同的文件中。

类名、结构体名的命名规范与枚举类型的要求一样，具体的命名规范请参考11.3节。下面我们来看一个示例：

```
class Employee {                    // 员工类
    var no: Int = 0                 // 员工编号属性
    var name: String = ""           // 员工姓名属性
    var job: String?                // 工作属性
    var salary: Double = 0          // 薪资属性

    var dept: Department?           // 所在部门属性
}

struct Department {                 // 部门结构体
```

```
        var no: Int = 0                    // 部门编号属性
        var name: String = ""              // 部门名称属性
}
```

Employee是我们定义的类，Department是我们定义的结构体，在Employee和Department中我们只定义了一些属性。关于属性的内容我们将在下一章介绍。

Employee和Department是有关联关系的，Employee所在部门的属性dept与Department关联起来，它们的类图如图11-1所示。

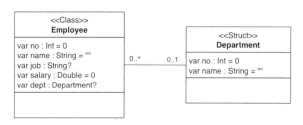

图11-1 类图

我们可以通过下列语句实例化：

```
let emp = Employee()
var dept = Department()
```

Employee()和Department()是调用它们的构造函数实现实例化，关于构造函数我们会在14.1节介绍。

> **提示**
> 实例化之后会开辟内存空间，emp和dept称为"实例"，但只有类实例化的"实例"才能称为"对象"。事实上，不仅仅是结构体和类可以实例化，枚举、函数类型和闭包开辟内存空间的过程也可以称为实例化，结果也可以叫"实例"，但不能叫"对象"。

> **提示**
> 类声明为let常量还是var变量呢？从编程过程讲，类一般声明为let常量。由于类是引用数据类型，声明为let常量只是说明不能修改引用，但是引用指向的对象可以修改。

11.4.2 再谈值类型和引用类型

我们在第5章介绍数据类型的时候曾介绍过，数据类型可以分为值类型和引用类型，这是由赋值或参数传递方式决定的。值类型就是在赋值或函数传递参数时创建一个副本，把副本传递过去，这样在函数的调用过程中不会影响原始数据。引用类型就是在赋值或给函数传递参数的时

11.4 结构体与类

候把本身引用传递过去，这样在函数的调用过程中会影响原始数据。

在众多的数据类型中，我们只需记住：只有类是引用类型，其他类型全部是值类型。即便结构体与类非常相似，它也是值类型。值类型还包括整型、浮点型、布尔型、字符串、元组、集合和枚举。

> **提示**
>
> Swift中的引用类型与Java中的引用类型一样，Java中的类也是引用类型。如果你没有Java经验，可以把引用类型理解为C++和Objective-C语言中的对象指针类型，只不过不需要在引用类型变量或常量前面加星号（*）。

下面我们来看一个示例：

```
var dept = Department()                         ①
dept.no = 10
dept.name = "Sales"                             ②

let emp = Employee()                            ③
emp.no = 1000
emp.name = "Martin"
emp.job = "Salesman"
emp.salary = 1250
emp.dept = dept                                 ④

func updateDept (dept: Department) {            ⑤
    dept.name = "Research"                      ⑥
}

print("Department更新前:\(dept.name)")          ⑦
updateDept(dept)                                ⑧
print("Department更新后:\(dept.name)")          ⑨

func updateEmp (emp: Employee) {                ⑩
    emp.job = "Clerk"                           ⑪
}

print("Employee更新前:\(emp.job!)")             ⑫
updateEmp(emp)                                  ⑬
print("Employee更新后:\(emp.job!)")             ⑭
```

上述代码第①行~第②行创建Department结构体实例，并设置它的属性。代码第③行~第④行创建Employee类实例，并设置它的属性。

为了测试结构体是否是值类型，我们在第⑤行代码中定义了updateDept函数，它的参数是Department结构体实例。第⑥行代码dept.name = "Research"是改变dept实例。然后我们在第⑦行打印更新前的部门名称属性，在第⑧行进行更新，在第⑨行打印更新后的部门名称属性。如果更新前和更新后的结果一致，则说明结构体是值类型，反之则为引用类型。事实上，第⑥行代码会

有编译错误,错误信息如下:

```
Playground execution failed: error: <REPL>:34:15: error: cannot assign to 'name' in 'dept'
    dept.name = "Research"
    ~~~~~~~~~ ^
```

这个错误提示dept.name = "Research"是不能赋值的,这表明dept结构体不能修改,因为它是值类型。其实有另外一种办法可以使值类型参数能够以引用类型传递,我们在第9章介绍过使用inout声明的输入输出类型参数,这里需要修改一下代码:

```
func updateDept( dept: inout Department ) {
    dept.name = "Research"
}

print("Department更新前:\(dept.name)")
updateDept(dept: &dept)
print("Department更新后:\(dept.name)")
```

我们不仅要将参数声明为inout,而且要在使用实例前加上&符号。这样修改后输出结果如下:

```
Department更新前:Sales
Department更新后:Research
```

相比之下,第⑩行代码是定义updateEmp函数,它的参数是Employee类的实例,我们不需要将参数声明为inout类型。在第⑪行修改emp没有编译错误,这说明Employee类是引用类型,在调用的时候不用在变量前面添加&符号,见代码第⑬行。输出结果如下:

```
Employee更新前: Salesman
Employee更新后: Clerk
```

这个结果再次说明了类是引用类。

11.4.3 引用类型的比较

我们在第4章介绍了基本运算符,提到了恒等于(===)和不恒等于(!==)关系运算符。===用于比较两个引用是否为同一个实例,!==则恰恰相反,只能用于引用类型,也就是类的实例。

下面我们来看一个示例:

```
let emp1 = Employee()                                        ①
emp1.no = 1000
emp1.name = "Martin"
emp1.job = "Salesman"
emp1.salary = 1250

let emp2 = Employee()                                        ②
emp2.no = 1000
emp2.name = "Martin"
emp2.job = "Salesman"
emp2.salary = 1250
```

```
if emp1 === emp2 {                                      ③
    print("emp1 === emp2")
}
if emp1 === emp1 {                                      ④
    print("emp1 === emp1")
}

var dept1 = Department()                                ⑤
dept1.no = 10
dept1.name = "Sales"

var dept2 = Department()                                ⑥
dept2.no = 10
dept2.name = "Sales"

if dept1 == dept2   { //编译失败                          ⑦
    print("dept1 == dept2")
}
```

上述代码第①行和第②行分别创建了emp1和emp2两个Employee实例。代码第③行比较emp1和emp2两个引用是否为同一个实例。可以看到，比较结果为false，也就是emp1和emp2两个引用不是同一个实例，即便它们的内容完全一样，结果也是false；而第④行的比较结果为true。

代码第⑤行和第⑥行分别创建了dept1和dept2两个Department实例。代码第⑦行使用==比较dept1和dept2两个值是否相等，不仅不能比较，而且还会发生编译错误：

```
error: binary operator '==' cannot be applied to two Department operands
```

> **提示**
> 虽然是==和!=用来比较值类型，结构体和枚举都属于值类型，但本例中的dept1和dept2不能比较，我们需要在这些类型中重载==和!=运算符，即定义相等规则。

11.4.4 运算符重载

在上节的示例中dept1和dept2不能使用==和!=运算符进行比较，而是需要重载运算符==和!=。运算符重载就是定义一个重载运算符的函数，在需要执行被重载的运算符时调用该函数，以实现相应的运算。也就是说，运算符重载是通过定义函数实现的。

示例代码如下：

```
struct Department {
    var no: Int = 0
    var name: String = ""
}

func ==(lhs: Department, rhs: Department) -> Bool {                ①
    return lhs.name == rhs.name && lhs.no == rhs.no
```

```
    }
    func !=(lhs: Department, rhs: Department) -> Bool {                    ②
        if (lhs.name != rhs.name || lhs.no != rhs.no) {
            return true
        }
        return false
    }
    var dept1 = Department()
    dept1.no = 10
    dept1.name = "Sales"

    var dept2 = Department()
    dept2.no = 10
    dept2.name = "Sales"

    if dept1 == dept2 {                                                    ③
        print("dept1 == dept2")
    } else {
        print("dept1 != dept2")
    }

    if dept1 != dept2 {                                                    ④
        print("dept1 != dept2")
    } else {
        print("dept1 == dept2")
    }
```

上述代码第①行定义重载==运算符，其中第一个参数是左边操作数，第二个参数是右边操作数，代码第③行dept1 == dept2语句则调用该运算符重载函数。

代码第②行定义重载!=运算符，其中第一个参数是左边操作数，第二个参数是右边操作数，代码第④行dept1 != dept2语句则调用该运算符重载函数。

11.5 类型嵌套

Swift语言中的类、结构体和枚举可以进行嵌套，即在某一类型的{}内部定义类。这种类型嵌套在Java中称为内部类，在C#中称为嵌套类，它们的形式和设计目的都是类似的。

类型嵌套的优点是支持访问它外部的成员（包括方法、属性和其他的嵌套类型），嵌套还可以有多个层次。

下面我们来看一个示例：

```
class Employee {                                                           ①

    var no: Int = 0
    var name: String = ""
    var job: String = ""
```

```
    var salary: Double = 0
    var dept: Department = Department()

    var day: WeekDays = WeekDays.Friday

    struct Department {                                            ②
        var no: Int = 10
        var name: String = "SALES"
    }

    enum WeekDays {                                                ③
        case Monday
        case Tuesday
        case Wednesday
        case Thursday
        case Friday

        struct Day {                                               ④
            static var message: String = "Today is..."
        }
    }
}
var emp = Employee()                                               ⑤
print(emp.dept.name)                                               ⑥
print(emp.day)                                                     ⑦

let friday = Employee.WeekDays.Friday                              ⑧
if emp.day == friday {
    print("相等")
}

print(Employee.WeekDays.Day.message)                               ⑨
```

上述代码第①行定义了Employee类。在Employee类的内部，第②行代码定义了结构体Department，第③行定义了枚举WeekDays。在枚举WeekDays的内部，第④行代码定义了结构体Day。

第⑤行代码实例化Employee返回emp实例，第⑥行代码引用嵌套结构体Department的name属性。第⑦行代码emp.day引用emp实例的day属性，它是嵌套枚举类型WeekDays的类型。第⑧行代码Employee.WeekDays.Friday直接引用嵌套枚举类型WeekDays的成员值。第⑨行代码Employee.WeekDays.Day.message引用嵌套结构体Day的类型属性message。关于类型属性的知识，我们将在12.4节详细介绍。

类型嵌套便于我们访问外部类的成员，但它会使程序结构变得不清楚，使程序的可读性变差。

11.6 可选链

有时候我们在Swift程序表达式中会看到问号（?）和感叹号（!），它们代表什么含义呢？这些符号都与可选类型和可选链相关，这一节我们就来详细介绍一下可选链。

11.6.1 可选链的概念

我们先看一个类图（见图11-2）。

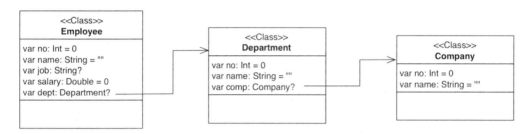

图11-2　关联关系的类图

这个图11-2所示的类图在图11-1所示类图的基础上增加了公司类（Company），把Department修改为类。它们之间是典型的关联关系类图。这些类一般都是实体类，实体类是系统中的人、事、物。Employee通过dept属性与Department关联，Department通过comp属性与Company关联。

下面来看示例代码：

```
class Employee {                                    ①
    var no: Int = 0
    var name: String = "Tony"
    var job: String?
    var salary: Double = 0
    var dept: Department = Department()             ②
}

class Department {                                  ③
    var no: Int = 10
    var name: String = "SALES"
    var comp: Company = Company()                   ④
}

class Company {                                     ⑤
    var no: Int = 1000
    var name: String = "EOrient"
}

let emp = Employee()                                ⑥
print(emp.dept.comp.name)                           ⑦
```

上述代码第①行定义了Employee类，第③行定义了Department类，第⑤行定义了Company类。第②行代码var dept: Department = Department()关联到Department类。第④行代码var comp: Company = Company()关联到Company类。

给定一个Employee实例（见第⑥行代码），通过第⑦行代码emp.dept.comp.name可以引用到Company实例，形成一个引用的链条，但是这个"链条"任何一个环节"断裂"（为nil）都无法引用到最后的目标（Company实例）。

事实上，第②行代码是使用Department()构造函数实例化dept属性的，这说明给定一个Employee实例，一定会有一个Department与其关联。但是现实世界并非如此，一个新入职的员工未必有部门，这种关联关系可能有值，也可能没有值，我们需要使用可选类型（Department?）声明dept属性。第④行代码的comp属性也是类似的。

修改代码如下：

```
class Employee {
    var no: Int = 0
    var name: String = "Tony"
    var job: String?
    var salary: Double = 0
    var dept: Department?            // = Department()                ①
}

class Department {
    var no: Int = 10
    var name: String = "SALES"
    var comp: Company?               // = Company()                   ②
}
class Company {
    var no: Int = 1000
    var name: String = "EOrient"
}
let emp = Employee()
print(emp.dept!.comp!.name)          // 显式拆包
print(emp.dept?.comp?.name)          // 可选链
```

第①行代码声明dept为Department?可选类型，第②行代码声明comp为Company?可选类型。那么原来的引用方式emp.dept.comp.name已经不能应对可选类型了。我们在前面介绍过可选类型的引用，可以使用感叹号（!）进行显式拆包，代码修改如下：

```
print(emp.dept!.comp!.name) // 显式拆包可选链
```

但是显式拆包有一个弊端，如果可选链中某个环节为nil，将会导致代码运行时错误。我们可以采用更加"温柔"的引用方式，使用问号（?）来代替原来感叹号（!）的位置，如下所示：

```
print(emp.dept?.comp?.name) // 可选链
```

问号（?）表示引用的时候，如果某个环节为nil，它不会抛出错误，而是会把nil返回给引用者。这种由问号（?）引用可选类型的方式就是"可选链"。

> **提示**
>
> 如果代码第①行和第②行的属性被实例化，print(emp.dept?.comp?.name)结果是Optional("EOrient")，这说明可选链得到的结果还是可选类型。print(emp.dept!.comp!.name)结果是EOrient，这说明它们已经被显式拆包了，当遇到nil时会发生错误。

可选链是一种"温柔"的引用方式，它的引用目标不仅仅是属性，还可以是方法、下标和嵌套类型等。

下面我们看一个具有嵌套类型的示例：

```
class Employee {
    var no: Int = 0
    var name: String = ""
    var job: String = ""
    var salary: Double = 0
    var dept: Department?                              ①
    
    struct Department {                                ②
        var no: Int = 10
        var name: String = "SALES"
    }
}

let emp = Employee()
print(emp.dept?.name)                                  ③
```

上述代码第①行定义可选类型Department?的属性dept，Department是嵌套结构体类型，见代码第②行。代码第③行是采用可选链方式引用。

输出结果为nil，这是因为emp.dept环节为nil。如果把第①行代码修改一下：

```
var dept: Department? = Department()
```

则输出结果为Optional("SALES")。这说明可选链可以到达目标name。

11.6.2 使用问号（?）和感叹号（!）

在使用可选类型和可选链时，我们多次使用了问号（?）和感叹号（!），但是它们的含义是不同的，下面我们详细说明一下。

1. 可选类型中的问号（?）

声明这个类型是可选类型，访问这种类型的变量或常量时要使用感叹号（!），下列代码是显式拆包：

```
let result1: Double? = divide(100, 200)    // 声明可选类型
print(result1!)                             // 显式拆包取值
```

2. 可选类型中的感叹号（!）

声明这个类型也是可选类型，但是访问这种类型的变量或常量时可以不使用感叹号（!），下列代码是隐式拆包：

```
let result3: Double! = divide(100, 200)    // 声明可选类型
print(result3)                              // 隐式拆包取值
```

3. 可选链中的问号（？）

在可选链中使用感叹号（！）访问时，一旦"链条"某些环节没有值，程序就会发生异常，于是我们把感叹号（！）改为问号（？），代码如下所示：

emp.dept?.comp?.name

这样某些环节没有值的时候返回nil，程序不会发生异常。

11.7 访问限定

作为一种面向对象的语言，封装性是不可缺少的，Swift语言在正式版中增加了访问控制，这样一来就可以实现封装特性了。由于Swift语言中类、结构体和枚举类型都具有面向对象的特性，因此Swift语言的封装比较复杂。

11.7.1 访问范围

首先，我们需要搞清楚访问范围的界定。访问范围主要有两个：模块和源文件。

模块是指一个应用程序包或一个框架。在 Swift中，我们可以用import关键字将模块引入到自己的工程中。

应用程序包是可执行的，其内部包含了很多Swift文件以及其他文件，应用程序包可通过图11-3所示Xcode的iOS、watchOS、tvOS和macOS的Application模板创建。

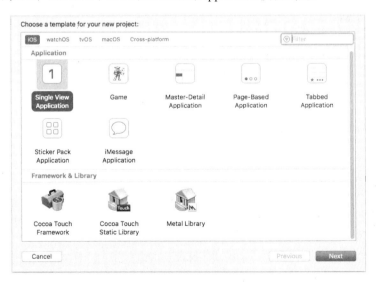

图11-3　应用程序模板

框架也是很多Swift文件及其他文件的集合，但是与应用程序包不同的是，它编译的结果是不可执行文件，框架可以通过Xcode的（如图11-4所示）iOS、watchOS、tvOS和macOS的Framework & Library模板创建。

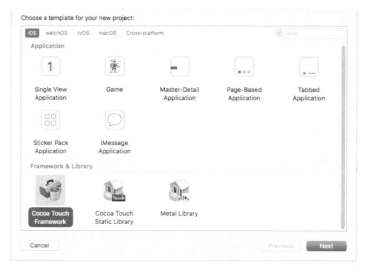

图11-4　框架和库模板

源文件指的是Swift中的.swift文件，编译之后被包含在应用程序包或框架中。通常，一个源文件包含一个面向对象类型（类、结构体和枚举），这些类型中又包含函数、属性等。

11.7.2　访问级别

Swift提供了5种访问级别，对应的访问修饰符为：open、public、internal、fileprivate和private。这些访问修饰符可以修饰类、结构体、枚举等面向对象的类型，还可以修饰：变量、常量、下标、元组、函数、属性等内容。

> 💡 提示
>
> 为了便于描述，我们把类、结构体、枚举、变量、常量、下标、元组、函数、属性等内容统一称为"实体"。

- **open**。访问限制最小的，任何open实体，无论在自己模块内部，还是其他模块（import语句引入其他模块后）都可以被访问。
- **public**。类似于open，在同一个模块中open与public完全一样。在不同模块时，public所声明的类不能被继承，public所声明的属性和方法不能被重写（override）。
- **internal**。默认访问限定。internal实体只能在自己模块中被访问。
- **fileprivate**。只能在当前源文件中被访问。

- private。是真正意义上的"私有",只能在类型内部被访问。

下面我们通过图11-5进一步介绍一下访问修饰符,图11-5所示有两个模块(模块A和模块B),模块A中有2个代码文件,模块B中有3个代码文件。图11-5中①~⑦访问说明如下。

- ①是class1访问相同文件中声明为private的class2,这个访问不能实现。
- ②是class1访问相同文件中声明为fileprivate的class3,这个访问可以实现。
- ③是class1访问相同模块、不同文件中fileprivate的实体,这个访问不能实现。
- ④是class1访问不同模块中open的实体,这个访问可以实现。
- ⑤是class1访问不同模块中public的实体,这个访问可以实现,但如果是public类,则class1不能继承该类;如果是public属性或方法,则class1不能重写这些属性或方法。
- ⑥是class1访问不同模块中internal的实体,这个访问不能实现。
- ⑦是同一模块、不同文件中访问internal的实体,这个访问可以实现。

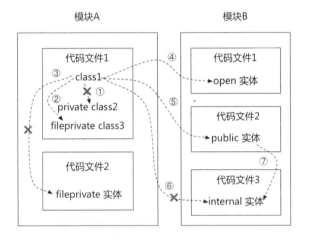

图11-5 访问修饰符

下面是fileprivate和private示例代码,是在同一个文件中定义了两个类:

```
/// 同一个文件
class ClassA {
    // 如果fileprivate 修改为private,会有编译错误
    fileprivate var name: String {
        return ""
    }
}

class ClassB : ClassA {
    override var name: String {
        return "Tony"
    }
}
```

上述代码是声明的两个类都在同一个源代码文件中，ClassA中的name属性声明为fileprivate，ClassB也可以访问该属性，但是如果将fileprivate修改为private会有编译错误。

下面是open和public示例代码，是在两个不同模块中定义了两个类：

```
// 模块A
open class ClassA {                                              ①
    var name: String = "Tony"
    open func printName() {                                      ②
        print(name)
    }
}
// 模块B
class ClassB : ClassA {
    public override func printName() {
        print(name)
    }
}
```

上述代码模块B中的ClassB类继承了ClassA，并重写printName()，这要求模块A的ClassA类必须声明为open的，见代码第①行；printName()方法声明为open的，见代码第②行。

11.7.3 使用访问级别最佳实践

由于Swift中访问限定符能够修饰的实体很多，使用起来比较烦琐，下面我们给出一些最佳实践。

1. 统一性原则

- **原则1**。如果一个类型（类、结构体、枚举）定义为internal或private，那么类型声明的变量或常量不能使用public访问级别。因为public的变量或常量可以被任何人访问，而internal或private的类型不可以。
- **原则2**。函数的访问级别不能高于它的参数和返回类型（类、结构体、枚举）的访问级别。假设函数声明为public级别，而参数或者返回类型声明为internal或private，就会出现函数可以被任何人访问，而它的参数和返回类型不可以访问的矛盾情况。

我们看看下面的代码：

```
private class Employee {                                         ①
    var no: Int = 0
    var name: String = ""
    var job: String?
    var salary: Double = 0
    var dept: Department?
}

internal struct Department {                                     ②
    var no: Int = 0
    var name: String = ""
```

11.7 访问限定

```
}
public let emp = Employee()        // 编译错误                ③
public var dept = Department()     // 编译错误                ④
```

上述代码第①行定义了private级别的类Employee，所以当第③行代码创建并声明emp常量时，会发生编译错误。代码第②行定义了internal的结构体Department，所以当第④行代码创建并声明dept变量时，会发生编译错误。

我们再看一个使用函数的示例代码：

```
class Employee {
    var no: Int = 0
    var name: String = ""
    var job: String?
    var salary: Double = 0
    var dept: Department?
}

struct Department {
    var no: Int = 0
    var name: String = ""
}

public func getEmpDept(emp: Employee)-> Department? {          ①
    return emp.dept
}
```

上述代码第①行会发生如下编译错误：

```
<EXPR>:22:13:error: function cannot be declared public because its parameter uses an internal type
public func getEmpDept(emp: Employee)-> Department? {
       ^              ~~~~~~~~
<EXPR>:9:7: note: type declared here
class Employee {
      ^
```

这个错误说明了getEmpDept函数中的Employee类型访问级别（internal）与函数的访问级别（public）不一致。

如果我们修改上述代码如下：

```
public class Employee {
    var no: Int = 0
    var name: String = ""
    var job: String?
    var salary: Double = 0
    var dept: Department?
}

struct Department {
    var no: Int = 0
    var name: String = ""
}
```

```
public func getEmpDept(emp: Employee)-> Department? {                    ①
    return emp.dept
}
```

修改后代码第①行还是会发生如下编译错误：

```
<EXPR>:22:13: error: function cannot be declared public because its result uses an internal type
public func getEmpDept(emp: Employee)-> Department? {
       ^                                ~~~~~~~~~~
<EXPR>:17:8: note: type declared here
struct Department {
       ^
```

这个错误说明了getEmpDept函数中的Department类型访问级别（internal）与函数的访问级别（public）不一致。

2. 设计原则

如果我们编写的是应用程序，应用程序包中的所有Swift文件和其中定义的实体都是供本应用使用的，而不是提供给其他模块使用的，那么我们就不用设置访问级别了，即使用默认的访问级别。

如果我们开发的是框架，框架编译的文件不能独立运行，因此它天生就是给别人使用的，这种情况下要详细设计其中的Swift文件和实体的访问级别，让别人使用的可以设定为public，不想让别人看到的可以设定为internal或private。

3. 元组类型的访问级别

元组类型的访问级别遵循元组中字段最低级的访问级别，例如下面的代码：

```
private class Employee {
    var no: Int = 0
    var name: String = ""
    var job: String?
    var salary: Double = 0
    var dept: Department?
}

struct Department {
    var no: Int = 0
    var name: String = ""
}

private let emp = Employee()
var dept = Department()

private var student1 = (dept, emp)                                       ①
```

上述代码第①行定义了元组student1，其中字段dept和emp的最低访问级别是private，所以student1的访问级别也是pirvate，这也符合统一性原则。

4. 枚举类型的访问级别

枚举中成员的访问级别继承自该枚举，因此我们不能为枚举中的成员指定访问级别。示例代码如下：

```
public enum WeekDays {
    case Monday
    case Tuesday
    case Wednesday
    case Thursday
    case Friday
}
```

由于WeekDays枚举类型是public访问级别，因而它的成员也是public访问级别的。

11.8 选择类还是结构体最佳实践

类和结构体非常相似，很多情况下没有区别。如果你是设计人员，进行系统设计时应将某种类型设计为类还是结构体？回答这个问题之前，我们先比较一下类和结构体的异同。

11.8.1 类和结构体的异同

类和结构体都有如下功能：

- 定义存储属性；
- 定义方法；
- 定义下标；
- 定义构造函数；
- 定义扩展；
- 实现协议。

只有类才有的功能：

- 能够继承另外一个类；
- 能够核对运行时对象的类型；
- 析构对象释放资源；
- 引用计数允许一个实例有多个引用。

11.8.2 选择的原则

结构体是值类型，每一个实例没有独一无二的标识，下面两个数组实例本质上没有区别，它们可以互换：

```
var studentList1: [String] = ["张三","李四","王五"]
var studentList2: [String] = ["张三","李四","王五"]
```

但是在我们提到类时，它是引用类型，每个实例都有独一无二的标识。我们看看下面员工类Employee的代码：

```
class Employee {              // 员工类
    var no     = 0            // 员工编号属性
    var name   = ""           // 员工姓名属性
    var job    = ""           // 工作属性
    var salary = 0.0          // 薪资属性
}

var emp1   = Employee()
emp1.no = 100
emp1.name = "Tom"
emp1.job = "SALES"
emp1.salary = 9000

var emp2   = Employee()
emp2.no = 100
emp2.name = "Tom"
emp2.job = "SALES"
emp2.salary = 9000
```

emp1和emp2两个员工实例即便内容完全相同,也不能说明就是同一个员工,只是相似而已。每一个员工实例的背后都有独一无二的标识。

我们再来看看部门结构体Department:

```
struct Department {
    var no: Int = 0
    var name: String = ""
}

var dept1 = Department()
dept1.no = 20
dept1.name = "Research"

var dept2 = Department()
dept2.no = 20
dept2.name = "Research"
```

Department为什么被设计为结构体而不是类呢?那要看我们对于两个不同部门的理解是什么。如果具有相同的部门编号(no)和部门名称(name),我们就认为它们是两个相同的部门,就可以把Department定义为结构体,这一点与员工类Employee不同。

11.9 本章小结

通过对本章内容的学习,我们了解了现代计算机语言中面向对象的基本特性,以及Swift语言中面向对象的基本特性,掌握了枚举、结构体和类等基本概念。

此外,我们还了解了Swift面向对象类型嵌套、可选链和访问限定等概念,并在最后讨论了在设计中选择类还是结构体的原则。

11.10 同步练习

(1) 在Swift中具有面向对象特征的数据类型有（　　）。

    A. 枚举　　　　　　B. 元组　　　　　　C. 结构体　　　　　　D. 类

(2) 判断正误：在Swift中，类具有面向对象的基本特征，即封装性、继承性和多态性。

(3) 判断正误：Swift中的枚举、类和结构体都具有继承性。

(4) 有下列枚举类型代码：

```
enum ProductCategory {
    case Washers , Dryers, Toasters
}
var product = ProductCategory.Toasters
```

枚举类型能够与switch语句结合使用，下列使用switch语句不正确的是（　　）。

```
A. switch product {
    case .Washers:
        print("洗衣机")
    case .Dryers :
        print("烘干机")
    default:
        print("烤箱")
    }
```

```
B. switch product {
    case .Washers:
        print("洗衣机")
    case .Dryers :
        print("烘干机")
    case .Toasters :
        print("烤箱")
    }
```

```
C. switch product {
    case .Washers:
        print("洗衣机")
    case .Dryers :
        print("烘干机")
    }
```

```
D. switch product {
    case .Washers:
        print("洗衣机")
    default:
        print("烤箱")
    }
```

(5) 有下列枚举类型代码：

```
enum ProductCategory: String {
    case Washers = "washers", Dryers = "dryers", Toasters = "toasters"
}
```

下列代码中能够成功输出"烤箱"的是（　　）。

```
A. if (product.rawValue == "toasters") {
        print("烤箱")
    }
```

```
B. if (product.rawValue == .Toasters) {
        print("烤箱")
    }
```

```
C. if (product == .Toasters) {
        print("烤箱")
    }
```

D. ```
if (product == "toasters") {
    print("烤箱")
}
```

(6) 下列代码是在C语言中定义了联合类型的示例，请把它改造成为Swift代码。

```
typedef union{
    char c;
    int a;
    double b;
} Number;
```

(7) 判断正误：Swift中枚举是值类型，而类和结构体是引用类型。

(8) 判断正误：Swift中结构体有属性、方法、下标、构造函数和析构函数。

(9) 判断正误：因为具有面向对象的特征，所以枚举、类和结构体都可以使用恒等号===进行比较。

(10) 下列有关类型嵌套正确的是（　　）。

A. ```
class a {
    class b {
    }
    enum c {
        case c(Character)
    }
    struct d {
    }
}
```

B. ```
enum Number {
    case c(Character)
    case a(Int)
    case b(Double)

    class d {
    }

    struct e {
    }
}
```

C. ```
struct c {
    class b {
    }
}
```

D. ```
struct c1 {
    class b {
        class a {
        }
    }
}
```

(11) 运行下列代码的输出结果是（　　）。

```
var cod: String? = "a fish"
var dab: String? = cod

print("cod == \(cod)")
cod = nil
print("cod == \(cod)")
print("dab == \(dab)")
```

A. cod == Optional("a fish")
   cod == nil
   dab == nil

B. cod == nil
   cod == nil
   dab == Optional("a fish")
```

C. cod == Optional("a fish")
　　cod == nil
　　dab == Optional("a fish")

D. cod == nil
　　cod == nil
　　dab == nil

(12) 下列语句能够正确执行的是（　　）。

A. ```
var optionalCod: String
if optionalCod != nil {
    print("uppercase optionalCod == \(optionalCod.uppercased())")
} else {
    print("optionalCod is nil")
}
```

B. ```
var optionalCod: String?
if optionalCod != nil {
    print("uppercase optionalCod == \(optionalCod.uppercased())")
} else {
    print("optionalCod is nil")
}
```

C. ```
var optionalCod: String?
if optionalCod != nil {
    print("uppercase optionalCod == \(optionalCod!.uppercased())")
} else {
    print("optionalCod is nil")
}
```

D. ```
var optionalCod: String!
if optionalCod != nil {
    print("uppercase optionalCod == \(optionalCod.uppercased())")
} else {
    print("optionalCod is nil")
}
```

(13) 假设有以下多个有关联关系类的定义：

```
class Person {
    var residence: Residence?
}

class Residence {
    var rooms = [Room]()
    var numberOfRooms: Int {
        return rooms.count
    }
    subscript(i: Int) -> Room {
        return rooms[i]
    }
    func printNumberOfRooms() {
        print("The number of rooms is \(numberOfRooms)")
    }
    var address: Address?
}
```

```
class Room {
    let name: String
    init(name: String) { self.name = name }
}

class Address {
    var buildingName: String?
    var buildingNumber: String?
    var street: String?
    func buildingIdentifier() -> String? {
        if buildingName != nil {
            return buildingName
        } else if buildingNumber != nil {
            return buildingNumber
        } else {
            return nil
        }
    }
}
```

以下是类的访问代码,执行如下代码,说法正确的是(　　)。

```
let john = Person()
let johnsStreet1 = john.residence?.address?.street          ①
let johnsStreet2 = john.residence!.address!.street          ②
```

A. 程序有编译错误　　　　　　　　　　B. 没有编译错误,但有运行错误

C. 代码第①行能够执行　　　　　　　　D. 代码第②行不能执行

第 12 章 属性与下标

在面向对象分析与设计方法学（OOAD）中，类是由属性和方法组成的，属性一般用于访问数据成员。在Objective-C中，属性是为了访问封装后的数据成员（成员变量）而设计的，属性本身并不存储数据，数据由数据成员存储。而Swift中的属性分为存储属性和计算属性，存储属性就是Objective-C中的数据成员，计算属性不存储数据，但可以通过计算其他属性返回数据。

集合类型中的元素还可以通过下标访问。下标在Java语言中称为索引属性，Swift的下标也具有属性特性，因此本章后面将会介绍下标的使用。

12.1 存储属性

存储属性可以存储数据，分为常量属性（用关键字let定义）和变量属性（用关键字var定义）。

> 提示
>
> 存储属性适用于类和结构体两种类型，不适用于枚举类型。

12.1.1 存储属性概念

我们在前面的章节中曾用到过属性，例如11.4节的员工类（Employee）和部门结构体（Department）。它们的类图如图12-1所示，Employee的部门属性dept与Department之间进行了关联。

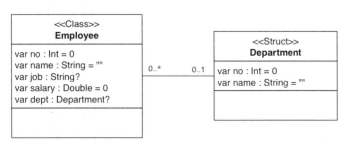

图12-1 类图

我们可以在定义存储属性时指定默认值，示例代码如下：

```
class Employee {
    var no: Int = 0
    var name: String = ""
    var job: String?
    var salary: Double = 0
    var dept: Department?
}

struct Department {
    var no: Int = 0
    var name: String = ""
}

let emp = Employee()
emp.no = 100                    // 编译错误                    ①

let dept = Department()
dept.name = "SALES"             // 编译错误                    ②

let emp1 = Employee()
emp1.name = "Tony"                                            ③
```

实例通过点运算符（.）调用属性，代码第①行试图修改常量属性，程序会发生编译错误。第②行代码也会发生编译错误，因为dept是值类型，值类型不能修改，即便它的属性name是变量属性也不能修改。但是代码第③行emp1.name = "Tony"却可以编译通过，emp1虽然是常量，但是引用类型，name是变量属性可以修改。

> **提示** 引用类型相当于指针，emp1相当于常量指针，常量指针是不能修改的，但是它所指向的内容可以修改。而常量值类型，无论是结构体还是枚举类型都不能修改。

12.1.2 延迟存储属性

由于Employee和Department有关联关系，Employee类中的dept属性关联到了Department结构体。这种关联关系体现为：一个员工必然隶属于一个部门，一个员工实例对应于一个部门实例。

下面看一下代码实现：

```
class Employee {
    var no: Int = 0
    var name: String = ""
    var job: String?
    var salary: Double = 0
    var dept: Department = Department()                       ①
}
```

```
struct Department {
    var no: Int = 0
    var name: String = ""
}

let emp = Employee()                                         ②
```

在代码第②行创建Employee实例的时候，程序也会同时在第①行实例化dept（部门）属性。然而程序或许不关心他隶属于哪个部门，只关心他的no（编号）和name（姓名）。这里虽然不使用dept实例，但是仍然会占用内存。在Java中，有一种数据持久化技术叫Hibernate[①]。为了应对这种情况，Hibernate有一种延时加载技术，Swift也采用了延迟加载技术。修改代码如下：

```
class Employee {
    var no: Int = 0
    var name: String = ""
    var job: String?
    var salary: Double = 0
    lazy var dept: Department = Department()                 ①
}
struct Department {
    let no: Int = 0
    var name: String = ""
}

let emp = Employee()                                         ②
```

我们在dept属性前面添加了关键字lazy声明，这样dept属性就是延时加载的。顾名思义，延时加载就是dept属性只有在第一次访问时才加载，如果永远不访问，它就不会创建，这样就可以减少内存占用。

12.2 计算属性

计算属性本身不存储数据，而是从其他存储属性中计算得到数据。

> **提示**
>
> 与存储属性不同，类、结构体和枚举都可以定义计算属性。

12.2.1 计算属性的概念

计算属性提供了一个Getter（取值访问器）来获取值，以及一个可选的Setter（设置访问器）

[①] Hibernate是一种Java语言下的对象关系映射解决方案。它是使用GNU宽通用公共许可证发行的自由、开源的软件。它为面向对象的领域模型到传统的关系型数据库的映射提供了一个使用方便的框架。

——引自于维基百科：http://zh.wikipedia.org/wiki/Hibernate

来间接设置其他属性或变量的值。计算属性的语法格式如下：

```
面向对象类型  类型名 {                              ①
    存储属性                                      ②
    ……
    var 计算属性名: 属性数据类型 {                    ③
        get {                                   ④
            return 计算后属性值                    ⑤
        }                                       ⑥
        set (新属性值) {                          ⑦
            ……
        }                                       ⑧
    }                                           ⑨
}
```

计算属性的语法格式比较混乱，这里我们解释一下。第①行的"面向对象类型"包括类、结构体和枚举3种。第②行的"存储属性"表示有很多存储属性。

事实上，第③行~第⑨行代码才是定义计算属性的，变量必须采用var声明。第④行~第⑥行代码是Getter访问器，它其实是一个方法，在Getter访问器中对属性进行计算，最后在第⑤行代码中必须使用return语句将计算结果返回。

第⑦行~第⑧行代码是Setter访问器，其中第⑦行代码中，"新属性值"是要赋值给属性值。

定义计算属性比较麻烦，请一定注意后面几个大括号的对齐关系。

我们先看一个示例：

```
import Foundation                                               ①

class Employee {
    var no: Int = 0
    var firstName: String = "Tony"                              ②
    var lastName: String = "Guan"                               ③
    var job: String?
    var salary: Double = 0
    lazy var dept: Department = Department()
    
    var fullName: String {                                      ④
        get {
            return firstName + "." + lastName                   ⑤
        }
        set (newFullName) {                                     ⑥
            var name = newFullName.components(separatedBy: ".") ⑦
            firstName = name[0]
            lastName = name[1]
        }
    }
}

struct Department {
    let no: Int = 0
    var name: String = ""
```

```
    }
    var emp = Employee()
    print(emp.fullName)                                                    ⑧

    emp.fullName = "Tom.Guan"                                              ⑨
    print(emp.fullName)                                                    ⑩
```

上述代码第①行是引入Foundation框架。本例必须引入Foundation框架，否则代码第⑦行的components(separatedBy:)方法不能使用。components(separatedBy:)方法指定逗号为字符串的分割符号，分割方法返回的是String数组。

> **提示**
>
> 为什么必须引入Foundation框架？这是因为components(separatedBy:)方法是由Foundation框架中的String扩展提供的。有关"扩展"概念的内容我们将在第16章介绍。

第②行代码是定义员工的firstName存储属性，第③行代码是定义员工的lastName存储属性。为了获得fullName（全名），不需要定义一个fullName存储属性，因为可以通过firstName和lastName拼接而成：fullName = firstName.lastName。

第④行代码直接定义fullName计算属性。第⑤行是返回拼接的结果。第⑥行代码中的newFullName是要存储传递进来的参数值，set (newFullName)可以省略如下形式，使用Swift默认名称newValue替换newFullName：

```
set {
    var name = newValue.components(separatedBy: ".")
    firstName = name[0]
    lastName = name[1]
}
```

第⑧行代码print(emp.fullName)是调用属性的Getter访问器，取出属性值。第⑨行代码emp.fullName = "Tom.Guan"是调用属性的Setter访问器，给属性赋值。

12.2.2 只读计算属性

计算属性可以只有Getter访问器，没有Setter访问器，这就是只读计算属性。只读计算属性不仅不用写Setter访问器，而且可以省略get{}代码。与上一节相比，代码将大大减少。修改上一节示例为只读计算属性，代码如下：

```
class Employee {
    var no: Int = 0
    var firstName: String = "Tony"
    var lastName: String = "Guan"
    var job: String?
    var salary: Double = 0
```

```
    lazy var dept: Department = Department()

    var fullName: String {                                          ①
        return firstName + "." + lastName
    }
}

struct Department {
    let no: Int = 0
    var name: String = ""
}

var emp = Employee()
print(emp.fullName)
```

只读计算属性经过简化后，第①行代码是更加简洁的Getter访问器。只读计算属性不能够赋值，因此下列语句是错误的：

```
emp.fullName = "Tom.Guan"
```

12.2.3　结构体和枚举中的计算属性

前面介绍的示例都是类的计算属性，本节将介绍一些结构体和枚举中的计算属性，从而比较它们的差异。

示例代码如下：

```
struct Department {                                                 ①
    let no: Int = 0
    var name: String = "SALES"

    var fullName: String {                                          ②
        return "Swift." + name + ".D"
    }
}

var dept = Department()
print(dept.fullName)                                                ③

enum WeekDays: String {                                             ④
    case Monday     =    "Mon."
    case Tuesday    =    "Tue."
    case Wednesday  =    "Wed."
    case Thursday   =    "Thu."
    case Friday     =    "Fri."

    var message: String {                                           ⑤
        return "Today is " + self.rawValue                          ⑥
    }
}
```

```
var day = WeekDays.Monday
print(day.message)                                          ⑦
```

上述代码第①行定义了结构体Department，第②行定义了只读属性fullName，第③行是读取fullName属性。

第④行定义了枚举类型WeekDays，第⑤行定义了只读属性message，第⑥行代码中使用了self.rawValue语句将当前实例值转换为原始值，其中self代表当前实例，rawValue属性是转换为原始值，否则不能进行字符串拼接。代码第⑦行是读取message属性。

> 💡 **提示**
>
> self可以用于类、结构体和枚举类型中，代表当前实例，可用于访问自身的实例方法和属性（如self.rawValue）。self可以省略，如代码第⑥行直接使用rawValue属性也可以。但是，如果属性名与局部变量或常量名发生冲突，self不能省略。

12.3 属性观察者

为了监听属性的变化，Swift提供了属性观察者。属性观察者能够监听存储属性的变化，即便变化前后的值相同，它们也能监听到。

> ✳ **注意**
>
> 属性观察者不能监听延迟存储属性和常量存储属性的变化。

Swift中的属性观察者主要有以下两个。

- **willSet**。观察者在修改之前调用。
- **didSet**。观察者在修改之后立刻调用。

属性观察者的语法格式如下：

```
面向对象类型 类型名 {                                        ①
    ...
    var 存储属性: 属性数据类型 = 初始化值 {                   ②
        willSet(新值) {                                      ③
            ...
        }                                                    ④
        didSet(旧值) {                                       ⑤
            ...
        }                                                    ⑥
    }                                                        ⑦
}
```

属性观察者的语法格式比计算属性还要混乱，下面我们解释一下。第①行的"面向对象类型"

包括类和结构体，不包括枚举，因为枚举不支持存储属性。

> 💡 提示
> 属性观察者可以在类和结构体中使用，不能在枚举中使用。

代码第②行~第⑥行是定义存储属性。第②行的"存储属性"是我们定义的存储属性名。

代码第③行~第④行是定义willSet观察者。第③行代码中的"新值"是传递给willSet观察者的参数，它保存了将要替换原来属性的新值。参数的声明可以省略，系统会分配一个默认的参数newValue。

代码第⑤行~第⑥行是定义didSet观察者。第⑤行代码中的"旧值"是传递给didSet观察者的参数，它保存了被新属性替换的旧值。参数的声明也可以省略，系统会分配一个默认的参数oldValue。

示例代码如下：

```
class Employee {                                              ①
    var no: Int = 0
    var name: String = "Tony" {                               ②
        willSet(newNameValue) {                               ③
            print("员工name新值：\(newNameValue)")              ④
        }
        didSet(oldNameValue) {                                ⑤
            print("员工name旧值：\(oldNameValue)")              ⑥
        }
    }
    var job: String?
    var salary: Double = 0
    var dept: Department?
}

struct Department {                                           ⑦
    var no: Int = 10 {                                        ⑧
        willSet {                                             ⑨
            print("部门编号新值：\(newValue)")                   ⑩
        }
        didSet {                                              ⑪
            print("部门编号旧值：\(oldValue)")                   ⑫
        }
    }
    var name: String = "RESEARCH"
}

var emp = Employee()
emp.no = 100
emp.name = "Smith"                                            ⑬

var dept = Department()
dept.no = 30                                                  ⑭
```

上述代码第①行定义了Employee类，第②行是定义name属性，第③行是定义name属性的willSet观察者，newNameValue是由我们分配的传递新值的参数名，第④行是willSet观察者内部处理代码，其中使用了参数newNameValue。第⑤行是定义name属性的didSet观察者，oldNameValue是由我们分配的传递旧值的参数名，第⑥行是didSet观察者内部处理代码，其中使用了参数oldNameValue。

第⑦行定义了Department结构体，第⑧行是定义no属性，第⑨行是定义no属性的willSet观察者，注意这里没有声明参数，但是我们可以在观察者内部使用newValue（见代码第⑩行，newValue是由系统分配的参数名）。第⑪行是定义no属性的didSet观察者，注意这里也没有声明参数，但是我们可以在观察者内部使用oldValue（见代码第⑫行，oldValue是由系统分配的参数名）。

代码第⑬行是修改Employee的name属性，这会触发调用willSet（代码第③行）和didSet（代码第⑤行）观察者。代码第⑭行是修改Department的no属性，这会触发调用willSet（代码第⑨行）和didSet（代码第⑪行）观察者。

代码运行结果如下：

```
员工name新值：Smith
员工name旧值：Tony
部门编号新值：30
部门编号旧值：10
```

对于这两个属性观察者，我们可以根据自己的需要来使用。它们常常应用于后台处理，以及需要更新界面的业务需求。

12.4 静态属性

在介绍静态属性之前，我们先来看一个类的设计。有一个Account（银行账户）类，假设它有3个属性：amount（账户金额）、interestRate（利率）和owner（账户名）。在这3个属性中，amount和owner会因人而异，对应不同的账户这些内容是不同的，而所有账户的interestRate都相同。

amount和owner属性与账户个体有关，称为实例属性。interestRate属性与个体无关，或者说是所有账户个体共享的，这种属性称为静态属性或类型属性，本书推荐使用静态属性的说法。

3种面向对象类型（结构体、枚举和类）都可以定义静态属性，它们的语法格式分别如下所示：

```
struct 结构体名 {                                        ①
    static var(或let) 存储属性 = "xxx"                   ②
    ...
    static var 计算属性名：属性数据类型 {                ③
        get {
            return 计算后属性值
        }
        set (新属性值) {
            ...
```

```
        }
    }
}
enum 枚举名 {                                                    ④
    static var(或let) 存储属性  = "xxx"                            ⑤
    ...
    static var 计算属性名: 属性数据类型 {                            ⑥
        get {
            return 计算后属性值
        }
        set (新属性值) {
            ...
        }
    }
}

class 类名 {                                                     ⑦
    static var(或let) 存储属性  = "xxx"                            ⑧
    ...
    class(或static)  var 计算属性名: 属性数据类型 {                   ⑨
        get {
            return 计算后属性值
        }
        set (新属性值) {
            ...
        }
    }
}
```

上述代码中，第①行是定义结构体，结构体中可以定义静态存储属性和静态计算属性。第②代码是定义静态存储属性，声明关键字是static，这个属性可以是变量属性，也可以是常量属性。第③行代码是定义静态计算属性，声明使用的关键字是static，计算属性不能为常量，这里只能是变量。结构体静态计算属性也可以是只读的，语法如下：

```
static var 计算属性名: 属性数据类型 {
    return 计算后属性值
}
```

第④行是定义枚举，枚举中不可以定义实例存储属性，但可以定义静态存储属性（见第⑤行），也可以定义静态计算属性（见第⑥行）。定义枚举静态属性与定义结构体静态属性的语法完全一样，这里就不再赘述了。

第⑦行是定义类，类中不仅可以定义实例存储属性，还可以定义静态存储属性，声明静态存储属性的关键字是static，见代码第⑧行。类中也可以定义静态计算属性，声明使用的关键字是class或static，这与结构体和枚举的声明不同。类静态计算属性如果使用static定义，则该属性不能在子类中被重写（override）；如果使用class定义，则该属性可以被子类重写。

我们对上述说明进行了归纳，见表12-1。

12.4 静态属性

表12-1 静态属性

类　　型	实例存储属性	静态存储属性	实例计算属性	静态计算属性
类	支持	支持	支持	支持
结构体	支持	支持	支持	支持
枚举	不支持	支持	支持	支持

> 💡 提示
>
> 在静态计算属性中不能访问实例属性（包括存储属性和计算属性），但可以访问其他静态属性。在实例计算属性中能访问实例属性，也能访问静态属性。

12.4.1 结构体静态属性

下面我们先看一个Account结构体静态属性示例：

```
struct Account {
    var amount: Double = 0.0            // 账户金额
    var owner: String = ""              // 账户名

    static var interestRate: Double = 0.0668  // 利率              ①

    static var staticProp: Double {                                ②
        return interestRate * 1_000_000
    }

    var instanceProp: Double {                                     ③
        return Account.interestRate * amount
    }
}

// 访问静态属性
print(Account.staticProp)                                          ④

var myAccount = Account()
// 访问实例属性
myAccount.amount = 1_000_000                                       ⑤
// 访问实例属性
print(myAccount.instanceProp)                                      ⑥
```

上述代码定义了Account结构体，其中第①行代码定义了静态存储属性interestRate，第②行代码定义了静态计算属性staticProp，在其属性体中可以访问interestRate等静态属性。第③行代码定义了实例计算属性instanceProp，在其属性体中能访问静态属性interestRate，访问方式为"类型名.静态属性"，如Account.interestRate。第④行代码也是访问静态属性，访问方式也是"类型名.静态属性"。

第⑤行和第⑥行代码是访问实例属性，访问方式是"实例.实例属性"。

12.4.2 枚举静态属性

下面我们先看一个Account枚举静态属性示例：

```
enum Account {
    
    case 中国银行                                              ①
    case 中国工商银行
    case 中国建设银行
    case 中国农业银行                                          ②
    
    static var interestRate: Double = 0.0668 // 利率         ③
    
    static var staticProp: Double {                          ④
        return interestRate * 1_000_000
    }
    
    var instanceProp: Double {                               ⑤
        
        switch (self) {                                      ⑥
            case .中国银行:
                Account.interestRate = 0.667
            case .中国工商银行:
                Account.interestRate = 0.669
            case .中国建设银行:
                Account.interestRate = 0.666
            case .中国农业银行:
                Account.interestRate = 0.0668
        }                                                    ⑦
        return Account.interestRate * 1_000_000              ⑧
    }
}

// 访问静态属性
print(Account.staticProp)                                    ⑨

var myAccount = Account.中国工商银行
// 访问实例属性
print(myAccount.instanceProp)                                ⑩
```

上述代码定义了Account枚举类型，其中第①行~第②行代码定义了枚举的4个成员。第③行代码定义了静态存储属性interestRate，第④行代码定义了静态计算属性staticProp，在其属性体中可以访问interestRate等静态属性。第⑤行代码定义了实例计算属性instanceProp，其中第⑥行~第⑦行代码使用switch语句判断当前实例的值，以获得不同的利息。第⑥行代码中使用了self，用以指代当前实例本身。第⑧行代码是返回计算的结果。

第⑨行代码是访问静态属性。第⑩行代码是访问实例属性。

示例运行结果如下：

```
668000.0
669000.0
```

12.4.3 类静态属性

下面我们先看一个Account类静态属性示例：

```
class Account {                                              ①
    // 账户金额
    var amount: Double = 0.0
    // 账户名
    var owner: String = ""
    // 利率
    static var interestRate: Double = 0.0668                 ②

    // class换成static不能重写该属性
    class var staticProp: Double {                           ③
        return interestRate * 1_000_000
    }

    var instanceProp: Double {                               ④
        return Account.interestRate * self.amount            ⑤
    }
}

class AccountB: Account {                                    ⑥
    override class var staticProp: Double {                  ⑦
        return interestRate * 1_000_000
    }
}

// 访问静态属性
print(Account.staticProp)                                    ⑧

var myAccount = Account()
// 访问实例属性
myAccount.amount = 1_000_000
// 访问静态属性
print(myAccount.instanceProp)                                ⑨
```

上述代码第①行定义了Account类，第②行代码定义了静态存储属性interestRate。第③行代码定义了静态计算属性staticProp，关键字是class，如果将class换成static，那么代码第⑦行不能重写staticProp属性，会发生编译错误。

代码第④行定义了实例计算属性instanceProp，在第⑤行代码中Account.interestRate是访问静态属性interestRate，self.amount是访问当前对象的实例属性amount，self指代当前实例本身。

代码第⑥行定义AccountB类继承Account类，代码第⑦行是重写静态staticProp属性。

代码第⑧行也是访问静态属性。代码第⑨行是访问实例属性。

12.5 使用下标

还记得数组和字典吗？下面的示例代码曾在第8章中使用过：

```
var studentList: [String]  = ["张三","李四","王五"]
studentList[0] = "诸葛亮"

var studentDictionary = [102: "张三",105: "李四", 109: "王五"]
studentDictionary[110] = "董六"
```

在访问数组和字典的时候，我们可以用下标访问。其中数组的下标是整数类型索引，字典的下标是它的"键"。

12.5.1 下标概念

在Swift中，我们可以定义一些集合类型，它们可能会有一些集合类型的存储属性，这些属性中的元素可以通过下标访问。Swift中的下标相当于Java中的索引属性和C#中的索引器。

下标访问的语法格式如下：

```
面向对象类型 类型名 {                                    ①
    其他属性
    ...
    subscript(参数: 参数数据类型) -> 返回值数据类型 {      ②
        get {                                          ③
            return 返回值
        }                                              ④

        set(新属性值) {                                 ⑤
            ...
        }                                              ⑥
    }                                                  ⑦
}
```

上述定义中，第①行的"面向对象类型"包括类、结构体和枚举3种。第②行~第⑦行代码定义了下标，下标采用subscript关键字声明。下标也有类似于计算属性的Getter和Setter访问器。

第③行~第④行代码是Getter访问器。Getter访问器其实是一个方法，在最后使用return语句将计算结果返回。

第⑤行~第⑥行代码是Setter访问器。其中第⑤行代码"新属性值"是要赋值给属性值。参数的声明可以省略，系统会分配一个默认的参数newValue。

12.5.2 示例：二维数组

Swift中没有提供二维数组，只有一维数组Array。我们可以自定义一个二维数组类型，然后通过两个下标参数访问它的元素，形式上类似于C语言中的二维数组。

采用下标的二维数组示例代码如下：

```
struct DoubleDimensionalArray {                                     ①

    let rows: Int, columns: Int                                     ②
    var grid: [Int]

    init(rows: Int, columns: Int) {                                 ③
        self.rows = rows
        self.columns = columns
        grid = Array(repeating: 0, count: rows * columns)           ④
    }

    subscript(row: Int, col: Int) -> Int {                          ⑤
        get {
            return grid[(row * columns) + col]                      ⑥
        }
        set(newValue1) {
            grid[(row * columns) + col] = newValue1                 ⑦
        }
    }
}

let COL_NUM = 10
let ROW_NUM = 10

var ary2 = DoubleDimensionalArray(rows: ROW_NUM, columns: COL_NUM)  ⑧

for i in 0 ..< ROW_NUM {
    for j in 0 ..< COL_NUM {
        ary2[i, j] = i * j                                          ⑨
    }
}

// 打印输出二维数组
for i in 0 ..< ROW_NUM {
    for j in 0 ..< COL_NUM {
        print("\t \(ary2[i, j])", terminator: "")
    }
    print("\n")
}
```

上述代码第①行定义了二维数组结构体DoubleDimensionalArray，第②行代码声明了存储属性rows和columns，分别使用了存储二维数组的最大行数和最大列数。第③行代码是声明构造函数（有关构造函数的详细内容请参见第14章），它使用了初始化实例。第④行代码grid = Array(repeating: 0, count: rows * columns)是初始化存储属性grid，grid是一维数组，二维数组中的数据事实上保存在grid属性中。repeating参数表示数组中所有元素全部赋值为0。

第⑤行代码定义下标，其中的参数有两个。第⑥行代码是Getter访问器返回，数据是从一维数组grid返回的，(row * columns) + col是它的下标表达式。第⑦行代码是Setter访问器返回，把一个新值参数newValue1赋值给一维数组grid，它的下标表达式也是(row * columns) + col。注意新值参数的声明可以省略，使用系统提供的newValue参数，Setter访问器可以修改为如下形式：

```
set{
    grid[(row * columns) + col] = newValue
}
```

第⑧行代码是创建并初始化10 × 10大小的二维数组。访问二维数组使用第⑨行代码的ary2[i,j]属性。最后输出结果如下：

```
0  0  0  0  0  0  0  0  0  0
0  1  2  3  4  5  6  7  8  9
0  2  4  6  8  10 12 14 16 18
0  3  6  9  12 15 18 21 24 27
0  4  8  12 16 20 24 28 32 36
0  5  10 15 20 25 30 35 40 45
0  6  12 18 24 30 36 42 48 54
0  7  14 21 28 35 42 49 56 63
0  8  16 24 32 40 48 56 64 72
0  9  18 27 36 45 54 63 72 81
```

这两个双循环非常影响性能，请尽量少用。

12.6　本章小结

通过对本章内容的学习，我们了解了Swift中属性和下标的基本概念，掌握了它们的使用规律。本章主要带我们理解了存储属性、计算属性、静态属性和属性观察者等重要的属性概念以及下标的概念，掌握了下标的使用方法。

12.7　同步练习

(1) 判断正误：枚举、类和结构体都支持存储属性。

(2) 判断正误：枚举、类和结构体都支持属性观察者。

(3) 判断正误：枚举、类和结构体都支持计算属性。

(4) 判断正误：枚举、类和结构体都可以定义静态属性。

(5) 判断正误：计算属性可以用var或let声明。

(6) 判断正误：存储属性可以用var或let声明。

(7) 判断正误：枚举中不可以定义实例存储属性，但可以定义静态存储属性，也可以定义静态计算属性。

(8) 判断正误：定义枚举静态属性与定义结构体静态属性的语法完全相同。

(9) 判断正误：类中可以定义实例存储属性，但不可以定义静态存储属性。

(10) 判断正误：类中可以定义静态计算属性。

(11) 判断正误：在静态计算属性中能访问实例属性（包括存储属性和计算属性），也可以访问其他静态属性。

(12) 判断正误：在实例计算属性中能访问实例属性，也能访问静态属性。

(13) 判断正误：实例属性的访问方式是"实例.实例属性"。

(14) 判断正误：静态属性的访问方式"类型名.静态属性"。

(15) 判断正误：类、结构体和枚举都支持下标。

(16) 编程题：使用下标编写一个电话号码本的程序。

(17) 编程题：使用下标编写一个英语字典程序。

第 13 章 方法

在面向对象分析与设计方法学（OOAD）中，类是由属性和方法组成的，方法用于完成某些操作，完成计算数据等任务。

在Swift中，方法是在枚举、结构体或类中定义的函数，因此我们之前介绍的函数知识都适用于方法。方法具有面向对象的特点，与属性类似，可以分为实例方法和静态方法。

> **提示**
> 方法和函数的主要区别：方法是在枚举、结构体或类内部定义的；方法的调用前面要有主体，而函数不需要。

13.1 实例方法

实例方法与实例属性类似，都隶属于枚举、结构体或类的个体（即实例），我们通过实例化这些类型创建实例，通过实例调用方法。

> **提示**
> 类创建的实例可称为对象。

上一章介绍了一个Account（银行账户）结构体，下面我们重新定义它为类，代码如下：

```
class Account {

    var amount: Double = 10_000.00          // 账户金额
    var owner: String = "Tony"              // 账户名
    // 计算利息
    func interestWithRate(rate: Double) -> Double {         ①
        return rate * amount
    }
}
```

```
var myAccount = Account()                                    ②
// 调用实例方法
print(myAccount.interestWithRate(rate: 0.088))               ③
```

上述代码第①行定义了方法interestWithRate用来计算利息，从形式上看，方法与函数非常相似。第②行代码是实例化Account，myAccount是实例。第③行代码是调用方法，方法的调用前面要有主体，而函数不需要，例如myAccount.interestWithRate(rate: 0.088)是通过myAccount实例调用interestWithRate方法的，调用操作符是"."，与属性调用一样。

13.2 可变方法

结构体和枚举中的方法默认情况下是不能修改值类型变量属性的，示例代码如下：

```
class Employee {
    var no: Int = 0
    var name: String = ""
    var job: String?
    var salary: Double = 0
    var dept: Department?
}

struct Department {
    var no: Int = 0
    var name: String = ""

    var employees: [Employee] = [Employee]()

    func insert(object: AnyObject , index: Int)->() {
        let emp = object as! Employee
        employees.insert(emp, at:index)                      ①
    }
}

var dept = Department()

var emp1 = Employee()
dept.insert(object: emp1, index: 0)

var emp2 = Employee()
dept.insert(object: emp2, index: 0)

var emp3 = Employee()
dept.insert(object: emp3, index: 0)

print(dept.employees.count)
```

上述代码第①行会发生编译错误，错误信息如下：

```
Playground execution failed: error: xx.playground:21:9: error: cannot use mutating member on immutable value: 'self' is immutable
        employees.insert(emp, at:index)
        ^~~~~~~~~
```

错误提示employees属性不可以修改，这是因为employees是Employee的Array数组类型，即值类型。如果要修改它，就要将方法声明为可变的（immutable），在方法前面添加mutating声明如下：

```
...
mutating func insert(object: AnyObject , index: Int)->() {
    let emp = object as! Employee
    employees.insert(emp, at:index)
}
...
```

我们在枚举和结构体方法前面添加关键字mutating，将方法声明为可变（immutable）方法，可变方法能够修改值类型变量属性，但不能修改值类型常量属性。

> **提示**　讲到可变方法时，强调在结构体和枚举的方法中不能修改值类型变量属性；如果想要修改，必须将方法定义为可变的（immutable）。从这个提法中我们可以推断出两点结论：第一，类的方法中可以修改值类型属性，因为类方法就是可变的（immutable），不需要mutating关键字声明方法；第二，在结构体和枚举的方法中可以直接修改引用类型属性，不需要方法是可变的。示例代码如下，其中employees属性被定义为Foundation框架中的可变数组类型（NSMutableArray），NSMutableArray类是引用类型。
>
> ```
> import Foundation
> ...
> struct Department {
>     var no: Int = 0
>     var name: String = ""
>
>     let employees = NSMutableArray()
>
>     func insert(object: AnyObject , index: Int)->() {
>         let emp = object as! Employee
>         employees.insert(emp, at:index)
>     }
> }
> ...
> ```

13.3 静态方法

与静态属性类似，Swift中还定义了静态方法，也称为类型方法。

> **提示**　静态方法的定义与静态属性类似，枚举和结构体的静态方法使用的关键字是static，类静态方法使用的关键字是class或static；如果使用static定义，则该方法不能在子类中被重写（override）；如果使用class定义，则该方法可以被子类重写。

13.3.1 结构体静态方法

下面我们先看一个结构体静态方法的示例：

```swift
struct Account {
    
    var owner: String = "Tony"                          // 账户名             ①
    static var interestRate: Double = 0.668             // 利率               ②
    
    static func interestBy(amount: Double) -> Double {                      ③
        print(self)                                     // 打印数据类型       ④
        return interestRate * amount
    }
    
    func messageWith(amount: Double) -> String {                            ⑤
        let interest = Account.interestBy(amount: amount)
        return "\(self.owner) 的利息是\(interest)"                            ⑥
    }
}

// 调用静态方法
print(Account.interestBy(amount: 10_000.00))

var myAccount = Account()
// 调用实例方法
print(myAccount.messageWith(amount: 10_000.00))
```

上述代码是定义Account结构体。第①行代码声明了实例属性owner，第②行代码声明了静态属性interestRate，第③行代码是定义静态方法interestBy。静态方法与静态计算属性类似，它不能访问实例属性或实例方法。

第⑤行是定义实例方法messageWith；实例方法能访问实例属性和方法，也能访问静态属性和方法。在该方法中我们使用self.owner语句，其中self指代当前类型实例，一般情况下请不要使用它，除非属性名与变量或常量名发生冲突。

> **提示**
>
> Swift的静态方法中也能使用self（见代码第④行），这在其他面向对象的计算机语言中是没有的。此时self表示当前数据类型，不代表枚举、结构体或类的实例。

13.3.2 枚举静态方法

下面我们再看一个枚举静态方法的示例，代码如下：

```swift
enum Account {
    
    case 中国银行
    case 中国工商银行
```

```
    case 中国建设银行
    case 中国农业银行

    static var interestRate: Double = 0.0668  // 利率                    ①

    static func interestBy(amount: Double) -> Double {                  ②
        return interestRate * amount
    }
}

// 调用静态方法
print(Account.interestBy(amount: 10_000.00 ))                           ③
```

上述代码是定义Account枚举。第①行代码声明了静态属性interestRate，第②行代码是定义静态方法interestBy。静态方法与静态计算属性类似，它不能访问实例属性或实例方法。第③行代码是调用静态方法。

从示例可以看出，结构体和枚举的静态方法的定义和调用没有区别。

13.3.3　类静态方法

下面我们再看一个类静态方法的示例：

```
class Account {
    // 账户名
    var owner: String = "Tony"
    // 若class换成static，不能重写该方法
    class func interestBy(amount: Double) -> Double {                   ①
        return 0.08886 * amount
    }
}

class AccountB: Account {
    override static func interestBy(amount: Double) -> Double {         ②
        return 0.0889 * amount
    }
}

// 调用静态方法
print(Account.interestBy(amount: 10_000.00))
```

上述代码是定义Account类和他的子类AccountB，第①行代码是使用关键字class声明静态方法interestBy。虽然，类静态方法也可以使用关键字static声明，但是本例不能使用，这是因为Account的子类AccountB要重写该方法，见代码第②行。

13.4　本章小结

通过对本章内容的学习，我们了解了Swift语言的方法概念、方法的定义以及方法的调用等内容，熟悉了实例方法和静态方法的声明和调用。

13.5 同步练习

(1) 判断正误：枚举、结构体和类都可以定义实例方法。

(2) 判断正误：枚举、结构体和类都可以定义静态方法。

(3) 判断正误：在声明静态方法时使用的关键字是class。

(4) 判断正误：在声明静态方法时使用的关键字是static。

(5) 判断正误：类、结构体和枚举中的方法能修改属性。

(6) 判断正误：类、结构体和枚举中的方法都可以声明为可变的。

(7) 结构体和枚举可以将方法声明为可变方法，可变方法能够修改变量属性，但不能修改常量属性。

(8) 判断正误：枚举和结构体的静态方法使用的关键字是static，类的静态方法使用的关键字是class。

(9) 判断正误：实例方法能访问实例属性和方法，也能访问静态属性和方法。

(10) 判断正误：静态方法与静态计算属性类似，它不能访问实例属性或实例方法。

(11) 在下列代码横线处填写一个选项使之能够正确运行。

```
struct Point {
    var x = 0.0, y = 0.0
    ____ func moveByX(deltaX: Double, y deltaY: Double) {
        self = Point(x: x + deltaX, y: y + deltaY)
    }
}
```

A. mutating B. static C. class D. 无

第 14 章 构造与析构

结构体和类在创建实例的过程中需要进行一些初始化工作,这个过程称为构造过程。相反,这些实例最后被释放的时候需要进行一些清除资源的工作,这个过程称为析构过程。

本章我们将重点介绍构造函数和析构函数的使用方法。构造函数的情况比较复杂,还会涉及继承的相关问题,有关继承部分的构造我们会在第15章介绍。

14.1 构造函数

结构体和类的实例在构造过程中会调用一种特殊的init方法,称为构造函数。构造函数没有返回值,可以重载。在多个构造函数重载的情况下,运行环境可以根据它的参数标签或参数列表调用合适的构造函数。

类似的方法在Objective-C和C++中也称为构造函数,Java中称为构造方法。不同的是,Objective-C中的构造函数有返回值,而C++和Java中的构造函数名必须与类名相同,没有返回值。

14.1.1 默认构造函数

结构体和类在构造过程中会调用一个构造函数,即便没有编写任何构造函数,编译器也会提供一个默认的构造函数。下面来看示例代码:

```
class Rectangle {                                   ①
    var width: Double  = 0.0
    var height: Double = 0.0
}

var rect = Rectangle()                              ②
rect.width = 320.0
rect.height = 480.0

print("长方形:\(rect.width) x \(rect.height)")
```

上述代码第①行定义了Rectangle类,存储属性直接进行了初始化,在类中没有定义任何的构造函数。但我们仍然可以调用默认构造函数init(),代码第②行是创建实例,并调用默认构造函数init()。Rectangle()这种代码在前面的学习过程中很常见，那么你有没有问过自己：为什么在类型后面要加一对小括号呢？小括号代表着方法的调用，Rectangle()表示调用了某个方法，这个方法就是默认的构造函数init()。

事实上，Rectangle的定义过程中省略了构造函数，相当于如下代码：

```
class Rectangle {
    var width: Double = 0.0
    var height: Double = 0.0

    init() {                                            ①

    }
}
```

如果Rectangle是结构体，则它的定义如下：

```
struct Rectangle {
    var width: Double = 0.0
    var height: Double = 0.0
}
```

而结构体Rectangle的默认构造函数与类Rectangle的默认构造函数不同，相当于如下代码：

```
struct Rectangle {
    var width: Double = 0.0
    var height: Double = 0.0

    init() {                                            ①

    }

    init(width: Double, height: Double) {               ②
        self.width  = width
        self.height = height
    }
}
```

结构体Rectangle省略了一些构造函数，除了第①行的无参数构造函数init()，还有第②行的有参数构造函数，该构造函数是与存储属性相对应的，关于这种构造函数我们还会在14.1.3节详细介绍。

从以上示例可以看出，类和结构体的默认构造也有所不同。要调用哪个构造函数，这是根据传递的参数名和参数类型决定的。

14.1.2 构造函数与存储属性初始化

构造函数的主要作用是初始化实例，其中包括：初始化存储属性和其他的初始化。在上一节的Rectangle类或结构体中，如果在构造函数中初始化存储属性width和height，那么在定义它们时就不需要初始化了。

修改Rectangle类代码如下：

```
class Rectangle {
    var width: Double
    var height: Double

    init() {
        width  = 0.0
        height = 0.0
    }
}
```

> **提示**
>
> 如果存储属性在构造函数中没有初始化，在定义的时候也没有初始化，那么就会发生编译错误。计算属性不保存数据，所以不需要初始化。构造函数也不能初始化静态属性，因为它们与具体实例个体无关。

构造函数还可以初始化常量存储属性，下面我们来看示例代码：

```
class Employee {                            ①
    let no: Int                             ②
    var name: String?                       ③
    var job: String?                        ④
    var salary: Double
    var dept: Department?                   ⑤

    init() {                                ⑥
        no = 0                              ⑦
        salary = 0.0
        dept = nil                          ⑧
    }
}

struct Department {                         ⑨
    let no: Int                             ⑩
    var name: String

    init() {
        no = 10                             ⑪
        name = "SALES"
    }
}

let dept = Department()
var emp = Employee()
```

上述代码第①行和第⑨行分别定义了Employee类和Department结构体。其中，Employee的no属性（见第②行）和Department的no属性（见第⑩行）都是常量类型属性。我们曾讲过常量只能在定义的同时赋值，而在构造函数中常量属性可以不遵守这个规则，它们可以在构造函数中赋值，参见代码第⑦行和第⑪行，这种赋值不能放在普通方法中。

另外，存储属性一般在定义的时候初始化。如果不能确定初始值，可以采用可选类型属性，见第③行、第④行和第⑤行代码，虽然没有明确赋值，但这些属性已经被初始化为nil了。当然，这些属性还可以在构造函数中初始化，见代码第⑧行。

14.1.3 使用参数标签

为了增强程序的可读性，Swift中的方法和函数可以使用参数标签。构造函数中也可以使用参数标签。构造函数中的参数标签要比一般的方法和函数更有意义，由于构造函数命名都是init，如果一个类型中有多个构造函数，我们可以通过不同的参数标签区分调用不同的构造函数。

下面来看示例代码：

```
class RectangleA {
    var width: Double
    var height: Double

    init(W width: Double, H height: Double) {                     ①
        self.width  = width                                        ②
        self.height = height                                       ③
    }
}

var recta = RectangleA(W: 320, H: 480)                             ④
print("长方形A:\(recta.width) x \(recta.height)")
```

上述代码第①行是定义构造函数init(W width: Double, H height: Double)，这个构造函数有两个参数width和height，并且为参数提供了标签W和H。

代码第②行和第③行是将函数参数赋值给属性，其中使用了self关键字表示当前实例，self.width表示当前实例的width属性。一般情况下访问属性时self可以省略，但是局部变量或常量（函数参数属于这种情况）命名与属性命名发生冲突时，属性前面一定要加self。

第④行代码是创建RectangleA实例，这里使用了参数标签。

> 💡 **提示**
> 上述示例虽然定义的是类，但也完全适用于结构体。

构造函数中的参数可以直接作为标签使用。

下面来看示例代码：

```
class RectangleB {
    var width: Double
    var height: Double
```

```
    init(width: Double, height: Double) {                              ①
        self.width  = width
        self.height = height
    }
}

var rectb = RectangleB(width: 320, height: 480)                        ②
print("长方形B:\(rectb.width) x \(rectb.height)")
```

上述代码第①行定义构造函数init(width: Double, height: Double)，其中没有声明参数标签。在第②行代码调用构造函数时，参数名width和height直接作为标签使用。

前面介绍的几个示例适用于类和结构体，但以下写法只适用于结构体类型，如果在结构体中使用默认的构造函数，则示例代码如下：

```
struct RectangleC {
    var width: Double = 0.0
    var height: Double = 0.0
}
```

代码中使用了默认的构造函数（我们在14.1.1节介绍过），调用它的时候可以指定参数标签，结构体类型可以按照从上到下的顺序把属性名作为参数标签，依次提供参数。构造函数调用代码如下：

```
var rectc = RectangleC(width: 320, height: 480)
```

width和height是属性名，参数顺序是属性的定义顺序。

> **提示**
>
> 这种写法是一种默认构造函数，但只适用于结构体，在类中不能使用。

14.2 构造函数重载

构造函数作为一种特殊方法，也可以重载。

14.2.1 构造函数重载概念

Swift中的构造函数可以有多个，但它们的参数列表不同，这些构造函数构成重载。

示例代码如下：

```
class Rectangle {

    var width: Double
    var height: Double

    init(width: Double, height: Double) {                              ①
```

```
        self.width   = width
        self.height  = height
    }
    init(W width: Double, H height: Double) {              ②
        self.width   = width
        self.height  = height
    }
    init(length: Double) {                                 ③
        self.width   = length
        self.height  = length
    }
    init() {                                               ④
        self.width   = 640.0
        self.height  = 940.0
    }
}

var rectc1 = Rectangle(width: 320.0, height: 480.0)        ⑤
print("长方形:\(rectc1.width) x \(rectc1.height)")

var rectc2 = Rectangle(W: 320.0, H: 480.0)                 ⑥
print("长方形:\(rectc2.width) x \(rectc2.height)")

var rectc3 = Rectangle(length: 500.0)                      ⑦
print("长方形3:\(rectc3.width) x \(rectc3.height)")

var rectc4 = Rectangle()                                   ⑧
print("长方形4:\(rectc4.width) x \(rectc4.height)")
```

上述代码第①行~第④行定义了4个构造函数，它们是重载关系。从参数个数和参数类型上看，第①行和第②行的构造函数是一样的，但是它们的参数标签不同，所以在第⑤行调用的是第①行的构造函数，第⑥行调用的是第②行的构造函数。

第③行和第④行的构造函数参数个数与第①行不同，所以在第⑦行调用的是第③行的构造函数，第⑧行调用的是第④行的构造函数。

14.2.2 结构体构造函数代理

为了减少多个构造函数间的代码重复，在定义构造函数时可以通过调用其他构造函数来完成实例的部分构造过程，这个过程称为构造函数代理。构造函数代理在结构体和类中使用方式不同，本节我们先介绍结构体中如何构造函数代理。

将上一节的示例修改如下：
```
struct Rectangle {
```

```
    var width: Double
    var height: Double

    init(width: Double, height: Double) {                       ①
        self.width   = width
        self.height  = height
    }

    init(W width: Double, H height: Double) {                   ②
        self.width   = width
        self.height  = height
    }

    init(length: Double) {                                      ③
        self.init(W: length, H: length)
    }

    init() {                                                    ④
        self.init(width: 640.0, height: 940.0)
    }
}

var rectc1 = Rectangle(width: 320.0, height: 480.0)             ⑤
print("长方形:\(rectc1.width) x \(rectc1.height)")

var rectc2 = Rectangle(W: 320.0, H: 480.0)                      ⑥
print("长方形:\(rectc2.width) x \(rectc2.height)")

var rectc3 = Rectangle(length: 500.0)                           ⑦
print("长方形3:\(rectc3.width) x \(rectc3.height)")

var rectc4 = Rectangle()                                        ⑧
print("长方形4:\(rectc4.width) x \(rectc4.height)")
```

代码将Rectangle声明为结构体类型，其中也有4个构造函数重载。第③行和第④行调用了self.init语句，self指示当前实例本身。代码第③行的构造函数中self.init(W: length, H: length)语句调用第②行定义的构造函数；代码第④行的的构造函数中self.init(width: 640.0, height: 940.0)语句是在调用第①行定义的构造函数。

类似这样，在同一个类型中通过self.init语句调用当前类型的其他构造函数，其他构造函数就称为构造函数代理。

14.2.3 类构造函数横向代理

由于类有继承关系，类构造函数代理比较复杂，分为横向代理和向上代理。

- 横向代理类似于结构体类型构造函数代理，发生在同一类内部，这种构造函数称为便利构造函数（convenience initializer）。

- 向上代理发生在继承情况下,在子类构造过程中要先调用父类构造函数,初始化父类的存储属性,这种构造函数称为指定构造函数(designated initializer)。

由于我们还没有介绍继承,因此本章只介绍横向代理。

将上一节的示例修改如下:

```
class Rectangle {

    var width: Double
    var height: Double

    init(width: Double, height: Double) {                    ①
        self.width  = width
        self.height = height
    }

    init(W width: Double, H height: Double) {                ②
        self.width  = width
        self.height = height
    }

    convenience init(length: Double) {                       ③
        self.init(W: length, H: length)
    }

    convenience init() {                                     ④
        self.init(width: 640.0, height: 940.0)
    }

}

var rectc1 = Rectangle(width: 320.0, height: 480.0)          ⑤
print("长方形:\(rectc1.width) x \(rectc1.height)")

var rectc2 = Rectangle(W: 320.0, H: 480.0)                   ⑥
print("长方形:\(rectc2.width) x \(rectc2.height)")

var rectc3 = Rectangle(length: 500.0)                        ⑦
print("长方形3:\(rectc3.width) x \(rectc3.height)")

var rectc4 = Rectangle()                                     ⑧
print("长方形4:\(rectc4.width) x \(rectc4.height)")
```

示例将Rectangle声明为类,其中也有4个构造函数重载。第③行和第④行的构造函数中使用了self.init语句,并且在构造函数前面加上了convenience关键字。convenience表示便利构造函数,这说明我们定义构造函数是横向代理调用其他构造函数。

第③行的self.init(W: length, H: length)语句是在横向调用第②行定义的构造函数代理,第④行的self.init(width: 640.0, height: 940.0)语句是在横向调用第①行定义的构造函数代理。

14.3 析构函数

与构造过程相反,实例最后释放的时候需要清除一些资源,这个过程就是析构过程。析构过程中也会调用一种特殊的方法deinit,称为析构函数。析构函数deinit没有返回值,也没有参数,也不需要参数的小括号,所以不能重载。

> **提示**
>
> 析构函数只适用于类,不适用于枚举和结构体。类似的方法在C++中也称为析构函数,不同的是,C++中的析构函数常常用来释放不再需要的内存资源。而在Swift中,内存管理采用自动引用计数(ARC),不需要析构函数释放不需要的实例内存资源,但还是有一些清除工作需要在这里完成,如关闭文件等处理。

下面看看示例代码:

```
class Rectangle {

    var width: Double
    var height: Double

    init(width: Double, height: Double) {
        self.width   = width
        self.height  = height
    }

    init(W width: Double, H height: Double) {
        self.width   = width
        self.height  = height
    }

    deinit {                                                    ①
        print("调用析构函数...")
        self.width = 0.0
        self.height  = 0.0
    }
}

var rectc1: Rectangle? = Rectangle(width: 320, height: 480)     ②
print("长方形:\(rectc1!.width) x \(rectc1!.height)")
rectc1 = nil                                                    ③

var rectc2: Rectangle? = Rectangle(W: 320, H: 480)              ④
print("长方形:\(rectc2!.width) x \(rectc2!.height)")
rectc2 = nil                                                    ⑤
```

上述代码第①行使用deinit关键字定义了析构函数,这个析构函数重新设置了存储属性值。第②行代码创建了Rectangle实例rectc1。注意rectc1类型是Rectangle?,这说明rectc1是可选类型,只有可选类型才可以被赋值为nil。类似地,第④行代码创建了Rectangle可选类型实例rectc2。

> **提示**
> 析构函数的调用是使实例被赋值为nil，表示实例需要释放内存；在释放之前先调用析构函数，然后再释放。代码第③行和第⑤行是触发调用析构函数的条件。

运行结果如下：

```
长方形:320.0 x 480.0
调用析构函数...
长方形:320.0 x 480.0
调用析构函数...
```

14.4　本章小结

通过对本章内容的学习，我们了解了Swift中结构体和类的构造过程以及析构过程，掌握了构造函数和析构函数的使用方法。

14.5　同步练习

(1) 判断正误：枚举、结构体和类的实例在构造过程中会调用构造函数。

(2) 判断正误：枚举、结构体和类的实例在析构过程中也会调用析构函数。

(3) 判断正误：析构函数deinit没有返回值，也没有参数，所以不能重载。

(4) 判断正误：构造函数init没有返回值，可以重载，多个构造函数重载情况下，运行环境可以根据它的参数标签或参数列表调用合适的构造函数。

(5) 判断正误：构造函数的主要作用就是初始化存储属性。

(6) 判断正误：构造函数的主要作用就是初始化计算属性。

(7) 判断正误：存储属性要么在定义的时候初始化，要么在构造函数中初始化。

(8) 判断正误：关键字convenience可以修饰引用类型的构造函数，这种构造函数能够用于横向代理。

(9) 下列选项中会发生编译错误的是（　　）。

```
A. struct Circle {
       var R: Double
       init() {
           R = 0
       }
   }
```

```
B. struct Circle {
       var R: Double
       init() {
       }
   }
```

C. struct Circle {
    var R: Double
}

D. struct Circle {
    var R: Double = 0.0
}

(10) 下列选项中会发生编译错误的是（   ）。

A. class Circle {
    var R: Double
}

B. class Circle {
    var R: Double = 0.0
}

C. class Circle {
    var R: Double
    init() {
    }
}

D. class Circle {
    var R: Double
    init() {
        R = 0.0
    }
}

(11) 下列选项中会发生编译错误的是（   ）。

A. class Dog {
    var name: String
    init(name: String) {
        self.name = name
    }
    convenience init() {
        self.init(name: "未命名")
    }
}

B. class Dog {
    var name: String
    init(name: String) {
        self.name = name
    }
    init() {
        self.init(name: "未命名")
    }
}

C. class Dog {
    var name: String
    init(name: String) {
        self.name = name
    }
    init() {
        self.name = "未命名"
    }
}

D. class Dog {
    var name: String = "未命名"
    init(name: String) {
        self.name = name
    }
}

(12) 关于析构函数，定义正确的是（   ）。

A. deinit   B. deinit()   C. Deinit   D. Deinit()

第 15 章 类继承

继承性是面向对象的重要特征之一。Swift中的继承只能发生在类上,不能发生在枚举和结构体上。在Swift中,一个类可以继承另一个类的方法、属性、下标等特征。当一个类继承其他类时,继承类叫子类,被继承类叫父类(或超类)。子类继承父类后,可以重写父类的方法、属性、下标等特征。

15.1 从一个示例开始

为了了解继承性,我们先看这样一个场景:一位面向对象的程序员小赵,在编程过程中需要描述和处理个人信息,于是定义了类Person,如下所示:

```
class Person {
    var name: String
    var age: Int

    func description() -> String {
        return "\(name) 年龄是: \(age)"
    }
    init () {
        name = ""
        age  = 1
    }
}
```

一周以后,小赵又遇到了新的需求,需要描述和处理学生信息,于是又定义了一个新的类Student,如下所示:

```
class Student {
    var name: String
    var age: Int

    var school: String

    func description() -> String {
        return "\(name) 年龄是: \(age)"
    }
    init() {
```

```
        school = ""
        name = ""
        age = 8
    }
}
```

很多人会认为小赵的做法能够理解并相信这是可行的,但问题在于Student和Person两个类的结构太接近了,后者只比前者多了一个属性school,却要重复定义其他所有的内容,实在让人"不甘心"。Swift提供了解决类似问题的机制,那就是类的继承,代码如下所示:

```
class Student: Person {
    var school: String
    override init() {
        school = ""
        super.init()
        age = 8
    }
}
```

Student类继承了Person类中的所有特征,":"之后的Person类是父类。Swift中的类可以没有父类,例如Person类,定义的时候后面没有":",这种没有父类的就是基类。Swift中的继承与在Objective-C等面向对象语言中的不同,Objective-C中的所有类的基类都是NSObject,Swift中没有规定这样的一个类。此外,override init()是子类重写父类构造函数。

一般情况下,一个子类只能继承一个父类,这称为单继承,但有的情况下一个子类可以有多个不同的父类,这称为多重继承。在Swift中,类的继承只能是单继承,而多重继承可以通过遵从多个协议实现。也就是说,在Swift中,一个类只能继承一个父类,但是可以遵从多个协议。

15.2 构造函数继承

我们在第14章介绍过构造与析构,在一个实例的构造过程中会调用构造函数这样一个特殊的方法。构造函数中可以使用构造函数代理帮助完成部分构造工作。类构造函数代理分为横向代理和向上代理,横向代理只能发生在同一类内部,这种构造函数称为便利构造函数。向上代理发生在继承的情况下,在子类构造过程中,要先调用父类构造函数初始化父类的存储属性,这种构造函数称为指定构造函数。

第14章只介绍了便利构造函数调用,本节将介绍向上代理和指定构造函数调用。

15.2.1 构造函数调用规则

我们先看看上一节的Person和Student类,修改代码如下:

```
class Person {
    var name: String
    var age: Int
```

```swift
    func description() -> String {
        return "\(name) 年龄是: \(age)"
    }
    convenience init () {                                           ①
        self.init(name: "Tony")
        self.age = 18
    }
    convenience init (name: String) {                               ②
        self.init(name: name, age: 18)
    }
    init (name: String, age: Int) {                                 ③
        self.name = name
        self.age = age
    }
}

class Student: Person {
    var school: String
    init (name: String, age: Int, school: String) {                 ④
        self.school = school
        super.init(name: name, age: age)
    }
    convenience override init (name: String, age: Int) {            ⑤
        self.init(name: name, age: age, school: "清华大学")
    }
}

let student = Student()
print("学生: \(student.description())")
```

Person类中定义了3个构造函数，见代码第①行~第③行，其中第①行和第②行是便利构造函数，第③行是指定构造函数。Student类中定义了2个构造函数，见代码第④行~第⑤行，其中第④行是指定构造函数，第⑤行是便利构造函数。

构造函数之间的调用形成了构造函数链（如图15-1所示），我们为这个构造函数添加了标号。

Swift限制构造函数之间代理调用的规则有3条，如下。

- 指定构造函数必须调用其直接父类的指定构造函数。从图15-1中可见，Student中的④号指定构造函数调用Person中的③号指定构造函数。
- 便利构造函数必须调用同一类中定义的其他构造函数。从图15-1中可见，Student中的⑤号便利构造函数调用同一类中的④号构造函数，Person中的①号便利构造函数调用同一类中的②号构造函数，Person中的②号便利构造函数调用同一类中的③号构造函数。
- 便利构造函数必须最终以调用一个指定构造函数结束。从图15-1中可见，Student中的⑤号便利构造函数调用同一类中的④号指定构造函数，Person中的②号便利构造函数调用同一类中的③号指定构造函数。

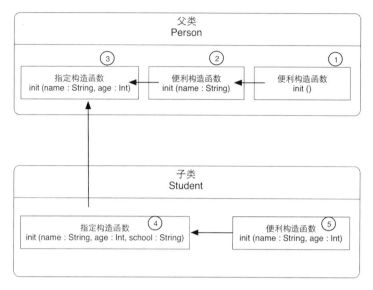

图15-1 构造函数链

15.2.2 构造过程安全检查

在Swift中，类的构造过程包含两个阶段，如图15-2所示。

- 第一阶段，首先分配内存，初始化子类存储属性，沿构造函数链向上初始化父类存储属性，到达构造函数链顶部，初始化全部的父类存储属性。
- 第二阶段，从顶部构造函数链往下，可以对每个类进行进一步修改存储属性、调用实例方法等处理。

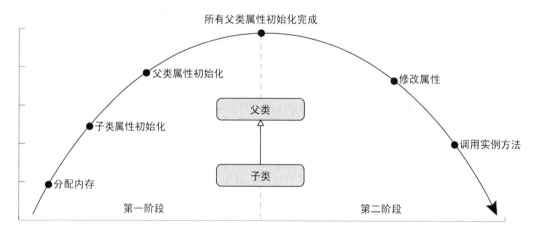

图15-2 构造过程的两个阶段

如下代码是本书最后一章介绍的迷失航线游戏项目中的子弹类Bullet：

```
import SpriteKit

class Bullet: SKSpriteNode {
    // 速度
    var velocity: CGVector

    init(texture: SKTexture?, velocity: CGVector) {

        self.velocity = velocity                                    ①

        super.init(texture: texture,
                   color: UIColor.clearColor(),
                   size: texture!.size())                           ②
        // 构造完成

        self.hidden = true                                          ③
        // 设置子弹与物理引擎的关联
        let bulletBody = SKPhysicsBody(rectangleOfSize: self.size)
        self.physicsBody = bulletBody                               ④
    }
    ...
}
```

在Bullet类的init(texture: SKTexture?, velocity: CGVector)构造函数中，从代码第①行~第②行结束属于构造过程的第一阶段，代码第②行之后是构造过程的第二阶段。在第一阶段中，初始化子类属性（见代码第①行），然后调用父类的构造函数，初始化父类属性（见代码第②行）；第二阶段中，代码第③行和第④行是修改（要注意是修改而不是初始化）其他属性，hidden和physicsBody属性是父类中的属性，它们在代码第②行后已经完成初始化。例如，hidden属性是"不可见"，父类中初始化为false，即"可见"。而我们设计的Bullet类在创建时是不可见的，因此自己的构造函数中修改属性hidden为true。

Swift编译器在构造过程中可以进行一些安全检查工作，这些工作可以有效地防止属性在初始化之前被访问，也可以防止属性被另一个构造函数意外地赋予不同的值。例如Bullet类中代码第①行不能在代码第②行之后调用，这是因为只有子类所有存储属性初始化之后，才能调用父类构造函数初始化父类存储属性。

为确保构造过程顺利完成，Swift提供了4种安全检查。

1. 安全检查1

指定构造函数必须保证其所在类的所有存储属性都完成初始化，之后才能向上调用父类构造函数代理。

示例代码如下：

```
class Student: Person {
    var school: String
```

```
    init(name: String, age: Int, school: String) {            ①
        self.school = school                                   ②
        super.init(name: name, age: age)                       ③
    }

    convenience override init (name: String, age: Int) {       ④
        self.init(name: name, age: age, school: "清华大学")
    }
}
```

上述代码第①行和第④行是定义构造函数，其中第②行代码是初始化school属性，它一定要在第③行语句之前调用，super.init(name: name, age: age)是向上调用父类构造函数代理。如果我们把第②行和第③行的代码互换一下，会出现如下编译错误：

```
error: property 'self.school' not initialized at super.init call
        super.init(name: name, age: age)
        ^
```

使用两段式构造过程分析上述代码，语句①~③都还属于第一阶段。

2. 安全检查2

指定构造函数必须先向上调用父类构造函数代理，然后再为继承的属性设置新值，否则指定构造函数赋予的新值将被父类中的构造函数所覆盖。

示例代码如下：

```
class Student: Person {
    var school: String
    init(name: String, age: Int, school: String) {            ①
        self.school = school                                   ②
        super.init(name: name, age: age)                       ③
        self.name = "Tom"                                      ④
        self.age = 28                                          ⑤
    }

    convenience override init(name: String, age: Int) {
        self.init(name: name, age: age, school: "清华大学")
    }
}
```

上述代码第①行定义指定构造函数init(name: String, age: Int, school: String)，第②行代码初始化school属性，这条语句必须放在向上调用父类构造函数代理之前（见第③行代码super.init(name: name, age: age)）。安全检查2关键是检查第④行和第⑤行代码，这两行代码是为从父类继承下来的name和age属性赋值。这两个属性事实上已经在父类中完成初始化，这里只是修改属性值，这要在向上调用父类构造函数代理之后进行。

使用两段式构造过程分析上述代码①行的init (name: String, age: Int, school: String)构造函数，其中语句②和③属于第一阶段，语句④和⑤属于第二阶段。

> super指代父类对象，只能应用于类中。

3. 安全检查3

便利构造函数必须先调用同一类中的其他构造函数代理，然后再为任意属性赋新值，否则便利构造函数赋予的新值将被同一类中的其他指定构造函数覆盖。

示例代码如下：

```
class Student: Person {
    var school: String
    ...
    convenience override init(name: String, age: Int) {            ①
        self.init(name: name, age: age, school: "清华大学")          ②
        self.name = "Tom"                                           ③
    }
}
```

上述代码第①行定义了便利构造函数init(name: String, age: Int)，其中第②行代码是调用同一类中的其他构造函数代理，首先调用语句self.init(name: name, age: age, school: "清华大学")，然后再调用第③行的self.name = "Tom"语句为name属性赋值。

4. 安全检查4

构造函数在第一阶段构造完成之前不能调用实例方法，也不能读取实例属性，因为这时还不能保证要访问的实例属性已经被初始化。

示例代码如下：

```
class Student: Person {
    var school: String
    init(name: String, age: Int, school: String) {
        self.school = school
        // self.toString()    // 编译错误                            ①
        super.init(name: name, age: age)                            ②
        self.name = "Tom"
        self.age = 28
        self.toString()                                             ③
    }
    convenience override init(name: String, age: Int) {
        self.init(name: name, age: age, school: "清华大学")
        self.name = "Tom"
    }

    func toString() {                                               ④
        print("Studen : \(school) \(name) \(age)")
    }
}
```

我们在Student类中添加了代码第④所示的toString()实例方法，如果在构造函数中调用toString()方法，则必须在第一阶段构造完成之后进行。我们不能在代码第①行调用该方法，只能在代码第②行之后调用，因为代码第②行之后是第一阶段构造完成，见代码第③行调用。

> **提示**　两段式构造过程中，第一阶段构造完成的标志是：调用完父类指定构造函数，即super.init语句；如果没有调用父类构造函数，则是调用完本身便利构造函数，即self.init语句。

15.2.3　构造函数继承

Swift中的子类构造函数有两种来源：自己编写和从父类继承。并不是父类的所有构造函数都能继承下来，能够从父类继承下来的构造函数是有条件的，如下所示。

- 条件1：如果子类没有定义任何指定构造函数，它将自动继承父类的所有指定构造函数。
- 条件2：如果子类提供了所有父类指定构造函数的实现，无论是通过条件1继承过来的，还是通过自己编写实现的，它都将自动继承父类的所有便利构造函数。

下面来看示例代码：

```
class Person {                                                          ①
    var name: String
    var age: Int

    func description() -> String {
        return "\(name) 年龄是: \(age)"
    }
    convenience init() {                                                ②
        self.init(name: "Tony")
        self.age = 18
    }
    convenience init(name: String) {                                    ③
        self.init(name: name, age: 18)
    }
    init(name: String, age: Int) {                                      ④
        self.name = name
        self.age  = age
    }
}

class Student: Person {                                                 ⑤
    var school: String
    init(name: String, age: Int, school: String) {                      ⑥
        self.school = school
        super.init(name: name, age: age)
    }
    convenience override init(name: String, age: Int) {                 ⑦
```

```
        self.init(name: name, age: age, school: "清华大学")
    }
}
class Graduate: Student {                                                    ⑧
    var special: String = ""
}
```

上述代码第①行、第⑤行和第⑧行分别定义了Person、Student和Graduate，它们是继承关系。

我们先看看符合条件1的继承。Graduate继承Student，Graduate类没有定义任何指定构造函数，它将自动继承Student的所有指定构造函数。如图15-3所示，符合条件1后，Graduate从Student继承了如下指定构造函数：

```
init(name: String, age: Int, school: String)
```

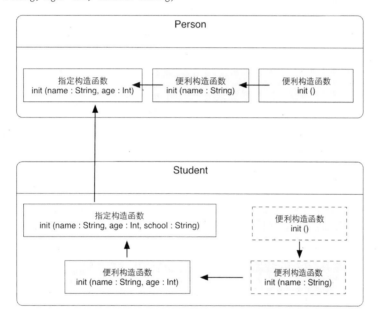

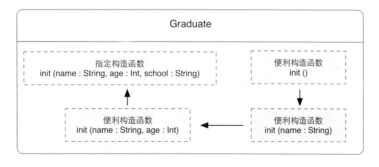

图15-3　构造函数自动继承（虚线表示继承过来的构造函数）

我们再看符合条件2的继承。由于Graduate实现了Student的所有指定构造函数，Graduate将自动继承Student的所有便利构造函数。如图15-3所示，符合条件2后，Graduate从Student继承了如下3个便利构造函数：

```
init(name: String, age: Int)
init(name: String)
init()
```

如图15-3所示，Student继承Person后有4个构造函数。

条件1对Student不满足，因为Student有指定构造函数，其中的便利构造函数init(name: String, age: Int)满足了条件2(见代码第⑦行)，实现了父类指定构造函数init(name: String, age: Int)（见代码第④行）。另外，由于子类构造函数与父类构造函数参数相同，需要使用override关键字，表示子类构造函数重写（override）了父类构造函数。

由于Student类实现了父类指定构造函数，因此也继承了父类的另外两个便利构造函数（见代码第②行和第③行）。

15.3 重写

一个类继承另一个类的属性、方法、下标等特征后，子类可以重写（override[①]）这些特征。下面我们就逐一介绍这些特征的重写。

15.3.1 重写实例属性

我们可以在子类中重写从父类继承来的属性，属性有实例属性和静态属性之分，它们的具体实现也不同。这一节先介绍实例属性的重写。

实例属性的重写一方面可以重写Getter和Setter访问器，另一方面可以重写属性观察者。

通过对第12章中属性的学习，我们知道计算属性需要使用Getter和Setter访问器，而存储属性不需要。但子类在继承父类时，也可以通过Getter和Setter访问器重写父类的存储属性和计算属性。

下面来看一个示例：

```
class Person {
    var name: String                                    ①
    var age: Int                                        ②
    
    func description() -> String {
        return "\(name) 年龄是：\(age)"
    }
}
```

[①] override也有人译为"覆盖"，为了统一名称，本书全部译为"重写"。

```
        init(name: String, age: Int) {
            self.name = name
            self.age  = age
        }
    }
    class Student: Person {
        var school: String                                              ③
        override var age: Int {                                         ④
            get {
                return super.age                                        ⑤
            }
            set {
                super.age = newValue < 8 ? 8 : newValue                 ⑥
            }
        }                                                               ⑦
        convenience init() {
            self.init(name: "Tony", age: 18, school: "清华大学")
        }
        init(name: String, age: Int, school: String) {
            self.school = school
            super.init(name: name, age: age)
        }
    }
    let student1 = Student()
    print("学生年龄: \(student1.age)")
    student1.age = 6
    print("学生年龄: \(student1.age)")
```

上述代码第①行在Person类中定义存储属性name，第②行定义存储属性age。然后，代码在Person的子类Student中重写age属性，其中第④行~第⑦行是重写代码，重写属性前面要添加override关键字，见代码第④行。在Getter访问器中，第⑤行代码返回super.age，super指代Person类实例，super.age是直接访问父类的age属性。在Setter访问器中，第⑥行代码super.age = newValue < 8 ? 8 : newValue，是比较新值是否小于8岁（8岁为上学年龄）；如果小于8岁，把8赋值给父类的age属性，否则把新值赋值给父类的age属性。

从属性重写可见，子类本身并不存储数据，数据存储在父类的存储属性中。

以上示例是重写属性Getter和Setter访问器，我们还可以重写属性观察者，代码如下：

```
    class Person {
        var name: String
        var age: Int
        
        func description() -> String {
            return "\(name) 年龄是: \(age)"
```

```
        }
        init(name: String, age: Int) {
            self.name = name
            self.age  = age
        }
    }

    class Student: Person {

        var school: String

        override var age: Int {                                              ①
            willSet {                                                        ②
                print("学生年龄新值：\(newValue)")                              ③
            }
            didSet{                                                          ④
                print("学生年龄旧值：\(oldValue)")                              ⑤
            }                                                                ⑥
        }

        convenience init() {
            self.init(name: "Tony", age: 18, school: "清华大学")
        }

        init(name: String, age: Int, school: String) {
            self.school = school
            super.init(name: name, age: age)
        }
    }

    let student1 = Student()
    print("学生年龄：\(student1.age)")
    Student1.age = 6                                                         ⑦
    print("学生年龄：\(student1.age)")
```

上述代码第①行~第⑥行重写了age属性观察者。重写属性前面要添加override关键字，见代码第①行。如果只关注修改之前的调用可以只重写willSet观察者；如果只关注修改之后的调用可以只重写didSet观察者，总之是比较灵活的。在观察者中，我们还可以使用系统分配的默认参数newValue和oldValue。

代码第⑦行修改了age属性，修改前后的输出结果如下：

```
学生年龄新值：6
学生年龄旧值：18
```

> 💡 **提示**
>
> 一个属性重写了观察者后就不能同时对Getter和Setter访问器进行重写。另外，常量属性和只读计算属性也都不能重写属性观察者。

15.3.2 重写静态属性

在类中静态属性定义使用class或static关键字，但是使用哪一个要看子类中是否重写该属性。class修饰的属性可以被重写，static关键字修饰的就不能。

示例代码如下：

```
class Account {

    var amount: Double = 0.0          // 账户金额
    var owner: String = ""            // 账户名

    var interestRate: Double = 0.0668  // 利率

    // class不能换成static
    class var staticProp: Double {                         ①
        return 0.0668 * 1000000
    }

    var instanceProp: Double {
        return self.interestRate * self.amount
    }
}

class TermAccount: Account {
    override class var staticProp: Double {                ②
        return 0.0700 * 1000000
    }
}

// 访问静态属性
print(Account.staticProp)
print(TermAccount.staticProp)
```

上述代码定义了Account和TermAccount两个类，TermAccount继承Account，代码第①行在Account类中定义了静态属性staticProp。代码第②行重写了静态属性staticProp，由于要被重写，代码第①行class var staticProp: Double 中的class不能换成static。代码第②行的静态属性staticProp可以使用class或static，除非在TermAccount的子类中重写属性staticProp。

15.3.3 重写实例方法

我们可以在子类中重写从父类继承来的实例方法和静态方法。这一节先介绍实例方法的重写。

下面看一个示例：

```
class Person {

    var name: String
    var age: Int
```

```
    func description() -> String {                                    ①
        return "\(name) 年龄是: \(age)"
    }
    
    class func printClass() ->() {                                    ②
        print( "Person 打印...")
    }
    
    init (name: String, age: Int) {
        self.name = name
        self.age  = age
    }
}

class Student: Person {
    
    var school: String
    
    convenience init() {
        self.init(name: "Tony", age: 18, school: "清华大学")
    }
    
    init (name: String, age: Int, school: String) {
        self.school = school
        super.init(name: name, age: age)
    }
    
    override func description() -> String {                           ③
        print("父类打印 \(super.description())")                        ④
        return "\(name) 年龄是: \(age), 所在学校: \(school)。"
    }
    
    override class func printClass() ->() {                           ⑤
        print( "Student 打印...")
    }
}

let student1 = student()
print("学生1: \(student1.description())")                              ⑥

Person.printClass()                                                   ⑦
Student.printClass()                                                  ⑧
```

在Person类中，第①行代码是定义实例方法description，第②行代码是定义静态方法printClass，然后在Person类的子类Student中重写description和printClass方法。代码第③行是重写实例方法description，重写的方法前面要添加关键字override。第④行代码使用super.description()语句调用父类的description方法，其中super指代父类实例。

第⑤行代码是重写静态方法printClass，在静态方法中不能访问实例属性。

最后，第⑥行调用了description方法；由于在子类中重写了该方法，所以调用的是子类中的description方法。输出结果是：

```
父类打印 Tony 年龄是: 18
学生1: Tony 年龄是: 18, 所在学校: 清华大学。
```

为了测试静态方法重写，第⑦行调用了Person.printClass()，即调用父类的printClass静态方法，输出结果是：

```
Person 打印...
```

第⑧行调用了Student.printClass()，即调用子类的printClass静态方法，输出结果是：

```
Student 打印...
```

15.3.4 重写静态方法

与类的静态属性定义类似，静态方法使用class或static关键字，但是使用哪一个要看子类中是否重写该方法。class修饰的静态方法可以被重写，static关键字修饰的就不能。

示例代码如下：

```
class Account {

    var owner: String = "Tony"        // 账户名

    // 不能换成static
    class func interestBy(amount: Double) -> Double {            ①
        return 0.08886 * amount
    }
}

class TermAccount: Account {          // 定期账户
    override class func interestBy(amount: Double) -> Double {   ②
        return 0.09 * amount
    }
}

// 调用静态方法
print(Account.interestBy(10000.00 ))
print(TermAccount.interestBy(10000.00 ))
```

上述代码定义了Account和TermAccount两个类，TermAccount继承了Account，代码第①行在Account类中定义了静态方法interestBy。代码第②行重写了静态方法interestBy，因为被重写所以代码第①行class不能换成static。代码第②行的静态方法interestBy可以使用class或static，除非在TermAccount的子类中重写方法interestBy。

15.3.5 下标重写

下标是一种特殊属性。子类属性重写是重写属性的Getter和Setter访问器，对下标的重写也是重写下标的Getter和Setter访问器。

下面看一个示例：

```
class DoubleDimensionalArray {                                          ①
    let rows: Int, columns: Int
    var grid: [Int]

    init(rows: Int, columns: Int) {
        self.rows = rows
        self.columns = columns
        grid = Array(repeating: 0, count: rows * columns)
    }

    subscript(row: Int, col: Int) -> Int {                              ②

        get {
            return grid[(row * columns) + col]
        }

        set {
            grid[(row * columns) + col] = newValue
        }
    }                                                                   ③
}

class SquareMatrix: DoubleDimensionalArray {                            ④

    override subscript(row: Int, col: Int) -> Int {                     ⑤

        get {                                                           ⑥
            return super.grid[(row * columns) + col]                    ⑦
        }

        set {                                                           ⑧
            super.grid[(row * columns) + col] = newValue * newValue     ⑨
        }                                                               ⑩
    }
}

var ary2 = SquareMatrix(rows: 5, columns: 5)

for i in 0 ..< 5 {
    for j in 0 ..< 5 {
        ary2[i, j] = i + j
    }
}

for i in 0 ..< 5 {
    for j in 0 ..< 5 {
        print("\t \(ary2[i, j])", terminator: "")
    }
    print("\n")
}
```

上述代码第①行定义了类DoubleDimensionalArray，它在代码第②行至第③行定义了下标。

第④行代码定义了类SquareMatrix，它继承了DoubleDimensionalArray类，并且在第④行~第⑩行重写了父类的下标。与其他类的重写类似，前面需要添加关键字override，见代码第⑤行。第⑥行是重写Getter访问器，其中的第⑦行super.grid[(row * columns) + col]语句中使用super调用父类的grid属性。第⑧行代码是重写Setter访问器，第⑨行super.grid[(row * columns) + col] = newValue * newValue语句是给父类的grid属性赋值。

15.3.6　使用 final 关键字

我们可以在类的定义中使用final关键字声明类、属性、方法和下标。final声明的类不能被继承，final声明的属性、方法和下标不能被重写。

下面看一个示例：

```
final class Person {                                              ①

    var name: String

    final var age: Int                                            ②

    final func description() -> String {                          ③
        return "\(name) 年龄是: \(age)"
    }

    final class func printClass() ->() {                          ④
        print( "Person 打印...")
    }

    init (name: String, age: Int) {
        self.name = name
        self.age  = age
    }
}

class Student: Person {                     // 编译错误           ⑤

    var school: String

    convenience init() {
        self.init(name: "Tony", age: 18, school: "清华大学")
    }

    init (name: String, age: Int, school: String) {
        self.school = school
        super.init(name: name, age: age)
    }

    override func description() -> String {     // 编译错误       ⑥
        print("父类打印 \(super.description())")
        return "\(name) 年龄是: \(age), 所在学校: \(school)。"
    }
```

```
            override class func printClass() ->() {      // 编译错误              ⑦
                print( "Student 打印...")
            }
            override var age: Int {                      // 编译错误              ⑧
                get {
                    return super.age
                }
                set {
                    super.age = newValue < 8 ? 8: newValue
                }
            }
        }
```

上述代码第①行定义Person类，并声明为final，说明它是不能被继承的，因此代码第⑤行定义Student类，并声明为Person子类时，会报如下编译错误：

```
Inheritance from a final class 'Person'
```

第②行定义的age属性也是final，那么在代码第⑧行试图重写age属性时会报如下编译错误：

```
Var overrides a 'final' var
```

第③行定义description实例方法，并声明为final，那么在代码第⑥行试图重写description实例方法时会报如下编译错误：

```
Instance method overrides a 'final' instance method
```

第④行定义printClass静态方法，并声明为final，那么在代码第⑦行试图重写printClass静态方法时会报如下编译错误：

```
Class method overrides a 'final' class method
```

使用final可以控制我们的类被有限地继承，特别是在开发一些商业软件时，适当地添加final限制非常有必要。

15.4 类型检查与转换

继承会发生在子类和父类之间，图15-4展示了一系列类的继承关系类图，Person是类层次结构中的根类，Student和Worker都是Person的直接子类。

15.4 类型检查与转换 215

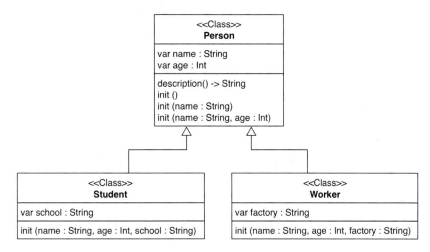

图15-4 继承关系类图

这个继承关系类图的具体实现代码如下：

```
class Person {
    var name: String
    var age: Int

    func description() -> String {
        return "\(name) 年龄是: \(age)"
    }
    convenience init () {
        self.init(name: "Tony")
        self.age = 18
    }
    convenience init (name: String) {
        self.init(name: name, age: 18)
    }
    init (name: String, age: Int) {
        self.name = name
        self.age  = age
    }
}

class Student: Person {
    var school: String
    init (name: String, age: Int, school: String) {
        self.school = school
        super.init(name: name, age: age)
    }
}

class Worker: Person {
    var factory: String
    init (name: String, age: Int, factory: String) {
        self.factory = factory
```

```
        super.init(name: name, age: age)
    }
}
```

下面我们将以此为例介绍Swift类的类型检查与转换，其中包括is、as操作符以及Any和AnyObject类型等。

15.4.1 使用 is 进行类型检查

is操作符可以判断一个实例是否是某个类的类型。如果实例是目标类型，结果返回true，否则为false。

下面看一个示例：

```
let student1 = Student(name: "Tom", age: 18, school: "清华大学")         ①
let student2 = Student(name: "Ben", age: 28, school: "北京大学")
let student3 = Student(name: "Tony", age: 38, school: "香港大学")        ②

let worker1 = Worker(name: "Tom", age: 18, factory: "钢厂")              ③
let worker2 = Worker(name: "Ben", age: 20, factory: "电厂")              ④

let people = [student1, student2, student3, worker1, worker2]            ⑤

var studentCount = 0
var workerCount = 0

for item in people {                                                     ⑥
    if item is Worker {                                                  ⑦
        workerCount += 1
    } else if item is Student {                                          ⑧
        studentCount += 1
    }
}

print("工人人数：\(workerCount)，学生人数：\(studentCount)。")
```

上述代码第①行至第②行创建了3个Student实例，第③行和第④行创建了两个Worker实例，然后程序把这5个实例放入people数组集合中。

第⑥行使用for遍历people数组集合，当从people数组集合取出元素时，我们只知道是People类型，但是不知道是哪个子类（Student和Worker）实例。我们可以在循环体中进行判断，第⑦行item is Worker表达式是判断集合中的元素是否是Worker类的实例；类似地，第⑧行item is Student表达式是判断集合中的元素是否是Student类的实例。

输出结果如下：

```
工人人数：2，学生人数：3。
```

15.4.2 使用 as、as!和 as?进行类型转换

在学习as、as!和as?之前,我们先了解一下对象的类型转换,并不是所有的类型都能互相转换。下面先看如下语句:

```
let p1: Person = Student(name: "Tom", age: 20, school: "清华大学")
let p2: Person = Worker(name: "Tom", age: 18, factory: "钢厂")
let p3: Person = Person(name: "Tom", age: 28)
let p4: Student = Student(name: "Ben", age: 40, school: "清华大学")
let p5: Worker = Worker(name: "Tony", age: 28, factory: "钢厂")
```

我们创建了5个实例p1、p2、p3、p4和p5,类型都是Person。p1和p4是Student实例,p2和p5是Worker实例,p3是Person实例。首先,对象类型转换一定发生在继承的前提下,p1和p2都声明为Person类型,而实例是由Person子类型实例化的。

表15-1归纳了p1、p2、p3、p4和p5这5个实例与Worker、Student和Person这3种类型之间的转换关系。

表15-1 类型转换

对象	Person类型	Worker类型	Student类型	说明
p1	支持	不支持	支持(向下转型)	类型:Person 实例:Student
p2	支持	支持(向下转型)	不支持	类型:Person 实例:Worker
p3	支持	不支持	不支持	类型:Person 实例:Person
p4	支持(向上转型)	不支持	支持	类型:Student 实例:Student
p5	支持(向上转型)	支持	不支持	类型:Worker 实例:Worker

作为这段程序的编写者,我们知道p1本质上是Student实例,但是表面上看是Person类型,编译器也无法推断p1的实例是Person、Student还是Worker。我们可以使用is操作符来判断它是哪一类的实例。然后在转换时,我们可以使用as、as!或as?操作符将其进行类型转换。类型转换有两个方向:将父类类型转换为子类类型,这种转换称为向下转型(downcast);将子类类型转换为父类类型,这种转换称为向上转型(upcast)。通常情况下的类型转换都是向下转型,而向上转型很少进行。

下面我们详细说明一下as、as!和as?操作符与向下转型和向上转换的关系。

1. as操作符

as操作符仅仅应用于向上转型,因为向上转型很少进行,所以代码中很少能够看到使用as操作符的情况。示例代码如下:

```
let p4: Student = Student(name: "Ben", age: 40, school: "清华大学")
let p41: Person = p4 as Person    // 向上转型
```

将Student类型的p4转换为Person类型是向上转型，向上转型通常可以省略as Person部分。

2. as!操作符

使用as!操作符在类型转换过程中对可选值进行拆包，转换的结果是非可选类型。as!操作符主要有如下两种情况：将非可选类型转换为非可选类型和将可选类型转换为非可选类型。示例代码如下：

```
// 向下转型，使用as!
/// 1.将非可选类型转换为非可选类型
let p11 = p1 as! Student
// let p111 = p2 as! Student    // 编译异常                      ①

/// 2.将可选类型转换为非可选类型
let p6: Person? = Student(name: "Tom", age: 20, school: "清华大学")    ②
let p12 = p6 as! Student                                              ③
```

使用as!操作符时，若在转换过程中不能转换为目标类型，见代码第①行，则会出现如下的运行时错误：

`Could not cast value of type 'Worker' (0x108bf94b8) to 'Student' (0x108bf93a8).`

如果对象本身为nil，转换结果要视是否为可选类型而定。如果代码第②行的p6设置为nil，那么代码第③行（将可选类型转换为非可选类型）会出现运行时错误，错误信息如下：

`fatal error: unexpectedly found nil while unwrapping an Optional value`

3. as?操作符

使用as?操作符在类型转换过程不进行拆包，转换的结果是可选类型。as?操作符主要有如下两种情况：将非可选类型转换为可选类型和将可选类型转换为可选类型。示例代码如下：

```
let p6: Person? = Student(name: "Tom", age: 20, school: "清华大学")
... ...
// 向下转型 使用as?
/// 1.将非可选类型转换为可选类型
let p21 = p1 as? Student
let p211 = p2 as? Student        // nil                        ①
/// 2.将可选类型转换为可选类型
let p7: Person? = Student(name: "Tom", age: 20, school: "清华大学")    ②
let p22 = p7 as? Student                                              ③
```

使用as?操作符时，若在转换过程中不能转换为目标类型，见代码第①行，不会出现as!操作符的运行时错误，而是nil。

如果代码第②行的p7被设置为nil，那么代码第③行（将可选类型转换为可选类型）不会出现运行时错误，p22值为nil。

下面我们再看一个示例：

15.4 类型检查与转换

```
let student1 = Student(name: "Tom", age: 18, school: "清华大学")      ①
let student2 = Student(name: "Ben", age: 28, school: "北京大学")
let student3 = Student(name: "Tony", age: 38, school: "香港大学")     ②

let worker1 = Worker(name: "Tom", age: 18, factory: "钢厂")           ③
let worker2 = Worker(name: "Ben", age: 20, factory: "电厂")           ④

let people = [student1, student2, student3, worker1, worker2]         ⑤

for item in people {                                                  ⑥
    if let student = item as? Student {                               ⑦
        print("Student school: \(Student.school)")                    ⑧
    } else if let worker = item as? Worker {                          ⑨
        print("Worker factory: \(Worker.factory)")                    ⑩
    }
}
```

上述代码第①行至第②行创建了3个Student实例,第③行和第④行创建了两个Worker实例。然后这5个实例被放入people数组集合中。

第⑥行使用for遍历people数组集合。在循环体中,第⑦行let student = item as? Student 语句使用as?操作符将元素转换为Student类型:如果转换成功,则把元素赋值给Student变量;否则将nil赋值给Student变量,转换成功执行第⑧行代码。第⑨行代码与第⑦行代码类似,不再赘述。

最后输出结果如下:

```
Student school: 清华大学
Student school: 北京大学
Student school: 香港大学
Worker factory: 钢厂
Worker factory: 电厂
```

as?操作符是在不确定类型转换是否能够成功的情况下使用,如果成功转换结果是可选类型。如果我们能够确保转换一定成功,可以使用as!操作符在转换的同时进行隐式拆包。

示例代码如下:

```
...
let people = [student1, student2, student3, worker1, worker2]
...
let stud1 = people[0] as? Student                                     ①
print(stud1)
print(stud1!.name)

let stud2 = people[1] as! Student                                     ②
print(stud2)
print(stud2.name)
```

输出结果:

```
Optional(Student)
```

Student

上述代码第①行是对people数组的第一个元素使用as?操作符转换为Student类型，转换成功为Optional(Student)，即Student可选类型。代码第②行是对people数组的第二个元素使用as!操作符转换为Student类型，转换成功为Student类型实例，而非Student可选类型。

> **提示**
>
> 由于stud1是Student可选类型，具体使用时往往还需要拆包，见print(stud1!.name)代码。所以在使用as?操作符进行类型转换时最好采用可选绑定方式，也就是将转换语句放到if或while语句中，见上面示例中的if let student = item as? Student {...}语句。

15.4.3 使用 AnyObject 和 Any 类型

Swift还提供了两种类型来表示不确定类型：AnyObject和Any。AnyObject可以表示任何类的类型，而Any可以表示任何类型，包括类和其他数据类型，也包括Int和Double等基本数据类型，当然也包括AnyObject类型。

> **提示**
>
> 在Objective-C和Swift混合编程时，Objective-C的id类型和Swift的AnyObject类型可以互换，但是两者有本质区别。id类型是泛型，可以代表任何对象指针类型，编译时编译器不检查id类型，是动态的。而Swift的AnyObject类型是一个实实在在表示类的类型，编译时编译器会检查AnyObject类型。

下面将上一节的示例修改如下：

```
let student1 = Student(name: "Tom", age: 18, school: "清华大学")
let student2 = Student(name: "Ben", age: 28, school: "北京大学")
let student3 = Student(name: "Tony", age: 38, school: "香港大学")

let worker1 = Worker(name: "Tom", age: 18, factory: "钢厂")
let worker2 = Worker(name: "Ben", age: 20, factory: "电厂")

let people1: [Person] = [student1, student2, student3, worker1, worker2]      ①
let people2: [AnyObject]
    = [student1, student2, student3, worker1, worker2]                        ②
let people3: [Any] = [student1, student2, student3, worker1, worker2]         ③

for item in people3 {                                                         ④
    if let Student = item as? Student {
        print("Student school: \(Student.school)")
    } else if let Worker = item as? Worker {
```

```
        print("Worker factory: \(Worker.factory)")
    }
}
```

上述代码第①行是将5个实例放入Person数组中，第②行代码是将5个实例放入AnyObject数组中，第③行代码是将5个实例放入Any数组中。

这3种类型的数组都可以成功放入5个实例，而且可以在第④行使用for循环遍历出来，其他的类型代码不再解释。

> **提示** 原则上若能够使用具体的数据类型，则尽量不要使用AnyObject类型，更要少考虑使用Any类型。从集合取出这些实例时，请尽可能地将AnyObject或Any类型转换为特定类型，然后再进行接下来的操作。

15.5 本章小结

通过对本章内容的学习，我们掌握了Swift语言的继承性，了解了Swift中的继承只能发生在类类型上，而枚举和结构体不能发生继承；熟悉了子类继承父类的方法、属性、下标等特征的过程；学习了子类如何重写父类的方法、属性、下标等特征。

15.6 同步练习

(1) 请描述两段式构造过程以及下列代码B类的构造过程。

```
class A {
    var x: Int
    init(x: Int) {
        self.x = x
    }
}

class B: A {
    var y: Int
    init(x: Int, y: Int) {
        self.y = y
        super.init(x: x)
        self.x = self.generate()
    }
    
    func generate() -> Int {
        return 0
    }
}
```

(2) 简述Swift在构造过程中的4种安全检查。

(3) 判断正误：一个属性重写了观察者后，就不能同时对Getter和Setter访问器进行重写。

(4) 判断正误：常量属性和只读计算属性都不能重写属性观察者。

(5) 判断正误：我们可以重写父类的实例方法和静态方法。

(6) 判断正误：final关键字声明类、属性、方法和下标。final声明的类不能被继承，final声明的属性、方法和下标不能被重写。

(7) 判断正误：is操作符可以判断一个实例是否是某个类的类型。如果实例是目标类型，结果返回true，否则为false。

(8) 判断正误：使用as操作符转换为子类类型，这种转换称为向下转型。

(9) 判断正误：AnyObject可以表示任何类的实例，而Any可以表示任何类型。

(10) 给定如下基类A：

```
class A {
    var x: Int
    init(x: Int) {
        self.x = x
    }
}
```

则关于子类B的定义正确的是（　　）。

A.
```
class B: A {
    var y: Int
    init(x: Int, y: Int) {
        self.y = y
        super.init(x: x)
        self.x = self.generate()
    }

    func generate() -> Int {
        return 0
    }
}
```

B.
```
class B: A {
    var y: Int
    init(x: Int, y: Int) {
        super.init(x: x)
        self.y = y
        self.x = self.generate()
    }

    func generate() -> Int {
        return 0
    }
}
```

C.
```
class B: A {
    var y: Int
    init(x: Int, y: Int) {
        self.y = y
        super.init(x: x)
    }
}
```

D.
```
class B: A {
    var y: Int
    init(x: Int, y: Int) {
        super.init(x: x)
        self.y = y
    }
}
```

第 16 章 扩展

扩展（extension）机制只在Swift和Objective-C两种语言中有，Objective-C中的称为类别（category）机制。扩展在苹果的iOS和macOS开发中非常重要。

16.1 "轻量级"继承机制

在面向对象分析与设计方法学（OOAD）中，为了增强一个类的新功能，我们可以通过继承机制从父类继承一些方法和属性，然后再根据需要在子类中添加一些方法和属性，这样就可以得到增强功能的新类了。但是这种方式受到了一些限制，继承过程比较烦琐，类继承性可能被禁止，有些功能也可能无法继承。

在Swift中可以使用一种扩展机制，在原始类型（类、结构体和枚举）的基础上添加新功能。扩展是一种"轻量级"的继承机制，即使原始类型被限制继承，我们仍然可以通过扩展机制"继承"原始类型的功能。

扩展机制还有另外一个优势，它扩展的类型可以是类、结构体和枚举，而继承只能是类，不能是结构体和枚举。

> **提示**　对于扩展这种"轻量级"继承机制，只有Objective-C中的类别机制与此类似，其他面向对象的语言中均没有。因此很多Java程序员在使用Swift语言时不擅长使用扩展机制，而是保守地使用继承机制。在设计基于Swift语言的程序时，我们要优先考虑扩展机制是否能够满足需求，如果不能再考虑继承机制。

16.2 声明扩展

声明扩展的语法格式如下：

```
extension 类型名 {
```

```
    // 添加新功能
}
```

声明扩展的关键字是extension,"类型名"是Swift中已有的类型,包括类、结构体和枚举,但是我们仍然可以扩展整型、浮点型、布尔型、字符串等基本数据类型,因为这些类型本质上也是结构体类型。打开Int的定义如下:

```
struct Int : SignedInteger {
    init()
    init(_ value: Int)
    static func convertFromIntegerLiteral(value: Int) -> Int
    typealias ArrayBoundType = Int
    func getArrayBoundValue() -> Int
    static var max: Int { get }
    static var min: Int { get }
}
```

从定义可见Int是结构体类型。不仅是Int类型,我们熟悉的整型、浮点型、布尔型、字符串等数据类型本质上都是结构体类型。

具体而言,Swift中的扩展机制可以在原始类型中添加的新功能包括:

❏ 实例计算属性和静态计算属性;
❏ 实例方法和静态方法;
❏ 构造函数;
❏ 下标。

此外,还有嵌套类型等内容也可以扩展,扩展还可以遵从协议,有关协议的内容我们会在下一章介绍。下面将重点介绍扩展计算属性、扩展方法、扩展构造函数和扩展下标。

16.3 扩展计算属性

我们可以在原始类型上扩展计算属性,包括实例计算属性和静态计算属性。这些添加计算属性的定义,与普通计算属性的定义一样。

下面先看一个实例计算属性的示例。网络编程时为了减少流量,我们从服务器端返回的不是错误信息描述,而是错误编码,然后错误编码在本地转换为错误描述信息。为此,我们定义了如下Int类型扩展:

```
extension Int {                                          ①
    var errorMessage : String {                          ②
        var errorStr = ""
        switch (self) {                                  ③
        case -7:
            errorStr = "没有数据。"
        case -6:
            errorStr = "日期没有输入。"
        case -5:
```

```
            errorStr = "内容没有输入。"
        case -4:
            errorStr = "ID没有输入。"
        case -3:
            errorStr = "数据访问失败。"
        case -2:
            errorStr = "你的账号最多能插入10条数据。"
        case -1:
            errorStr = "用户不存在,请到http://51work6.com注册。"
        default:
            errorStr = ""
        }                                                               ④
        return errorStr
    }
}
let message = (-7).errorMessage                                         ⑤
print("Error Code : -7 , Error Message : \(message)")                   ⑥
```

上述代码第①行定义Int类型的扩展,第②行代码定义只读计算属性errorMessage,第③行和第④行代码是switch分支语言。switch表达式是self,即当前实例,然后通过switch的case判断是哪个分支,并返回错误描述信息。我们在扩展中经常使用self获得当前实例。

第⑤行代码(-7).errorMessage是获得-7编码对应的错误描述信息。注意,整个-7包括负号是一个完整的实例,因此调用它的属性时需要将-7作为一个整体用小括号括起来。然而,如果是7,则不需要括号。

下面再看一个静态属性的示例:

```
struct Account {                                                        ①
    var amount : Double = 0.0              // 账户金额
    var owner : String = ""                // 账户名
}

extension Account {                                                     ②
    static var interestRate : Double {     // 利率                      ③
        return 0.0668
    }
}

print(Account.interestRate)                                             ④
```

上述代码第①行是定义Account结构体,第②行代码是定义Account结构体的扩展静态,其中第③行代码是定义静态只读计算属性interestRate。interestRate是利率,对于所有账户都是一样的,所以它被定义为静态属性。

第④行代码是打印输出interestRate属性,访问方式与其他的静态计算属性一样,通过"类型名"加"."来访问静态计算属性。

> **提示**
>
> 扩展中不仅可以定义只读计算属性，还可以定义读写计算属性、实例计算属性和静态计算属性。但不能定义存储属性。

16.4 扩展方法

我们可以在原始类型上扩展方法，包括实例方法和静态方法。这些添加方法的定义与普通方法的定义是一样的。

下面先看一个示例：

```
extension Double {
    static var interestRate : Double = 0.0668 // 利率
    func interestBy1() -> Double {                                  ①
        return self * Double.interestRate                           ②
    }
    mutating func interestBy2() {                                   ③
        self = self * Double.interestRate                           ④
    }
    static func interestBy3(amount : Double) -> Double {            ⑤
        return interestRate * amount                                ⑥
    }
}

let interest1 = (10_000.00).interestBy1()                           ⑦
print("利息1 : \(interest1)")

var interest2 = 10_000.00                                           ⑧
interest2.interestBy2()                                             ⑨
print("利息2 : \(interest2)")

var interest3 = Double.interestBy3(amount: 10_000.00)               ⑩
print("利息3 : \(interest3)")
```

上述代码定义Double类型的扩展，其中第①行代码是定义实例方法interestBy1，该方法第②行代码self * Double.interestRate是计算利息，其中self是当前实例，Double.interestRate是静态属性利率。

第③行代码是定义实例方法interestBy2，它也可以计算利息，但是没有返回值，而是通过第④行代码self = self * Double.interestRate把计算结果直接赋值给当前实例self。在结构体和枚举类型中给self赋值会有编译错误，需要在方法前面加上mutating关键字，表明这是可变方法。

第⑤行代码是定义静态方法interestBy3，它也可以计算利息，参数有返回值，参数是计算利息的金额，第⑥行代码的返回值是计算利息的结果。

这3个方法在调用时是不同的，第⑦行代码是调用interestBy1方法计算利息，调用它的实例10000.00，返回值被赋值给interest1常量，这是很常见的调用过程。

第⑧行代码是将10000.00常量给一个Double类型的变量interest2，因为变量是可以调用可变方法的。代码第⑨行的interest2.interestBy2()语句调用完成后，变量interest2的值就改变了。

第⑩行代码是调用interestBy3方法计算利息，是静态方法，调用它需要以"类型名."的方式（即"Double."的方式）调用。

16.5 扩展构造函数

扩展类型的时候也可以添加新的构造函数。值类型与引用类型扩展有所区别。值类型包括了除类以外的其他类型，主要是枚举类型和结构体类型。

16.5.1 值类型扩展构造函数

下列代码是扩展结构体类型中定义构造函数的示例：

```
struct Rectangle {                                          ①
    var width: Double
    var height: Double

    init(width: Double, height: Double) {
        self.width  = width
        self.height = height
    }
}
extension Rectangle {                                       ②
    init(length: Double) {                                  ③
        self.init(width: length, height: length)            ④
    }
}

var rect = Rectangle(width: 320.0, height: 480.0)           ⑤
print("长方形:\(rect.width) x \(rect.height)")

var square = Rectangle(length: 500.0)                       ⑥
print("正方形:\(square.width) x \(square.height)")
```

上述代码第①行是定义结构体Rectangle，然后第②行定义了Rectangle的扩展类型。其中第③行定义构造函数init(length: Double)，只有一个参数。然后第④行调用self.init(width: length, height: length)语句，self.init是调用了原始类型的两个参数的构造函数。

第⑤行代码调用两个参数的构造函数创建Rectangle实例，这个构造函数是原始类型提供的，这时候的Rectangle类型已经是第②行定义的扩展类型了。

第⑥行代码调用一个参数的构造函数创建Rectangle实例，而这个构造函数是扩展类型提供的。

16.5.2 引用类型扩展构造函数

下面我们讨论一下引用类型扩展中如何定义构造函数，引用类型只包含一个类型，即类的类型。

> **提示**　扩展类的时候能向类中添加新的便利构造函数，但不能添加新的指定构造函数或析构函数。指定构造函数和析构函数只能由原始类型提供。

下列代码是扩展类中定义构造函数的示例：

```
class Person {                                          ①
    var name: String
    var age: Int
    func description() -> String {
        return "\(name) 年龄是: \(age)"
    }
    init (name: String, age: Int) {                     ②
        self.name = name
        self.age  = age
    }
}

extension Person {                                      ③
    convenience init (name: String) {                   ④
        self.init(name: name, age: 8)                   ⑤
    }
}

let p1 = Person(name: "Mary")                           ⑥
print("Person1 : \(p1.description())")
let p2 = Person(name: "Tony", age: 28)                  ⑦
print("Person2 : \(p2.description())")
```

第①行代码是定义类Person，第②行提供了两个参数的构造函数。第③行代码是定义Person类的扩展类型，第④行提供了一个参数的构造函数，它是便利构造函数。在这个构造函数中，第⑤行代码self.init(name: name, age: 8)调用指定构造函数代理部分构造任务。

第⑥行代码调用两个参数的构造函数创建Person实例，这个构造函数是原始类型提供的，这时候的Person类型已经是第②行定义的扩展类型了。

第⑦行代码调用一个参数的构造函数创建Person实例，这个构造函数是扩展类型提供的。

16.6　扩展下标

我们可以把下标认为是特殊的属性，可以实现索引访问属性。我们可以在原始类型的基础上扩展下标功能。

字符串本身没有提供按照下标访问字符的功能。下面我们扩展字符串，实现下标访问字符的功能：

```
extension String {
    subscript(index: Int) ->String {                        ①
        if index > self.characters.count {                  ②
            return ""
        }
        var c: String = ""
        var i = 0
        for character in self.characters {                  ③
            if (i == index) {                               ④
                c = String(character)                       ⑤
                break
            }
            i += 1
        }
        return c
    }
}

let s = "The quick brown fox jumps over the lazy dog"      ⑥
print(s[0])                                                 ⑦
print("ABC"[2])                                             ⑧
```

上述代码是扩展字符串String类型，添加一个下标。第①行定义下标，Int类型参数是下标索引，返回值是String类型，即要访问的字符。第②行代码是判断下标是否越界，如果越界则返回空字符串，self.characters.count语句可以获得字符串的长度。第③行代码是使用for循环遍历字符串，self.characters获得字符串的字符数组集合。第④行代码判断当前循环变量i是否等于index参数，如果相等，则通过第⑤行代码c = String(character)将字符character赋值给字符串c变量。直接采用c = character语句赋值会发生错误，因为c是字符串类型，character是字符类型。

代码第⑥行声明并初始化字符串常量s，使用经典英语全字母句"The quick brown fox jumps over the lazy dog"[1]来初始化s常量。第⑦行代码s[0]是通过下标访问，结果输出为"T"。第⑧行代码"ABC"[2]是通过下标访问"ABC"字符串的内容，结果输出为"C"。

---

[1] "The quick brown fox jumps over the lazy dog"（即"敏捷的棕毛狐狸从懒狗身上跃过"）是一个著名的英语全字母句，常被用于测试字体的显示效果和键盘有没有故障。此句也常以"quick brown fox"作为指代简称。
　　——引自于维基百科：http://zh.wikipedia.org/wiki/The_quick_brown_fox_jumps_over_the_lazy_dog

16.7 本章小结

通过对本章内容的学习，我们理解了Swift中扩展的重要性，掌握了基本概念，熟悉了如何扩展属性、扩展方法、扩展构造函数和扩展下标。

16.8 同步练习

(1) 判断正误：整型、浮点型、布尔型、字符串等基本数据类型也可以有扩展机制。

(2) Swift中的扩展机制可以在原始类型中添加新功能的内容包括（　　）。

　　A. 实例计算属性和静态计算属性　　　　B. 实例方法和静态方法

　　C. 构造函数　　　　　　　　　　　　　D. 下标

(3) 判断正误：扩展机制可以扩展实例计算属性和静态计算属性。

(4) 判断正误：扩展类时能向类中添加新的便利构造函数，但不能添加新的指定构造函数或析构函数，指定构造函数和析构函数只能由原始类型提供。

(5) 编程题：编写一个Array扩展，使其能够计算集合的元素之和。

第 17 章 协议

协议（protocol）是Swift和Objective-C语言中的名称，在Java语言中称为接口，在C++中是纯虚类。协议在苹果iOS和macOS开发中非常重要。

17.1 协议概念

在面向对象分析与设计方法学（OOAD）中，你可能会有这样的经历：一些类的方法所执行的内容是无法确定的，只能在它的子类中确定。例如，几何图形类可以有绘制图形的方法，但是绘制图形方法的具体内容无法确定，这是因为我们不知道绘制的是什么样的几何图形。如图17-1所示，矩形子类有自己的绘制方法，圆形子类也有自己的绘制方法。

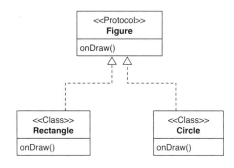

图17-1 几何图形类图

几何图形这种类在面向对象分析与设计方法学中称为抽象类，方法称为抽象方法。矩形和圆形是几何图形的子类，它们实现了几何图形的绘制图形的抽象方法。

如果几何图形类中所有的方法都是抽象的，在Swift和Objective-C中我们将这种类称为协议（protocol）。

也就是说，协议是高度抽象的，它只规定绘制图形的抽象方法名（onDraw）、参数列表和返回值等信息，不给出具体的实现。这种抽象方法由遵从（conform）该协议的遵从者实现，具体实现的过程在Swift和Objective-C中称为遵从协议或实现协议。

17.2 协议定义和遵从

在Swift中，类、结构体和枚举类型都可以声明遵从一个或多个协议，并提供该协议所要求属性和方法的具体实现。

协议定义语法如下所示：

```
protocol 协议名 {
    // 协议内容
}
```

在声明遵从协议时，语法如下所示：

```
类型 类型名: 协议1, 协议2 {
    // 遵从协议内容
}
```

其中类型包括class、struct和enum，类型名由我们自己定义，冒号（:）后是需要遵从的协议。当要遵从多个协议时，各协议之间用逗号（,）隔开。

如果一个类继承父类的同时也要遵从协议，应当把父类放在所有协议之前，如下所示：

```
class 类名: 父类, 协议1, 协议2 {
    // 遵从协议内容
}
```

只有类的定义会有父类和协议混合声明，结构体和枚举是没有父类型的。

具体而言，协议可以要求其遵从者提供实例属性、静态属性、实例方法和静态方法等内容的实现。下面我们重点介绍一下对方法和属性的要求。

17.3 协议方法

协议可以要求其遵从者实现某些指定方法，包括实例方法和静态方法。这些方法在协议中被定义，协议方法与普通方法类似，但不支持变长参数和默认值参数，也不需要大括号和方法体。

17.3.1 协议实例方法

下面先看看协议实例方法定义与遵从。以下是示例代码：

```
protocol Figure {                                          ①
    func onDraw() // 定义抽象绘制几何图形                      ②
}
class Rectangle: Figure {                                  ③
    func onDraw() {
        print("绘制矩形...")
    }
}
class Circle: Figure {                                     ④
```

```
    func onDraw() {
        print("绘制圆形...")
    }
}

let rect: Figure = Rectangle()                                  ⑤
rect.onDraw()                                                   ⑥

let circle: Figure = Circle()                                   ⑦
circle.onDraw()                                                 ⑧
```

上述代码第①行定义了协议Figure，代码第②行定义抽象绘制几何图形方法onDraw。从代码中可见，只有方法的声明没有具体实现（没有大括号和方法体）。第③行是定义类Rectangle，它是Figure协议的遵从者，遵从了Figure协议规定的onDraw方法，当然它只是简单地实现了打印字符串"绘制矩形..."的功能。

第④行是定义类Circle，它也是Figure协议的遵从者，也遵从了Figure协议规定的onDraw方法，当然它只是简单地实现了打印字符串"绘制圆形..."的功能。

第⑤行代码创建Rectangle实例，但是声明类型为Figure。我们可以把协议作为类型使用，rect即便是Figure类型，本质上还是Rectangle实例，所以在第⑥行调用onDraw方法的时候，输出结果是"绘制矩形..."。类似地，代码第⑦行是创建Circle实例，第⑧行调用onDraw方法，输出"绘制圆形..."。

17.3.2 协议静态方法

在协议中定义静态方法时，前面要添加static关键字。那么遵从该协议的时候，遵从者静态方法前的关键字是class还是static呢？这与遵从者的类型有关系：如果遵从者是结构体或枚举，关键字就是static；如果遵从者是类，关键字可以使用class或static，使用class时遵从者的子类中可以重写该静态方法，使用static时遵从者的子类中不可以重写该静态方法。这个规则与子类继承父类的规则一样，具体可以参考13.3.3节和15.3.4节。

以下是示例代码：

```
protocol Account {                                              ①
    static func interestBy(amount: Double) -> Double            ②
}

class ClassImp: Account {                                       ③
    class func interestBy(amount: Double) -> Double {           ④
        return 0.0668 * amount
    }
}

struct StructImp: Account {                                     ⑤
    static func interestBy(amount: Double) -> Double {          ⑥
        return 0.0668 * amount
```

```
        }
    }
    enum EnumImp: Account {                                      ⑦
        static func interestBy(amount: Double) -> Double {       ⑧
            return 0.0668 * amount
        }
    }
```

上述代码第①行是定义协议Account，第②行是声明协议静态方法interestBy，注意需要在方法前面添加关键字class。

第③行代码是定义类ClassImp，它要求遵从Account协议。第④行具体实现协议静态方法interestBy，方法前面的关键字可以是class或static。

第⑤行代码是定义结构体StructImp，它要求遵从Account协议。第⑥行具体实现协议静态方法interestBy，注意方法前面的关键字只能是static。

第⑦行代码是定义枚举EnumImp，它要求遵从Account协议。第⑧行具体实现协议静态方法interestBy，注意方法前面的关键字只能是static。

协议静态方法定义和声明都比较麻烦，与具体的类型有关，使用的时候需要注意。

17.3.3 协议可变方法

在结构体和枚举类型中可以定义可变方法，而在类中没有这种方法。原因是结构体和枚举类型中的属性是不可以修改的，通过定义可变方法可以修改这些属性，而类是引用类型，方法本身就是可变的，能修改自己的属性。

在协议定义可变方法时，方法前面要添加mutating关键字。类、结构体和枚举类型都可以遵从可变方法，方法前面需要关键字mutating；类也可遵从可变方法，方法前面不需要关键字mutating。

以下是示例代码：

```
protocol Editable {                                              ①
    mutating func edit()                                         ②
}

class ClassImp: Editable {                                       ③
    var name = "ClassImp"
    func edit() {                                                ④
        print("编辑ClassImp...")
        self.name = "编辑ClassImp..."                             ⑤
    }
}

struct StructImp: Editable {                                     ⑥
    var name = "StructImp"
```

```
    mutating func edit() {                           ⑦
        print("编辑StructImp...")
        self.name = "编辑StructImp..."                 ⑧
    }
}

enum EnumImp: Editable {                             ⑨
    case Monday
    case Tuesday
    case Wednesday
    case Thursday
    case Friday

    mutating func edit() {                           ⑩
        print("编辑EnumImp...")
        self = .Friday                               ⑪
    }
}

var classInstance: Editable = ClassImp()
classInstance.edit()

var structInstance: Editable = StructImp()
structInstance.edit()

var enumInstance: Editable = EnumImp.Monday
enumInstance.edit()
```

上述代码第①行是定义协议Editable，第②行是声明协议可变方法edit，注意方法前面添加了关键字mutating。

第③行代码是定义类ClassImp，它要求遵从Editable协议。第④行具体实现可变方法edit，由于是类遵从该协议，方法前不需要添加关键字mutating。第⑤行是修改当前实例的name属性；在类中，这种修改是允许的。

第⑥行代码是定义结构体StructImp，它要求遵从Editable协议。第⑦行具体实现可变方法edit，方法前需要添加关键字mutating。第⑧行是修改当前实例的name属性，在结构体中修改属性的方法必须是变异的，我们可以尝试将关键字mutating去掉，但会发生编译错误。

第⑨行代码是定义枚举EnumImp，它要求遵从Editable协议。第⑩行具体实现可变方法edit，方法前需要添加关键字mutating。第⑪行是修改当前实例的name属性，在结构体中修改属性的方法必须是变异的，否则会发生编译错误。

最后的输出结果如下：

```
编辑ClassImp...
编辑StructImp...
编辑EnumImp...
```

17.4 协议属性

协议可以要求其遵从者实现某些指定属性，包括实例属性和静态属性。在具体定义的时候，每一种属性都可以有只读和读写之分。

对于遵从者而言，实现属性是非常灵活的。无论是存储属性还是计算属性，只要能满足协议属性的要求，就可以通过编译。甚至是协议中只规定了只读属性，而遵从者提供了对该属性的读写实现，这也是被允许的，因为遵从者满足了协议的只读属性要求。协议只规定了遵从者必须要做的事情，但没有规定不能做的事情。

17.4.1 协议实例属性

下面先看看协议实例属性的定义与实现。示例代码如下：

```
protocol Person {                                          ①
    var firstName: String { get set }                      ②
    var lastName: String { get set }                       ③
    var fullName: String { get }                           ④
}

class Employee: Person {                                   ⑤
    var no: Int = 0
    var job: String?
    var salary: Double = 0

    var firstName: String = "Tony"                         ⑥
    var lastName: String = "Guan"                          ⑦

    var fullName: String {                                 ⑧
        get {
            return self.firstName + "." + self.lastName
        }
        set (newFullName) {
            var name = newFullName.components(separatedBy: ".")
            self.firstName = name[0]
            self.lastName = name[1]
        }
    }
}
```

上述代码第①行是定义协议Person，该协议中声明了3个属性，其中第②行和第③行属性都是可以读写的（声明时使用get和set关键字说明是可读写的）。与普通计算属性相比，Getter和Setter访问器没有大括号，没有具体实现。代码第④行的fullName属性是只读属性（声明时使用get关键字说明是只读的）。

第⑤行代码定义Employee类，它被要求遵从Person协议，因此需要实现Person协议所规定的3个属性。第⑥行代码是实现firstName属性。从定义上看，firstName是存储属性，事实上实现了

Person协议中的var firstName: String { get set }属性规定，否则我们是不能为firstName属性赋值的，也无法获得firstName属性值。第⑦行代码中的lastName属性与之类似。

第⑧行代码的fullName属性是计算属性，实现了Person协议中的var fullName: String { get }属性规定。计算属性fullName除了要通过定义Getter访问器实现Person协议只读属性规定外，还定义了Setter访问器。Person协议对此没有规定。

17.4.2 协议静态属性

在协议中定义静态属性与在协议中定义静态方法类似，前面要添加static关键字。那么在遵从协议时，遵从者静态属性前面的关键字是class还是static呢？这与遵从者类型有关系：如果遵从者是类，关键字就是class或static；如果遵从者是结构体或枚举，关键字就是static。这个规则可以参考17.3.2节。

以下是示例代码：

```
protocol Account {                                          ①
    static var interestRate: Double {get}   // 利率         ②
    static func interestBy(amount: Double) -> Double
}

class ClassImp: Account {                                   ③

    static var interestRate: Double {                       ④
        return 0.0668
    }
    class func interestBy(amount: Double) -> Double {
        return ClassImp.interestRate * amount
    }
}

struct StructImp: Account {                                 ⑤

    static var interestRate: Double = 0.0668                ⑥

    static func interestBy(amount: Double) -> Double {
        return  StructImp.interestRate * amount
    }
}

enum EnumImp: Account {                                     ⑦

    static var interestRate: Double = 0.0668                ⑧
    static func interestBy(amount: Double) -> Double {
        return  EnumImp.interestRate * amount
    }
}
```

上述代码第①行是定义协议Account，第②行是声明协议静态属性interestRate，注意需要在属性前面添加关键字static。

第③行代码是定义类ClassImp，它要求遵从Account协议。第④行具体实现协议静态属性interestRate，前面的关键字可以是class或static。

第⑤行代码是定义结构体StructImp，它要求遵从Account协议。第⑥行具体实现协议静态属性interestRate，注意属性前面的关键字只能是static。

第⑦行代码是定义枚举EnumImp，它要求遵从Account协议。第⑧行具体实现协议静态属性interestRate，注意属性前面的关键字只能是static。

协议静态属性定义和声明都比较麻烦，与具体的类型有关，使用的时候需要注意。

17.5 面向协议编程

在很多初学者看来，协议并没有什么用途（协议没有具体的实现代码，不能被实例化）。但事实上协议非常重要，它的存在就是为了规范其他类型遵从它，实现它的方法和属性。

在OOAD（面向对象的分析和设计）中一个非常重要的原则是"面向接口编程"，在Swift和Objective-C中称为"面向协议编程"。"面向协议编程"思想能够使面向对象类型（类、结构体和枚举）的定义与实现分离，协议作为数据类型暴露给使用者，使其不用关心具体的实现细节，从而提供代码的可扩展性和可复用性。

Swift中协议具有很多使其能够实现"面向协议编程"的特征，下面我们就来介绍一下。

17.5.1 协议类型

在Swift中协议是作为数据类型使用的，这是"面向协议编程"具体实现的一个方面，协议可以出现在任意允许其他数据类型出现的地方，如下：

- 协议类型可以作为函数、方法或构造函数中的参数类型或返回值类型；
- 协议类型可以作为常量、变量或属性的类型；
- 协议类型可以作为数组、字典和Set等集合的元素类型。

具体情况请看下面的示例：

```
protocol Person {                                         ①

    var firstName: String { get set }                     ②
    var lastName: String { get set }                      ③
    var fullName: String { get }                          ④

    func description() -> String                          ⑤

}
```

```
class Student: Person {                                              ⑥

    var school: String
    var firstName: String
    var lastName: String

    var fullName: String {
        return self.firstName + "." + self.lastName
    }

    func description() -> String {
        return "firstName: \(firstName) lastName: \(lastName) school: \(school)"
    }

    init (firstName: String, lastName: String, school: String) {
        self.firstName = firstName
        self.lastName = lastName
        self.school = school
    }
}

class Worker: Person {                                               ⑦

    var factory: String
    var firstName: String
    var lastName: String

    var fullName: String {
        return self.firstName + "." + self.lastName
    }

    func description() -> String {
        return "firstName: \(firstName)
        ➥lastName: \(lastName) factory: \(factory)"
    }

    init (firstName: String, lastName: String, factory: String) {
        self.firstName = firstName
        self.lastName = lastName
        self.factory = factory
    }
}

let student1: Person = Student(firstName: "Tom",
➥lastName: "Guan", school: "清华大学")                                 ⑧
let student2: Person = Student(firstName: "Ben",
➥lastName: "Guan", school: "北京大学")
let student3: Person = Student(firstName: "Tony",
➥lastName: "Guan", school: "香港大学")                                 ⑨

let worker1: Person = Worker(firstName: "Tom",
➥lastName: "Zhao", factory: "钢厂")                                   ⑩
let worker2: Person = Worker(firstName: "Ben",
➥lastName: "Zhao", factory: "电厂")                                   ⑪
```

```
    let people: [Person]
➥ = [student1, student2, student3, worker1, worker2]                     ⑫

    for item: Person in people {                                          ⑬
        if let student = item as? Student {                               ⑭
            print("Student school: \(student.school)")
            print("Student fullName: \(student.fullName)")
            print("Student description: \(student.description())")
        } else if let worker = item as? Worker {                          ⑮
            print("Worker factory: \(worker.factory)")
            print("Worker fullName: \(worker.fullName)")
            print("Worker description: \(worker.description())")
        }
    }
}
```

上述代码第①行定义了协议Person，第②行和第③行声明了可读写属性，第④行声明了只读属性，第⑤行声明了方法。

第⑥行定义了Student类，它遵从Person协议。类似地，第⑦行定义了Worker类，它也遵从Person协议。

代码第⑧行至第⑨行创建了3个Student实例，它们的类型是Person协议。代码第⑩行和第⑪行创建了两个Worker实例，它们的类型也是Person协议。然后，第⑫行将这5个实例放入集合people中，people是可以保存Person协议类型的数组。

第⑬行遍历数组people，然后第⑭行使用as?操作符进行类型转换，将Person类型转换为Student类型。类似地，第⑮行使用as?操作符将Person类型转换为Worker类型。

> 💡 提示
>
> 协议作为类型使用，与其他类型没有区别，不仅可以使用as、as?和as!操作符进行类型转换，还可以使用is操作符判断类型是否遵从了某个协议。除了不能实例化，协议可以像其他类型一样使用。

17.5.2　协议的继承

协议间的继承与类继承一样，图17-2所示就是一个继承关系的类图。Person和Student都是协议，Student协议继承了Person协议，而Graduate类遵从Student协议，同时也要遵从Person协议。

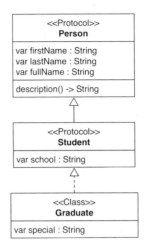

图17-2 协议的继承

下面看具体的示例:

```
protocol Person {                                    ①
    var firstName: String { get set }
    var lastName: String { get set }
    var fullName: String { get }
    func description() -> String
}

protocol Student: Person {                           ②
    var school: String { get set }
}

class Graduate: Student {                            ③
    
    var special: String
    
    var firstName: String
    var lastName: String
    var school: String
    
    var fullName: String {
        return self.firstName + "." + self.lastName
    }
    
    func description() -> String {
        return " firstName: \(firstName)\n
        lastName: \(lastName)\n School: \(school)\n Special: \(special)"
    }
    
    init (firstName: String, lastName: String,
    school: String, special: String) {
        self.firstName = firstName
        self.lastName = lastName
```

```
        self.school = school
        self.special = special
    }
}

let gStudent = Graduate(firstName: "Tom",
➥lastName: "Guan",school: "清华大学", special: "计算机")

print(gStudent.description())
```

上述代码第①行定义了Person协议，第②行定义了Student协议，Student协议继承Person协议。继承的声明与类继承声明一样使用冒号（:），如果有多个协议需要继承，可以用逗号（,）分隔各个协议。

第③行定义了Graduate类，它遵从Student协议，同时遵从Person协议，实现两个协议规范的方法和属性。

17.5.3 协议扩展

Swift 2之后协议类型可以扩展了，这也是"面向协议编程"非常重要的特征，这样我们就可以很灵活地将一些新功能添加到协议遵从者中。

示例代码如下：

```
import Foundation

protocol Person {                                              ①
    var firstName: String { get set }
    var lastName: String { get set }
    var fullName: String { get }
}

extension Person {                                             ②
    func printFullName() {
        print("Print: \(fullName)")
    }
}

class Employee: Person {                                       ③
    var no: Int = 0
    var job: String?
    var salary: Double = 0
    
    var firstName: String = "Tony"
    var lastName: String = "Guan"
    
    var fullName: String {
        get {
            return self.firstName + "." + self.lastName
        }
        set (newFullName) {
```

```
            var name = newFullName.components(separatedBy: ".")
            self.firstName = name[0]
            self.lastName = name[1]
        }
    }
}

let emp = Employee()
emp.printFullName()                                                              ④
```

上述代码第①行定义了一个Person协议，第②行代码定义了Person协议的扩展，并增加了一个具体方法printFullName()。从语法上看这一协议的扩展与类、结构体等类型的扩展没有什么区别。协议扩展本质上还是协议，只不过增加了一些方法和属性，在使用的时候还需要遵从者实现该协议，这样所有遵从者都具有了新增加的一些方法和属性。代码第③行的Employee类遵从了扩展的协议Person，这样Employee类就具有了printFullName()方法，所以代码第④行可以调用Employee的emp实例的printFullName()方法了。

17.5.4 协议的合成

多个协议可以临时合成一个整体，作为一个类型使用。首先要有一个类型在声明时遵从多个协议。如图17-3所示，轮船协议Ship和武器协议Weapon都声明了一个可读性属性，军舰类WarShip同时遵从这两个协议。

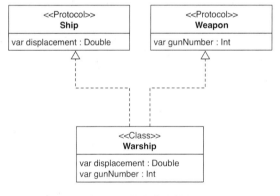

图17-3　遵从多个协议

下面看具体的示例：

```
// 定义轮船协议
protocol Ship {                                                                  ①
    // 排水量
    var displacement: Double { get set }
}

// 定义武器协议
protocol Weapon {                                                                ②
```

```
    // 火炮门数
    var gunNumber: Int { get set }
}

// 定义军舰类
class WarShip: Ship, Weapon {                                                ③
    // 排水量
    var displacement = 1000_000.00
    // 火炮门数
    var gunNumber = 10
}

func showWarResource(resource: Ship & Weapon) {                              ④
    print("Ship \(resource.displacement) - Weapon \(resource.gunNumber)")    ⑤
}

let ship = WarShip()
showWarResource(resource: ship)                                              ⑥
```

上述代码第①行是定义轮船协议Ship，代码第②行是定义武器协议Weapon，代码第③行是定义军舰类，它遵从Ship和Weapon。

代码第④行定义函数showWarResource，其中参数为Ship & Weapon类型，这种类型的参数要同时遵从Ship和Weapon协议。这种类型就是协议合成，它是一种临时的类型，当作用域结束时，这个类型就不会存在了。代码第⑤行中的参数resource可以访问displacement和gunNumber属性。

showWarResource函数是在代码第⑥行调用的，它的参数是WarShip类的实例，它能够同时遵从Ship和Weapon协议要求。

17.5.5 扩展中遵从协议

我们在第16章介绍了扩展。在扩展中也可以声明遵从某个协议，语法如下所示：

```
extension 类型名: 协议1, 协议2 {
    // 协议内容
}
```

下面我们看看示例代码：

```
protocol Editable {                                                          ①
    mutating func edit()
}

struct Account {                                                             ②
    var amount: Double = 10.0            // 账户金额
    var owner: String = ""               // 账户名
}

extension Account: Editable {                                                ③
    mutating func edit() {                                                   ④
        self.amount *= 100
        self.owner = "Tony"
```

```
        }
}
var account  = Account()                                            ⑤
account.edit()                                                      ⑥
print("\(account.owner) - \(account.amount)")                       ⑦
```

上述代码第①行定义了Editable协议，第②行代码定义了Account结构体，第③行定义了Account结构体扩展，同时声明遵从Editable协议。第④行定义的方法是遵从Editable协议的方法，在方法中修改属性amount和owner。

第⑤行代码是创建Account实例，第⑥行是调用edit方法修改属性，最后第⑦行打印修改之后的属性值。

17.6 面向协议编程示例：表视图中使用扩展协议

扩展和协议是"面向协议编程"重要的类型，扩展概念只有Swift和Objective-C中有，因此从其他语言过渡来的程序员很不习惯使用。扩展很多时候都可以替换继承，原来由原始类型遵从的协议，可以由扩展来遵从。

我们来看一个示例，iOS开发中有一个表视图（UITableView），它可以在iOS设备上展示一个列表。显示表视图需要界面所在的视图控制器（ViewController）要求遵从表视图数据源协议UITableViewDataSource和表视图委托协议UITableViewDelegate，类图参见图17-4。

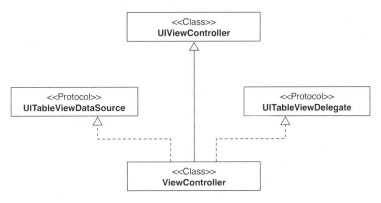

图17-4 表视图示例类图

ViewController继承UIViewController类，遵从UITableViewDataSource和UITableViewDelegate协议。

打开本书配套代码SimpleTable工程中的ViewController.swift相关代码如下：

```
class ViewController: UIViewController,
➥UITableViewDataSource, UITableViewDelegate {
```

```
    var listTeams: [[String: String]]!

    override func viewDidLoad() {
        super.viewDidLoad()
        ...
    }

    // UITableViewDataSource协议方法
    func tableView(tableView: UITableView,
      numberOfRowsInSection section: Int) -> Int {
        ...
    }

    func tableView(tableView: UITableView,
      cellForRowAtIndexPath indexPath: NSIndexPath) -> UITableViewCell {

        ...
    }

    // UITableViewDelegate协议方法
    func tableView(tableView: UITableView,
      didSelectRowAtIndexPath indexPath: NSIndexPath) {

        ...
    }
}
```

上述代码的技术细节先不考虑，我们先只关注它的结构。从功能角度上看，上述代码实现表视图是没有问题的，但是采用扩展来遵从UITableViewDataSource和UITableViewDelegate协议效果会更好，类图参见图17-5。

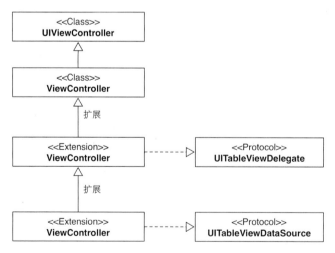

图17-5　扩展实现的表视图示例类图

打开本书配套代码SimpleTable（扩展实现）工程中的ViewController.swift相关代码如下：

```
class ViewController: UIViewController {
    var listTeams: [[String: String]]!
    override func viewDidLoad() {
        super.viewDidLoad()
        ...
    }
}
extension ViewController: UITableViewDataSource {                    ①
    // UITableViewDataSource协议方法
    func tableView(tableView: UITableView,
    ➥numberOfRowsInSection section: Int) -> Int {
        ...
    }
    func tableView(tableView: UITableView,
    ➥cellForRowAtIndexPath indexPath: NSIndexPath) -> UITableViewCell {
        ...
    }
}
extension ViewController: UITableViewDelegate {                      ②
    // UITableViewDelegate协议方法
    func tableView(tableView: UITableView,
    ➥didSelectRowAtIndexPath indexPath: NSIndexPath) {
        ...
    }
}
```

我们在代码第①行声明扩展ViewController并使其遵从UITableViewDataSource协议，又在代码第②行声明扩展ViewController并使其遵从UITableViewDelegate协议。

比较这种实现方法，扩展方式能够将不同协议在不同扩展中遵从，不会出现多个协议方法混合在一起的情况，提高了程序的可读性。

17.7 本章小结

通过对本章内容的学习，我们理解了Swift中协议的重要性，熟悉了协议概念、协议方法和协议属性等。谨在此提醒广大读者理解"面向协议编程"的重要意义。

17.8 同步练习

(1) 判断对错：类、结构体和枚举都可以遵从多个协议时，各协议之间用逗号（,）。

(2) 判断对错：如果一个类继承父类的同时也要求遵从协议，应当把父类放在所有协议之前。

(3) 判断对错：在结构体和枚举类型中可以定义可变方法，而在类中没有这种方法。原因是结构体和枚举类型中的属性是不可修改的，通过定义可变方法，我们可以在可变方法中修改这些属性。

(4) 判断对错：协议没有具体的实现代码，不能被实例化，它的存在就是为了规范其他的类型遵从它。

(5) 有下面的协议定义：

```
protocol Speaker {
    static func speak()
}
```

下列实现协议的遵从者定义正确的是（　　）。

A. ```
class Dog: Speaker {
    static func speak() {
        print("Wang Wang!")
    }
}
```

B. ```
class Dog: Speaker {
    class func speak() {
        print("Wang Wang!")
    }
}
```

C. ```
struct Cat: Speaker {
    static func speak() {
        print("Miao Miao!")
    }
}
```

D. ```
struct Cat: Speaker {
    class func speak() {
        print("Miao Miao!")
    }
}
```

(6) 有下面的协议定义：

```
protocol Speaker {
    mutating func speak()
}
```

下列实现协议的遵从者定义正确的是（　　）。

A. ```
class Dog: Speaker {
    mutating func speak() {
        print("Wang Wang!")
    }
}
```

B. ```
struct Cat: Speaker {
    mutating func speak() {
        print("Miao Miao!")
    }
}
```

C. ```
class Dog: Speaker {
    func speak() {
        print("Wang Wang!")
    }
}
```

D. ```
struct Cat: Speaker {
    func speak() {
        print("Miao Miao!")
    }
}
```

(7) 编程题：编写程序并使之包含协议、基类和子类等内容。

(8) 编程题：编写程序并使之包含协议、基类、子类和扩展等内容。

第 18 章 泛型

泛型可以使我们在程序代码中定义一些可变的部分,在运行的时候指定。使用泛型可以最大限度地重用代码、保护类型的安全以及提高性能。在Swift集合中数组、Set和字典都是泛型集合。

18.1 一个问题的思考

怎样定义一个函数来判断两个参数是否相等呢?

如果参数是Int类型,则函数定义如下:

```
func isEqualsInt(a: Int, b: Int) -> Bool {
    return (a == b)
}
```

这个函数参数列表是两个Int类型,它只能比较两个Int类型参数是否相等。如果我们想比较两个Double类型是否相等,可以修改上面定义的函数如下:

```
func isEqualsDouble(a: Double, b: Double) -> Bool {
    return (a == b)
}
```

这个函数参数列表是两个Double类型,它只能比较两个Double类型参数是否相等。如果我们想比较两个String类型是否相等,可以修改上面定义的函数如下:

```
func isEqualsString(a: String, b: String) -> Bool {
    return (a == b)
}
```

以上我们分别对3种类型的两个数据进行了比较,定义了类似的3个函数。那么是否可以定义一个函数并使之能够比较3种类型呢?如果isEqualsInt、isEqualsDouble和isEqualsString这3个函数名后面的Int、Double和String是可变的,那么这些可变部分是与参数类型关联的。

18.2 泛型函数

我们可以改造上面的函数,修改如下:

```
func isEquals<T>(a: T, b: T) -> Bool {                    ①
    return (a == b)
}
```

在函数名isEquals后面添加<T>，参数的类型也被声明为T。T称为占位符，函数在每次调用时传入实际类型才能决定T所代表的类型。

> 提示
>
> 如果有多种类型，可以使用其他大写字母；一般情况下人们习惯于使用字母U，但也可以使用其他的字母。

18.2.1 使用泛型函数

事实上，上面第①行代码func isEquals<T>(a: T, b: T) -> Bool的函数在编译时会有错误发生，这是因为并不是所有的类型T都具有"可比性"，T必须是遵从Comparable协议的类型。Comparable协议表示"可比较"，在Swift中基本数据类型以及字符串都是遵从Comparable协议的。

修改代码如下：

```
func isEquals<T: Comparable>(a: T, b: T) -> Bool {         ②
    return (a == b)
}
```

我们需要在T占位符后面添加冒号（:）和协议类型，这种表示方式称为泛型约束，它能够替换T的类型。在本例中，T的类型必须遵从Comparable协议的具体类。

我们可以通过下列代码测试第②行代码定义的函数：

```
let n1 = 200
let n2 = 100

print(isEquals(n1, b: n2))

let s1 = "ABC1"
let s2 = "ABC1"

print(isEquals(s1, b: s2))
```

分别传递两个Int参数和两个String参数进行比较，运行结果如下：

```
false
true
```

运行结果无需解释了。泛型在很多计算机语言中都有采用，基本含义都类似，但是小的差别还是有的。

18.2.2 多类型参数

上一节泛型函数示例中使用了一种类型参数,事实上可以同时使用多种类型参数,我们需要提供多个占位符(多个占位符之间用逗号","分隔),示例如下:

```
func isEquals<T, U>(a: T, b: U) -> Bool {...}
```

占位符不仅仅可以替代参数类型,还可以替代返回值类型,示例代码如下:

```
func isEquals<T>(a: T, b: T) -> T {...}
```

18.3 泛型类型

泛型不仅可以在函数中使用,而且可以应用于类、结构体和枚举等类型定义,这些类型就是泛型类型。泛型类型一般都是与集合有关的类型,如:数组、Set和字典等。

下面我们通过一个示例介绍一下泛型类型。数据结构中有一种"队列"(queue)结构(如图18-1所示),它的特点是遵守"先入先出"(FIFO)规则。

图18-1 队列结构示意图

下面我们实现一个String类型的结构体队列StringQueue:

```
struct StringQueue {

    var items = [String]()                              ①

    mutating func queue(item: String) {                 ②
        items.append(item)
    }

    mutating func dequeue() -> String? {                ③
        if items.isEmpty {                              ④
            return nil
        } else {
            return items.remove(at: 0)                  ⑤
        }
    }
}

var strQueue = StringQueue()
strQueue.queue(item: "张三")
strQueue.queue(item: "李四")                             ⑥
strQueue.queue(item: "王五")
strQueue.queue(item: "董六")                             ⑦

print(strQueue.dequeue()!)                              ⑧
```

```
print(strQueue.dequeue()!)
print(strQueue.dequeue()!)
print(strQueue.dequeue()!)                                      ⑨
```

上述代码第①行是声明一个字符串数组属性，队列中的元素是发到这个属性中的，[String]就是一种泛型表示方式。

代码第②行是入队方法，我们在该方法中通过数组的append(_:)方法添加元素到队列中。

代码第③行是出队方法，该方法返回值是String?字符串可选类型，表示返回值可以为nil。代码第④行items.isEmpty语句可以判断队列中是否为空，如果队列为空则直接返回nil，这也正是方法返回值声明为可选字符串类型的原因。代码第⑤行是通过items.remove(at: 0)方法删除队列的第一个元素，这就等于出队了。

代码第⑥行~第⑦行是入队操作，将5个元素入队到队列中。由于是"先入先出"，出队的顺序与入队的顺序一致，所以代码第⑧行~第⑨行的出队操作结果是：

张三
李四
王五
董六

结构体队列StringQueue的缺点是只能放置String类型的元素。为了放置不同类型的元素，我们可以将StringQueue类型队列设计为基于泛型类型的队列。示例代码如下：

```
struct Queue<T> {                                               ①
    var items = [T]()                                           ②
    mutating func queue(item: T) {                              ③
        items.append(item)
    }
    mutating func dequeue() -> T? {                             ④
        if items.isEmpty {
            return nil
        } else {
            return items.remove(at: 0)
        }
    }
}

var genericQueue = Queue<Int>()                                 ⑤
genericQueue.queue(item: 3)
genericQueue.queue(item: 6)
genericQueue.queue(item: 1)
genericQueue.queue(item: 8)

print(genericQueue.dequeue()!)
print(genericQueue.dequeue()!)
print(genericQueue.dequeue()!)
print(genericQueue.dequeue()!)
```

上述代码第①行定义了Queue<T>泛型类型的队列，T是占位符。代码第②行是声明一个泛型集合属性，集合元素类型使用T占位符表示。代码第③行传递的参数类型也用T占位符表示。代码第④行的返回类型也用T占位符表示，T?表示T类型的可选类型。

代码第⑤行是实例化Queue<T>泛型结构体，将T替换为Int类型。我们可以运行一下，看看出队的顺序与入队的顺序是否一致。

上面示例定义的是基于结构体的泛型类型，事实上也完全可以修改为基于类和枚举的泛型类型。

18.4 泛型扩展

泛型类型还可以支持扩展，这种情况下定义的扩展与其他普通扩展没有区别。我们来看示例代码：

```
struct Queue<T> {                                        ①
    var items = [T]()
    mutating func queue(item: T) {
        items.append(item)
    }
    mutating func dequeue() -> T? {
        if items.isEmpty {
            return nil
        } else {
            return items.remove(at: 0)
        }
    }
}
extension Queue {                                        ②
    func peek(position: Int) -> T? {                     ③
        if position < 0 || position > items.count {      ④
            return nil
        } else {
            return items[position]
        }
    }
}

var genericDoubleQueue = Queue<Double>()
genericDoubleQueue.queue(item: 3.26)
genericDoubleQueue.queue(item: 8.86)
genericDoubleQueue.queue(item: 1.99)
genericDoubleQueue.queue(item: 7.68)

print(genericDoubleQueue.peek(position: 2)!)             ⑤
```

上述代码第①行是定义Queue<T>队列，承接上一节介绍的示例。代码第②行是扩展Queue<T>队列。其中代码第③行的peek(_:)方法是扩展添加的方法，它的作用是直接跳到队列中某个元素的位置，该方法使用了T占位符，这些占位符是在原始类型中定义的。代码第④行是判断跳到的位置是否超出了队列的范围。

代码第⑤行是使用peek(_:)方法跳到索引2处的元素，输出结果是1.99。

18.5 本章小结

通过对本章内容的学习，我们理解了Swift中泛型的重要性，了解了泛型概念、泛型函数和泛型类型，最后还掌握了泛型扩展。

18.6 同步练习

(1) 判断对错：在Swift集合中，数组、Set和字典都是泛型集合。

(2) 判断对错：泛型中的占位符可以是大写字母，也可以是小写字母。

(3) 编程题：请扩展18.4节的队列Queue<T>泛型类型，增加返回队列中元素个数方法。

第 19 章 Swift编码规范

俗话说："没有规矩不成方圆。"编程这个工作往往都是一个团队协同进行，因而一致的编码规范非常有必要，这样写成的代码便于团队中的其他人员阅读，也便于编写者自己今后阅读。笔者多年前曾经做过对日项目，日方在编码规范方面要求得非常严格细致，我本身重视编码规范的意识就是在那个时期养成的。而直至现在，笔者一直都严格遵守编码规范。

本章就来学习一下Swift编码规范。

> 提示
>
> 本书的Swift编码规范借鉴了苹果的Cocoa Objective-C编码规范、谷歌Objective-C编码规范和raywenderlich.com的Swift编码规范[①]。

19.1 命名规范

程序代码中到处都是编写者自己定义的名字，因此取一个一致并且符合规范的名字非常重要。

命名方法很多，但是比较有名且被广泛接受的命名法包括下面两种。

- **匈牙利命名**。一般只是命名变量，原则是"变量名 = 类型前缀 + 描述"，如bFoo表示布尔类型变量，pFoo表示指针类型变量。匈牙利命名还是有一定争议的，在Swift编码规范中基本不被采用。
- **驼峰命名**。又称"骆驼命名法"（Camel-Case），是指混合使用大小写字母来命名。驼峰命名又分为小驼峰法和大驼峰法。小驼峰法就是第一个单词全部小写，后面的单词首字母大写，如myRoomCount；大驼峰法是第一个单词的首字母也大写，如ClassRoom。

驼峰命名是Swift编码规范主要的命名方法，根据所命名的内容不同而选择小驼峰法或大驼峰法。下面我们分类说明一下。

[①] 这个编码规范是由来自raywenderlich.com团队的多名成员在Nicholas Waynik的带领下共同完成的。参考地址为 https://github.com/raywenderlich/swift-style-guide。

- 对类、结构体、枚举和协议等类型的命名应该采用大驼峰法，如SplitViewController。
- 文件名采用大驼峰法，如BlockOperation.swift。
- 对于扩展文件，有时扩展定义在一个独立的文件中，用"原始类型名 + 扩展名"作为扩展文件名，如NSOperation+Operations.swift。
- 变量和属性采用小驼峰法，如studentNumber。
- 常量采用大驼峰法，如MaxStudentNumber。
- 枚举成员与常量类似，采用大驼峰法，如ExecutionFailed。
- 函数和方法采用小驼峰法，如balanceAccount、isButtonPressed等。

我们来看一个示例，下面是苹果Advanced NSOperations示例EarthquakeTableViewCell.swift和OperationErrors.swift的部分代码：

```swift
class EarthquakeTableViewCell: UITableViewCell {
    // MARK: Properties
    
    @IBOutlet var locationLabel: UILabel!
    @IBOutlet var timestampLabel: UILabel!
    @IBOutlet var magnitudeLabel: UILabel!
    @IBOutlet var magnitudeImage: UIImageView!
    
    // MARK: Configuration
    
    func configure(earthquake: Earthquake) {
        ...
        
        let imageName: NSString                                    ①
        
        switch earthquake.magnitude {
            case 0..<2: imageName = ""
            case 2..<3: imageName = "2.0"
            case 3..<4: imageName = "3.0"
            case 4..<5: imageName = "4.0"
            default:    imageName = "5.0"
        }
        
        magnitudeImage.image = UIImage(named: imageName)
    }
}

...

OperationErrors.swift

let OperationErrorDomain = "OperationErrors"                       ②

enum OperationErrorCode: Int {
    case ConditionFailed = 1
    case ExecutionFailed = 2
}
```

```
extension NSError {
    convenience init(code: OperationErrorCode,
        userInfo: [NSObject: AnyObject]? = nil) {
            self.init(domain: OperationErrorDomain,
                code: code.rawValue, userInfo: userInfo)
    }
}
```

上述代码基本符合前文所讲的规范，这里不再赘述。

> **提示**　有时我们也用let声明变量，这里所说的"变量"是从业务层面上讲的，如代码第①行的imageName。从命名上看imageName应该属于变量，而且下面的代码也确实修改了imageName的内容，这种情况只有通过引用数据类型实现。

19.2　注释规范

我们在第3章介绍过Swift注释的语法。注释有两种：单行注释（//）和多行注释（/*...*/）。本节我们重点介绍它们的使用规范。

19.2.1　文件注释

文件注释就是在每一个文件开头添加注释。文件注释通常包括如下信息：版权信息、文件名、所在模块、作者信息、历史版本信息、文件内容和作用等。

下面看一个文件注释的示例：

```
/*
Copyright (C) 2015 Eorient Inc. All Rights Reserved.
See LICENSE.txt for this sample's licensing information

Description:
This file contains the foundational subclass of NSOperation.

History:
15/7/22: Created by Tony Guan.
15/8/20: Add socket library
15/8/22: Add math library
*/
```

上述注释只是提供了版权信息、文件内容和历史版本信息等，文件注释要根据本身的实际情况包括内容。

19.2.2 文档注释

文档注释就是指这种注释内容能够生成API帮助文档。文档注释主要对类型、属性、方法或函数等进行注释。

> 文档是要给别人看的帮助文档，一般注释的属性、方法或函数都应该是非私有的，那些只给自己看的内容可以不用文档注释。

我们稍微将单行注释（//）和多行注释（/*...*/）做一点"手脚"，然后就有了文档注释：单行文档注释（///）和多行文档注释（/**...*/）。

我们看一个示例，下面代码是苹果Advanced NSOperations中的OperationObserver协议：

```
import Foundation

/**
    The protocol that types may implement if they wish to be
        notified of significant operation lifecycle events.
*/
protocol OperationObserver {
    
    /// Invoked immediately prior to the `Operation`'s `execute()` method.
    func operationDidStart(operation: Operation)
    
    /// Invoked when `Operation.produceOperation(_:)` is executed.
    func operation(operation: Operation,
    ➥didProduceOperation newOperation: NSOperation)
    
    /**
        Invoked as an `Operation` finishes, along with any errors produced during
        execution (or readiness evaluation).
    */
    func operationDidFinish(operation: Operation, errors: [NSError])
}
```

上述代码很好地使用了文档注释。我们可以通过一些工具用这些文档注释生成API文件，在Xcode中使用时按住Alt，同时点击鼠标就可以打开帮助文档，例如在NetworkObserver中使用OperationObserver协议。在NetworkObserver中要查看OperationObserver协议帮助，可以在Opera-tionObserver上于按住Alt的同时点击鼠标，如图19-1所示。

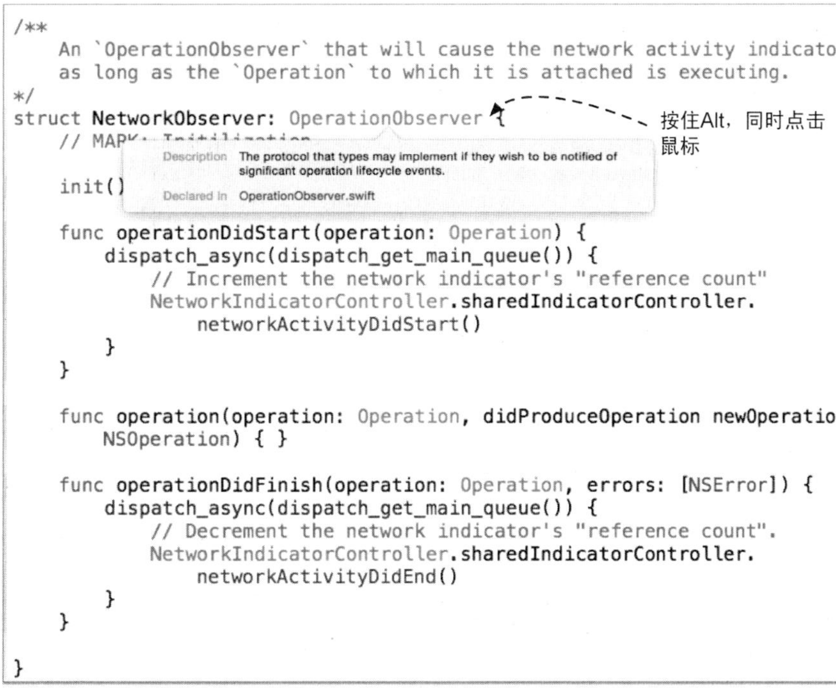

```
/**
    An `OperationObserver` that will cause the network activity indicator
    as long as the `Operation` to which it is attached is executing.
*/
struct NetworkObserver: OperationObserver {
    // MARK: Initilization

    init()

    func operationDidStart(operation: Operation) {
        dispatch_async(dispatch_get_main_queue()) {
            // Increment the network indicator's "reference count"
            NetworkIndicatorController.sharedIndicatorController.
                networkActivityDidStart()
        }
    }

    func operation(operation: Operation, didProduceOperation newOperation
        NSOperation) { }

    func operationDidFinish(operation: Operation, errors: [NSError]) {
        dispatch_async(dispatch_get_main_queue()) {
            // Decrement the network indicator's "reference count".
            NetworkIndicatorController.sharedIndicatorController.
                networkActivityDidEnd()
        }
    }
}
```

图19-1　打开帮助文档

19.2.3　代码注释

程序代码中处理文档注释还需要在一些关键的地方添加代码注释，文档注释一般是给一些看不到源代码的人看的帮助文档，而代码注释是给阅读源代码的人参考的。代码注释一般采用单行注释（//）和多行注释（/*...*/）。

我们看一个示例，下面代码是苹果Advanced NSOperations中的部分代码：

```
override func viewWillDisappear(animated: Bool) {
    super.viewWillDisappear(animated)
    // If the LocationOperation is still going on, then cancel it.          ①
    locationRequest?.cancel()
}

@IBAction func shareEarthquake(sender: UIBarButtonItem) {
    guard let earthquake = earthquake else { return }
    guard let url = NSURL(string: earthquake.webLink) else { return }

    let location = earthquake.location

    let items = [url, location]
```

```
    /*                                                           ②
       We could present the share sheet manually, but by putting it inside
       an `Operation`, we can make it mutually exclusive with other operations
       that modify the view controller hierarchy.
    */
    let shareOperation = BlockOperation { (continuation: Void -> Void) in
        dispatch_async(dispatch_get_main_queue()) {
            let shareSheet = UIActivityViewController(activityItems: items,
                    applicationActivities: nil)

            shareSheet.popoverPresentationController?.barButtonItem = sender

            shareSheet.completionWithItemsHandler = { _ in
                // End the operation when the share sheet completes.   ③
                continuation()
            }

            self.presentViewController(shareSheet, animated: true,
                    completion: nil)
        }
    }
    /*                                                           ④
       Indicate that this operation modifies the View Controller hierarchy
       and is thus mutually exclusive.
    */
    shareOperation.addCondition(MutuallyExclusive<UIViewController>())

    queue?.addOperation(shareOperation)
}
```

上述代码第①行和第③行采用了单行注释，要求与其后的代码具有一样的缩进层级。如果注释的文字很多，可以采用多行注释，见代码第②行和第④行；多行注释也要求与其后的代码具有一样的缩进层级，而前面要有一个空行。

有的时候我们也会在代码的尾端进行注释，这要求注释内容极短，应该再有足够的空白来分开代码和注释。尾端注释示例如下：

```
init(timeout: NSTimeInterval) {
    self.timeout = timeout   // 初始化
}
```

19.2.4　使用地标注释

随着编码过程的深入，工程代码量会增加，如何在这大量的代码中快速找到需要的方法或刚才修改过的代码呢？

我们可以在Swift代码中使用地标注释，然后就可以使用Xcode工具在代码中快速查找了。地标注释有3个：

- MARK，用于方法或函数的注释；
- TODO，表示这里的代码有没有完成或者还要处理；
- FIXME，表示这里修改了代码。

这些注释会出现在Xcode的Jump Bar中。我们来看一个示例：

```
class ViewController: UIViewController,
↪UITableViewDataSource, UITableViewDelegate {

    var listTeams: [[String:String]]!

    override func viewDidLoad() {
        super.viewDidLoad()
        ...
    }

    override func didReceiveMemoryWarning() {
        super.didReceiveMemoryWarning()
        // TODO: 释放资源                                         ①
    }

    // MARK: UITableViewDataSource协议方法                        ②
    func tableView(_ tableView: UITableView,
↪numberOfRowsInSection section: Int) -> Int {
        return self.listTeams.count
    }

    func tableView(_ tableView: UITableView,
↪cellForRowAtIndexPath indexPath: NSIndexPath) -> UITableViewCell {

        let cellIdentifier = "CellIdentifier"

        let cell: UITableViewCell! = tableView
            ↪.dequeueReusableCellWithIdentifier(cellIdentifier,
            ↪forIndexPath: indexPath) as? UITableViewCell
        // FIXME: 修改bug                                         ③
        let row = indexPath.row
        let rowDict = self.listTeams[row] as [String:String]
        ...
        return cell
    }

    // MARK: UITableViewDelegate协议方法                          ④
    func tableView(_ tableView: UITableView,
↪didSelectRowAtIndexPath indexPath: NSIndexPath) {
        ...
    }
}
```

上述代码中使用了3种地标注释，使用时后面跟有一个冒号（:），其中代码第②行和第④行都使用MARK注释，代码第①行使用TODO注释，代码第③行使用了FIXME注释。

注释之后如何使用呢？打开Xcode的Jump Bar（如图19-2所示），这些地标注释会在下拉列表中以粗体显示，点击列表项就会跳转到注释行。

图19-2　Xcode的Jump Bar

19.3　声明

声明就是在声明变量、常量、属性、方法或函数和自定义类型时需要遵守的规范。

19.3.1　变量或常量声明

首先变量或常量声明时，每行声明变量或常量的数量推荐为一个，因为这样有利于写注释。示例代码如下：

推荐使用：

```
let level = 0
var size = 10
```

不推荐使用：

```
let level = 0; var size = 10
```

还有变量或常量的数据类型，如果有可能应尽量采用类型推断，这样代码更简洁。示例代码如下：

推荐使用：

```
let level = 0
var size = 10
```

不推荐使用:

```
let level: Int = 0
var size: Int = 10
```

如果不是默认数据类型,我们需要明确声明变量或常量的数据类型,示例代码如下:

```
let level: Int8 = 0
var size: Int64 = 10
```

指定数据类型时需要使用冒号(:),变量或常量与冒号之间没有空格,冒号和数据类型之间要有一个空格。示例代码如下:

推荐使用:

```
let level: Int8 = 0
var size: Int64 = 10
```

不推荐使用:

```
let level : Int8 = 0
var size:Int64 = 10
```

使用数据类型时应尽可能使用Swift原生的数据类型,例如:

推荐使用:

```
let width = 120.0
let widthString = "Hello."
var deviceModels: [String]
var employees: [Int: String]
```

不推荐使用:

```
let width: NSNumber = 120.0
let widthString: NSString = "Hello."
var deviceModels: NSArray
var employees: NSDictionary
```

19.3.2 属性声明

属性包括存储属性和计算属性。如果是存储属性,声明规范与变量或常量声明的规范一样。如果是计算属性,声明规范类似于代码块,特别是在使用只读计算属性时,应尽量省略get语句。示例代码如下:

推荐使用:

```
var fullName : String {
    return firstName + "." + lastName
}
```

不推荐使用:

```
var fullName : String {
    get {
```

```
        return firstName + "." + lastName
    }
}
```

19.4　代码排版

代码排版包括空行、空格、断行和缩进等内容。代码排版内容比较多，工作量很大，但是非常重要。

19.4.1　空行

空行用以将逻辑相关的代码段分隔开，以提高可读性。下列情况应该总是添加空行：

- 类型声明之前；
- import语句前后；
- 两个方法或函数之间；
- 块注释或单行注释之前；
- 一个源文件的两个片段之间。

示例代码如下：

```
import UIKit
import MapKit

class EarthquakeTableViewController: UITableViewController {
    // MARK: Properties
    
    var queue: OperationQueue?                                      ①
    var earthquake: Earthquake?
    var locationRequest: LocationOperation?                         ②
    
    @IBOutlet var map: MKMapView!                                   ③
    @IBOutlet var nameLabel: UILabel!
    @IBOutlet var magnitudeLabel: UILabel!
    @IBOutlet var depthLabel: UILabel!
    @IBOutlet var timeLabel: UILabel!
    @IBOutlet var distanceLabel: UILabel!                           ④
    
    
    override func viewDidLoad() {
        super.viewDidLoad()
        
        guard let earthquake = earthquake else {
            nameLabel.text = ""
            magnitudeLabel.text = ""
            depthLabel.text = ""
            timeLabel.text = ""
            distanceLabel.text = ""
```

```
            return
        }
        let span = MKCoordinateSpan(latitudeDelta: 15, longitudeDelta: 15)
        map.region = MKCoordinateRegion(center: earthquake.coordinate,
        ↪span: span)
        
        ...
        
        queue?.addOperation(locationOperation)
        locationRequest = locationOperation
    }
    override func viewWillDisappear(animated: Bool) {
        super.viewWillDisappear(animated)
        // If the LocationOperation is still going on, then cancel it.
        locationRequest?.cancel()
    }
    ...
}

extension EarthquakeTableViewController: MKMapViewDelegate {    ⑤
    func mapView(mapView: MKMapView,
    ↪viewForAnnotation annotation: MKAnnotation) -> MKAnnotationView? {
        ...
        return pin
    }
}
```

上述代码第①行~第②行是类似属性，第③行~第④行是类似属性，它们是两个逻辑段，其间需要加空行。代码第⑤行是声明一个扩展，该扩展与EarthquakeTableViewController类在同一个源文件中，但属于不同的两个片段，需要加空行。

19.4.2 空格

代码中的有些位置是需要有空格的，这个工作量也很大。下面是使用空格的规范。

(1) 赋值符号"="前后各有一个空格。var或let与标识符之间有一个空格。所有的二元运算符都应该使用空格与操作数分开。示例如下：

```
var a = 10
var c = 10
```

(2) 小左括号"("之后，小右括号")"之前不应有空格，示例如下：

```
a = (a + b) / (c * d)
```

(3) 大左括号"{"之前有一个空格，示例如下：

```
while a == d {
    n += 1
```

}
```

(4) 在方法或函数名与第一参数之间没有空格，后面的参数前应该有一个空格，参数冒号与数据类型之间也有一个空格。

推荐使用：

```
func tableView(_ tableView: UITableView, didSelectRowAtIndexPath indexPath: NSIndexPath) {
    ...
}
```

不推荐使用：

```
func tableView ( _ tableView: UITableView, didSelectRowAtIndexPath indexPath: NSIndexPath ) {
    ...
}
```

19.4.3 断行

一行代码的长度应尽量不超过80个字符。为了便于查看是否一行代码超出了80个字符，很多IDE开发工具都可以在编辑窗口设置显示80行竖线。Xcode中的设置过程是打开菜单Xcode→Preferences，如图19-3所示选择Text Editing标签，选中Show→Page guide at column。设置之后的结果参见图19-4。

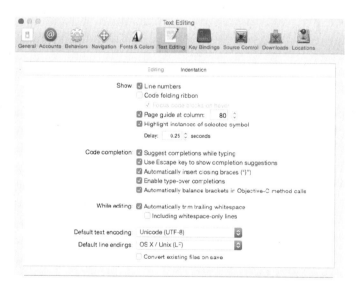

图19-3　设置显示80行竖线
```

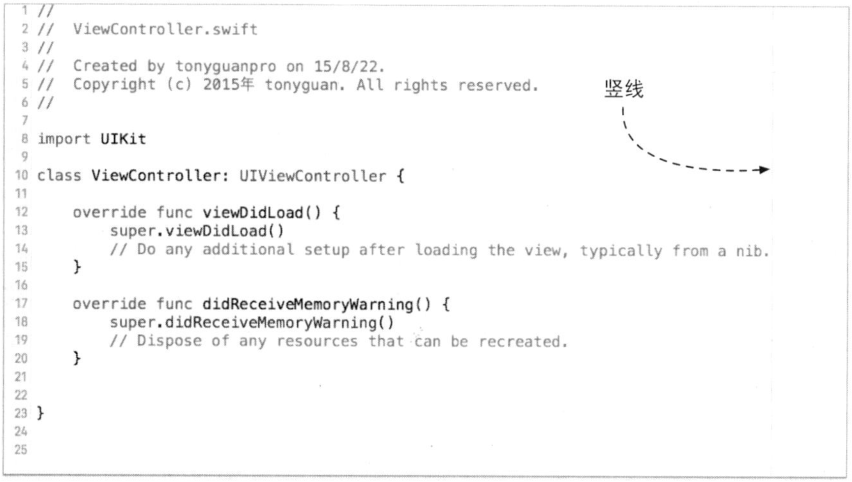

```
 1  //
 2  //  ViewController.swift
 3  //
 4  //  Created by tonyguanpro on 15/8/22.
 5  //  Copyright (c) 2015年 tonyguan. All rights reserved.
 6  //
 7
 8  import UIKit
 9
10  class ViewController: UIViewController {
11
12      override func viewDidLoad() {
13          super.viewDidLoad()
14          // Do any additional setup after loading the view, typically from a nib.
15      }
16
17      override func didReceiveMemoryWarning() {
18          super.didReceiveMemoryWarning()
19          // Dispose of any resources that can be recreated.
20      }
21
22
23  }
24
25
```

竖线

图19-4　设置之后的结果

由于有的代码比较长需要断行，可以依据下面的一般规范断开：

❏ 在一个逗号后面断开；
❏ 在一个操作符前面断开，要选择较高级别的运算符（而非较低级别的运算符）断开；
❏ 新的一行应该相对于上一行缩进两个级别（8个空格）。

下面通过一些示例说明：

```
longName1 = longName2 * (longName3 + longName4 - longName5)
            + 4 * longName6                                        ①
longName1 = longName2 * (longName3 + longName4
            - longName5) + 4 * longName6                           ②

func tableView(_ tableView: UITableView,
        cellForRowAtIndexPath indexPath: NSIndexPath) -> UITableViewCell {     ③
    ...
}

if longName1 == longName2
        || longName3 == longName4 && longName3 > longName4
        && longName2 > longName5 {                                 ④
    print(true)
}

boolName1 = (longName3 == longName4)
            ? longName3 > longName4
            : longName2 > longName5                                ⑤
```

上述代码第①行和第②行是带有小括号运算的表示式，其中代码第①行的断开位置要比第②行的断开位置要好。因为代码第①行断开处位于括号表达式的外边，这是个较高级别的断开。

代码第③行是方法名断开，函数名断开的规则与方法的一样。

代码第④行是if判断语句，由于可能有很多长的条件表达式，断开位置应在逻辑运算符处。

代码第⑤行是三元运算符的断开。

19.4.4 缩进

4个空格常被作为缩进排版的一个单位。虽然在开发时程序员使用制表符进行缩进，而默认情况下一个制表符等于8个空格，但是不同的IDE工具中一个制表符与空格对应个数会有不同。Xcode中默认是一个制表符对应4个空格，我们可以在Xcode中打开菜单Xcode→Preferences，如图19-5所示选择Text Editing→Indentation标签，在Tab width中进行设置。

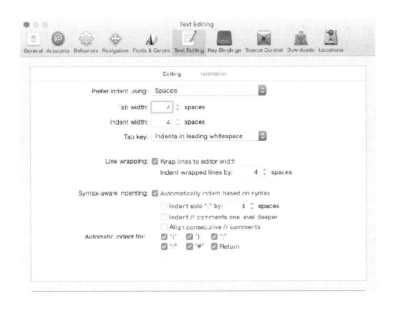

图19-5　设置制表符与空格的对应个数

缩进可以依据一般规范，如下。

- 在函数、方法、闭包、控制语句、计算属性等包含大括号"{}"的代码块中，代码块的内容相对于首行缩进一个级别（4个空格）。
- 如果是if语句中条件表达式的断行，那么新的一行应该相对于上一行缩进两个级别（8个空格），再往后的断行要与第一次的断行对齐。

```
class ViewController: UIViewController {
```

```
    ...
    var boolName1 = true

    override func viewDidLoad() {
        super.viewDidLoad()

        if longName1 == longName2
                || longName3 == longName4 && longName3 > longName4        ①
                && longName2 > longName5 {                                ②
            print(true)
        }

        boolName1 = (longName3 == longName4)
                ? longName3 > longName4
                : longName2 > longName5
    }

    override func didReceiveMemoryWarning() {
        super.didReceiveMemoryWarning()
    }
}
```

上述代码第①行和第②行是if语句条件表达式的断行，代码第①行和第②行要对齐。

19.5 本章小结

通过对本章内容的学习，我们可以了解Swift编码规范，包括命名规范、注释规范、声明规范和代码排版。

19.6 同步练习

(1) 判断对错：在Swift语言中命名方法主要采用匈牙利命名。

(2) 判断对错：在Swift语言中命名方法主要采用驼峰命名。

(3) 下列类名命名符合Swift语法，但不符合命名规范的有哪些？

    A. balanceAccount

    B. SplitViewController

    C. isButtonPressed

    D. BlockOperation

(4) 下列函数和方法命名符合Swift语法，但不符合命名规范的有哪些？

    A. balanceAccount

B. SplitViewController

C. isButtonPressed

D. BlockOperation

(5) 判断对错：变量或常量声明时，每行声明变量或常量的数量推荐一个。

(6) 下面的变量或常量声明，哪些是推荐的？

A. let level = 0

B. var size = 10

C. let level = 0; var size = 10

D. let level: Int = 0

Part 2 第二部分

进 阶 篇

本部分内容

- 第 20 章　Swift 内存管理
- 第 21 章　错误处理
- 第 22 章　Foundation 框架

第 20 章 Swift内存管理

在很多计算机语言中,内存管理常常令人谈之色变。比如,以C++和C为代表的手动内存管理模式使用起来非常麻烦,经常导致内存泄漏和过度释放等问题。再如,以Java和C#为代表的内存垃圾回收机制(Garbage Collection,GC),程序员不用关心内存释放的问题,这种方式在后台有一个线程负责检查已经不再使用的对象,然后将其释放。由于后台有一个线程一直运行,因此这种方式会严重影响性能。

在iOS平台上,Objective-C的内存管理经历过两个阶段:手动引用计数(Manual Reference Counting,MRC)内存管理和自动引用计数(Automatic Reference Counting,ARC)内存管理。MRC就是由程序员自己负责管理对象生命周期,负责对象的创建和销毁。ARC就是程序员不用关心对象释放的问题,编译器在编译时在合适的位置插入对象内存释放代码。

Swift在内存管理方面吸收了Objective-C的先进思想,采用了ARC内存管理模式。

20.1 Swift 内存管理概述

具体而言,Swift中的ARC内存管理是对引用类型的管理,即对类所创建的对象采用ARC管理,而值类型(如整型、浮点型、布尔型、字符串、元组、集合、枚举和结构体等)是由处理器自动管理的,程序员不需要管理它们的内存。

> **提示**
> 虽然ARC内存管理和值类型内存管理都不需要程序员管理,但两者在本质上是有区别的。ARC和MRC一样都是针对引用类型的管理,引用类型与Objective-C中的对象指针类型一样,内存分配区域都是在"堆"上的,需要人为管理。而值类型内存分配区域是在"栈"上的,由处理器管理,不需要人为管理。

20.1.1 引用计数

每个Swift类创建的对象都有一个内部计数器，这个计数器跟踪对象的引用次数，称为引用计数（Reference Count，RC）。当对象被创建的时候，引用计数为1，每次对象被引用的时候其引用计数加1，当不需要的时候对象引用断开（赋值为nil），其引用计数减1。当对象的引用计数为0的时候，对象的内存才被释放。

图20-1是内存引用计数原理示意图。图中的房间就好比是对象的内存，一个人进入房间打开灯，就是创建一个对象，这时候对象的引用计数是1；有人进入房间，引用计数加1；有人离开房间，引用计数减1；最后一个人离开房间，引用计数为0，房间灯关闭，对象内存才被释放。

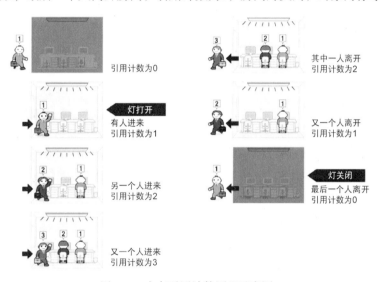

图20-1　内存引用计数原理示意图

20.1.2 示例：Swift 自动引用计数

下面我们通过一个示例介绍一下Swift中的自动引用计数原理。图20-2是Employee类创建的对象的生命周期，该图描述了对象被赋值给3个变量以及它们的释放过程。

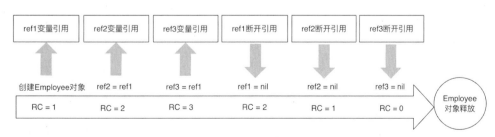

图20-2　Employee对象生命周期

示例代码如下：

```swift
class Employee {                                                    ①
    var no: Int
    var name: String
    var job: String
    var salary: Double
    
    init(no: Int, name: String, job: String, salary: Double) {      ②
        self.no = no
        self.name = name
        self.job = job
        self.salary = salary
        print("员工\(name) 已经构造成功。")                             ③
    }
    deinit {                                                        ④
        print("员工\(name) 已经析构成功。")                             ⑤
    }
}

var ref1: Employee?                                                 ⑥
var ref2: Employee?                                                 ⑦
var ref3: Employee?                                                 ⑧

ref1 = Employee(no: 7698, name: "Blake", job: "Salesman", salary: 1600)  ⑨

ref2 = ref1                                                         ⑩
ref3 = ref1                                                         ⑪

ref1 = nil                                                          ⑫
ref2 = nil                                                          ⑬
ref3 = nil                                                          ⑭
```

上述代码第①行声明了Employee类，第②行代码是定义构造函数，在构造函数中初始化存储属性，并且在代码第③行输出构造成功信息。第④行代码是定义析构函数，并在代码第⑤行输出析构成功信息。

代码第⑥行~第⑧行是声明3个Employee类型变量，这个时候还没有创建Employee对象分配内存空间。代码第⑨行是真正创建Employee对象分配内存空间，并把对象的引用分配给ref1变量，ref1与对象建立"强引用"关系。"强引用"关系能够保证对象在内存中不被释放，这时候它的引用计数是1。第⑩行代码ref2 = ref1是将对象的引用分配给ref2，ref2也与对象建立"强引用"关系，这时候它的引用计数是2。第⑪行代码ref3 = ref1是将对象的引用分配给ref3，ref3也与对象建立"强引用"关系，这时候它的引用计数是3。

然后，代码第⑫行通过ref1 = nil语句断开ref1对Employee对象的引用，这时候它的引用计数是2。以此类推，ref2 = nil时的引用计数是1，ref3 = nil时的引用计数是0，当引用计数为0的时候Employee对象被释放。

我们可以测试一下效果。如果设置断点单步调试，会发现代码运行完第⑨行后控制台输出：

员工Blake 已经构造成功。

析构函数输出的内容直到运行完第⑭行代码才输出：

员工Blake 已经析构成功。

这说明只有在引用计数为0的情况下才调用析构函数，释放对象。

20.2 强引用循环

当两个对象的存储属性互相引用对方的时候，一个对象释放的前提是对方先释放，另一对象释放的前提也是对方先释放，这样就会导致类似于"死锁"的状态，最后谁都不能释放，从而导致内存泄漏。这种现象就是强引用循环。

强引用循环就像图20-3所示的夫妻吵架的漫画，如果每个人都顾及面子，都不肯示弱，都希望对方服软，那么这场吵架就永远不会停止，最后的结果可能就是离婚。

图20-3　强引用循环

假设我们开发一个人力资源管理系统，其中Employee（员工）与Department（部门）的关联关系如图20-4所示。Employee的dept属性关联到Department，Department的manager（部门领导）属性关联到Employee。

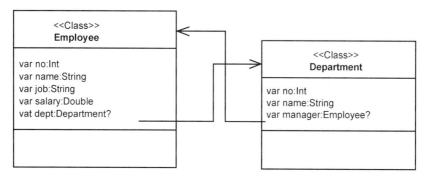

图20-4　Employee与Department的关联关系

示例代码如下：

```
class Employee {                                                    ①
    var no: Int
    var name: String
    var job: String
    var salary: Double
    var dept: Department?                                           ②
    
    init(no: Int, name: String, job: String, salary: Double) {
        self.no = no
        self.name = name
        self.job = job
        self.salary = salary
        print("员工\(name) 已经构造成功。")
    }
    deinit {
        print("员工\(name) 已经析构成功。")
    }
}

class Department {                                                  ③
    var no: Int = 0
    var name: String = ""
    var manager: Employee?                                          ④
    
    init(no: Int, name: String) {
        self.no = no
        self.name = name
        print("部门\(name) 已经构造成功。")
    }
    deinit {
        print("部门\(name) 已经析构成功。")
    }
}
```

```
var emp: Employee?                                              ⑤
var dept: Department?                                           ⑥

emp = Employee(no: 7698, name: "Blake", job: "Salesman", salary: 1600)   ⑦
dept = Department(no: 30, name: "Sales")                        ⑧

emp!.dept = dept                                                ⑨
dept!.manager = emp                                             ⑩

emp = nil                                                       ⑪
dept = nil                                                      ⑫
```

上述代码第①行定义了员工类Employee，第②行代码var dept: Department?声明所在部门的属性，它的类型是Department可选类型。第③行代码定义了部门类Department，第④行代码var manager: Employee?声明部门领导的属性，它的类型是Employee可选类型。

第⑤行代码var emp: Employee?声明Employee引用类型变量emp，第⑥行代码var dept: Department?声明Department引用类型变量dept。

第⑦行代码创建Employee对象并赋值给emp，建立强引用关系（如图20-5所示的1#强引用关系）。第⑧行代码创建Department对象并赋值给dept，dept与Department对象建立强引用关系（如图20-5所示的2#强引用关系）。但是此时，emp和dept两个对象之间并没有建立关系，如图20-5所示。

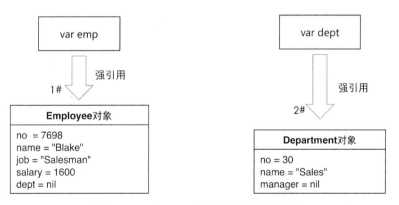

图20-5　emp与dept对象之间没有建立关系

代码第⑨行emp!.dept = dept将引用变量dept赋值给Employee的dept属性，建立强引用关系（如图20-6所示的3#强引用关系）。代码第⑩行dept!.manager = emp将引用变量emp赋值给Department的manager属性，建立强引用关系（如图20-6所示的4#强引用关系）。此时emp和dept两个对象就建立了关系，如图20-6所示。

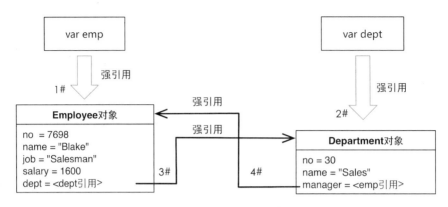

图20-6 emp与dept对象之间建立关系

如果我们通过第⑪行代码emp = nil和第⑫行代码dept = nil断开引用关系（如图20-7所示），1#和2#强引用关系断开了，但是Employee对象和Department对象并没有被释放。这是因为3#号引用关系（Employee对象dept属性引用Department对象）保持Department对象不被释放，而4#号引用关系（Department对象manager属性引用Employee对象）保持Employee对象不被释放。

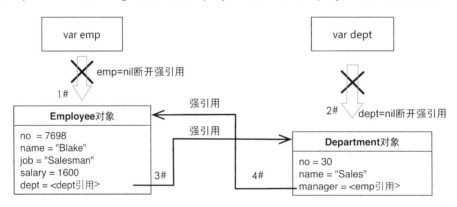

图20-7 emp和dept强引用断开

最后Employee对象和Department对象都没有被释放，这就是强引用循环，会导致内存泄漏。

> 💡 **提示**
>
> 对象释放的前提是没有指向它的强引用，也就是它的引用计数为0。例如：指向Employee对象的强引用原本有两个（1#和4#），也就是引用计数为2；当emp = nil断开1#强引用，引用计数为1；由于强引用循环4#强引用一直不能断开，引用计数不能为0，导致Employee对象不能释放。

20.3 打破强引用循环

打破强引用循环的方法也很简单。还是拿夫妻吵架做比喻（如图20-8所示的漫画），如果有一方服个软儿，这场吵架就会停止。

图20-8　打破强引用循环

打破强引用循环的方法与停止吵架的类似。我们在声明一个对象的属性时，让它具有能够"主动示弱"的能力，当遇到强引用循环问题的时候不保持强引用。

Swift 提供了两种办法来解决强引用循环问题：弱引用（weak reference）和无主引用（unowned reference）。

20.3.1　弱引用

弱引用允许循环引用中的一个对象不采用强引用方式引用另外一个对象，这样就不会引起强引用循环问题。

> **提示**
>
> 弱引用适用于引用对象可以没有值的情况。因为弱引用可以没有值，我们必须将每一个弱引用声明为可选类型。弱引用使用关键字weak声明。

例如在20.2节中介绍的人力资源管理系统中，Employee的dept属性关联到Department，Department的manager（部门领导）属性关联到Employee。

> **提示**
>
> 如果业务需求规定一个员工可以没有部门（刚刚入职），此时Employee的dept（所在部门）属性可以为nil。

示例代码如下：

```
class Employee {                                                        ①
    var no: Int
    var name: String
    var job: String
    var salary: Double
    weak var dept: Department?                                          ②
    
    init(no: Int, name: String, job: String, salary: Double) {
        self.no = no
        self.name = name
        self.job = job
        self.salary = salary
        print("员工\(name) 已经构造成功。")
    }
    deinit {
        print("员工\(name) 已经析构成功。")
    }
}

class Department {                                                      ③
    var no: Int = 0
    var name: String = ""
    var manager: Employee?                                              ④
    
    init(no: Int, name: String) {
        self.no = no
        self.name = name
        print("部门\(name) 已经构造成功。")
    }
    deinit {
        print("部门\(name) 已经析构成功。")
```

```
        }
}

var emp: Employee?
var dept: Department?

emp = Employee(no: 7698, name: "Blake", job: "Salesman", salary: 1600)
dept = Department(no: 30, name: "Sales")

emp!.dept = dept                                                        ⑤
dept!.manager = emp                                                     ⑥

emp = nil                                                               ⑦
dept = nil                                                              ⑧
```

上述代码第①行定义了员工类Employee，第②行代码weak var dept: Department?声明了所在部门的属性，它的类型是Department可选类型，使用关键字weak声明为弱引用。

代码第③行定义了部门类Department，第④行代码var manager: Employee?声明了部门领导的属性，它的类型是Employee可选类型。

第⑤行代码emp!.dept = dept建立如图20-9所示的3#弱引用关系，第⑥行代码dept!.manager = emp建立如图20-9所示的4#强引用关系。

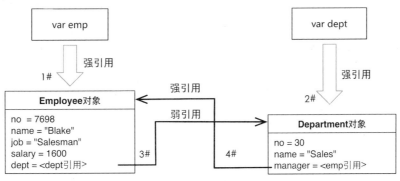

图20-9　emp与dept对象之间建立关系

我们通过第⑦行代码emp = nil和第⑧行代码dept = nil断开了引用关系（如图20-10所示的1#和2#引用关系），因为没有指向Department对象的强引用，弱引用没有引用计数，引用计数为0，所以Department对象会被释放。因为Department对象的释放，4#强引用关系也会被打破，没有指向Employee对象的强引用，引用计数为0，所以Employee对象被释放。

第 20 章　Swift 内存管理

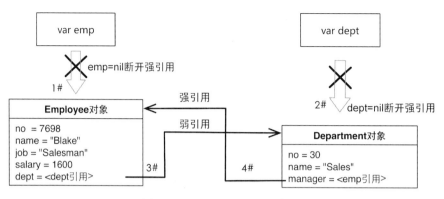

图20-10　emp和dept弱引用断开

从下面的运行结果也能看出它们的执行顺序：

```
员工Blake 已经构造成功。
部门Sales 已经构造成功。
部门Sales 已经析构成功。
员工Blake 已经析构成功。
```

20.3.2　无主引用

无主引用与弱引用一样，允许循环引用中的一个对象不采用强引用方式引用另外一个对象，因此不会引起强引用循环问题。

> **提示**
> 无主引用适用于引用对象永远有值的情况，它总是被定义为非可选类型。无主引用使用关键字unowned表示。

例如在20.2节介绍的人力资源管理系统中，Employee的dept属性关联到Department，Department的manager（部门领导）属性关联到Employee。

> **提示**
> 如果业务需求规定一个部门不能没有领导，那么Department的manager（部门领导）属性不能为nil。

如图20-11所示，Employee的dept声明中有问号（?），说明是可选类型，也就是可以为nil。而Department的manager声明中没有问号（?），说明是非可选类型，不可以为nil。

20.3 打破强引用循环

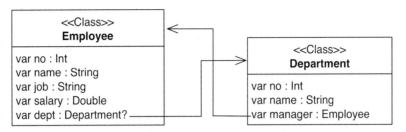

图20-11　Employee与Department关联关系

示例代码如下：

```
import Foundation

class Employee {                                                          ①
    var no: Int
    var name: String
    var job: String
    var salary: Double
    var dept: Department?                                                 ②
    
    init(no: Int, name: String, job: String, salary: Double) {
        self.no = no
        self.name = name
        self.job = job
        self.salary = salary
        print("员工\(name) 已经构造成功。")
    }
    deinit {
        print("员工\(name) 已经析构成功。")
    }
}

class Department {                                                        ③
    var no: Int = 0
    var name: String = ""
    unowned var manager: Employee                                         ④
    
    init(no: Int, name: String, manager: Employee) {                      ⑤
        self.no = no
        self.name = name
        self.manager = manager
        print("部门\(name) 已经构造成功。")
    }
    deinit {
        print("部门\(name) 已经析构成功。")
    }
}

var emp: Employee?
var dept: Department?
```

```
emp = Employee(no: 7698, name: "Blake", job: "Salesman", salary: 1600)      ⑥
dept = Department(no: 30, name: "Sales", manager: emp!)                     ⑦

emp!.dept = dept                                                            ⑧

emp = nil                                                                   ⑨
dept = nil                                                                  ⑩
```

上述代码第①行定义了员工类Employee，第②行代码var dept: Department?声明所在部门的属性，它的类型是Department可选类型。

代码第③行定义了部门类Department，第④行代码unowned var manager: Employee声明部门领导的属性，它的类型是Employee，注意是非可选类型，使用关键字unowned声明为无主引用。

代码第⑤行定义了构造函数，通过构造函数初始化manager属性，也就是在实例化Department时与Employee建立关联关系。这是因为manager属性不能为nil，不能是可选类型，因此需要在构造函数中初始化manager，这是无主引用的特点。

代码第⑥行实例化Employee对象，建立如图20-12所示的1#强引用关系。代码第⑦行实例化Department对象，建立如图20-12所示的2#强引用关系，由于在实例化时将emp传递给构造函数，因此同时建立了如图20-12所示的4#无主引用关系。

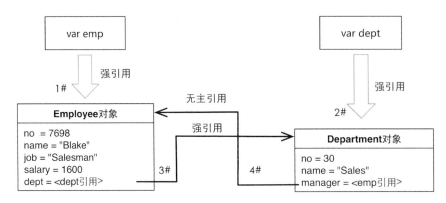

图20-12　emp与dept对象之间建立关系

代码第⑧行建立了如图20-12所示的3#强引用关系。

我们通过第⑨行代码emp = nil和第⑩行代码dept = nil断开了引用关系（如图20-13所示的1#和2#引用关系），因为没有指向Employee对象的强引用，无主引用没有引用计数，引用计数为0，所以Employee对象会被释放。因为Employee对象的释放，3#强引用关系也会被打破，没有指向Department对象的强引用，引用计数为0，所以Department对象被释放。

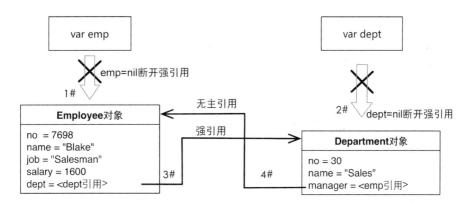

图20-13　emp和dept弱引用断开

从下面的运行结果也能看出它们的执行顺序：

员工Blake 已经构造成功。
部门Sales 已经构造成功。
员工Blake 已经析构成功。
部门Sales 已经析构成功。

20.4　闭包中的强引用循环

因为闭包本质上是函数类型，所以也是引用类型，因此也可能在闭包和上下文捕获变量（或常量）之间出现强引用循环问题。

> 💡 **提示**
>
> 并不是所有的捕获变量或常量都会发生强引用循环问题，只有将一个闭包赋值给对象的某个属性，并且这个闭包体使用了该对象，才会产生闭包强引用循环。

20.4.1　一个闭包中的强引用循环示例

我们通过一个示例来了解下闭包中的强引用循环：

```
class Employee {                                                ①
    var no: Int = 0
    var firstName: String
    var lastName: String
    var job: String
    var salary: Double
    
    init(no: Int, firstName: String,
    ➥lastName: String, job: String, salary: Double) {
```

```
        self.no = no
        self.firstName = firstName
        self.lastName = lastName
        self.job = job
        self.salary = salary
        print("员工\(firstName) 已经构造成功。")
    }
    deinit {
        print("员工\(firstName) 已经析构成功。")
    }

    lazy var fullName: ()-> String = {                              ②
        return self.firstName + "." + self.lastName                 ③
    }
}

var emp: Employee? = Employee(no: 7698, firstName: "Tony",
➥lastName: "Guan", job: "Salesman", salary: 1600)

print(emp!.fullName())                                              ④
emp = nil                                                           ⑤
```

上述代码第①行定义了类Employee，第②行代码定义了计算属性fullName，这个属性值的计算是通过一个闭包实现的，闭包的返回值类型是()-> String。

属性fullName被声明为lazy，说明该属性是延迟加载的。由于第③行代码中捕获了self，self能够在闭包体中使用，那么属性必须声明为lazy，即所有属性初始化完成后，self表示的对象才能被创建。

代码第④行emp!.fullName()调用闭包返回fullName属性值。代码第⑤行emp = nil断开强引用，释放对象。程序输出如下：

```
员工Tony 已经构造成功。
Tony.Guan
```

从结果可见，析构函数并没有被调用，也就是说对象没有被释放。导致这个问题的原因是闭包与捕获对象之间发生了强引用循环。

20.4.2　解决闭包强引用循环

解决闭包强引用循环问题有两种方法：弱引用和无主引用。到底应该采用弱引用还是无主引用，与两个对象之间的选择条件是：捕获的对象是否可以为nil。

> 提示
> 如果闭包和捕获的对象总是互相引用并且总是同时销毁，则将闭包内的捕获声明为无主引用。当捕获的对象有时可为nil时，则将闭包内的捕获声明为弱引用。如果捕获的对象绝对不会为nil，那么应该采用无主引用。

Swift在闭包中定义了捕获列表来解决强引用循环问题，基本语法如下：

```
lazy var 闭包: <闭包参数列表> -><返回值类型> = {         ①
    [unowned 捕获对象] <闭包参数列表> -><返回值类型> in   ②
    或 [weak 捕获对象]  <闭包参数列表> -><返回值类型> in   ③
    // 闭包体
}
```

或：

```
lazy var 闭包: () -> <返回值类型> = {    ④
    [unowned 捕获对象] in                ⑤
    或 [weak 捕获对象] in                 ⑥
    // 闭包体
}
```

上述语法格式可以定义两种闭包捕获列表，其中第①行代码的语法格式最为普通，其中<闭包参数列表>-><返回值类型>与第②行和第③行的<闭包参数列表>-><返回值类型>要对应上。示例如下：

```
lazy var fullName: (String, String) -> String = {
    [weak self]  (firstName: String, lastName: String) -> String in
    // 闭包体
}
```

第④行的语法格式是无参数情况下的捕获列表，可以省略参数列表，只保留in，Swift编译器会通过上下文推断出参数列表和返回值类型。示例如下：

```
lazy var fullName: () -> String = {
    [unowned self]  in
    // 闭包体
}
```

下面来看示例代码：

```
class Employee {
    var no: Int = 0
    var firstName: String
    var lastName: String
    var job: String
    var salary: Double

    init(no: Int, firstName: String,
    ↪lastName: String, job: String, salary: Double) {
        self.no = no
        self.firstName = firstName
        self.lastName = lastName
        self.job = job
        self.salary = salary
        print("员工\(firstName) 已经构造成功。")
    }
    deinit {
        print("员工\(firstName) 已经析构成功。")
    }
```

```
    lazy var fullName: ()-> String = {
        [weak self]  ()-> String in                         ①
        let fn = self!.firstName                            ②
        let ln = self!.lastName                             ③
        return fn + "." + ln
    }
}

var emp: Employee? = Employee(no: 7698, firstName: "Tony",
↪lastName: "Guan", job: "Salesman", salary: 1600)

print(emp!.fullName())

emp = nil
```

我们将第①行代码修改为[weak self] ()-> String in，该捕获列表是弱引用，捕获对象是self。由于是弱引用，在引用self时可以为nil。代码第②行和第③行需要在后面加感叹号（!），表明是显式拆包。

程序输出结果如下：

```
员工Tony 已经构造成功。
Tony.Guan
员工Tony 已经析构成功。
```

从结果可见析构函数被调用了。

就本例而言，我们也可以将fullName属性定义为无主引用的捕获列表形式，代码如下：

```
lazy var fullName: ()-> String = {
    [unowned self]  in
    let fn = self.firstName                                 ①
    let ln = self.lastName                                  ②
    return fn + "." + ln
}
```

无主引用要求self不能为nil，是非可选类型，所以代码第②行和第③行中self后面不用加感叹号（!）。

20.5 本章小结

通过对本章内容的学习，我们了解了Swift的内存管理机制和ARC内存管理的原理，学会了解决对象间的强引用循环问题以及闭包与引用对象之间的强引用循环问题。

20.6 同步练习

(1) 关于Swift内存管理，下列选项说明正确的是（　　）。

　　A. 采用垃圾回收机制　　　　B. ARC　　　　　　C. MRC　　　　　　D. GC

(2) 请简单介绍Swift的ARC内存管理机制。

(3) 判断正误：强引用关系能够保证对象在内存中不被释放。

(4) 程序分析题：

```
class Dog {
    var name: String = "未命名"
    init(name: String) {
        self.name = name
    }
}

var reference1: Dog?
var reference2: Dog?
var reference3: Dog?

reference1 = Dog(name: "泰迪")        ①
reference2 = reference1              ②
reference3 = reference1              ③

reference1 = nil                     ④
reference3 = nil                     ⑤
```

运行上述程序片段，Dog对象的引用计数为多少？

(5) 请简单介绍强引用循环。

(6) 解决强引用循环的方法有哪些？（　　）

　　A. 弱引用　　　　　　B. 无主引用

　　C. 强引用　　　　　　D. 闭包强引用

(7) 判断正误：由于闭包本质上也是引用类型，因此也可能在闭包和上下文捕获变量（或常量）之间出现强引用循环问题。

(8) 编程题：编写一个体现通过弱引用打破强引用循环的示例。

(9) 编程题：编写一个体现通过无主引用打破强引用循环的示例。

(10) 编程题：编写一个体现解决闭包强引用循环的示例。

第 21 章 错误处理

Swift 语言的错误处理功能提供了处理程序运行时错误的能力。Swift 2 之后提供新的 do-try-catch 错误处理模式:先是尝试操作,如果失败则处理错误,完成后释放资源。

> 提示
>
> Swift 3 与 Swift 2 一样都采用 do-try-catch 错误处理模式,本章中我们不再特殊说明。

本章主要为大家介绍 do-try-catch 错误处理模式。

21.1 Cocoa 错误处理模式

每一种语言几乎都提供自己的错误处理模式,由于历史的原因,Swift 错误处理模式在 Swift 1.x 和 Swift 2 之后截然不同。

Swift 1.x 采用 Cocoa 框架错误处理模式,到现在 Objective-C 还沿用这种处理模式,而 Swift 2 之后采用了 do-try-catch 错误处理模式。

假设要从文件中读取字符串到内存,如果使用 Swift 1.x 错误处理模式,则代码如下:

```
import Foundation

var err: NSError?                                           ①

let contents = NSString(contentsOfFile: filePath,
    encoding: NSUTF8StringEncoding, error: &err)            ②

if err != nil {                                             ③
    // 错误处理
}
```

这种错误模式首先定义可选的 NSError? 变量(见代码第①行);注意一定是可选的变量,这是因为要将它初始化为 nil。然后第③行判断 err 变量是否还是 nil,如果还是,那么在代码第②行的方法调用过程中没有发生错误,否则说明有错误发生。

上述代码第②行是 NSString 构造函数,该构造函数的 Swift 1.x 语法定义如下:

```
init (contentsOfFile path: String,
     encoding enc: UInt,
     error error: NSErrorPointer)
```

构造函数的最后一个参数是NSErrorPointer（即NSError指针），那么在实际调用时我们需要传递err变量地址（即&err，&是取地址符）。当方法调用完成后，如果有错误则err变量会被赋值。

> **提示**
>
> C语言中常将参数的地址传递给函数，然后在函数内部改变参数内容，当函数调用完后该参数就有内容了，这种方式可以同时返回多个参数。

21.2 do-try-catch 错误处理模式

事实上Cocoa错误处理模式存在很多弊端。例如，为了在编程时省事，我们往往给error参数传递一个nil，或者方法调用完后不去判断error是否为nil，不进行错误处理。

```
let contents = NSString(contentsOfFile: filePath,
➥encoding: NSUTF8StringEncoding, error: nil)      // 给error参数传递一个nil
```

或者：

```
var err: NSError?
let contents = NSString(contentsOfFile: filePath,
➥encoding: NSUTF8StringEncoding, error: &err)
```

这是不好的编程习惯。由于Objective-C和Swift 1.x没有强制处理机制，因此一旦真的发生错误，程序就会崩溃。

同样，如果从文件中读取字符串实例，使用do-try-catch错误处理模式的代码如下：

```
import Foundation

do {                                                            ①
    let str = try NSString(contentsOfFile: filePath,
    ➥encoding: NSUTF8StringEncoding)                           ②
} catch let err as NSError {                                    ③
    print(err.description)
}
```

首先使用do代码块表示要做一些操作（见代码第①行），然后在do代码块内部尝试做一个操作，代码第②行中try后面的代码就是要尝试做的事情，如果失败则进入catch代码块，见代码第③行，在catch时可以获得错误对象，可以通过let err as NSError表达式获得。

> **注意**
>
> 代码第②行中，Swift 3后NSUTF8StringEncoding替换为String.Encoding.utf8.rawValue。

> **提示**
> do-try-catch这种错误处理模式与Java中的异常处理机制非常类似，本意就是尝试（try）做一件事情，如果失败则捕获（catch）处理。

21.2.1 捕获错误

完整的do-try-catch错误处理模式语法如下：

```
do {
    try 语句
       成功处理语句组
} catch 匹配错误 {
    错误处理语句组
}
```

try语句中可以产生错误，当然也可能不产生错误，而如果有错误发生，catch就会处理错误。catch代码块可以有多个，错误由哪个catch代码块处理视catch后面的错误匹配与否而定，错误类型的多少就决定了catch可以有多少。我们先介绍一下错误类型。

21.2.2 错误类型

在Swift中错误类型必须遵从Error协议，其次是考虑错误类型的匹配，它应该设计为枚举类型，因为枚举类型非常适合将一组相关值关联起来。

如果我们编写访问数据库表的程序，实现表数据的插入、删除、修改和查询等操作，会需要类似如下代码的错误类型：

```
enum DAOError: Error {
    case noData
    case primaryKeyNull
}
```

noData表示没有数据的情况，primaryKeyNull表示表的主键[①]（primary key）为空的情况。

那么我们就可以通过如下代码捕获错误：

```
do {
    // try 访问数据表函数或方法
} catch DAOError.noData {
    print("没有数据。")
} catch DAOError.primaryKeyNull {
    print("主键为空。")
}
```

[①] 主键是表中的一个或多个字段，它的值用于唯一地标识表中的某一条记录。

21.2.3 声明抛出错误

能放到try后面调用的函数或方法都是有要求的，它们有可能抛出错误，但你要在这些函数或方法声明的参数后面加上throws关键字，表示这个函数或方法可以抛出错误。

声明抛出错误的方法示例代码如下：

```
// 删除Note记录的方法
func remove(_ model: Note) throws {
    ...
}
// 查询所有记录数据的方法
func findAll() throws -> [Note] {
    ...
}
```

上述代码中的remove(_:)方法没有返回值，throws关键字放到了参数后面。findAll()有返回值，throws关键字放到了参数和返回值类型之间。

21.2.4 在函数或方法中抛出错误

一个函数或方法能够声明抛出错误，是因为本身产生并抛出了错误，这样函数或方法声明抛出错误才有实际意义。

产生并抛出错误有两种方式：

- 在函数或方法中通过throw语句人为地抛出错误；
- 在函数或方法中调用其他可以抛出错误的函数或方法完成，但是没有捕获处理，会导致错误被传播出来。

示例代码如下：

```
// 删除Note方法
func remove(_ model: Note) throws {                              ①

    guard let date = model.date else {                           ②
        // 抛出"主键为空"错误
        throw DAOError.primaryKeyNull                            ③
    }
    // 比较日期主键是否相等
    for (index, note) in listData.enumerated() where note.date == date {
        listData.remove(at: index)
    }
}

// 查询所有数据方法
func findAll() throws -> [Note] {                                ④

    guard listData.count > 0 else {                              ⑤
        // 抛出"没有数据"错误
```

```
            throw DAOError.noData                              ⑥
        }
        return listData
    }

    func printNotes() throws {                                 ⑦
        let datas  = try findAll()                             ⑧
        for note in datas {
            print("date : \(note.date!) - content: \(note.content!)")
        }
    }
    try printNotes()                                           ⑨
```

上述代码第①行的remove(_:)方法和第④行的findAll()方法，其内部throw语句用于人为地抛出错误；代码第③行throw DAOError.primaryKeyNull抛出"主键为空"错误；代码第⑥行throw DAOError.noData抛出"没有数据"错误。另外，代码第②行和代码第⑤行判断抛出时有了guard语句；guard语句最擅长处理这种早期判断，条件为false的情况下抛出错误。

代码第⑦行printNotes()是打印查询结果到控制台的函数，它也声明了抛出错误，因为第⑧行的findAll()语句本身有可能产生错误，但是我们并没有使用catch语句捕获并处理，这样就导致了这个错误被传播给该函数或方法的调用者；如果它的调用者也都不捕获处理，那么最后程序会出现运行时错误。

> 💡 **提示**
>
> 这种声明了抛出错误的函数或方法在被调用时前面都需要加try关键字（见代码第⑧行和第⑨行），如果需要捕获错误，则要使用do-catch语句将try包裹起来。

21.2.5　try?和try!的使用区别

我们在使用try进行错误处理时，经常会看到try后面跟有问号（？）或感叹号（！），它们有什么区别呢？

1. 使用try?

try?会将错误转换为可选值，当调用try? + 函数或方法语句时，如果函数或方法抛出错误，程序不会崩溃，而是返回一个nil；如果没有抛出错误，则返回可选值。

示例代码如下：

```
// 查询所有数据的方法
func findAll() throws -> [Note] {

    guard listData.count > 0 else {
        // 抛出"没有数据"错误
```

```
            throw DAOError.noData
        }
        return listData
    }

    let datas = try? findAll()

    print(datas)
```

上述代码中let datas = try? findAll()语句使用了try?，datas是一个可选值，本例中输出nil。try?语句没有必要使用do-catch语句包裹起来。

2. 使用try!

使用try!可以打破错误传播链条。错误抛出后被传播给它的调用者，这样就形成了一个传播链条，但有时我们确实不想让错误传播下去，这时便可以使用try!语句。

我们可以修改上述代码如下：

```
// 查询所有数据的方法
func findAll() throws -> [Note] {

    guard listData.count > 0 else {
        // 抛出"没有数据"错误
        throw DAOError.noData
    }
    return listData
}

func printNotes() {

    let datas = try! findAll()                                   ①
    for note in datas {
        print("date : \(note.date!) - content: \(note.content!)")
    }
}
printNotes()                                                     ②
```

上述代码中的printNotes()函数没有声明抛出错误，代码第②行调用它的时候不需要try关键字，错误传播链条在printNotes()函数内被打破了。代码第①行将try findAll()语句改为try! findAll()，在try后面加了感叹号（!），这样编译器就不会要求printNotes()方法声明抛出错误了。try!打破了错误传播链条，但是如果真的发生错误，就会出现运行时错误，导致程序崩溃。所以使用try!打破错误传播链条时，我们应该确保程序不会发生错误。

21.3　案例：MyNotes应用数据持久层实现

为了加深对do-try-catch错误处理模式的理解，本节介绍一个示例——MyNotes应用数据持久层实现。

21.3.1 MyNotes 应用介绍

MyNotes应用具有增加、删除和查询备忘录的基本功能，其用例图参见图21-1。

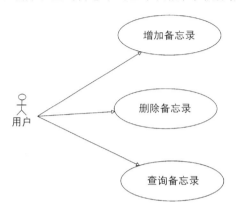

图21-1　MyNotes应用的用例图

21.3.2 MyNotes 应用数据持久层设计

数据持久层就是与数据库或文件交互的层，由于本书到目前为止还没有介绍任何的数据持久化的技术，本例中的数据放到一个内存变量中保持。

1. 实体设计

在设计应用时，设计人员首先要确定应用中的"实体"，实体是应用中的"人""事""物"等。实体在面向对象设计中演变为"实体类"，在关系数据库设计中演变为"表"，本例中的"备忘录"就是实体，因此可以设计一个实体类——Note。因为目前本例不考虑数据库，所以你不需要设计一个Note表。

> 💡 **提示**
>
> CRUD方法是访问数据的4种方法：增加、删除、修改和查询。其中，C为"Create"，表示增加数据；R是"Read"，表示查询数据；U是"Update"，表示修改数据；D是"Delete"，表示删除数据。

2. DAO设计

数据持久化技术一般采用DAO（数据访问对象）设计模式，该对象中有访问数据的CRUD 4种方法。为了降低耦合度，DAO一般要设计为协议（或Java接口），然后根据不同的数据来源采用不同的实现方式。数据访问对象设计时有一个简便的方法：有几个实体类就应该有几个DAO对象。本例中有一个实体类Note，那么就有一个DAO对象，本例中取名为NoteDAO。

21.3.3 实现 Note 实体类

下面我们来看看具体的实现代码，首先看看Note实体类。Note.swift代码如下：

```swift
import Foundation

class Note {

    var date: Date?
    var content: String?

    init(date: Date?, content: String?) {
        self.date = date
        self.content = content
    }
}
```

上述代码定义了Note实体类，它有两个属性和一个构造函数。date属性是备忘录创建日期，是Date可选类型，Date是Swift提供的日期结构体类型。date属性也是主键，不能重复。content属性是备忘录的内容，是String?可选类型。

构造函数有两个参数，它们也是可选类型，这表明在实例化Note时可以为其提供nil值。

21.3.4 NoteDAO 代码实现

NoteDAO代码比较复杂，主要的编程工作就集中在这里。NoteDAO.swift代码如下：

```swift
import Foundation

class NoteDAO {
    // 保存数据列表
    private var listData = [Note]()                                         ①

    // 插入Note方法
    func create(_ model: Note) {                                            ②
        listData.append(model)
    }

    // 删除Note方法
    func remove(_ model: Note) throws {
        guard let date = model.date else {
            // 抛出"主键为空"错误
            throw DAOError.primaryKeyNull
        }
        // 比较日期主键是否相等
        for (index, note) in listData.enumerated() where note.date == date {    ③
            listData.remove(at: index)
        }
    }

    // 修改Note方法
```

```
func modify(_ model: Note) throws {
    guard let date = model.date else {
        // 抛出"主键为空"错误
        throw DAOError.primaryKeyNull
    }
    // 比较日期主键是否相等
    for note in listData where note.date == date {                    ④
        note.content = model.content
    }
}

// 查询所有数据方法
func findAll() throws -> [Note] {
    guard listData.count > 0 else {
        // 抛出"没有数据"错误
        throw DAOError.noData
    }
    return listData
}

// 修改Note方法
func findById(_ model: Note) throws -> Note? {
    guard let date = model.date else {
        // 抛出"主键为空"错误
        throw DAOError.primaryKeyNull
    }
    // 比较日期主键是否相等
    for note in listData where note.date == date {                    ⑤
        return note
    }
    return nil
}
```

其中remove(_:)和findAll()方法的代码在21.2.4节已经展示过,其他几个方法与它们比较类似。下面我们重点解释一下有标号的代码,上述代码第①行定义了Note数组集合的存储属性listData,我们对数据的CRUD操作就是对这个存储属性的操作,前文所说的数据是放到内存变量中的,就是指数据放到存储属性listData中。

代码第②行是定义插入Note方法,该方法没有声明抛出错误,其他几个方法都声明了抛出错误,并且都通过throw语句人为地抛出。因为插入Note方法不需要检查参数的主键(即date属性)是否为nil,所以该方法没有声明抛出错误。

上述代码第③行、第④行和第⑤行都是for循环遍历listData集合,并通过where语句过滤结果,最后找到listData集合中date属性与参数model的date属性相等的元素,然后对其进行操作。

21.3.5 使用defer语句释放资源

在错误处理的过程中,一个非常重要的环节就是资源释放,无论成功执行try语句,还是有错误发生并执行了catch代码块，都应该保证释放这些资源。

> **提示**
> Java语言的try-catch异常处理机制中还可以有一个finally代码块，无论成功执行还是有异常发生，程序保证会执行finally代码的内容，程序员可以在finally代码块中释放资源。

为此，Swift 2之后提供了一个defer语句，它可以保证程序运行在超出defer语句作用域之前，一定执行defer语句。我们修改NoteDAO查询所有数据的方法如下：

```swift
func findAll() throws -> [Note] {
    guard listData.count > 0 else {
        // 抛出"没有数据"错误
        throw DAOError.noData
    }
    defer {                                    ①
        print("关闭数据库")
    }
    defer {                                    ②
        print("释放语句对象")
    }
    return listData
}
```

findAll()中添加了两个defer语句，defer语句是在findAll()方法调用结束之后执行，执行顺序与编码顺序相反，即先执行②的defer语句，然后执行①的defer语句。程序日志输出结果如下：

```
释放语句对象
关闭数据库
```

21.3.6 测试示例

为了验证程序的正确性，我们需要对程序进行测试，本例在main.swift文件中编写如下测试代码：

```swift
import Foundation

// 自定义错误类型
enum DAOError: Error {
    case noData
    case primaryKeyNull
}

// 日期格式对象
var dateFormatter = DateFormatter()
dateFormatter.dateFormat = "yyyy-MM-dd HH:mm:ss"
```

```
    let dao = NoteDAO()
    
    // 查询所有数据
    do {
        try dao.findAll()                                           ①
    } catch DAOError.noData {
        print("没有数据。")
        
        // 准备要插入的数据
        var date1 = dateFormatter.date(from: "2017-01-01 16:01:03")!
        var note1 = Note(date:date1, content: "Welcome to MyNote.")
        var date2 = dateFormatter.date(from: "2017-01-02 8:01:03")!
        var note2 = Note(date:date2, content: "欢迎使用MyNote。")
        // 插入数据
        dao.create(note1)                                           ②
        dao.create(note2)                                           ③
    }
    
    do {
        var note = Note(date:nil, content: "Welcome to MyNote.")
        try dao.remove(note)                                        ④
    } catch DAOError.primaryKeyNull {
        print("主键为空。")
    }
    
    func printNotes() throws {
        let datas   = try dao.findAll()
        for note in datas {
            print("date : \(note.date!) - content: \(note.content!)")
        }
    }
    
    try printNotes()
```

由于上述代码第①行try dao.findAll()语句第一次运行查询不到数据，会有错误发生；catch语句会捕获到这个错误，而我们在catch语句中插入两条数据，见代码第②行和第③行。

代码第④行的try dao.remove(note)语句也会发生错误，这是因为Note(date:nil, content: "Welcome to MyNote.")语句在实例化Note时，date参数传递的是nil，这也是为了满足测试的需要。

其他代码在21.2.4节已经介绍过了，因此这里不再赘述。

21.4 本章小结

通过对本章内容的学习，我们可以了解到Cocoa和do-try-catch错误处理模式，熟悉do-try-catch错误处理模式中的捕获错误、错误类型、声明抛出错误，以及函数或方法中抛出错误等内容。

21.5 同步练习

(1) 请简述throw和throws的区别。

(2) 请简述try、try?和try!的区别。

第 22 章 Foundation框架

学习过Objective-C语言的读者都应该知道Foundation框架[1]，它是开发macOS或iOS应用时都会使用的最基本框架。

macOS开发会使用Cocoa框架，这是一种支持应用程序提供丰富用户体验的框架；它实际上由Foundation和Application Kit（AppKit）框架组成。iOS开发会使用Cocoa Touch框架，这一框架实际上由Foundation和UIKit框架组成。

AppKit和UIKit框架都是与窗口、按钮、列表等相关的类。Foundation是macOS和iOS应用程序开发的基础框架，包括了一些基本的类，如数字、字符串、数组、字典等。

我们上面所说的框架是否可以在Swift中使用呢？答案是肯定的，苹果搭建一个"桥"使得Swift只要引入这些框架，就可以使用它们。

使用这些框架有很多优势，有些Swift语言中没有解决的问题，可以通过这些框架提供的类来解决。Foundation框架是最基础的框架，我们很多地方都会用到它，因此本章重点介绍如何使用Foundation框架。

22.1 数字类 NSNumber

在Objective-C语言中有一些基本数据类型[2]（int、char、float和double），但是它们都不是类，不具有方法、成员变量、属性以及面向对象的特征。为了实现"一切都是对象"，Foundation框架中使用NSNumber类来封装这些数字类型，这样数字就具有面向对象的基本特征了。

22.1.1 获得 NSNumber 对象

打开NSNumber类API文档（通过Xcode工具菜单Help→Documentation and API Reference打开），如图22-1所示。

---

[1] 框架就是一些库，类似于C语言中的标准库。
[2] 基本数据类型int、char、float和double事实上是由C语言提供的，它们可以在C、C++和Objective-C中使用。

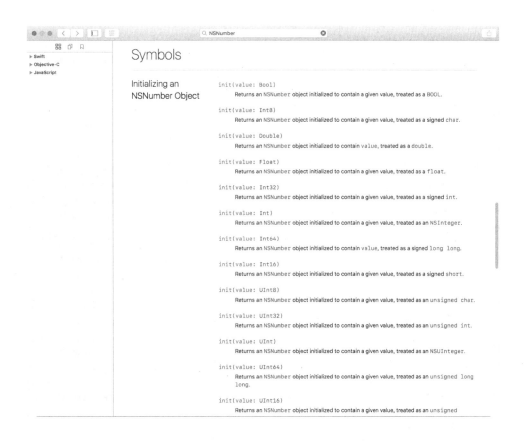

图22-1　NSNumber类API文档

NSNumber中的常用构造函数和方法如下。

- init(value: Bool)。构造函数，通过一个布尔值初始化NSNumber对象。
- init(value: Double)。构造函数，通过一个Double值初始化NSNumber对象。
- init(value: Float)。构造函数，通过一个Float值初始化NSNumber对象。
- init(value: Int)。构造函数，通过一个Int值初始化NSNumber对象。
- func compare(_ otherNumber: NSNumber) -> ComparisonResult。比较两个NSNumber对象的大小。
- func isEqual(to number: NSNumber) -> Bool。比较两个NSNumber对象是否相等。

NSNumber中的常用属性如下。

- var boolValue: Bool { get }。通过NSNumber对象获得布尔值。
- var doubleValue: Double { get }。通过NSNumber对象获得Double值。

- var floatValue: Float { get }。通过NSNumber对象获得Float值。
- var intValue: Int { get }。通过NSNumber对象获得Int值。
- var stringValue: String { get }。通过NSNumber对象获得String字符串实例。

下面看示例代码:

```
import Foundation                                          ①

var intSwift = 80

var intNumber  = NSNumber(value: intSwift)                 ②
var floatNumber = NSNumber(value: 80.00)                   ③

let myInt = intNumber.intValue                             ④
let myFloat = floatNumber.floatValue                       ⑤
```

要使用Foundation框架，你需要通过第①行的import Foundation语句引入框架。代码第②行和第③行是创建NSNumber对象，并构造函数初始化。代码第④行和第⑤行是调用属性以获得基本数据类型数值。

22.1.2　比较 NSNumber 对象

数字比较是非常常见的操作，那么在比较两个NSNumber对象大小时，可以转化为基本数据类型进行比较（当然可以使用NSNumber的方法比较），这就是对象的优势了。

与比较相关的方法有isEqual(to:)和compare(_:)，这两个方法的Swift语言API如下：

- func isEqual(to number: NSNumber) -> Bool
- func compare(_ otherNumber: NSNumber) -> ComparisonResult

isEqual(to:)只是比较是否相等，而compare(_:)方法可以比较相等、大于和小于，它的返回值是ComparisonResult枚举类型。ComparisonResult枚举类型成员如下。

- orderedAscending。升序，前一个数比后一个数小。
- orderedSame。两个数相等。
- orderedDescending。降序，前一个数比后一个数大。

下面看一个示例：

```
import Foundation

var intSwift = 80
var intNumber  = NSNumber(value: intSwift)
var floatNumber = NSNumber(value: 80.00)
if intNumber.isEqual(to: floatNumber) {
    NSLog("相等")
} else {
    NSLog("不相等")
}
```

```
switch intNumber.compare(floatNumber) {
case .orderedAscending:
    NSLog("第一个数小于第二个数")
case .orderedDescending:
    NSLog("第一个数大于第二个数")
case .orderedSame:
    NSLog("第一个数等于第二个数")
}
```

输出结果如下:

```
2016-12-27 21:28:19.719 22.1.2NSNumber对象的比较[6956:1186923] 相等
2016-12-27 21:28:19.728 22.1.2NSNumber对象的比较[6956:1186923] 第一个数等于第二个数
```

上述代码比较简单,基本不需要解释,但需要注意的是NSLog函数是Foundation框架中的函数,也可以在Swift中使用,用途是输出日志,与Swift的print类似。

22.1.3 数字格式化

一个数字可能代表不同含义,可以是货币、科学计数法、百分数或十进制数,它显示在界面中时会表现出不同的形式,有些形式还与地区或国家有关(例如货币表示),示例如下:

```
$1,000.00     // 美元
￥1,000.00    // 人民币
```

Foundation框架提供了类NumberFormatter和枚举NumberFormatter.Style来实现数字格式化。下面看一个示例:

```
import Foundation

let number = 1_2345_6789
let numberObj = NSNumber(value: number)

let formatter = NumberFormatter()                            ①

// 十进制数字
formatter.numberStyle = .decimal                             ②
var stringNumber = formatter.string(from: numberObj)         ③
print("DecimalStyle : \(stringNumber!)")

// 科学计数法
formatter.numberStyle = .scientific
stringNumber = formatter.string(from: numberObj)
print("ScientificStyle : \(stringNumber!)")

// 百分数
formatter.numberStyle = .percent
stringNumber = formatter.string(from: numberObj)
print("PercentStyle : \(stringNumber!)")

// 货币
formatter.numberStyle = .currency
```

```
stringNumber = formatter.string(from: numberObj)
print("CurrencyStyle : \(stringNumber!)")

// 大写数字
formatter.numberStyle = .spellOut
stringNumber = formatter.string(from: numberObj)
print("SpellOutStyle : \(stringNumber!)")
```

输出结果如下：

```
DecimalStyle : 123,456,789
ScientificStyle : 1.23456789E8
PercentStyle : 12,345,678,900%
CurrencyStyle : $123,456,789.00
SpellOutStyle : one hundred twenty-three million four hundred fifty-six thousand seven hundred eighty-nine
```

上述代码第①行是实例化NumberFormatter对象，通过它的numberStyle属性设置样式（见代码第②行），最后通过string(from:)方法格式化目标数字（见代码第③行）。

numberStyle属性样式是枚举NumberFormatter.Style中定义的，它有10个成员，如下。

- none。无样式，采用整数表示。
- decimal。十进制数字，带有小数。
- currency。货币样式。
- percent。百分数样式。
- scientific。科学计数法。
- spellOut。大写数字。
- ordinal。将数字转换为序数形式。
- currencyISOCode。货币样式。
- currencyPlural。货币样式。
- currencyAccounting。货币样式。

货币和大写数字两种样式与所在地区或国家有关，示例如下：

```
// 设置本地化标识
for localId in ["en_US", "fr_FR", "zh_CN"] {
    formatter.locale = Locale(identifier: localId)                ①
    // 货币
    formatter.numberStyle = .currency
    stringNumber = formatter.string(from: numberObj)
    print("\(localId) : CurrencyStyle : \(stringNumber!)")

    // 大写数字
    formatter.numberStyle = .spellOut
    stringNumber = formatter.string(from: numberObj)
    print("\(localId) : SpellOutStyle : \(stringNumber!)")
}
```

输出结果如下:

```
en_US: CurrencyStyle: $123,456,789.00
en_US: SpellOutStyle: one hundred twenty-three million four hundred fifty-six thousand seven hundred eighty-nine
fr_FR: CurrencyStyle: 123 456 789,00 €
fr_FR: SpellOutStyle: cent vingt-trois millions quatre cent cinquante-six mille sept cent quatre-vingt-neuf
zh_CN: CurrencyStyle: ￥123,456,789.00
zh_CN: SpellOutStyle: 一亿二千三百四十五万六千七百八十九
```

上述代码第①行是通过locale属性设置本地标识,Locale是本地标识类。本例设置了一个国家的本地标识;如果想了解更多的本地标识,请参考维基百科:https://zh.wikipedia.org/wiki/区域设置。

22.1.4 NSNumber 与 Swift 原生数字类型之间的桥接

有时我们需要将NSNumber类型与Swift原生的数字类型(Int、UInt、Float、Double和Bool等)相互转换,这个过程可以通过相关方法实现,也可通过苹果的无开销桥接技术实现。

示例代码如下:

```
import Foundation

let number1: Int = 0

// Int转换为NSNumber
let numberObj1 = NSNumber(value: number1)   // 通过构造函数转换     ①
let numberObj2 = number1 as NSNumber        // 桥接转换            ②

// NSNumber转换为Int
let number3 = numberObj1.intValue            // 通过方法转换        ③
let number4 = numberObj1 as Int              // 桥接转换            ④
```

代码第①行是通过NSNumber构造函数转换将Int类型的number1数据转换为NSNumber类型,而代码第②行是使用as操作符从Int转换为NSNumber。在前面的学习知识中可知,as操作符主要应用于子类与父类之间的类型转换,不能应用于类和结构体之间的转换,而本例中的NSNumber类却能转换为Int结构体类,这是因为Swift在底层能够将Swift原生数字类型与NSNumber零开销桥接(Toll-Free Bridging)起来,零开销桥接在桥接过程中不会占用多余的内存和CPU时间。

代码第③行是通过方法将NSNumber数据转换为Int。代码第④行是通过桥接实现的类型转换,与代码第②行一样都是使用as操作符,并且是零开销的。

22.2 字符串类

在Foundation框架中,字符串类有两种:不可变字符串类NSString和可变字符串类NSMutableString。NSString是定义固定大小的字符串,NSMutableString可对字符串做追加、删除、修改、插入和拼接等操作，而不会产生新的对象。

22.2.1 NSString 类

NSString是不可变字符串类，如果对字符串进行拼接等操作会产生新的对象。创建NSString对象的方法与NSNumber类似；有两种方式，这里不再赘述。

NSString中的常用构造函数和方法如下。

- `init(string: String)`。构造函数，通过一个NSString对象初始化另外一个NSString对象。
- `func appending(_ aString: String) -> String`。实现了字符串的拼接，这个方法会产生下一个新的对象。
- `func isEqual(to aString: String) -> Bool`。判断两个字符串是否相等。
- `func compare(_ string: String) -> ComparisonResult`。比较两个字符串的大小。
- `func substring(to: Int) -> String`。可以获得字符串的前n个字符组成的字符串。
- `func substring(from: Int) -> String`。可以截取n索引位置到尾部的字符串。
- `func range(of searchString: String) -> NSRange`。字符串查找。

NSString中的常用属性如下。

- `var length: Int { get }`。返回Unicode字符的长度属性。
- `var uppercased: String { get }`。转换为大写属性。
- `var lowercased: String { get }`。转换为小写属性。

下面看下NSString字符串的示例代码：

```
import Foundation

var str1: NSString = "aBcDeFgHiJk"
var str2: NSString = "12345"
var res: NSString
var compareResult: ComparisonResult
var subRange: NSRange                                      ①

// 字符个数
NSLog("字符串str1长度: %i", str1.length) // 输出: 11         ②

// 复制字符串到res
res = NSString(string: str1)                               ③
NSLog("复制后的字符串:%@", res)        // 输出: aBcDeFgHiJk   ④

// 复制字符串到str1尾部
str2 = str1.appending(str2 as String) as NSString          ⑤
NSLog("连接字符串: %@", str2)          // 输出: aBcDeFgHiJk12345

// 测试字符串相等
if str1.isEqual(to: res as String) {
```

```
        NSLog("str1 == res")
} else {
        NSLog("str1 != res")
}
// 输出：str1 == res

// 测试字符串 < > ==
compareResult = str1.compare(str2 as String)
switch compareResult {
case .orderedAscending:
        NSLog("str1 < str2")
case .orderedSame:
        NSLog("str1 == str2")
default:
        NSLog("str1 > str2")
}
// 输出：str1 < str2

res = str1.uppercased as NSString
NSLog("大写字符串：%@", res)              // 输出：ABCDEFGHIJK

res = str1.lowercased as NSString
NSLog("小写字符串：%@", res)              // 输出：abcdefghijk
NSLog("原始字符串： %@", str1)           // 输出：aBcDeFgHiJk

// 获得前3个数
res = str1.substring(to: 3) as NSString                    ⑥
NSLog("字符串str1的前3个字符：%@", res)     // 输出：aBc
res = str1.substring(from: 4) as NSString                  ⑦
NSLog("截取字符串，从索引4到尾部：%@", res)  // 输出：截取字符串，从索引4到尾部：eFgHiJk

var temp = str1.substring(from: 3) as NSString
res = temp.substring(to: 2) as NSString                    ⑧

NSLog("截取字符串，从索引3到5：%@", res)     // 截取字符串，从索引3到5: De

// 字符串查找
subRange = str2.range(of: "34")                            ⑨
if subRange.location == NSNotFound {                       ⑩
        NSLog("字符串没有找到")
} else {
        NSLog("找到的字符串索引 %i 长度是 %i",
                subRange.location, subRange.length)
}
// 输出：找到的字符串索引 13 长度是 2
```

上述代码也比较简单，我们简要解释一下。其中代码第①行是声明NSRange的变量subRange。NSRange是一个结构体，描述一个范围，有两个成员location（位置）和length（长度）。

代码第②行是通过NSLog函数输出字符串str1的长度。NSLog函数中可以格式化输出信息，如果要想输出整数，使用%i指定格式形式。

代码第③行是复制字符串到res变量，虽然NSString字符串类是不可变的，但可以重写构建其他的字符串对象，如NSString(string: str1)构造函数。第④行代码是通过NSLog函数格式化字符串信息，使用%@指定格式形式。

代码第⑤行是复制字符串到str1尾部，appending(_:)方法可以拼接str1和str2产生一个新的对象，然后把新对象的引用又赋值给str2。这个过程需要将str2强制转换为String，类似的问题将在22.2.3节详细介绍。

第⑥行代码substring(to:)方法是从前往后截取字符串，截取前index个字符。第⑦行代码substring(from:)方法是从index位置截取字符串到尾部。如果想截取中间的字符串怎么办呢？第⑧行代码回答了这个问题，其实很简单，就是两个方法一起用。

字符串查找在字符串计算中也是经常使用的，其中代码第⑨行的subRange = str2.range(of: "34")方法可以查找"34"字符串在str2字符串中的位置，其返回值subRange是NSRange类型。关于NSRange类型我们在前文已经解释了，其中第⑩行代码判断是否找到了目标字符串，如果location成员值等于NSNotFound常量，则说明没有找到。NSNotFound是Foundation框架中定义的常量。

22.2.2 NSMutableString 类

NSMutableString是NSString的子类，有很多方法；下面我们总结下常用的方法。

- init(capacity: Int)。构造函数，通过指定容量初始化NSMutableString对象，NSMutableString构造方法还有很多。
- func insert(_ aString: String, at loc: Int)。插入字符串，不会创建新的对象。
- func append(_ aString: String)。追加字符串，不会创建新的对象。
- func deleteCharacters(in range: NSRange)。在一个范围内删除字符串，不会创建新的对象。
- func replaceCharacters(in range: NSRange, with aString: String)。替换字符串，不会创建新的对象。

下面看NSMutableString字符串的示例代码：

```
import Foundation

var str1: NSString = "Objective C"
var search: NSString
var replace: NSString

var mstr: NSMutableString
var subRange: NSRange

// 从不可变的字符创建可变字符串对象
mstr = NSMutableString(string: str1)
NSLog(" %@", mstr)
// 输出： Objective C
```

```
// 插入字符串
mstr.insert(" Java", at: 9)
NSLog(" %@", mstr)
// 输出： Objective Java C

// 具有连接效果的插入字符串
mstr.insert(" and C++", at: mstr.length)
NSLog(" %@", mstr)
// 输出： Objective Java C and C++

// 字符串连接方法
mstr.append(" and C")
NSLog(" %@", mstr)
// 输出： Objective Java C and C++ and C

// 使用NSRange删除字符串
mstr.deleteCharacters(in: NSMakeRange(16, 13))          ①
NSLog(" %@", mstr)
// 输出： Objective Java CC

// 查找字符串位置
subRange = mstr.range(of: "string B and")
if subRange.location != NSNotFound {
    mstr.deleteCharacters(in: subRange)
    NSLog(" %@", mstr)
}

// 直接设置可变字符串
mstr.setString("This is string A ")                     ②
NSLog(" %@", mstr)
// 输出： This is string A

mstr.replaceCharacters(in: NSMakeRange(8, 8), with: "a mutable string ")
NSLog(" %@", mstr)
// 输出： This is a mutable string

// 查找和替换
search = "This is "
replace = "An example of "

subRange = mstr.range(of: search as String)

if subRange.location != NSNotFound {
    mstr.replaceCharacters(in: subRange, with: replace as String)
    NSLog(" %@", mstr)
    // 输出： An example of a mutable string
}

// 查找和替换所有的情况
search = "a"
replace = "X"
subRange = mstr.range(of: search as String)

while subRange.location != NSNotFound {
```

```
        mstr.replaceCharacters(in: subRange, with: replace as String)
        subRange = mstr.range(of: search as String)
    }
    NSLog(" %@", mstr)
    // 输出: An exXmple of X mutXble string
```

上述代码第①行使用了NSMakeRange(16, 13)（NSMakeRange是一个函数，可以创建NSRange结构体实例），第一个参数是位置，第二个参数是长度。第②行代码mstr.setString("This is string A ")是重新设置字符串。

> **提示**　可变类型字符串之所以可变，是以牺牲性能为代价的，所以原则上如果能确定字符串不会改变，我们一定要使用不可变类型字符串。

22.2.3　NSString 与 String 之间的桥接

在Swift中使用字符串有可能会使用Foundation中的NSString和Swift中的原生字符串String，下面我们介绍一下它们之间的关系。Swift在底层能够将String与NSString无缝桥接起来。与NSNumber类似，使用as操作符可以实现String类型数据与NSString类型数据的互相转换，这两个方向的桥接转换都是"零开销"的。

我们来回顾一下22.2.1节和22.2.2节中示例的部分代码：

```
var str1: NSString = "aBcDeFgHiJk"
var str2: NSString = "12345"
...
str2 = str1.appending(str2 as String) as NSString        ①
if str1.isEqual(to: res as String) {                     ②
    NSLog("str1 == res")
} else {
    NSLog("str1 != res")
}
compareResult = str1.compare(str2 as String)             ③
...
var search: NSString
var mstr: NSMutableString
var subRange: NSRange
subRange = mstr.range(of: search as String)              ④
```

这些方法的参数都是Swift字符串String类型，而我们传递的参数str2、res和search都是Foundation字符串NSString类型，因此需要将它们转换为String。例如代码第①行appending(_:)方法返回值也是String类型。把String类型的返回值赋值给str2，这个过程从String转换为NSString。这两种类型之间的转换类似于NSNumber与Swift数字类型转换。

原则上我们要使用Swift的String类型，但是很多String不具有的功能可以通过调用NSString实现。下面看一个使用String和NSString的示例代码：

```
import Foundation

let foundationString: NSString = "alpha bravo charlie delta echo"      ①

// 从NSString到String
let swiftString = foundationString as String                            ②

// 从String到NSString
let foundationString2 = swiftString as NSString                         ③

// 使用NSString的components(separatedBy:)方法
let swiftArray = foundationString2.components(separatedBy: " ")         ④

let intString: NSString = "456"                                         ⑤
// 通过Int构造函数将String转换为Int类型
let intValue = Int(intString as String)                                 ⑥
```

代码第①行声明并初始化NSString字符串，第②行是将NSString字符串赋值给String字符串变量swiftString，这个过程需要进行强制类型转换。类似地，第③行代码是将String字符串赋值给NSString字符串，这个过程也需要进行强制类型转换。

第④行代码调用了NSString的components(separatedBy:)方法，该方法可以使用指定的字符分割字符串返回数组[String]。该方法的Swift语言API如下：

```
func components(separatedBy separator: String) -> [String]
```

可见它的参数是String类型，返回值是数组[String]。

第⑤行代码声明并初始化NSString字符串（它是由数字组成的字符串），这种字符串可以转换为数字类型。第⑥行代码通过Int构造函数将String转换为Int类型。

22.3 数组类

在Foundation框架中，数组被封装为类，数组有两种：NSArray不可变数组类和NSMutableArray可变数组类。与Swift的原生数组不同，Foundation框架中的数组都属于非泛型集合。一个Foundation框架中数组对象桥接之后的结果是[AnyObject]数组。

22.3.1 NSArray 类

NSArray有很多方法，下面总结常用的属性和方法。

- **init(array: [Any])**。构造函数，通过指定Swift原生数组对象初始化NSArray对象，数组元素是Any类型。
- **init(objects: Any...)**。构造函数，通过提供一个队列初始化NSArray对象。

- ❑ var count: Int { get }。属性，返回当前数组的长度。
- ❑ var firstObject: Any? { get }。属性，获得数组的第一个元素。
- ❑ var lastObject: Any? { get }。属性，获得数组的最后一个元素。
- ❑ func object(at index: Int) -> Any。按照索引返回数组中的元素，与通过下标索引获取元素是等价的。
- ❑ func contains(_ anObject: Any) -> Bool。判断是否包含某一元素。

下面看一个NSArray数组的示例代码：

```
import Foundation

let weeksArray = ["星期一", "星期二", "星期三", "星期四",
➥"星期五", "星期六", "星期日"]                                     ①

var weeksNames1 = NSArray(array: weeksArray)                       ②
var weeksNames2 = NSArray(objects: "星期一","星期二","星期三",
➥"星期四","星期五","星期六","星期日")                              ③

print("星期名字")
print("====    ====")

for i in 0 ..< weeksNames1.count {                                 ④
    var day = weeksNames1.object(at: i) // 可以使用weeksNames1[i]替换  ⑤
    print("\(i)    \(day)")
}
print("++++++++++")
for item in weeksNames2 {                                          ⑥
    print("\(item)")
}
```

上述代码第①行是声明并初始化Swift的Array数组类型常量weeksArray，第②行代码是通过weeksArray常量创建并初始化NSArray数组类型对象weeksNames1。第③行代码是通过字符串序列创建并初始化NSArray数组类型对象weeksNames2。

第④行代码是采用for循环遍历weeksNames1数组。第⑤行代码使用object(at: i)方法，按照索引从数组中取出元素，取值的元素是Any类型；也可以通过weeksNames[i]下标索引从数组中取出元素。

第⑥行代码是采用for循环遍历weeksNames2数组。

22.3.2 NSMutableArray 类

NSMutableArray是NSArray的子类，它有很多方法和属性，下面我们总结其常用的方法。

- ❑ init(capacity: Int)。构造函数，通过指定容量初始化NSMutableArray对象。
- ❑ func add(Any)。在数组的尾部追加一个元素。
- ❑ func addObjects(from: [Any])。将一个[Any]数组追加到当前数组。
- ❑ func insert(Any, at: Int)。插入字符串，不会创建新的对象。

- func remove(Any)。移除特定元素。
- func removeObject(at: Int)。移除特定索引的元素。

下面看NSMutableArray数组的示例代码：

```
import Foundation

var weeksNames: NSMutableArray = NSMutableArray(capacity: 3)         ①

weeksNames.add("星期一")                                              ②
weeksNames.add("星期二")
weeksNames.add("星期三")
weeksNames.add("星期四")
weeksNames.add("星期五")
weeksNames.add("星期六")
weeksNames.add("星期日")                                              ③

print("星期名字")
print("====    ====")
for i in 0 ..< weeksNames.count {
    var day = weeksNames[i]
    print("\(i)    \(day)")
}

print("++++++++++++")
for item in weeksNames {
    print("\(item)")
}
```

代码第①行是通过指定容量构造NSMutableArray对象，capacity参数是容器大小，也就是数组中初始的单元。代码第②行~第③行是添加元素到weeksNames数组，超过容量时会自动扩容，但是性能会稍微受点儿影响。

> 💡 **提示**
> 可变类型数组之所以可变是以牺牲性能为代价的，所以原则上能确定数组的长度，并且在后来不会改变，我们一定要使用不可变类型数组。

22.3.3 NSArray 与 Swift 原生数组之间的桥接

NSArray与Swift原生数组之间的关系如同NSString与String之间的关系，Swift在底层能够将它们"零开销"地桥接起来。一个NSArray对象自动桥接到Swift原生[AnyObject]数组，而Swift原生[Any]数组可以自动桥接到NSArray对象。

桥接示例如下：

```
import Foundation
```

```
let foundationString: NSString = "alpha bravo charlie delta echo"
// 返回[String]
let swiftArray1 = foundationString.components(separatedBy: " ")      ①

// 原生数组[String]转换为NSArray
let foundationArray = swiftArray1 as NSArray                          ②

// NSArray转换为原生数组[AnyObject]
let swiftArray2 = foundationArray as [AnyObject]                      ③

for item in swiftArray1 {
    print(item)
}

for item in foundationArray {
    print(item)
}

for item in swiftArray2 {
    print(item)
}
```

上述代码第①行使用NSString的components(separatedBy:)方法，该方法返回值是[String]数组。代码第②行是将NSArray数组转换为[String]数组，这个过程需要使用as操作符进行类型转换。代码第③行是将NSArray转换为原生数组[AnyObject]，这个过程也需要使用as操作符进行类型转换。

22.4 字典类

Foundation框架提供一种字典集合，它是由"键-值"对构成的集合，其中键集合不能重复，值集合没有特殊要求。键和值集合中的元素可以是任何对象，但不能是nil。Foundation框架字典类也分为：不可变字典NSDictionary和可变字典NSMutableDictionary。

22.4.1 NSDictionary 类

NSDictionary有很多方法和属性，下面总结其常用的方法和属性。

- **init(dictionary otherDictionary: [AnyHashable : Any])**。构造函数，通过Swift原生字典对象初始化NSDictionary对象。这个原生字典是[AnyHashable : Any]类型，AnyHashable是一种散列结构类型。
- **init(objects: [Any], forKeys keys: [NSCopying])**。构造函数，通过键和值数组集合初始化NSDictionary对象，objects是键是Swift原生数组的[Any]集合，keys是值为Swift原生数组的[NSCopying]集合。
- **var count: Int { get }**。属性，字典集合的长度。
- **var allKeys: [AnyObject] { get }**。属性，返回所有键的集合。

下面看NSDictionary数组的示例代码：

```
import Foundation
let keyString: NSString = "one two three four five"
var keys = keyString.components(separatedBy: " ")                        ①

let valueString: NSString = "alpha bravo charlie delta echo"
var values = valueString.components(separatedBy: " ")                    ②

var dict = NSDictionary(objects: values, forKeys: keys as [NSCopying])   ③

print(dict.description)                                                  ④

var value = dict["three"]                                                ⑤

NSLog("three = %@", value)

var allkeys = dict.allKeys                                               ⑥
for item in allkeys {                                                    ⑦
    print("\(key) - dict[key]")
}
```

上述代码第①行和第②行是将字符串按照空格分割，返回类型是Swift原生数组，keys作为键集合，values作为值集合。

第③行代码实例化NSDictionary对象，objects参数是值数组values，forKeys参数是键数组。第④行代码的description属性是获得字典的内容。第⑤行代码是通过数组下标进行值访问，数组下标就是键。

第⑥行代码dict.allKeys是获得所有键的集合allkeys，第⑦行代码是遍历键集合allkeys。

输出结果如下：

```
{
    five = echo;
    four = delta;
    one = alpha;
    three = charlie;
    two = bravo;
}
three = Optional(charlie)
one - Optional(alpha)
five - Optional(echo)
three - Optional(charlie)
two - Optional(bravo)
four - Optional(delta)
```

从输出的结果可见，取出的值是可选类型的。

22.4.2 NSMutableDictionary 类

NSMutableDictionary是NSDictionary的子类，它有很多方法，下面我们总结其常用的方法。

- init(capacity numItems: Int)。构造函数，通过容量初始化对象。
- func setObject(_ anObject: Any, forKey aKey: NSCopying)。通过键对象设置值对象，键是任何遵循NSCopying协议的对象。
- func setValue(_ value: Any?, forKey key: String)。通过键对象设置值对象，键是String类型。
- func removeObject(forKey aKey: Any)。通过键移除。
- func removeAllObjects()。移除所有对象。

下面看NSMutableDictionary数组的示例代码：

```
import Foundation

var mutable = NSMutableDictionary(capacity: 1)                    ①

mutable.setValue("Tom", forKey: "tom@jones.com")                  ②
mutable.setObject("Bob", forKey: "bob@dole.com" as NSCopying)     ③

print(mutable.description)

var keys = mutable.allKeys

for key in keys {
    print("\(key) - \(mutable[key])")
}
```

上述代码第①行是实例化NSMutableDictionary。第②行代码是通过setValue(_:forKey:)方法添加键和值，它的键是String类型。第③行代码是通过setObject(_:forKey:)方法添加键和值，它的键是遵循NSCopying协议的对象，所以需要使用as操作符将String类型的"bob@dole.com"转换为NSCopying协议类型。

输出结果如下：

```
{
    "bob@dole.com" = Bob;
    "tom@jones.com" = Tom;
}
bob@dole.com - Optional(Bob)
tom@jones.com - Optional(Tom)
```

从输出的结果可见，取出的值是可选类型的。

22.4.3　NSDictionary与Swift原生字典之间的桥接

NSDictionary与Swift原生字典之间的关系如同NSArray与Swift原生数组之间的关系，Swift在底层能够将它们"零开销"地桥接起来。一个NSDictionary对象桥接之后，结果是[NSObject: AnyObject]字典（键为NSObject类型，值为AnyObject类型的Swift原生字典）。而Swift原生[NSObject : AnyObject]字典可以自动桥接到NSDictionary对象。

> **提示**
>
> NSObject是原来Objective-C所有类的根类,Swift也可以使用NSObject类,这种类具有Objective-C特点。AnyObject是Swift中所有类的根类,AnyObject包括了NSObject,即:NSObject是AnyObject的子类。

示例代码如下:

```
import Foundation

let keyString: NSString = "one two three four five"
let keys = keyString.components(separatedBy: " ")

let valueString: NSString = "alpha bravo charlie delta echo"
let values = valueString.components(separatedBy: " ")

let foundationDict = NSDictionary(objects:values, forKeys:keys as [NSCopying])        ①

// NSDictionary转换为原生数组[NSObject : AnyObject]
let swiftDict = foundationDict as [NSObject : AnyObject]                              ②

print(swiftDict.description)

let key: NSString = "three"
let value = swiftDict[key]                                                            ③
print("three = \(value!)")

for (key, value) in swiftDict {                                                       ④
    print("\(key) - \(value)")
}

// 原生数组[NSObject : AnyObject]转换为NSDictionary
let dict = swiftDict as NSDictionary                                                  ⑤
```

代码第①行声明并初始化NSDictionary字典,第②行代码是将NSDictionary字典转换为[NSObject: AnyObject]字典。

代码第③行是从[NSObject: AnyObject]字典取three键对应的值,由于它的键要求是NSObject类型,而"three"默认类型是String,因而不能直接作为键,可以指定它的类型声明为NSString。代码第④行是遍历[NSObject: AnyObject]字典的键和值集合。

代码第⑤行是将[NSObject: AnyObject]字典类型赋值给NSDictionary字典类型。

22.5　NSSet 集合类

Foundation框架中也有Set集合,Set集合有两种:不可变NSSet类和可变NSMutableSet类。与Swift的Set不同,NSSet和NSMutableSet都属于非泛型集合。一个Foundation框架中NSSet对象桥接之后的结果是Set<AnyObject>。

22.5.1 NSSet 类

NSSet有很多方法，下面总结其常用的属性和方法。

- init(array: [Any])。构造函数，通过指定一个Swift原生数组[Any]初始化NSSet对象。
- init(set: Set<AnyHashable>)。构造函数，通过指定一个Set集合初始化NSSet对象。
- var count: Int { get }。属性，返回当前Set集合数组的长度。
- var allObjects: [Any] { get }。属性，获得所有元素，返回值是Swift原生数组[Any]。
- func contains(_ anObject: Any) -> Bool。是否包含某一元素。
- func intersects(_ otherSet: Set<AnyHashable>) -> Bool。两个集合进行交集运算。
- func isSubset(of otherSet: Set<AnyHashable>) -> Bool。判断是否为另一个集合的子集。
- func isEqual(to otherSet: Set<AnyHashable>) -> Bool。判断两个集合是否相等。
- func adding(_ anObject: Any) -> Set<AnyHashable>。向集合中添加一个新的元素，返回值是Set<AnyHashable>。
- func addingObjects(from other: Set<AnyHashable>) -> Set<AnyHashable>。向集合中添加另外一个Set<AnyHashable>集合，返回值是Set<AnyHashable>。
- func addingObjects(from other: [Any]) -> Set<AnyHashable>。向集合中添加另外一个Swift原生数组[Any]，返回值是Set<AnyHashable>。

下面看一个NSSet集合的示例代码：

```
import Foundation

var weeksArray: NSSet = ["星期一","星期二","星期三","星期四"]              ①
weeksArray = weeksArray.adding("星期五") as NSSet                          ②
weeksArray = weeksArray.addingObjects(from: ["星期六","星期日"]) as NSSet   ③

var weeksNames = NSSet(set: weeksArray)                                    ④

for day in weeksArray {                                                    ⑤
    print(day)
}

print("============")

for day in weeksNames {                                                    ⑥
    print(day)
}
```

上述代码第①行是声明并初始化Foundation的NSSet集合，第②行代码是增加"星期五"这个元素。第③行代码是增加["星期六","星期日"]集合到weeksArray的NSSet集合。

代码第⑤行和第⑥行是采用for循环遍历weeksNames数组。

22.5.2 NSMutableSet 类

NSMutableSet是NSSet的子类，它有很多方法和属性，下面总结其常用的方法。

- ❏ init(capacity numItems: Int)。构造函数，通过指定容量初始化NSMutableSet对象。
- ❏ func add(_ object: Any)。添加一个新的元素到集合中。
- ❏ func remove(_ object: Any)。移除特定元素。
- ❏ func removeAllObjects()。移除所有的元素。
- ❏ func union(_ otherSet: Set<AnyHashable>)。计算两个集合的并集。
- ❏ func minus(_ otherSet: Set<AnyHashable>)。计算两个集合的差集。
- ❏ func intersect(_ otherSet: Set<AnyHashable>)。计算两个集合的交集。

下面看NSMutableSet集合的示例代码：

```
import Foundation

var weeksNames = NSMutableSet(capacity: 3)                ①

weeksNames.add("星期一")                                    ②
weeksNames.add("星期二")
weeksNames.add("星期三")
weeksNames.add("星期四")
weeksNames.add("星期五")
weeksNames.add("星期六")
weeksNames.add("星期日")                                    ③

print("星期名字")
print("====    ====")

for day in weeksNames {
    print(day)
}

var A: NSMutableSet = ["a","b","e","d"]                   ④
var B: NSMutableSet = ["d","c","e","f"]                   ⑤

A.minus(B as Set<NSObject>)                               ⑥
print("A与B差集 = \(A)")//[b, a]

A.union(B as Set<NSObject>)                               ⑦
print("A与B并集 = \(A)")//[ d,b,e,c,a,f]
```

代码第①行是通过指定容量构造NSMutableSet对象，capacity参数是容器大小，也就是集合中初始的单元。代码第②行~第③行是添加元素到weeksNames集合，如果超过了容量会自动扩容，但是性能会稍微受点儿影响。

代码第④行和代码第⑤行是初始化两个NSMutableSet集合，代码第⑥行是进行差集计算。代码第⑦行是进行并集计算。

22.5.3　NSSet 与 Swift 原生 Set 之间的桥接

NSSet与Swift原生Set之间的关系如同NSString与String之间的关系，Swift在底层能够将它们"零开销"地桥接起来。一个NSSet对象自动桥接到Swift原生Set<NSObject>数组，而Swift原生Set集合可以自动桥接到NSSet对象。

桥接示例如下：

```
import Foundation

var weeksNSSet: NSSet = ["星期一","星期二","星期三",
➥"星期四","星期五","星期六","星期日"]                               ①
// 将NSSet转换为Set
var weeksNames1 = weeksNSSet as Set<NSObject>                      ②

var weeksSet: Set = ["星期一","星期二","星期三","星期四","星期五","星期六","星期日"]
// 将Set转换为NSSet
var weeksNames2 = weeksSet as NSSet                                ③
```

上述代码第①行声明NSSet集合weeksNSSet，代码第②行是将NSSet集合转换为Set<NSObject>集合。代码第③行是将Set集合转换为NSSet集合。

22.6　文件管理

在macOS和iOS中，文件管理是通过FileManager类实现的，FileManager可以执行创建目录、删除目录、创建文件、删除文件、复制文件、移动文件、判断文件是否存在、读取或更改文件属性等操作。

22.6.1　访问目录

在进行目录操作之前先介绍一下访问目录。目录是一个比较麻烦的"东西"，它与操作系统有关系，为了安全性不同的平台（macOS和iOS）应用程序能够访问的目录有很大的差别。iOS中应用程序访问的目录采用Sandbox（沙箱、沙盒）设计[①]，为了测试，本章只考虑在macOS下如何获得目录。

要在macOS中获得当前路径，可以通过NSHomeDirectory()函数或者通过FileManager的currentDirectoryPath属性实现。示例代码如下：

```
let path1 = FileManager.default.currentDirectoryPath
print(path1)
```

---

① 沙盒技术是浏览器和其他应用程序中保证安全的一种组件关系设计模式，最初发明者为GreenBorder公司。2007年5月，谷歌公司收购了该公司，也将此项专利应用于Chrome浏览器的研发中。

——引自于百度百科：http://baike.baidu.com/view/1947529.htm

```
let path2 = NSHomeDirectory()
print(path2)
```

如果是在Playground中运行，它们的输出结果是一样的，结果如下：

```
/
/Users/tony
```
/是操作系统的根目录，/Users/tony目录是用户目录。

如果是macOS的应用程序（如Command Line应用），这些目录是不同的。NSHomeDirectory()函数获得的路径是：

```
/Users/tony
```

NSFileManager的currentDirectoryPath属性结果是：

```
/Users/tony/Library/Developer/Xcode/DerivedData/HelloWorld-clavroqhyltoederqqpjvinqijcv/Build/Products/Debug
```

> 💡 提示
>
> 不同程序的HelloWorld-clavroqhyltoederqqpjvinqijcv目录是不同的，它是系统分配给应用程序的标识。

> 💡 提示
>
> 如何能够快速进入这么深的目录呢？可以打开Finder菜单"前往"→"前往文件夹"，或使用快捷键"command + shift + G"，此时弹出前往文件夹对话框（如图所示），请将复制的目录粘贴到文本框中，然后点击"前往"按钮就进入目标文件夹了。

22.6.2 目录操作

对目录的操作包括创建目录和删除目录。FileManager类提供如下两个方法来实现创建目录和删除目录的功能，Swift语言API如下：

```
func createDirectory(atPath path: String,
                    withIntermediateDirectories createIntermediates: Bool,
                    attributes: [String : Any]? = nil) throws       // 创建目录

func removeItem(atPath path: String) throws                         // 删除目录或文件
```

示例代码如下：

```swift
import Foundation

let fileManager = FileManager.default
let path = fileManager.currentDirectoryPath
print(path)

// 在当前目录下创建dir1目录
let dir = path + "/dir1/dir0"                                                   ①

do {
    try fileManager.createDirectory(atPath: dir, withIntermediateDirectories: true, attributes: nil)   ②

    if fileManager.fileExists(atPath: dir) {                                    ③
        try fileManager.removeItem(atPath: dir)//删除dir0目录                    ④
    }
} catch let err as NSError {                                                    ⑤
    print(err.description)
}
```

上述代码首先创建目录，然后又删除目录。代码第①行是要创建目录路径/dir1/dir0。代码第②行使用createDirectory(atPath:withIntermediateDirectories:attributes:)方法创建多级目录，即先创建dir1目录，然后在dir1下面创建dir0子目录，方法中的withIntermediateDirectories参数如果为true说明可以创建多级目录，如果为false则可以创建普通目录，不能创建多级目录；attributes参数可以设置目录的属性，如目录的创建日期、所有者等信息。createDirectory(atPath:withIntermediateDirectories:attributes:)方法声明抛出错误，需要使用do-try-catch语句调用。

代码第③行使用fileExists(atPath:)判断目录是否存在。如果存在，则通过代码第④行的removeItem(atPath:)方法删除目录（注意这里删除的是dir0目录）；删除目录不能删除多级目录，要一个一个删除。fileExists(atPath:)方法声明抛出错误，需要使用do-try-catch语句调用。

> 提示
>
> fileExists(atPath:)和removeItem(atPath:)方法不仅可以操作目录，也可以操作文件，即可以判断文件是否存在和执行删除文件操作。

上述代码第⑤行是catch语句，只捕获系统产生的创建目录或删除目录错误。

22.6.3 文件操作

文件操作包括很多内容，本节我们重点介绍：文件写入、文件读取、文件删除、文件复制和文件移动。

在Swift中文件写入和文件读取并不是通过FileManager类实现的，而是通过String、NSString、NSData、NSArray和NSDictionary等提供一些文件读写方法。不同的类根据文件性质的不同来分别采用，如果是文本文件可使用String或NSString，如果是二进制文件一般使用NSData，如果是属性列表文件[①]，根据属性列表文件的结构不同选择NSArray或NSDictionary。

NSString相关的读写方法如下。

- init(contentsOfFile path: String, encoding enc: UInt) throws。构造函数，通过构造函数读取文件内容。
- func write(toFile path: String, atomically useAuxiliaryFile: Bool, encoding enc: UInt) throws。写到文件中。atomically参数为是否使用辅助文件：如果为true，则先写入到一个辅助文件，然后辅助文件再重新命名为目标文件；如果为false，则直接写入目标文件。参数encoding是字符集编码，注意它是UInt类型。

使用NSString实现文件操作的示例代码如下：

```
import Foundation

let fileManager = FileManager.default
let path = fileManager.currentDirectoryPath
print(path)

let dir = path + "/dir1"

do {
    try fileManager.createDirectory(atPath: dir,
    ↪withIntermediateDirectories: true, attributes: nil)
    let filePath = dir + "/test1.txt"

    let content: NSString = "这是一个测试！"
    try content.write(toFile: filePath, atomically: true,
    ↪encoding: String.Encoding.utf8.rawValue)                      ①

    let copyFilePath = dir + "/test2.txt"

    try fileManager.copyItem(atPath: filePath, toPath: copyFilePath)   ②

    let copyFileContent = try NSString(contentsOfFile: copyFilePath,
    ↪encoding: String.Encoding.utf8.rawValue)                      ③

    print("读取副本文件的内容 : \(copyFileContent)")

    if fileManager.fileExists(atPath: copyFilePath) {
        try fileManager.removeItem(atPath: copyFilePath)            ④
        print("删除test2.txt 成功。")
    }

} catch let err as NSError {
```

[①] 属性列表文件是苹果公司提出的一套XML文件，它分为字典结构和数组结构。

```
        print(err.description)
}
```

上述代码实现了文本文件的读写和文件的复制、删除等操作。代码第①行是将NSString字符串内容写入到文件中。文本文件是有字符集区分的（就是显示的文字采用何种字符编码），在苹果应用开发中我们推荐使用UTF-8字符集[①]，但是write(toFile:atomically:encoding:)方法的encoding参数是UInt类型，因此本例传递的实参是String.Encoding.utf8.rawValue，该值是String.Encoding.utf8的原始值，原始值是UInt。

> **提示** String.Encoding是String中定义的结构体，它遵从OptionSet协议，称为"选项类型"，其中定义了很多字符集成员，utf8是它的一个成员。

代码第②行是复制文件filePath源文件目录，copyFilePath是目标文件目录。

代码第③行是通过NSString构造函数读取文件，encoding参数与write(toFile:atomically:encoding:)方法的encoding参数一样。

代码第④行是通过removeItem(atPath:)方法删除目录，该方法也适用于目录。

String也提供了相关的读写方法，如下。

- **init(contentsOfFile path: String) throws**。构造函数，通过构造函数读取文件内容。
- **func write(toFile path: String, atomically useAuxiliaryFile: Bool, encoding enc: String.Encoding) throws**。写到文件中。参数encoding是字符集编码，它是String.Encoding选项类型，注意与NSString版的方法区别。

示例代码如下：

```
import Foundation

let fileManager = FileManager.default
let path = fileManager.currentDirectoryPath
print(path)

let dir = path + "/dir1"

do {
    try fileManager.createDirectory(atPath: dir, withIntermediateDirectories: true, attributes: nil)
    let filePath = dir + "/test1.txt"
```

[①] UTF-8（8-bit Unicode Transformation Format）是一种针对Unicode的可变长度字符编码，又称"万国码"，由Ken Thompson于1992年发明，现在已经标准化为RFC 3629。UTF-8用1 B~6 B编码Unicode字符。UTF-8用在网页上支持在同一页面中显示中文简体、繁体及其他语言（如英文、日文、韩文）。

——引自于百度：http://baike.baidu.com/view/25412.htm

```
        let content = "这是一个测试!"
        try content.write(toFile: filePath, atomically: true,
        ↪encoding: String.Encoding.utf8)                                                ①

        let copyFilePath = dir + "/test2.txt"

        try fileManager.copyItem(atPath: filePath, toPath: copyFilePath)

        let copyFileContent = try String(contentsOfFile: copyFilePath,
        ↪encoding: String.Encoding.utf8)                                                ②

        print("读取副本文件的内容 : \(copyFileContent)")

        if fileManager.fileExists(atPath: copyFilePath) {
            try fileManager.removeItem(atPath: copyFilePath)
            print("删除test2.txt 成功。")
        }
    } catch let err as NSError {
        print(err.description)
    }
```

上述代码第①行是通过String的write(toFile:atomically:encoding:)方法实现文件的读写操作。代码第②行是通过String构造函数读取文件内容。这两个方法的参数encoding都采用UTF-8字符集，传递的实参是String.Encoding.utf8。

22.7 字节缓存

计算机中所有的数据都可以用字节表示，为了便于操作可以创建一个内存变量，存储这些字节数据，这就是"字节缓存"。字节数据的来源可以是网络，也可以是本地文件；可以是文本文件，也可以是图片、声音等二进制文件。

22.7.1 访问字节缓存

Foundation框架为Swift语言提供了多个访问字节缓存数据类型：NSData类、NSMutableData类和Data结构体。

> **提示**
> NSData和NSMutableData都是类，也就是引用数据类型，参数传递采用引用方式。Data是结构体，也就是值类型，参数传递采用值方式。Data可以桥接到NSData或NSMutableData类型，Data提供了与NSData和NSMutableData类似的方法，这非常类似于String桥接到NSString和NSMutableString。在Swift 3之后Foundation框架提供类型，这些类型同时提供了值类型和引用类型两个版本，例如Date和NSDate等。

1. NSData类

NSData有很多方法，下面总结常用的属性和方法。

- `init?(contentsOfFile path: String)`。构造函数，读取本地文件内容初始化字节缓存对象。其中的问号（?）说明该构造函数是可选类型构造函数，它有可能构造失败，失败情况下返回nil。
- `init?(contentsOf url: URL)`。构造函数，读取URL资源内容初始化字节缓存对象。
- `init(data: Data)`。构造函数，通过另外一个Data初始化一字节缓存对象。
- `func write(toFile path: String, atomically useAuxiliaryFile: Bool) -> Bool`。把字节缓存数据写入文件。
- `func write(to url: URL, atomically: Bool) -> Bool`。把字节缓存数据写入URL资源，URL资源可以表示文件或网络。
- `var length: Int { get }`属性。包含字节数。

2. NSMutableData类

NSMutableData是NSData的可变类型，常用的构造函数和方法如下。

- `init?(capacity: Int)`。构造函数，通过容量初始化对象。
- `func append(_ other: Data)`。在一个字节缓存数据后追加另外的字节缓存数据。

3. Data结构体

Data结构体提供了"写入时复制"（Copy-On-Write，COW）风格的字节缓存数据类型。

> **提示** 写入时复制是一种计算机程序设计领域的优化策略。当多个调用者同时访问相同对象，其中一个调用者要修改对象内容时，才真正复制对象内容，然后修改。例如：我们编写一个文件读写程序，需要不断地根据网络传来的数据写入，但是如果每次都要进行I/O操作，那么对性能会有很大的影响。如果采用COW模式，每次写文件操作都写在缓存中，只有当我们关闭文件时，才写到磁盘上，这样会大大提升性能。

Data常用的方法如下：

- `init(capacity: Int)`。构造函数，通过容量实例化对象。
- `init(contentsOf url: URL, options: Data.ReadingOptions = default) throws`。构造函数，通过读取URL资源内容初始化字节缓存对象，options是选项类型Data.ReadingOptions。
- `func append(_ other: Data)`。在一个字节缓存数据后追加另外的字节缓存数据。

示例代码如下：

```
import Foundation
```

22.7 字节缓存

```
let pngURL = "http://www.51work6.com/template/veikei_dz_com_20130920_color/images/logo.png"

let path = FileManager.default.currentDirectoryPath
print(path)

// 在当前目录下创建dir1目录
let dir = path.appendingFormat("/dir1")

do {
    try FileManager.default.createDirectory(atPath: dir,
         withIntermediateDirectories: true, attributes: nil)

    let url = URL(string: pngURL)                                       ①
    let data = NSData(contentsOf: url!)                                 ②

    // 保存到本地的文件路径
    let pngFile = dir.appendingFormat("/logo.png")
    data!.write(toFile: pngFile, atomically: true)                      ③

    // NSString => NSData
    let content1: NSString = "这是一个测试1!\n"
    let data1 = content1.data(using: String.Encoding.utf8.rawValue)     ④
    let content2: NSString = "这是一个测试2!\n"
    let data2 = content2.data(using: String.Encoding.utf8.rawValue)

    let dataOut = NSMutableData()                                       ⑤
    dataOut.append(data1!)                                              ⑥
    dataOut.append(data2!)

    let txtFile = dir.appendingFormat("/test.txt")
    // 将字节缓存数据写入文件
    dataOut.write(toFile: txtFile, atomically: true)                    ⑦

    // NSData => NSString
    // 从文件读取字节缓存数据
    let dataIn = NSData(contentsOfFile: txtFile)                        ⑧
    let str = NSString(data: dataIn! as Data,
         encoding: String.Encoding.utf8.rawValue)                       ⑨
    print("从文件读取内容 : \n\(str!)")
} catch let err as NSError {
    print(err.description)
}
```

上述代码完成了3个任务：

(1) 从网络读取图片字节缓存数据，保存到本地；

(2) 将NSString字符串转换为字节缓存，然后保存到本地；

(3) 从本地读取字节缓存数据，转换为NSString字符串。

上述代码第①行~第③行完成了第一个任务。第①行是创建一个URL对象，一般网络访问资源使用URL对象，它的参数是一个有效的网络资源地址。代码第②行是通过URL对象构建字节缓存对象NSData；由于要访问网络资源，这条语句执行时会比较慢，当然要视网速而定。代码第③行是将字节缓存数据保存到本地，如果成功，你应该可以看到一张图片。

上述代码第④行~第⑦行完成了第二个任务。第④行是通过NSString的data(using:)方法返回Data类型数据，所以该方法可以将NSString字符串类型数据转换为Data类型数据。代码第⑤行是创建一个可变的字节缓存对象，然后调用它的append(_:)方法将data1字节缓存对象添加进来。代码第⑦行是将字节缓存数据写入文件。

上述代码第⑧行~第⑨行完成了第三个任务。第⑧行是从文件中读取字节缓存数据。代码第⑨行是使用NSString构造函数，将字节缓存数据构造成NSString，注意它的data参数是Data类型，实参dataIn是NSData类型，因此需要将它转换为Data类型。

22.7.2 示例：Base64 解码与编码

为了进一步介绍字节缓存数据的使用，本节通过一个示例介绍如何实现Base64解码和编码。

> 💡 **提示**
>
> Base64编码是一种基于64个可打印字符来表示二进制数据的表示方法。如下面这张图片可以用类似"iVBORwOKGgoAAA... CC"的字符串来表示，这个字符串就是Base64解码字符串，所有二进制数据都可以用Base64解码字符串表示。
>
>
>
> 示例图片

Base64解码和编码可以通过NSData或Data类型实现，它们都提供了类似的构造函数和方法。

1. Data相关构造函数

❑ init?(base64Encoded base64String: String, options: Data.Base64DecodingOptions = default)。通过一个Base64字符串初始化字节缓存对象，实现解码。base64String是要解码Base64字符串，options为选项参数。

❑ func base64EncodedString(options: Data.Base64EncodingOptions = default) -> String。编码为Base64字符串。options为选项参数。

2. NSData相关构造函数

❑ init?(base64Encoded base64String: String, options: NSData.Base64DecodingOptions = [])。通过一个Base64字符串初始化字节缓存对象，实现解码。base64String是要解码

Base64字符串，options为选项参数。
- `func base64EncodedString(options: NSData.Base64EncodingOptions = []) -> String`。编码为Base64字符串。options为选项参数。

首先我们看一个Base64解码的示例，其中main.swift文件代码如下：

```
import Foundation

let fileManager = FileManager.default
let path = fileManager.currentDirectoryPath
print(path)

// 在当前目录下创建dir1目录
let dir = path + "/dir1"

do {
    try fileManager.createDirectory(atPath: dir,
        withIntermediateDirectories: true, attributes: nil)                    ①

    // 将Base64字符串转换为字节缓存数据
    let decodedData = Data(base64Encoded: base64String,
        options: .ignoreUnknownCharacters)                                     ②

    let file = dir + "/logo.png"

    try decodedData!.write(to: URL(fileURLWithPath: file), options: [.atomic])

} catch let err as NSError {
    print(err.description)
}
```

上述代码第①行是创建dir1目录，代码第②行是通过Base64字符串解码初始化Data对象，解码数据保存到Data中。参数base64Encoded是Base64字符串，参数options是解码选项，其取值.ignoreUnknownCharacters是NSData.Base64DecodingOptions选项类型中定义的成员之一，表示"忽略未知字符"。

给参数base64Encoded传递的base64String常量是Base64字符串，是在另外一个文件Base64codeFile.swift中定义的。Base64codeFile.swift代码如下：

```
let base64String = "iVBORw0KGgoAAAANSUhEUgAAAQQAAABkCAYAAABgiO7kAAAACXBIWXMAAA7EAAAOxAGVKw4bAAAKTWl
DQ1BQaG9Ob3 Nob3AgSUNDIHByb2ZpbGUAAHjanVN3WJP3Fj7f92UPVkLY8LGXbIEAIiOsCMgQWaIQkgBhhBASQMWFiApWFBURn
EhVxILVCkidiOKgKLhnQYqIWotVXDjuH9yntX167+3t+9f7v0ec5/..."
```

可能读者会问：这个Base64字符串是怎么获得的呢？事实上是它通过程序代码进行的编码。

Base64编码的示例代码如下：

```
import Foundation

let pngURL = "http://www.51work6.com/template/veikei_dz_com_20130920_color/images/logo.png"

let url = URL(string: pngURL)
```

```
do {
    let data = try Data(contentsOf: url!)

    let base64EncodedString = data.base64EncodedString(options:
    ↪.endLineWithCarriageReturn)                                           ①

    print(base64EncodedString)

} catch let err as NSError {
    print(err.description)
}
```

上述代码读取网络资源图片，获得字节缓存数据，然后通过Data的base64EncodedString(options:)方法获得Base64字符串，options参数编码选项，参数值endLineWithCarriageReturn是NSData.Base64EncodingOptions选项类型中定义成员之一。NSData.Base64EncodingOptions选项类型成员如下：

❏ `lineLength64Characters`。设置每一个行最大64个字符。
❏ `lineLength76Characters`。设置每一个行最大76个字符。
❏ `endLineWithCarriageReturn`。设置最大行，行末包含一个回车符。
❏ `endLineWithLineFeed`。设置最大行，行末包含一个换行符。

程序运行会在控制台中输出Base64编码，如下所示：

"iVBORw0KGgoAAAANSUhEUgAAAQQAAABkCAYAAABgiO7kAAAACXBIWXMAAA7EAAAOxAGVKw4bAAAKTWlDQ1BQaG90b3Nob3AgS
UNDIHByb2ZpbGUAAHjanVN3WJP3Fj7f92UPVkLY8LGXbIEAIiOsCMgQWaIQkgBhhBASQMWFiApWFBURnEhVxILVCkidiOKgKLh
nQYqIWotVXDjuH9yntX167+3+3+9f7vOec5/..."

22.8 日期与时间

日期与时间的计算和操作很常见，而Foundation框架提供了几个与日期时间相关的类型：NSDate类、Date结构体、NSCalendar类、Calendar结构体、NSDateComponents类、DateComponents结构体和DateFormatter类等。

22.8.1 NSDate 和 Date

NSDate是日期类，Date是NSDate的值类型版本，Date可以桥接到NSDate。它们可用于获取当前时间、比较时间、推算时间，以及与DateFormatter类配合使用进行时间格式化等操作。

NSDate中常用的方法如下。

❏ `init()`。构造函数，创建当前时刻对象。
❏ `init(timeIntervalSinceNow: TimeInterval)`。构造函数，通过与当前时刻的时间间隔（单位：秒）创建时间对象，TimeInterval是Double类型别名。

- init(timeInterval: TimeInterval, since: Date)。构造函数，与某时间的时间间隔创建时间对象。
- init(timeIntervalSinceReferenceDate: TimeInterval)。构造函数，与2001-1-1 0:0:0 UTC[①]时刻的时间间隔创建时间对象。
- init(timeIntervalSince1970: TimeInterval)。构造函数，与1970-1-1 0:0:0 UTC时刻的时间间隔创建时间对象。
- func isEqual(to otherDate: Date) -> Bool。与另外一个时间比较是否相等。
- func earlierDate(_ anotherDate: Date) -> Date。返回两个时间中较早的一个。
- func laterDate(_ anotherDate: Date) -> Date。返回两个时间中较晚的一个。
- func compare(_ other: Date) -> ComparisonResult。比较两个时间大小。

NSDate构造函数在Date中完全一样，但是Date日期比较和计算可以使用==、>、<、+、+=、-和-=。

示例代码如下：

```
import Foundation

// 创建当前时刻对象
let now = Date()

let secondsPerDay: TimeInterval = 24 * 60 * 60

// 创建一个明天这一时刻对象
let tomorrow = NSDate(timeIntervalSinceNow: secondsPerDay)

// 创建一个昨天这一时刻对象
let yesterday = NSDate(timeIntervalSinceNow: secondsPerDay * -1)

// 创建一个2001-01-01 00:00:00 UTC时刻对象
let date2001 = NSDate(timeIntervalSinceReferenceDate: 0)

// 创建一个1970-01-01 00:00:00 UTC时刻对象
let date1970 = NSDate(timeIntervalSince1970: 0)

let date1 = tomorrow.earlierDate(now)
let date2 = yesterday.laterDate(now)

print(date1 == date2)                                          ①

// 将NSDate转换为Date
let nsdate1 = date1 as NSDate
let nsdate2 = date2 as NSDate

// nsdate2是NSDate类型，需要转换为Date
```

[①] 协调世界时，又称"世界统一时间""世界标准时间""国际协调时间"。它不属于任意时区，UTC + 时差 = 本地时间，中国大陆、中国香港、中国澳门、中国台湾，以及蒙古国、新加坡、马来西亚、菲律宾、西澳大利亚州的时间与UTC的时差均为+8，也就是UTC+8。

```
switch nsdate1.compare(nsdate2 as Date) {                           ②
case .orderedAscending:
    print("date1 > date2")
case .orderedSame:
    print("date1 == date2")
case .orderedDescending:
    print("date1 < date2")
}
```

上述代码第①行比较两个Date实例是否相等，但是如果是两个NSDate对象，则需要使用isEqual(to:)方法进行比较。代码第②行是通过compare(_:)方法比较两个NSDate对象，返回值是ComparisonResult枚举类型。

22.8.2 日期时间格式化

日期与时间在不同的国家和地区格式不同，英国人喜欢使用"日日/月月/年年"，美国人喜欢使用"月月/日日/年年"，而中国人喜欢使用"年年/月月/日日"。

日期与时间格式化与数字格式化类似，当日期与时间显示在界面中的时候，要根据不同地区或国家习惯表现出不同的样式。

Foundation框架提供了类DateFormatter来实现日期时间的格式化。下面看一个示例：

```
import Foundation

// 创建当前时刻对象
let now = Date()                                                    ①
print(now)

let formatter = DateFormatter()                                     ②
formatter.dateFormat = "yyyy-MM-dd HH:mm:ss Z"                      ③

// Date转换为字符串
let dateString = formatter.string(from: now)                        ④
print(dateString)

formatter.dateFormat = "yyyy-MM-dd"
let birthdayString = "1973-12-08"
//字符串转换为Date
let birthday = formatter.date(from: birthdayString)                 ⑤
print(birthday!)
```

输出结果如下：

```
2016-12-28 17:28:25 +0000
2016-12-29 01:28:25 +0800
1973-12-07 16:00:00 +0000
```

上述代码是将当前时刻格式化输出，其中代码第①行创建Date类型的当前时刻实例。代码第②行是实例化DateFormatter对象。代码第③行是设置日期时间格式，这些格式化符号表示的含义请参考表22-1。代码第④行通过DateFormatter的string(from:)方法将Date实例化，按照设定好的格式转换为字符串。代码第⑤行通过DateFormatter的date(from:)方法将字符串转换为Date类型。

代码运行结果"2016-12-29 01:28:25 +0800"中,"+0800"表示东8区,当然"-0800"就是西8区。"+0000"表示0时区,也就是UTC时间。

表22-1 格式化符号

格式化符号	说明	示例
yyyy	完整年	2017
yy	年的后2位	
MM	月,显示为1~12	
MMM	月,显示为英文月份简写	Jan
MMMM	月,显示为英文月份全称	Januay
dd	日,2位数表示	02
d	日,1~2位显示	2
EEE	简写星期几	Sun
EEEE	全写星期几	Sunday
aa	上下午	AM/PM
H	时,24小时制	
K	时,12小时制	
m	分,1~2位	
mm	分,2位	
s	秒,1~2位	
ss	秒,位	
S	毫秒	
Z	时区	+0800

22.8.3 NSCalendar、Calendar、NSDateComponents 和 DateComponents

当提到生日的时候,人们往往会问是公历还是农历,也就是在说到日期时应该局限在某个历法下,否则会出"乱子"。Foundation框架提供了一个NSCalendar日历类,在实例化NSCalendar时可以指定采用什么历法。

提示

Calendar是NSCalendar的值类型版本,Calendar可以桥接到NSCalendar。

在不同历法下日期和时间段是有区别的,为了应对这些日期时间,Foundation框架提供了一个NSDateComponents日期时间扩展组件类,简单来说它是增加的NSDate类。NSDateComponents将日期时间表示成适合阅读和使用的形式,可用于快速获取某个时刻对应的"年""月""日""时""分""秒"和"周"等信息。NSDateComponents还可以表示时间段。NSDateComponents必须和

NSCalendar一起使用,默认为公历。

> **提示**
> DateComponents是NSDateComponents的值类型版本,DateComponents可以桥接到NSDateComponents。

下面来实现一个奥运会开幕倒计时器,代码如下:

```
import Foundation

// 创建NSDateComponents对象
let comps = NSDateComponents()                                          ①

// 设置开幕式时间是2020-8-5
// 设置NSDateComponents中的日期
comps.day = 5                                                           ②
// 设置NSDateComponents中的月份
comps.month = 8                                                         ③
// 设置NSDateComponents中的年份
comps.year = 2020                                                       ④
// 创建日历对象
let calender = NSCalendar(calendarIdentifier: .gregorian)               ⑤
// 从日历中获得2020-8-5日期对象
let destinationDate = calender!.date(from: comps as DateComponents)     ⑥

let now = Date()

// 获得当前日期到2020-8-5的时间段的NSDateComponents对象
let components = calender!.components(.day, from: now,
    to: destinationDate!, options: [])                                  ⑦

// 获得当前日期到2020-8-5相差的天数
let days = components.day                                               ⑧
```

代码第①行用于创建NSDateComponents对象,代码第②行、第③行和第④行是设置NSDateComponents对象的"日""月"和"年"。

代码第⑤行用于创建NSCalendar日历对象,构造函数参数是一个日历标识,本例使用的标识是gregorian,它是NSCalendar.Identifier选项类型成员之一,gregorian代表格里历(即公历)。此外还有很多选项类型成员,如chinese、japanese和hebrew等。

代码第⑥行通过日历对象的date(from:)方法从DateComponents对象中获得Date日期实例。这个Date实例的时间是2020年8月5日。

代码第⑦行是通过日历的components(_:from:to:options:)方法创建DateComponents实例,方法第一个参数是指定时间返回标志,这些标志常量是在NSCalendar.Unit选项类型中定义成员。from参数是开始时间,to参数是结束时间。

第⑧行代码用于计算相差的天数。类似地，components.year用于获得相差的年数，components.month用于获得相差的月数。

本例只使用NSCalendar.Unit.Day计算相差的天数。如果对两个日期的年、月、日、时、分、秒的差别进行位运算，可以使用如下代码：

```
let units: NSCalendar.Unit = [.year, .month, .day, .hour, .minute, .second]
```

> **提示** NSCalendar.Unit遵从OptionSet协议，在Swift中遵从OptionSet协议的类型称为"选项类型"，在Objective-C中"选项类型"是通过NS_OPTIONS宏实现的。"选项类型"类似于枚举类型，但是选项类型中定义的成员是位掩码[①]，这些成员可以进行位或运算，例如[.year, .month]表示成员year和month进行位或运算，计算结果可以告诉计算机选择year和month。下面的代码声明一个方向选项Directions：
>
> ```
> struct Directions: OptionSet {
>     var rawValue: Int
>     init(rawValue: Int) {
>         self.rawValue = rawValue
>     }
>     static let Up: Directions = Directions(rawValue: 1 << 0)
>     static let Down: Directions = Directions(rawValue: 1 << 1)
>     static let Left: Directions = Directions(rawValue: 1 << 2)
>     static let Right: Directions = Directions(rawValue: 1 << 3)
> }
> ```
>
> Directions遵从OptionSet协议，rawValue属性是原始值，为Int类型。其中有4个成员，成员的取值一般是1 << 0、1 << 1、1 << 2... 1 << n，1 << n表达式左位移n位。

22.8.4 示例：时区转换

由于NSDate对象带有时区，有时我们需要进行时区的转换。首先我们要能够获得当前本地时区，然后可以通过时区差（即时差）计算出想要的时间。

我们将这个想法通过NSDate扩展一下，代码如下：

```
import Foundation

let formatter = DateFormatter()
formatter.dateFormat = "yyyy-MM-dd HH:mm:ss"

extension Date {                                                    ①
```

[①] 掩码是一串二进制代码对目标字段进行位与运算，屏蔽当前的输入位。

——引自于百度百科：http://baike.baidu.com/view/68.htm

```
    var toLocalTime: String {                                            ②
    
        let timeZone = TimeZone.local                                    ③
        let seconds = TimeInterval(timeZone.secondsFromGMT(for: self))   ④
        
        let date = Date(timeInterval: seconds, since: self)              ⑤
        let dateString = formatter.string(from: date)
        
        return dateString
    }
    
    var toUTCTime: String {                                              ⑥
    
        let timeZone = TimeZone.local
        let seconds = -1 * TimeInterval(timeZone.secondsFromGMT(for: self)) ⑦
        
        let date = Date(timeInterval: seconds, since: self)
        let dateString = formatter.string(from: date)
        
        return dateString
    }
}
let birthdayString = "1973-12-08 20:53:21"
let birthday = formatter.date(from: birthdayString)

print(birthdayString)
// birthdayString - 8小时
print("UTC时间:\(birthday!.toUTCTime)")                                  ⑧
// birthdayString + 8小时
print("本地时间:\(birthday!.toLocalTime)")                                ⑨
```

运行结果如下:

```
1973-12-08 20:53:21
UTC时间:1973-12-08 12:53:21
本地时间:1973-12-09 04:53:21
```

上述代码第①行是声明一个Date扩展;当然可以采用继承的方式实现,但是扩展更加"轻便"。代码第②行和第⑥行是定义扩展的一个计算属性,其中toLocalTime属性是将UTC时间转换为本地时间,toUTCTime属性的作用与之相反,是将本地时间转换为UTC时间。

代码第③行的TimeZone.local表达式是获得本地时区对象,TimeZone是时区类。代码第④行通过TimeZone的secondsFromGMT(for:)方法计算当前self实例表示的时间与GMT[①]时间差(单位:秒)。secondsFromGMT(for:)方法计算的结果是Int类型,需要转换为TimeInterval,本质上是Double类型,所以可以转换为Double类型。代码第⑤行是实例化一个新的Date实例,然后再格式化为字符串,最后返回。

在toUTCTime中的代码⑦行与代码第④行功能相反,那里是加上时差,这里是减去时差。其

---

① 格林尼治时间(Greenwich Mean Time,GMT),基本上与UTC时间一样,都与英国伦敦的本地时相同。

他代码都一样。

代码第⑧行是日志输出UTC时间，如果1973-12-08 20:53:21是北京时间，那么UTC时间就是该时间-8小时，因为北京是在东8区，所以输出结果是1973-12-08 12:53:21。

代码第⑨行是日志输出本地（北京）时间，那么如果1973-12-08 20:53:21是UTC时间，本地（北京）时间就是该时间+8小时，所以输出结果是1973-12-09 04:53:21。

22.9 使用谓词 NSPredicate 过滤数据

面对纷繁的大量数据，用户需要过滤、查询和筛选，数据库可以使用SQL语句指定Where条件来实现，Foundation框架提供NSPredicate类实现这种需求。NSPredicate类似于SQL语句的Where条件，它提供一种逻辑条件，在计算机科学中称为Predicate（"谓词"）。

> **提示**
> 不仅在iOS和macOS平台，还包括数据库，很多人将Predicate翻译为"谓词"。但是这里的"谓词"往往容易与语文中的"谓语""谓词"混淆，事实上它们是完全不同的两个概念。这里的"谓词"是数学计算或计算机科学中的逻辑条件，借以计算出true或false结果。

22.9.1 一个过滤员工花名册的示例

为更好地学习NSPredicate，我们先从一个过滤员工花名册的示例开始入手。员工花名册类图如图22-2所示。

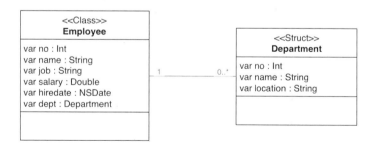

图22-2 员工花名册类图

根据类图编写两个类，DataBase.swift文件代码如下：

```
class Employee {
    var no: Int
    var name: String
    var job: String
    var salary: Double
```

```swift
        var hiredate: Date
        var dept: Department
        
        init(no: Int, name: String, job: String, salary: Double,
         hiredate: Date, dept: Department) {
            self.no = no
            self.name = name
            self.job = job
            // 工资
            self.salary = salary
            // 受雇日期
            self.hiredate = hiredate
            self.dept = dept
        }
        
        convenience init(no: Int, name: String, job: String, salary: Double,
         hiredateString: String, dept: Department) {
            
            let formatter = DateFormatter()
            formatter.dateFormat = "yyyy-MM-dd"
            // 字符串转换为NSDate
            let date = formatter.date(from: hiredateString)
            
            self.init(no: no, name: name, job: job, salary: salary,
             hiredate: date!, dept: dept)
        }
    }
    
    class Department {
        var no: Int
        var name: String
        // 所在地
        var location: String
        
        init(no: Int, name: String, location: String) {
            self.no = no
            self.name = name
            self.location = location
        }
    }
```

上述代码声明了Employee和Department，其中Employee有两个构造函数，它们的受雇用日期（hiredate）类型不同，一个提供Date类型，一个提供String类型，主要是考虑到String类型输入比较方便。

添加一些测试数据，DataBase.swift代码如下：

```swift
// 创建Department测试数据
let dept1 = Department(no: 10, name: "ACCOUNTING", location: "NEW YORK")
let dept2 = Department(no: 20, name: "RESEARCH", location: "DALLAS")
let dept3 = Department(no: 30, name: "SALES", location: "CHICAGO")
let dept4 = Department(no: 40, name: "OPERATIONS", location: "BOSTON")

// 创建Employee测试数据
```

```
let emp1 = Employee(no: 7369, name: "SMITH", job: "CLERK",
➥salary: 800, hiredateString: "2000-12-17", dept: dept2)
...
let emp14 = Employee(no: 7934, name: "MILLER", job: "CLERK",
➥salary: 1300, hiredateString: "2001-01-23", dept: dept1)
let arrayEmployees = [emp1,emp2,emp3,emp4,emp5,emp6,emp7,
➥emp8,emp9,emp10,emp11,emp12,emp13,emp14]
```

对于这些测试数据，我们可以做一些数据过滤的事情了。如果要查询工资小于1000的员工，示例main.swift代码如下：

```
let filteredArray1 = NSMutableArray()
for emp in arrayEmployees {                                          ①
    if emp.salary < 1000 {
        filteredArray1.addObject(emp)
    }
}

let filteredArray2 = NSMutableArray()
for emp in arrayEmployees where emp.salary < 1000 {                  ②
    filteredArray2.addObject(emp)
}
```

上述代码通过两种方法进行过滤，代码第①行是采用for循环进行遍历，然后判断并将符合条件的添加到一个新的可变数组中。代码第②行是采用带有where条件语句的for循环进行遍历（能够进入到循环体的数据都是符合条件的），然后将这些数据添加到一个新的可变数组中。

22.9.2 使用谓词 NSPredicate

查询工资小于1000的员工这一任务，如果使用NSPredicate会更加简单。示例main.swift代码如下：

```
import Foundation

let salaryPredicate = NSPredicate(format: "salary < 1000")            ①

let filteredArray = NSMutableArray(array: arrayEmployees)             ②
filteredArray.filter(using: salaryPredicate)                          ③

// 遍历
for item in filteredArray {
    let emp = item as! Employee
    print("no: \(emp.no) name: \(emp.name) salary: \(emp.salary)")
}
```

上述代码第①行实例化NSPredicate，format字符串相当于SQL的Where条件语句。由于salary < 1000条件采用硬编码[①]，不是很灵活，可以采用如下语句进行替换：

```
let salaryPredicate = NSPredicate(format: "salary < %i", 1000)
```

---

① 在计算机程序或文本编辑中，硬编码是指将可变变量用一个固定值来代替的方法。

这就很灵活了，format是格式字符串，可以动态传递一些参数。%i是格式说明符，i表示参数是整数。

代码第②行是实例化可变数组NSMutableArray。Foundation框架中集合类都有一些过滤方法，NSMutableArray可变数组的filter(using:)方法过滤掉不符合条件的数据，集合里留下的就是符合条件的数据，见代码第③行。

比较NSPredicate与22.9.1节采用for循环+Where过滤方式可见，NSPredicate非常灵活，NSPredicate几乎与SQL语句一样强大，可以使用过滤集合、Core Data[①]查询数据，还可以应用于正则表达式进行判定。本章我们重点介绍NSPrdicate与集合过滤数据。

22.9.3 NSPrdicate 与集合

NSPrdicate可用于过滤集合中的数据，这些集合包括：NSArray、NSMutableArray、NSSet和NSMutableSet。这些集合都有一些与NSPrdicate相关的过滤方法。

- NSArray过滤方法，返回一个新的[Any]集合对象：

    func filtered(using predicate: NSPredicate) -> [Any]

- NSSet过滤方法，返回一个新的Set<AnyHashable>对象：

    func filtered(using predicate: NSPredicate) -> Set<AnyHashable>

- NSMutableArray和NSMutableSet过滤方法，方法没有返回值，直接过滤集合本身，符合条件的保留，不符合条件的从集合中移除：

    func filter(using predicate: NSPredicate)

查询工资小于1000的员工这一任务使用3种集合实现，main.swift代码如下：

```
import Foundation

let salaryPredicate = NSPredicate(format: "salary < %i", 1000)

// 使用NSArray
let array = NSArray(array: arrayEmployees)
let filteredArray = array.filtered(using: salaryPredicate)

// 使用NSSet
let set = NSSet(array: arrayEmployees)
let filteredSet = set.filtered(using: salaryPredicate)

// 使用NSMutableSet
let mutableSet = NSMutableSet(array: arrayEmployees)
mutableSet.filter(using: salaryPredicate)
```

上述代码使用NSArray、NSSet和NSMutableSet 3种集合，代码比较简单，故而我们不再解释。

前面的示例中都是在集合中保存实体类，如Department和Employee等，其实未必一个实体就

[①] iOS和macOS开发中的一种数据持久化技术。

要自己编写一个类,结构简单的可以使用字典,键表示属性名,值存储属性值,有的计算机语言把它们称为"动态实体类"。来看下面的Department实体:

```
let dept1 = Department(no: 10, name: "ACCOUNTING", location: "NEW YORK")
```

可以使用NSDictionary替换。

```
let dictDept1: NSDictionary = ["no": 10, "name": "ACCOUNTING",
➥"location": "NEW YORK"]
```

这种动态实体类所构成的集合也可以使用NSPrdicate进行过滤。示例代码如下:

```
let dictDept1: NSDictionary = ["no": 10, "name": "ACCOUNTING",
➥"location": "NEW YORK"]
let dictDept2: NSDictionary = ["no": 20, "name": "RESEARCH",
➥"location": "DALLAS"]
let dictDept3: NSDictionary = ["no": 30, "name": "SALES",
➥"location": "CHICAGO"]
let dictDept4: NSDictionary = ["no": 40, "name": "OPERATIONS",
➥"location": "BOSTON"]

// 创建动态Department集合
let dictDepartments = [dictDept1, dictDept2, dictDept3, dictDept4]

let locationPredicate = NSPredicate(format: "location = %@", "CHICAGO")    ①
// 使用NSMutableSet
let departments = NSMutableSet(array: dictDepartments)
departments.filter(using: locationPredicate)

print(departments.description)
```

代码第①行定义了一个谓词,用来查询位于CHICAGO(芝加哥)的部门有哪些。

22.9.4 格式说明符

格式字符串中有%的字符称为"格式说明符",下面是我们在前面示例中用到的:

```
NSPredicate(format: "salary < %i", 1000)
NSPredicate(format: "location = %@", "CHICAGO")
```

格式说明符主要应用于格式化字符串输出,例如:C中的printf,Objective-C中的NSLog函数。NSPredicate中也使用它们,格式说明符有很多,表22-2给出了与NSPredicate相关的格式说明符。

表22-2 格式说明符

类型	格式说明符
Int	%i、%d
UInt	%u
Double、Float	%f、%e、%g
对象	%@
NSPredicate中的键路径	%K

> **提示** 格式说明符还有很多都是与Objective-C类型对应的，感兴趣的读者可以到如下网址了解相关内容：https://developer.apple.com/library/ios/documentation/Cocoa/Conceptual/Strings/Articles/formatSpecifiers.html。

下面我们看一个示例：

```
let predicate = NSPredicate(format:
➥"salary > %d AND %K = %@", 1250, "job", "SALESMAN")

let array = NSArray(array: arrayEmployees)
let filteredArray = array.filtered(using: predicate)
```

代码的NSPredicate实现了查询工资大于1250且为SALESMAN（销售人员）的员工。其中%K是使用job替换的，%K键路径在实体类中就是属性。再来看一个深一点儿的键路径。如果要查询部门位于CHICAGO的所用员工有哪些，由于Employee没有部门名称只有部门编号，需要先在Department中通过部门名找到部门编号，再通过部门编号找到Employee。这个查询如果是SQL语句，则涉及多表联合查询，查询比较复杂。但是使用NSPredicate的键路径就没有那么复杂了，示例代码如下：

```
let predicateDept = NSPredicate(format: "SELF.dept.location = %@", "CHICAGO")
let depts = array.filtered(using: predicateDept)
```

SELF.dept.location是键路径，SELF可以省略，用以指代当前Employee对象。这个路径表示访问当前Employee对象的dept属性，通过dept属性访问Department的location属性。

22.9.5 运算符

前面已经多次使用NSPredicate的运算符了，这一节详细介绍一下运算符。NSPredicate运算符包括：基本比较、逻辑运算和字符串比较等，以及ALL、ANY、IN等。下面我们分别详细介绍。

1. 基本比较

基本比较运算符参见表22-3。

表22-3 基本比较运算符

运 算 符	说　　明
= 或 ==	相等
>= 或 =>	大于等于
<= 或 =<	小于等于
>	大于

22.9 使用谓词 NSPredicate 过滤数据

（续）

运 算 符	说 明
<	小于
!= 或 <>	不等于
BETWEEN	一个值是否在某个范围中，包括上限和下限

示例代码如下：

```
import Foundation

let predicate = NSPredicate(format: "salary BETWEEN {2000, 3000}")

let array = NSArray(array: arrayEmployees)
var filteredArray = array.filtered(using: predicate)

for item in filteredArray {
    let emp = item as! Employee
    print("no: \(emp.no) name:  \(emp.name) salary: \(emp.salary)")
}
```

输出结果如下：

```
no: 7566 name:  JONES salary: 2975.0
no: 7698 name:  BLAKE salary: 2850.0
no: 7782 name:  CLARK salary: 2450.0
no: 7788 name:  SCOTT salary: 3000.0
no: 7902 name:  FORD salary: 3000.0
```

从上面的运行结果可见，BETWEEN运算符包含了一个上限和一个下限。

2. 逻辑运算

逻辑运算符参见表22-4。

表22-4　逻辑运算符

运 算 符	说 明
AND 或 &&	逻辑与
OR 或 ||	逻辑或
NOT 或 !	逻辑非

示例代码如下：

```
import Foundation

let array = NSArray(array: arrayEmployees)

// BETWEEN
var predicate = NSPredicate(format: "salary BETWEEN {2000, 3000}")
var filteredArray = array.filtered(using: predicate)
```

```
// OR
predicate = NSPredicate(format:
➥"salary < %d OR %K != %@", 1250, "job", "SALESMAN")
filteredArray = array.filtered(using: predicate)

// NOT
predicate = NSPredicate(format:
➥"NOT salary > %d AND %K = %@", 1250, "job", "SALESMAN")
filteredArray = array.filtered(using: predicate)
```

3. 字符串比较

字符串比较参见表22-5。

表22-5 字符串比较

运算符	说明
BEGINSWITH	是否以xx字符开始
CONTAINS	包含
ENDSWITH	是否以xx字符结尾
LIKE	使用通配符进行模糊查询，?和*可作为通配符，其中?匹配1个字符，*匹配0个或者多个字符
MATCHES	匹配正则表达式

> 提示
>
> 运算符BEGINSWITH本身不区分大小写（beginswith与BEGINSWITH是一样的），而且不仅仅是字符串比较，逻辑运算符AND、OR和NOT也不区分大小写。但是字符串作为值是区分大小写的，例如：'SALESMAN'、'SalesMan'和'salesman'是不同的3个字符串。

示例代码如下：

```
import Foundation

let array = NSArray(array: arrayEmployees)

// BEGINSWITH CONTAINS 区分大小写
var predicate = NSPredicate(format:
➥"name BEGINSWITH %@ AND job CONTAINS %@", "MAR", "MAN")
var filteredArray = array.filtered(using: predicate)

// BEGINSWITH CONTAINS 不区分大小写
predicate = NSPredicate(format:
➥"name BEGINSWITH[c] %@ AND job CONTAINS[c] %@", "mar", "man")
filteredArray = array.filtered(using: predicate)

// LIKE 区分大小写
predicate = NSPredicate(format: "name LIKE %@ ", "MI??ER")//MILLER
filteredArray = array.filtered(using: predicate)
```

```
// LIKE 不区分大小写
predicate = NSPredicate(format: "name LIKE[c] %@", "m*")
filteredArray = array.filtered(using: predicate)
```

字符串值本身区分大小写，如果不想区分大小写，你可以在字符串比较符后面加[c]或[C]，CONTAINS[c]表示包含的字符不区分大写。

4. IN运算符

IN可以取代多个OR运算符。使用IN的示例代码如下：

```
let array = NSArray(array: arrayEmployees)
// IN
var predicate = NSPredicate(format: "job IN {'SALESMAN', 'MANAGER'}")
var filteredArray = array.filtered(using: predicate)
```

NSPredicate中的字符串是放在单引号之间的。

22.10 使用正则表达式

正则表达式（英语为"regular expression"，在代码中常简写为regex、regexp或RE）是预先定义好一个"规则字符串"，这个"规则字符串"可用于匹配、过滤、检索和替换那些符合"规则"的文本。

> **提示**
> 本节我们不打算介绍正则表达式如何编写，因为一般情况下开发人员不需要自己写正则表达式。经过多年的发展，我们已经有很多成熟的正则表达式可以拿来使用。开发人员可以在网上查找，其中http://www.regexlib.com和http://userguide.icu-project.org/strings/regexp都是非常好的正则表达式网站，不仅可以查找常用的正则表达式，而且你还可以把自己写好的正则表达式添加上去，网站还提供一个测试正则表达式的功能。

许多程序语言都支持正则表达式，Objective-C和Swift也支持正则表达式。Foundation框架提供了与正则表达式相关的几个类：NSPredicate、NSRegularExpression和INSTextCheckingResult等。

22.10.1 在 NSPredicate 中使用正则表达式

NSPredicate是上一节介绍的谓词，谓词中有一个字符串比较运算符——MATCHES。MATCHES后面可以跟一个正则表达式。NSPredicate还提供了一个evaluate(with:)方法，用来测试一个字符串是否匹配给定的正则表达式。

在NSPredicate中使用正则表达式，主要目的是验证字符串格式的有效性，例如：邮箱、日期、电话号码等格式的有效性。下面通过验证邮箱格式的有效性，借助例子看看NSPredicate中如何使用正则表达式。

示例代码如下：

```
import Foundation

// ^\w+@[a-zA-Z_]+?\.[a-zA-Z]{2,3}$                              ①
let pattern =  "^\\w+@[a-zA-Z_]+?\\.[a-zA-Z]{2,3}$"              ②

let predicate = NSPredicate(format: "SELF MATCHES %@", pattern)  ③

let aString = "guandongsheng@gmail.com"

if predicate.evaluate(with: aString) {                           ④
    print("格式有效")
} else {
    print("格式无效")
}
```

上述代码第①行是在www.regexlib.com网站找到的一个验证邮箱的正则表达式字符串。代码第②行是正则表达式字符串，由于字符串中包含的特殊字符"\"需要转义，所以表示为"\\"。

> **提示**　正则表达式字符串一般以"^"字符开始，以"$"字符结束，以标识正则表达式字符串的范围。

代码第③行定义谓词SELF MATCHES %@，SELF表示当前对象，MATCHES正则表达式匹配字符串。

代码第④行是通过NSPredicate的evaluate(with:)方法验证输入的字符串是否与正则表达式匹配。

22.10.2 使用 NSRegularExpression

NSPredicate有两个缺点：只能使用正则表达式的判断匹配功能，不能使用正则表达式的过滤、检索和替换等功能；不能处理错误，一旦遇到非法字符导致出错的情况，程序就会发生崩溃。而使用NSRegularExpression不仅可以使用正则表达式判断匹配，还可以使用正则表达式的过滤、检索和替换等功能，而且具有错误处理能力。

NSRegularExpression构造函数如下。

- **init(pattern: String, options: NSRegularExpression.Options = []) throws**。构造函数，会抛出错误，pattern是正则表达式，options是选项。

NSRegularExpression检索和查找的相关方法如下。

- **firstMatch(in:options:range:)**。找到第一个匹配字符串，如果没有找到则返回nil。参数in是要查找的字符串，options是选项，range是查找范围。
- **matches(in:options:range:)**。查找匹配字符串，返回值为数组[NSTextCheckingResult]，如果返回nil则说明没找到。参数同firstMatch方法。
- **numberOfMatches(in:options:range:)**。查找匹配字符串的个数。参数同firstMatch方法。
- **rangeOfFirstMatch(in:options:range:)**。找到第一个匹配字符串，返回NSRange参数。参数同firstMatch方法。

NSRegularExpression的替换相关方法如下。

- **stringByReplacingMatches(in:options:range:withTemplate:)**。通过模板字符串替换匹配字符串，返回替换之后的字符串。参数in是要查找的字符串，options是选项，range是查找范围，withTemplate是模板字符串。
- **replaceMatches(in:options:range:withTemplate:)**。通过模板字符串替换的可变化的匹配字符串，返回值是匹配的个数。参数同stringByReplacingMatches方法。

首先我们将上一节的验证邮箱格式有效性的示例使用NSRegularExpression重新实现一下，示例代码如下：

```
import Foundation

// ^\w+@[a-zA-Z_]+?\.[a-zA-Z]{2,3}$
let pattern  = "^\\w+@[a-zA-Z_]+?\\.[a-zA-Z]{2,3}$"

let aString = "guandongsheng@gmail.com"

do {
    let regex = try NSRegularExpression(pattern: pattern, options: .caseInsensitive)     ①
    // 创建一个范围，包括全部的字符串
    let range = NSRange(location:0, length: aString.characters.count)                    ②

    let result = regex.firstMatch(in: aString,
    ⇥options: .withoutAnchoringBounds, range: range)                                     ③
    if result != nil {                                                                   ④
        print("匹配")
    } else {
        print("不匹配")
    }

    let number = regex.numberOfMatches(in: aString,
    ⇥options: .withoutAnchoringBounds, range: range)                                     ⑤
    if number > 0 {                                                                      ⑥
        print("匹配")
    } else {
        print("不匹配")
    }
```

```
} catch let err as NSError {
    print(err.description)
}
```

上述代码第①行是实例化NSRegularExpression对象，options参数是NSRegularExpression. Options选项类型，caseInsensitive成员表示不区分大小写。

代码第②行实例化NSRange，NSRange是表示范围的结构体，location是范围开始的位置，length是范围的长度，aString.characters.count表示该范围包含整个aString字符串。

代码第③行是使用firstMatch(in:options:range:)方法查找第一个匹配的字符串。options参数是NSRegularExpression.MatchingOptions选项类型，withoutAnchoringBounds成员表示禁止^和$自动匹配。我们的正则表达式^\w+@[a-zA-Z_]+?\.[a-zA-Z]{2,3}$以"^"字符开始，以"$"字符结束，这个设置可以禁止它们作为表达式的一部分使用。返回值是NSTextCheckingResult可选类型，NSTextCheckingResult用来描述匹配的字符串结果。代码第④行判断返回的结果result是否为nil，若是nil则说明不匹配，否则为匹配。

代码第⑤行是使用numberOfMatches(in:options:range:)方法查找匹配的字符串个数。代码第⑥行可以判断number > 0，若大于0则说明不匹配，否则为匹配。

> 💡 **提示**
>
> 上述代码只是使用NSRegularExpression的两个方法进行匹配验证。事实上，matches(in: options:range:)和rangeOfFirstMatch(in:options:range:)方法也是可以进行匹配验证的。

22.10.3 示例：日期格式转换

NSRegularExpression还能够使用正则表达式替换功能，下面通过一个日期格式转换示例介绍一下。替换功能主要是通过stringByReplacingMatches(in:options:range:withTemplate:)和replaceMatches(in:options:range:withTemplate:)方法实现的。

我们在前面提到过日期是有格式的，不同的国家和地区格式习惯不同。英国人喜欢使用"日日/月月/年年"，美国人喜欢使用"月月/日日/年年"，而中国人喜欢使用"年年/月月/日日"。现在我们可以借助于正则表达式替换的功能实现，将英国人喜欢使用的"日日/月月/年年"转换为中国人喜欢使用的"年年/月月/日日"。

示例代码如下：

```
import Foundation

let pattern = "(\\d{2})\\-(\\d{2})\\-(\\d{4}|\\d{2})"
// dd-MM-yyyy
let aString = "['17-12-1980','20-02-1981','22-02-1981']"                    ①
```

```
let mutableString:NSMutableString
= "['27-12-2014','10-06-2011','20-02-1998']"                                    ②
do {
    let regex = try NSRegularExpression(pattern: pattern, options: .caseInsensitive)
    let range = NSMakeRange(0, aString.characters.count)

    let newString = regex.stringByReplacingMatches(in: aString,
    options: .withoutAnchoringBounds,
    range: range, withTemplate: "$3-$2-$1")              // yyyy-MM-dd           ③
    print(newString)

    regex.replaceMatches(in: mutableString, options: .withoutAnchoringBounds,
    range: range, withTemplate: "$3-$2-$1")                                      ④

    print(mutableString)

} catch let err as NSError {
    print(err.description)
}
```

输出结果如下：

```
['1980-12-17','1981-02-20','1981-02-22']
['2014-12-27','2011-06-10','1998-02-20']
```

上述代码第①行和第②行声明了一个字符串，其中第②行的是可变字符串，它们都包含了 *dd-MM-yyyy* 格式的日期字符串。代码第③行使用 stringByReplacingMatches 方法替换字符串 aString，其中的 withTemplate 参数是替换模板，本例我们提供的是 $3-$2-$1，其中的 "$+数字" 表示引用 "捕获组"，正则表达式中有 "捕获组" 概念。

> 💡 **提示**
>
> "捕获组"就是把正则表达式中子表达式匹配的内容保存到内存中以数字编号或显式命名的组里，以方便后面引用。"捕获组"就是正则表达式中用小括号"()"括起来的那部分。

捕获组的编号是按照"("出现的顺序从左到右（从1开始）进行编号的，如图22-3所示是两个正则表达式，(\d{2})\-(\d{2})\-(\d{4}|\d{2}) 是本例中的匹配 *dd-MM-yyyy* 的正则表达式，那么 $1 是引用两位日期，$2 是引用两位月，$3 是引用四位年，如果匹配到 17-12-1980 字符串，那么 $1=7、$2=12、$3=1980。现在我们再来看"$3-$2-$1"模板，如果匹配到 17-12-1980 字符串，那么替换之后就是 1980-12-17。

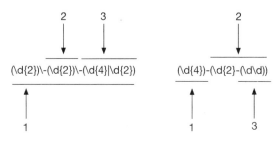

图22-3 捕获组的编号

代码第④行是使用replaceMatches方法将可变字符串mutableString替换。

22.11 本章小结

通过对本章内容的学习，我们了解了什么是Foundation框架，以及如何通过Swift语言使用Foundation框架，熟悉了Foundation框架中的常用类：数字、字符串、数组、字典和NSSet等。此外，我们还了解了文件管理、字节缓存、日期与时间、谓词NSPredicate和正则表达式。

Part 3 第三部分

混合编程篇

本部分内容

- 第 23 章　Swift 与 Objective-C 混合编程
- 第 24 章　Swift 与 C/C++ 混合编程

第23章 Swift与Objective-C混合编程

在苹果公司的Swift语言出现之前，开发iOS或macOS应用主要使用Objective-C语言；此外还可以使用C和C++语言。

23.1 选择语言

Swift语言出现后，iOS程序员有了更多的选择。在苹果社区里，有很多人在讨论Swift语言以及Objective-C语言的未来，人们关注的重点是Swift语言是否能够完全取代Objective-C语言。然而在我看来，苹果公司为了给程序员提供更多的选择，会让这两种语言并存。既然是并存，我们就有4种方式可以选择：

- 采用纯Swift的改革派方式；
- 采用纯Objective-C的保守派方式；
- 采用Swift调用Objective-C的左倾改良派方式；
- 采用Objective-C调用Swift的右倾改良派方式。

本章之前一直介绍纯Swift的方式，而纯Objective-C的方式超出了本书的讨论范围，后两种方式则是本章的重点。无论是Swift调用Objective-C，还是Objective-C调用Swift，我们都需要做一些工作。

23.2 文件扩展名

在用Xcode等工具开发iOS或macOS应用时，我们可以编写多种形式的源文件；原本就可以使用Objective-C、C和C++语言，Swift语言出现后源文件的形式更加多样了。表23-1所示为开发iOS或macOS应用所有可能的文件扩展名。

表23-1 文件扩展名说明

文件扩展名	说明	备注
.c	C语言源程序文件	单纯C语句
.cc或.cpp	C++语言源程序文件	有C和C++，不能有Objective-C语句

（续）

文件扩展名	说　　明	备　　注
.h	头文件	C、C++和Objective-C所需头文件
.m	Objective-C源程序文件	代码包含有Objective-C和C的语句
.mm	Objective-C++源程序文件	代码包含有Objective-C和C++的语句
.swift	Swift源程序文件	

23.3　Swift 与 Objective-C API 映射

在混合编程过程中，Swift与Objective-C的调用是双向的，由于不同语言对于相同API的表述不同，它们之间具有某种映射规律，这种API映射规律主要体现在构造函数和方法两个方面。

23.3.1　构造函数映射

在用Swift与Objective-C语言进行混合编程时，首先涉及调用构造函数实例化对象的问题，不同语言下构造函数的表述形式不同。图23-1所示为苹果公司官方API文档，描述了NSString类的init(format:locale:arguments:)构造函数，Objective-C语言表示形式是initWithFormat:locale:arguments:。

(a)　　　　　　　　　　　　　　　　(b)

图23-1　NSString类init(format:locale:arguments:)构造函数（图a为Swift API，图b为Objective-C API）

从图23-1所示的两种语言声明构造函数中可以找到什么规律吗？如果在Swift语言中实例化NSString对象，从Objective-C构造函数映射为Swift构造函数的规律如图23-2所示，Swift构造函数除了第一个参数，其他参数都一一对应，如果参数名与参数标签名相同，则在Swift中省略参数标签。规律的其他细节图中已经解释的很清楚了，这个规律反之亦然，这里不再赘述。

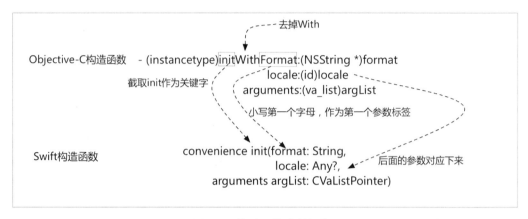

图23-2 构造函数映射规律

这种映射规律不仅仅适用于苹果公司官方提供的Objective-C类,也适用于我们自己编写的Objective-C类。下面来看一个示例,其中自己编写的Objective-C类代码如下:

```
// ObjCObject.h文件代码
#import <Foundation/Foundation.h>

@interface ObjCObject : NSObject

@property(strong, nonatomic, nonnull) NSString* greeting;
@property(strong, nonatomic, nonnull) NSString* name;

-(nonnull instancetype)initWithGreeting:(nonnull NSString*)aGreeting
                            name:(nonnull NSString*)aName;         ①

@end
```

```
// ObjCObject.m文件代码
#import "ObjCObject.h"

@implementation ObjCObject

-(nonnull instancetype)initWithGreeting:(nonnull NSString*)aGreeting
                            name:(nonnull NSString*)aName {
    self = [super init];
    if (self) {
        self.greeting = aGreeting;
        self.name = aName;
    }
    return self;
}

@end
```

代码第①行是声明Objective-C构造函数,其中nonnull NSString*表示非nil字符串类型,nonnull instancetype表示非nil的当前实例类型,instancetype可以使用id类型替换。从这个构造函数可以推断出Swift语言中ObjCObject构造函数形式如下：

```
init(greeting: String, name: String)
```

在Swift语言中调用ObjCObject代码如下：

```
let obj = ObjCObject(greeting: "Good morning.", name: "Tony")
print("Hi,\(obj.name)! \(obj.greeting) ")
```

ObjCObject构造函数中的greeting和name参数是非可选类型，不能为nil。

> **提示**
>
> Objective-C构造函数中nonnull声明表示该参数是非nil的，对应的Swift参数是非可选类型。与nonnull相反的声明是nullable，表示可以为nil，对应的Swift参数是可选类型。nonnull和nullable声明是WWDC 2015推出的Objective-C语言Nullability新特性，这也是为了与Swift协同工作。

23.3.2　方法名映射

在用Swift与Objective-C语言进行混合编程时，不同语言下方法名的表述形式也不同。图23-3所示为苹果公司的官方API文档，描述了NSString类的range(of:options:range:)方法，Objective-C语言表示形式是rangeOfString:options:range:。

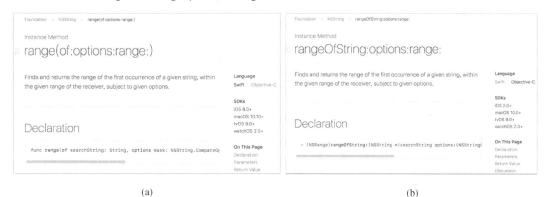

图23-3　NSString类的range(of:options:range:)方法（图a为Swift API，图b为Objective-C API）

从图23-3所示的两种语言声明的方法中可以找到什么规律吗？如图23-4所示，Objective-C方法第一个参数标签名作为Swift方法名，但是需要注意如果参数标签名中间有介词（Of、With和By等），那么介词之前的部分作为Swift方法名，例如：rangeOfString的range作为Swift方法名；介词Of小写第一个字母后，作为第一个参数标签名。其他的参数一一对应下来，包括：参数名、参数标签和参数类型。

第 23 章 Swift 与 Objective-C 混合编程

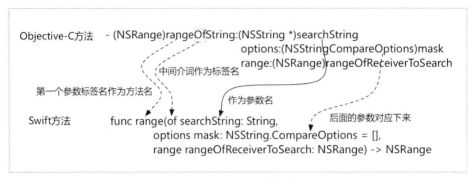

图23-4 方法映射规律

Swift 2.0之后方法可以声明抛出错误，这些能抛出错误的方法在不同语言下的方法名表述形式如图23-5所示，描述了NSString类的write(toFile:atomically:encoding:)方法，Objective-C语言表示形式是writeToFile:atomically:encoding:error:。

图23-5 抛出错误的方法API

比较两种语言，我们会发现error参数在Swift语言中不再被使用，而是在方法后添加了throws关键字。

这种映射规律不仅仅适用于苹果公司官方提供的Objective-C类，也适用于自己编写的Objective-C类。下面我们看一个示例，其中自己编写的Objective-C类代码如下：

```
// ObjCObject.h文件代码
#import <Foundation/Foundation.h>

NS_ASSUME_NONNULL_BEGIN                                    ①

@interface ObjCObject : NSObject

@property(strong, nonatomic) NSString* greeting;
@property(strong, nonatomic) NSString* name;

-(instancetype)initWithGreeting:(NSString*)aGreeting name:(NSString*)aName;
```

```objc
-(NSString*)sayHello:(NSString*)greeting name: (NSString*)name;        ②

-(nullable NSString *)write:(NSString *)fileName
                       error:(NSError **)error;                         ③

@end

NS_ASSUME_NONNULL_END                                                   ④

// ObjCObject.m文件代码
#import "ObjCObject.h"

@implementation ObjCObject

-(instancetype)initWithGreeting:(NSString*)aGreeting name:(NSString*)aName {
    self = [super init];
    if (self) {
        self.greeting = aGreeting;
        self.name = aName;
    }
    return self;
}

-(NSString*)sayHello:(NSString*)greeting name: (NSString*)name {
    NSString *string = [NSString stringWithFormat:@"Hi,%@ %@.", name, greeting];
    return string;
}


-(NSString *)write:(NSString *)fileName
             error:(NSError *__autoreleasing *)error {
    if (error) {
        *error = [NSError errorWithDomain:@"ObjCObject Error"
                                     code:0 userInfo:nil];
    }
    return nil;
}

@end
```

代码第①行和第④行是两个宏，它们之间的成员变量、参数、属性和返回值等类型都标记为nonnull。代码第②行声明了一个普通的方法，而代码第③行是一个可能抛出错误的方法。

在Swift语言中调用ObjCObject代码如下：

```swift
import Foundation

// init(greeting: String, name: String)
let obj = ObjCObject(greeting: "Good morning.", name: "Tony")

print("Hi,\(obj.name)! \(obj.greeting) ")

let hello = obj.sayHello("Good morning.", name: "Tom")            ①
print(hello)
```

```
do {
    print(try obj.write("a.plist"))                                    ②
} catch let error {
    print(error)
}
```

上述代码第①行是调用ObjCObject的sayHello:name:方法，其中第一个参数的参数名省略了。代码第②行是调用ObjCObject的write:error: 方法，由于可能抛出错误，需要do-try-catch等错误处理语句。

23.4 同一应用目标中的混合编程

使用Xcode可以创建应用（application）、静态库（static library）、框架（framework）或工程（project），每一个工程都可以创建多个目标（target）。我们可以在同一应用中混合编程，也可以在同一静态库或同一框架中混合编程，本书重点介绍框架。

23.4.1 什么是目标

我们首先解释一下前文提到的目标概念。一个目标就是一个编译后的产品。

图23-6所示的界面是我们之前使用Xcode创建的iOS工程，一个工程中可以包含多个目标。一个目标包含了一些源程序文件、资源文件和编译说明文件等内容，编译说明文件是通过"编译参数设置"（build setting）和"编译阶段"（build phase）进行设置的。

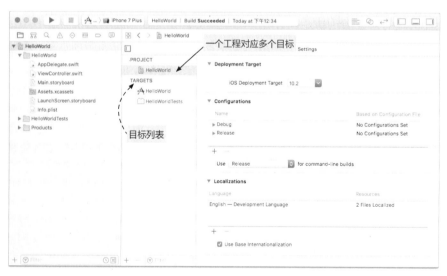

图23-6　Xcode的工程和目标

目标列表上面还有一个工程，工程也包含了一些"编译参数设置"和"编译阶段"设置项目。

23.4 同一应用目标中的混合编程

目标继承了工程的设置,而且可以覆盖工程的设置。

图23-6所示的Xcode工程有两个目标,可以根据需要添加新的目标。首先,请依次选择File→New→Target菜单项,此时会看到一个选择模板对话框。如图23-7所示,选择Application中的Single View Application,接下来点击Next按钮,将看到如图23-8所示的对话框。然后根据情况逐一设定(其中在Language中可以选择Swift或Objective-C),然后点击Finish按钮(如图23-9所示),这样就成功地新增了一个目标。

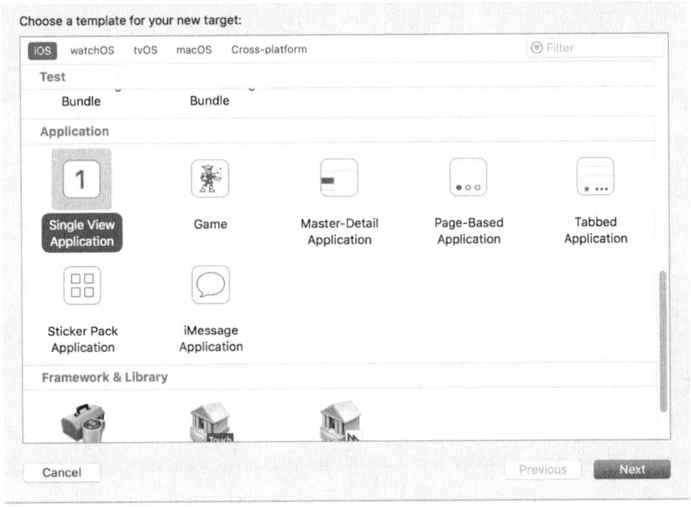

图23-7 选择模板对话框

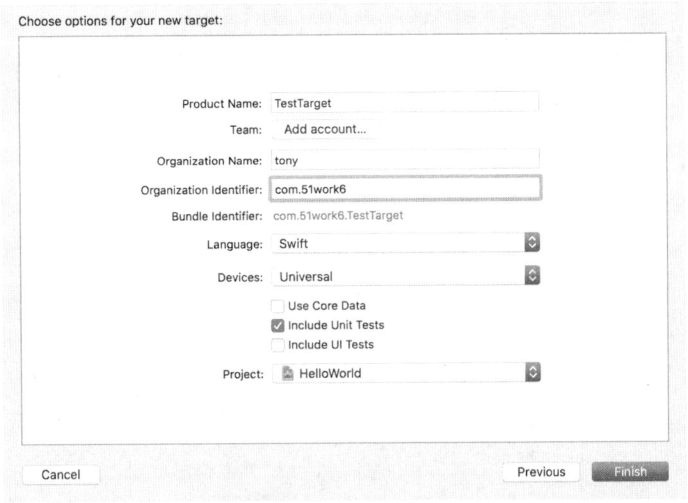

图23-8 新增目标设置项目

362　第 23 章　Swift 与 Objective-C 混合编程

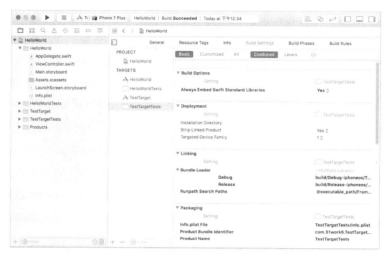

图23-9　成功新增目标

> **提示**
>
> 在图23-9所示的左边导航面板中可以发现,每一个目标对应一组源文件和资源文件,但是并不意味着某个源文件或资源文件只能属于一个特定的目标。事实上,这些源文件或资源文件隶属于哪个目标成员是可以设定的。如下图所示,选择文件,打开右边的文件检查器,在下面的Target Membership下选中具体的目标,这样一来该文件就成为这个目标的成员了。
>
>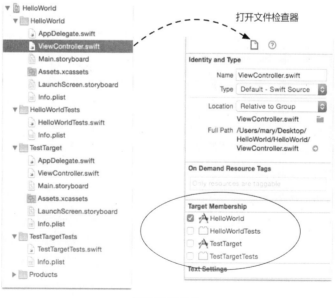
>
> 设置目标成员

23.4.2 Swift 调用 Objective-C

这一节我们来介绍同一应用目标中Swift调用Objective-C的混合编程。打开23.3.1节的HelloWorld示例工程会发现一个HelloWorld-Bridging-Header.h文件,这个文件在此之前没有提及过,它称为Objective-C桥接头文件(Objective-C bridging header)。

1. 桥接头文件

当Swift调用Objective-C时,我们需要一个桥接头文件,它的命名规则为"<产品模块名>-Bridging-Header.h"。如图23-10所示,桥接头文件的作用是为Swift语言调用Objective-C对象搭建一个"桥",在桥接头文件中引入所需要的Objective-C Public头文件。这些Public头文件会暴露给同一应用目标的Swift文件,这样在Swift文件中就可以访问这些Public头文件所声明的Objective-C类等内容了。

图23-10 Swift调用Objective-C与桥接头文件

要把一个桥接头文件添加到工程中,我们有两种方式,一种是自动添加,另一种是手动添加。

自动添加桥接头文件的场景是:试图在一个Swift应用中添加Objective-C文件,或者试图在一个Objective-C应用中添加Swift文件。这两种情况都会弹出一个是否创建桥接头文件对话框,如图23-11所示,这里点击Yes就会创建一个桥接头文件,然后你在Build Settings中配置好;如果点击No则不会创建桥接头文件。

图23-11 添加桥接头文件

要手动添加桥接头文件,先是在工程中新建头文件。具体过程:右键选择HelloWorld组,然后选择菜单中的New File…,此时弹出新建文件模板对话框;如图23-12所示,选择iOS→Source→Header File;点击Next按钮,进入保存文件界面,根据提示输入文件名并选择存放文件的位置,然后点击Create按钮创建头文件。

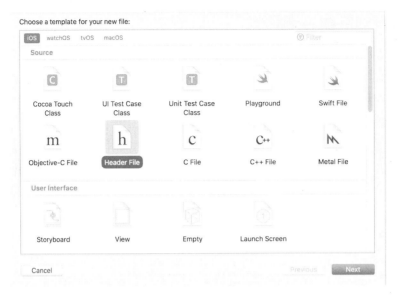

图23-12　创建头文件

桥接头文件创建成功之后还要进行配置，这才是区分一般头文件的关键。如图23-13所示，选择TARGETS→Build Settings→All→Swift Compiler - Code Generation，修改Objective-C Bridging Header之后的配置内容"HelloWorld/HelloWorld-Bridging-Header.h"，其中HelloWorld是Xcode工程文件下的目录。本例的目录结构如下：

```
<HelloWorld工程目录>
├──HelloWorld
│    ├──HelloWorld-Bridging-Header.h
│    ├──main.swift
│    ├──ObjCObject.h
│    └──ObjCObject.m
└──HelloWorld.xcodeproj
```

> **提示**
>
> 若采用手动方式，你可以自己配置桥接头文件。所有桥接头文件不必一定命名为"<产品模块名>- Bridging-Header.h"，只要是在Build Settings中配置好编译器，让其能够找到桥接头文件就可以了。问题的关键在于配置。

23.4 同一应用目标中的混合编程 365

图23-13　配置桥接头文件

2. 产品名和产品模块名

前面介绍桥接头文件时提到过产品模块名，事实上后面的学习过程中还涉及另外一个类似的名字——产品名。它们有什么区别呢？

默认情况下，产品名和产品模块名是相同的，但这不能说明它俩是相同的概念。如图23-14所示，请选择TARGETS→Build Settings→All→Packaging下的 Product Name（产品名）或Product Module Name（产品模块名），修改默认的产品名或产品模块名。

Swift调用Objective-C的具体示例我们在23.3节介绍过了，调用代码不再赘述。我们看看桥接头文件HelloWorld-Bridging-Header.h的内容：

```
#import "ObjCObject.h"
```

由于Swift代码要访问Objective-C的`ObjCObject`类，所以引入ObjCObject.h头文件就可以了。

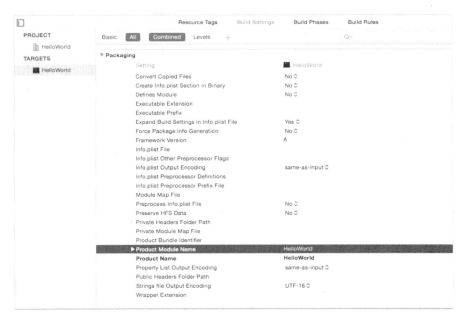

图23-14　配置文件产品名和产品模块名

23.4.3　Objective-C 调用 Swift

如果已经有了一个使用Objective-C编写的iOS或macOS应用，而它的一些新功能需要采用Swift来编写，这时就可以从Objective-C调用Swift。

Objective-C调用Swift时不需要桥接头文件，而是需要Xcode生成头文件（Xcode-generated header）。这种文件由Xcode生成，不需要我们维护，对于开发人员也是不可见的。如图23-15所示，它能够将Swift中的类暴露给Objective-C，它的命名是"<产品模块名>-Swift.h"。我们需要将该头文件引入到Objective-C文件中，而且Swift中的类需要继承NSObject或NSObject子类，还要使用@objc注释属性声明。

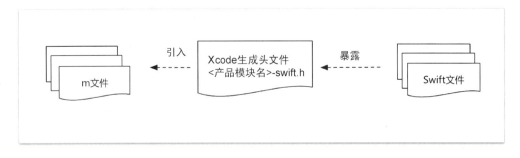

图23-15　Objective-C调用Swift与Xcode生成头文件

23.4 同一应用目标中的混合编程

下面我们通过一个示例介绍一下同一应用目标中如何通过Objective-C调用Swift。

1. 创建Objective-C的macOS工程

为了能够更好地介绍混合搭配调用，我们首先创建一个Objective-C的macOS工程，并参考2.3节创建macOS的Command Line Tool工程。注意，在选择编程语言时要选择Objective-C。创建成功后的界面如图23-16所示。

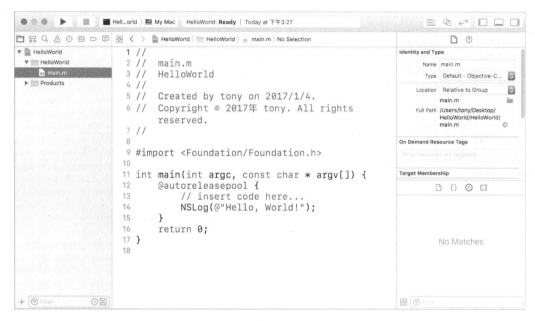

图23-16　新建的Objective-C工程

2. 在Objective-C工程中添加Swift类

我们刚刚创建了Objective-C的工程，需要添加Swift类到工程中。具体过程：右键选择HelloWorld组，选择菜单中的New File...，此时弹出新建文件模板对话框。如图23-17所示，请选择macOS→Source→Cocoa Class。

> 💡 提示
>
> 这里我们并没有选择Swift File，因为需要创建的Swift类是基于Cocoa框架的，选择次模板可以自动添加父类。

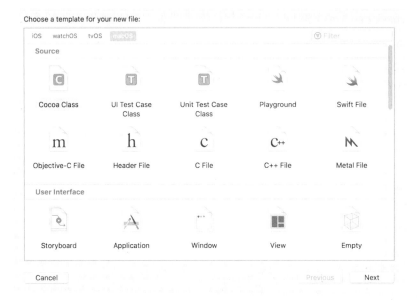

图23-17　新建文件模板

接着点击Next按钮，随即可看到如图23-18所示的界面。此时在Class中输入SwiftObject，在Subclass of中选择NSObject，这个选项可以让生成的Swift类继承NSObject。另外，请在Language中选择Swift。

图23-18　新建Swift类

相关选项设置完成后请点击Next按钮，进入保存文件界面，根据提示选择存放文件的位置，然后点击Create按钮创建Swift类。如果工程中没有桥接头文件，在创建过程中，Xcode也会提示并询问我们是否添加桥接头文件，此时需要选择添加。

以上操作成功后，Xcode工程中就生成了SwiftObject.swift文件。

3. 调用代码

Swift的SwiftObject创建完成后，我们会在Xcode工程中看到新增加的SwiftObject.swift文件。在SwiftObject.swift中编写如下代码：

```swift
import Foundation                                              ①

@objc class SwiftObject: NSObject {                            ②

    private var name: String
    private var greeting: String

    init(greeting aGreeting: String, name aName: String) {     ③
        self.greeting = aGreeting
        self.name = aName
    }

    override var description: String {                         ④
        let string = String(format: "desc -> name:%@,
        greeting:%@", name, greeting)
        return string
    }

    func sayHello(_ aGreeting: String, name aName: String) -> String {   ⑤
        var string = "Hi," + aName + " "
        string += aGreeting + "."
        return string
    }
}
```

上述代码第①行引入了Foundation框架的头文件。第②行代码定义SwiftObject类，Swift中的类要与Objective-C兼容，必须继承NSObject类或NSObject子类。另外，我们在类前面声明@objc；@objc是一种属性注释，也可以注释属性和方法。

代码第③行定义构造函数init(greeting:name:)。它有两个参数，构造函数中参数标签名一般都是要指定的。

代码第④行重写description属性，description是NSObject提供的只读计算属性。

代码第⑤行定义了sayHello(_:name:)方法。它有两个参数，第一个参数标签为"_"调用时省略标签，第二个参数标签，需要调用时指定标签name。

下面看Objective-C端的代码，main.m文件代码如下：

```objc
#import <Foundation/Foundation.h>
```

```
#import "HelloWorld-Swift.h"                                        ①

int main(int argc, const char * argv[]) {

    SwiftObject *sobj = [[SwiftObject alloc] initWithGreeting:@"Good morning"
    ↪name:@"Tom"];                                                  ②

    NSLog(@"%@", sobj.description);                                 ③

    NSString* hello = [sobj sayHello:@"Good morning" name:@"Tony"]; ④
    NSLog(@"%@",hello);                                             ⑤

    return 0;
}
```

上述代码第①行引入头文件HelloWorld-Swift.h。它是Xcode生成的头文件,命名规则是"<产品模块名>- Swift.h"。

代码第②行实例化SwiftObject对象。SwiftObject是Swift中定义的类,它的构造函数是init(greeting:name:),调用时符合23.3.1节讨论的映射规律。代码第③行是打印输出SwiftObject的description属性。

代码第④行调用SwiftObject的sayHello(_:name:)方法,调用时符合23.3.1节讨论的映射规律。代码第⑤行NSLog(@"%@",hello)用于输出结果。

这样就实现了在Objective-C中调用Swift代码的情况,我们可以借助这样的调用充分利用已有的Swift文件,减少重复编码,提高工作效率。

23.5 同一框架目标中的混合编程

我们不仅可以在应用（application）工程中混合编程,还可以在静态链接库（static library）或框架（framework）工程中进行混合编程。

23.5.1 链接库和框架

我们首先了解一下什么是链接库,以及什么是框架。有时候,我们需要将某些类复用给其他的团队、公司或者个人,但由于某些原因不能提供源代码,此时就可以将这些类编写成链接库或框架。

库是一些没有main函数的程序代码的集合。链接库分静态链接库和动态链接库,它们的区别是：静态链接库可以编译到你的执行代码中,应用程序可以在没有静态链接库的环境下运行;动态链接库不能编译到你的执行代码中,应用程序必须在有链接库文件的环境下运行。

> **提示**
>
> 静态链接库中不能有Swift代码模块，只能是Objective-C代码模块。

静态链接库比较麻烦，使用时需要给使用者提供.a和.h文件，还要配置很多环境变量。而框架是将.a和.h等文件打包在一起以方便使用，需要配置的环境变量简单且非常少。事实上我们已经介绍并使用了苹果公司提供的一些框架，如Foundation、UIKit、QuartzCore和CoreFoundation。

如图23-19所示是iOS的Framework & Library工程模板，可以创建基于iOS的：Cocoa Touch Framework（框架）、Cocoa Touch Static Library（静态链接库）和Metal Library（Metal[①]库）。

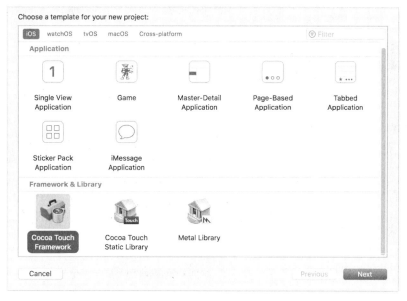

图23-19　iOS中Framework & Library工程模板

如图23-20所示是macOS的Framework & Library工程模板。

[①] Metal 是一个兼顾图形与计算功能的、面向底层、低开销的硬件加速应用程序接口（API），其类似于将OpenGL与OpenCL的功能集成到了同一个API上，最初支持它的系统是iOS 8。

——引自于维基百科：https://zh.wikipedia.org/wiki/Metal_(API)

图23-20　macOS中Framework & Library工程模板

23.5.2　Swift 调用 Objective-C

这一节我们先来介绍同一框架目标中如何通过Swift调用Objective-C进行混合编程。首先创建一个iOS框架工程，打开图23-19所示的Cocoa Touch Framework工程模板，点击Next按钮，进入如图23-21所示的对话框；我们输入名字MyFramework，选择语言Swift，然后再点击Next按钮，进入保存文件对话框；点击Create按钮创建工程，如果成功地创建工程，则如图23-22所示。

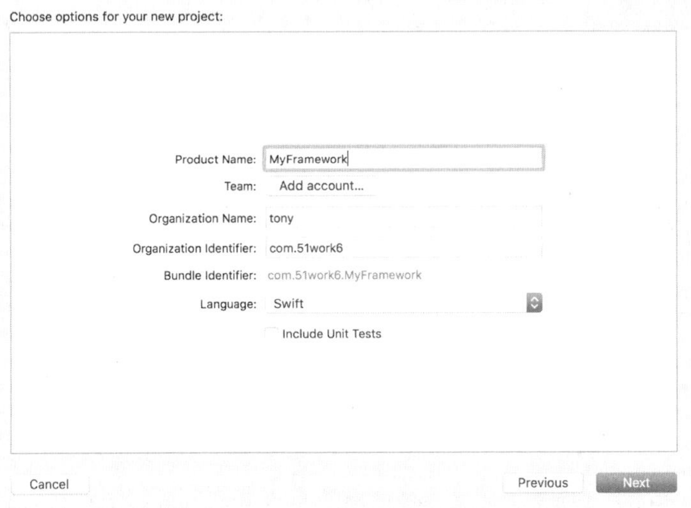

图23-21　创建iOS框架工程

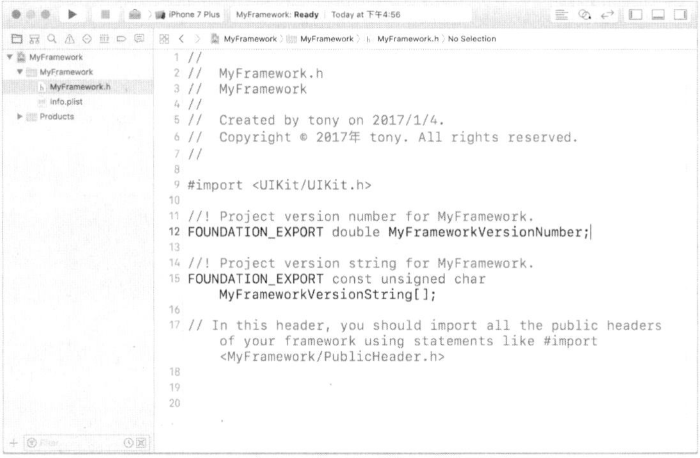

23.5 同一框架目标中的混合编程

图23-22 创建iOS框架工程成功

从图23-22所示的框架工程中可看到一个MyFramework.h头文件,它被称为Objective-C "保护伞头文件"(Objective-C umbrella header)。保护伞头文件中可以引入框架的Public头文件。

保护伞头文件的命名规则为"<产品模块名>.h"。保护伞头文件的作用与桥接头文件类似,如图23-23所示,保护伞头文件为Swift语言调用Objective-C对象搭建一个"桥",在保护伞头文件中引入所需要的Objective-C Public头文件。这些Public头文件会暴露给同一框架目标的Swift文件,这样在Swift文件中就可以访问这些头文件所声明的Objective-C类等内容。

图23-23 Swift调用Objective-C与保护伞头文件

下面我们通过一个示例介绍一下同一框架目标中如何通过Swift调用Objective-C。该示例中Swift对象SwiftObject调用Objective-C对象ObjCObject(ObjCObject的代码与23.3.2节一样,不再赘述)。SwiftObject.swift文件代码如下:

```
import Foundation

public class SwiftObject {
    public func callFrameworkMethod() -> String {
        // init(greeting: String, name: String)
```

```
        let obj = ObjCObject(greeting: "Good morning.", name: "Tony")

        print("Hi,\(obj.name)! \(obj.greeting) ")

        let hello = obj.sayHello("Good morning.", name: "Tom")
        print(hello)

        do {
            print( try obj.write("a.plist"))
        } catch let error {
            print(error)
        }

        return hello
    }
}
```

上述代码也与23.3.2节Swift语言中调用ObjCObject的代码类似，只不过本例是将这些代码封装到callFrameworkMethod()方法中，这个方法是暴露给一个应用工程，通过应用工程目标调用的。

图23-24所示为测试调用时序图，测试应用调用MyFramework框架SwiftObject对象的callFrameworkMethod()方法。callFrameworkMethod()方法中先是实例化MyFramework框架中的ObjCObject对象，接着调用ObjCObject对象的sayHello:name:方法。

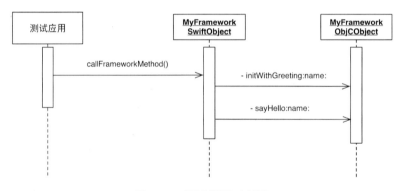

图23-24　测试调用时序图

为了能够在Swift中调用Objective-C对象，我们需要修改保护伞头文件MyFramework.h，代码如下：

```
#import <UIKit/UIKit.h>

// 定义框架项目版本号
FOUNDATION_EXPORT double MyFrameworkVersionNumber;

// 定义框架项目版本
FOUNDATION_EXPORT const unsigned char MyFrameworkVersionString[];
```

23.5 同一框架目标中的混合编程

```
// 框架中要暴露的Public头文件
#import <MyFramework/ObjCObject.h>         ①
// #import "ObjCObject.h"                    ②
```

要暴露给Swift的Objective-C头文件，还需要在保护伞头文件MyFramework.h中引入。代码第①行是引入语句#import `<MyFramework/ObjCObject.h>`，MyFramework是产品模块名。这条语句还可以写成代码第②行的#import "ObjCObject.h"语句，这两种引入方式在本例中的效果相同。

> **提示** `<MyFramework/ObjCObject.h>`中的尖括号表示在环境变量中搜索头文件。"ObjCObject.h"中的双引号表示系统路径目录搜索。

默认情况下要暴露给Swift的Objective-C头文件（如ObjCObject.h等）都是非Public头文件，我们需要把它们设置为Public头文件。具体设置如下：选择 TARGETS→MyFramework→Build Phases→Headers (2 items)。拖曳需要暴露的头文件从Project栏到Public栏，如图23-25所示。

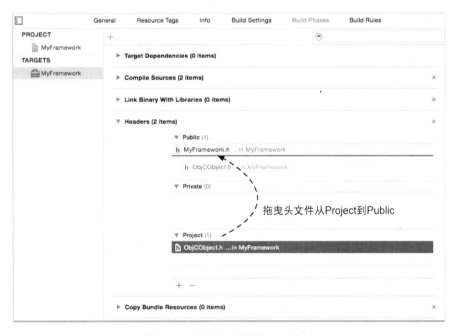

图23-25　拖曳头文件到Public栏中

23.5.3 测试框架目标

链接库和框架与应用的最大区别是，应用编译的结果是可以独立运行的文件，而链接库和框架编译的结果不能独立，它们为应用提供服务。所以我们开发完成一个框架目标，则需要另外的应用目标来测试它。有两种方法可以实现这种测试：

- 基于同一工程不同目标；
- 基于同一工作空间（workspace）不同工程。

1. 基于同一工程不同目标

这种测试方法就是在当前的框架工程中创建另外一个应用目标，通过这个应用目标测试框架目标。这种方法两个目标都在同一个工程中，耦合度很高，适合同一个团队开发。

我们来具体介绍一下，首先参考23.4.1节添加SwiftApp目标。请选择模板iOS→Application→Single View Application，如图23-26所示将语言选择为Swift。

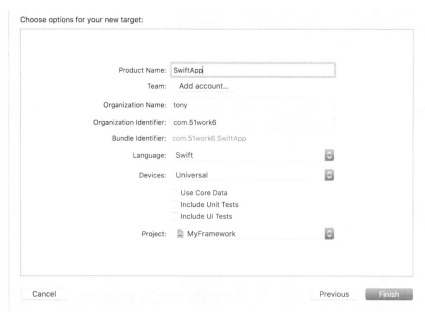

图23-26　添加SwiftApp目标

> **提示**
> 选择Swift语言的目的是便于测试，因为我们要测试MyFramework中的`SwiftObject`类也是使用Swift语言编写的。毕竟相同语言的沟通是完全"无障碍"的。

23.5 同一框架目标中的混合编程

接下来需要一些配置，首先便是为SwiftApp目标和MyFramework目标建立依赖关系。因为SwiftApp目标依赖于MyFramework目标，所以选中SwiftApp目标中的General中的Embedded Binaries。如图23-27所示，选择Embedded Binaries左下角的+按钮，然后从弹出界面中选择MyFramework.framework，再点击Add按钮，这样依赖关系就添加好了。

> **提示**
>
> Embedded Binaries会将MyFramework.framework文件嵌入到SwiftApp应用包中，只要是自定义框架就需要这样配置。一般，官方提供的框架需要在Linked Frameworks and Libraries中配置，如图23-27所示在Linked Frameworks and Libraries中选择MyFramework.framework文件。如果自定义框架在Embedded Binaries会中进行了配置，而且还有编译错误，那么还需要同时配置Linked Frameworks and Libraries。

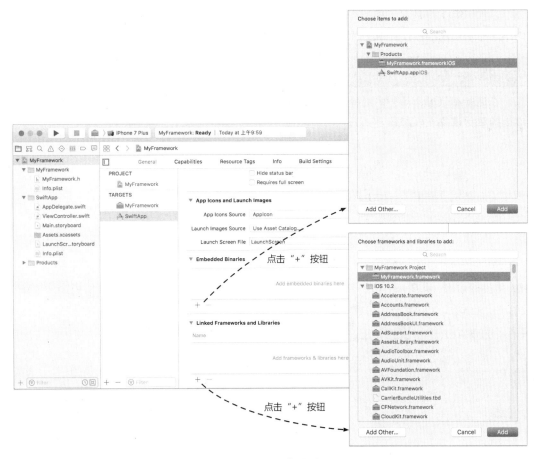

图23-27　添加依赖关系

建立依赖关系之后我们来看看SwiftApp目标中的ViewController.swift相关代码：

```swift
import UIKit
import MyFramework                                              ①

class ViewController: UIViewController {

    override func viewDidLoad() {
        super.viewDidLoad()

        let sobj = SwiftObject()                                ②
        let message = sobj.callFrameworkMethod()                ③

        print(message)

    }
    ...
}
```

上述代码第①行是引入框架产品模块名MyFramework，代码第②行是实例化SwiftObject对象，代码第③行是调用callFrameworkMethod()。输出结果不再赘述。

> 💡 **提示**
>
> 在运行测试时，请一定选择运行目标为SwiftApp。如图所示，选择目标为SwiftApp，然后选择运行设备或模拟器。
>
>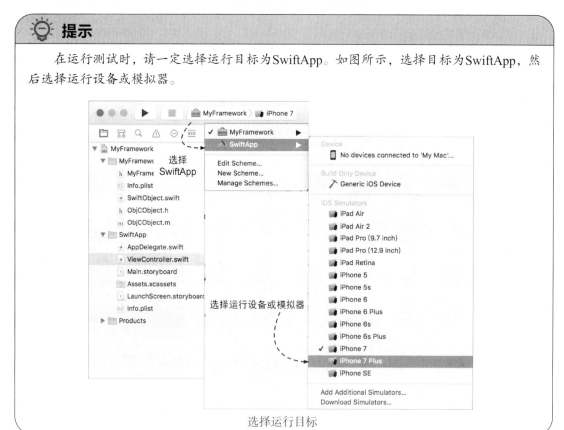
>
> 选择运行目标

2. 基于同一工作空间的不同工程

这种测试方法就是在当前的框架工程中创建另外一个应用目标，通过这个应用目标测试框架目标。这种方法两个目标都在同一个工程中，耦合度很高，适合同一个团队开发。

我们还可以把多个相关的Xcode工程放到一个Xcode工作空间（workspace）中，工作空间是多个工程的集合，在Xcode中工程文件名后缀为.xcodeproj，工作空间文件名后缀是.xcworkspace。一个工作空间中包含应用工程和框架工程，我们可以使用应用工程测试和访问框架工程。这种方法两个目标都在不同工程中，耦合度低，适合不同团队之间的协同开发。

创建工作空间可以通过Xcode菜单File→New→Workspace实现，此时创建的工作空间是空的，没有工程，我们可以添加现有的工程到工作空间中，也可以在工作空间中创建工程。

1) 添加现有的工程到工作空间

添加现有的工程到工作空间与添加一个文件到工程中类似。例如，我们将MyFramework框架工程添加到MyWorkspace工作空间，具体步骤为：打开Xcode的导航面板，在右键菜单中选择Add File to "MyWorkspace"，然后在对话框中选择MyFramework框架工程文件MyFramework.xcodeproj，这样就可以将工程添加到工作空间了。

2) 在工作空间中创建工程

在工作空间中创建工程与一般情况下创建工程稍微有点儿区别。例如，我们创建一个SwiftApp应用工程，具体步骤为：在MyWorkspace工作空间中，选择菜单File→New→Project…，在打开的对话框中选择iOS→ Application→Single View Application，并将语言选择为Swift。创建过程中要选择工作空间（如图23-28所示），在Add to和Group中都选择MyWorkspace，然后点击Create按钮创建工程。

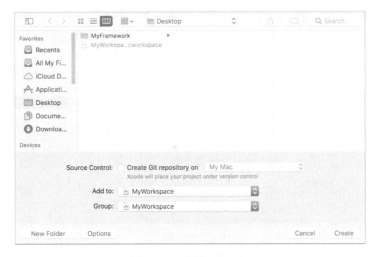

图23-28　选择工作空间

接下来需要为应用SwiftApp工程SwiftApp目标和框架MyFramework工程MyFramework目标建立依赖关系，具体过程参考本节中的"1. 基于同一工程不同目标"部分。ViewController.swift调用代码也与"1. 基于同一工程不同目标"中完全一样，也不再赘述。

23.5.4　Objective-C 调用 Swift

这一节我们来介绍同一框架目标中如何通过Objective-C调用Swift来混合编程。首先参考23.5.2节创建iOS框架工程，工程名还是MyFramework，但是这次语言选择为Objective-C。

Objective-C调用Swift时不需要保护伞头文件了，而是需要Xcode生成头文件（Xcode-generated header）。这种文件也是由Xcode生成，不需要我们维护，对于开发人员也是不可见的。如图23-29所示，它能够将Swift中的类暴露给Objective-C，它的命名是"产品名/产品模块名-Swift.h"。我们需要将该头文件引入到Objective-C文件中，而且Swift中的类需要继承NSObject或NSObject子类，还要使用@objc注释属性声明。

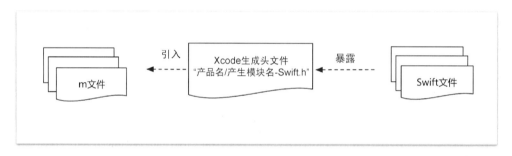

图23-29　Objective-C调用Swift与Xcode生成头文件

下面我们通过一个示例介绍一下同一框架目标的Objective-C如何调用Swift。

该示例调用的SwiftObject类代码如下：

```swift
import Foundation

@objc public class SwiftObject: NSObject {
    
    private var name: String
    private var greeting: String
    
    public init(greeting aGreeting: String, name aName: String) {
        self.greeting = aGreeting
        self.name = aName
    }
    
    override open var description: String {
        let string = String(format: "desc -> name:%@,
↪greeting:%@", name, greeting)
        return string
```

```swift
    }
    public func sayHello(_ aGreeting: String, name aName: String) -> String {
        var string = "Hi," + aName + " "
        string += aGreeting + "."
        return string
    }
}
```

注意，需要暴露的构造函数、方法和属性都要声明为public，而类也要声明为public。

该示例调用了ObjCObject类，代码如下：

```objc
// ObjCObject.h文件
#import <Foundation/Foundation.h>

@interface ObjCObject : NSObject

-(NSString*)callFrameworkMethod;

@end


// ObjCObject.m文件
#import "ObjCObject.h"
#import <MyFramework/MyFramework-Swift.h>                    ①

@implementation ObjCObject

-(NSString*)callFrameworkMethod {
    
    SwiftObject *sobj = [[SwiftObject alloc]
        initWithGreeting:@"Good morning" name:@"Tom"];
    
    NSLog(@"%@", sobj.description);
    
    NSString* hello = [sobj sayHello:@"Good morning" name:@"Tony"];
    NSLog(@"%@",hello);
    
    return hello;
}

@end
```

callFrameworkMethod()方法暴露给一个应用工程，通过应用工程目标调用。代码第①行 #import <MyFramework/MyFramework-Swift.h>语句是引入Xcode生成头文件（注意它的命名规则）。

图23-30所示为测试调用时序图，测试应用调用MyFramework框架ObjCObject对象的-callFrameworkMethod方法。-callFrameworkMethod方法先是实例化MyFramework框架中的SwiftObject对象，接着调用SwiftObject对象的sayHello(_: name:)方法。

382　第 23 章　Swift 与 Objective-C 混合编程

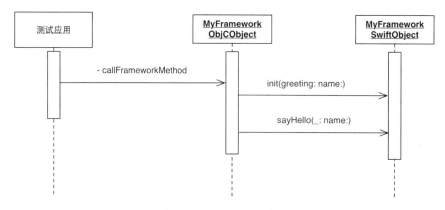

图23-30　测试调用时序图

测试同一框架目标中Objective-C调用Swift,与同一框架目标中Swift调用Objective-C类似,也可以用"基于同一工程不同目标"和"基于同一工作空间不同工程"两种方法实现。

我们重点介绍"基于同一工程不同目标"实现。首先参考23.5.3节添加ObjCApp目标。请选择模板iOS→Application→Single View Application,如图23-31所示将语言选择为Objective-C。

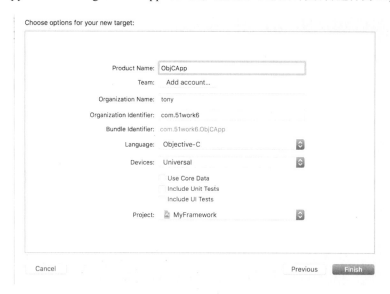

图23-31　添加ObjCApp目标

> 💡 **提示**
>
> 选择Objective-C语言的目的也是便于测试,因为我们要测试MyFramework中的`ObjCObject`类也是使用Objective-C语言编写的。

接下来需要进行一些配置，首先需要为ObjCApp目标和MyFramework目标建立依赖关系。由于是ObjCApp目标依赖于MyFramework目标，参考23.5.3节选中ObjCApp，选择添加MyFramework.framework，从而建立依赖关系。

建立依赖关系之后，我们来看看ObjCApp目标中的ViewController.m相关代码：

```
#import "ViewController.h"

#import "ObjCObject.h"                                    ①

...

@implementation ViewController

- (void)viewDidLoad {
    [super viewDidLoad];

    ObjCObject* obj = [[ObjCObject alloc] init];          ②
    NSString* message = [obj callFrameworkMethod];        ③

    NSLog(@"%@", message);
}

...

@end
```

上述代码第①行是引入ObjCObject.h头文件，代码第②行是实例化ObjCObject对象，代码第③行是调用callFrameworkMethod。输出结果不再介绍。

23.6 本章小结

通过对本章内容的学习，广大读者可以了解Swift与Objective-C的混合编程，其中包括：同一应用目标中的混合编程和同一框架目标中的混合编程。

第 24 章 Swift与C/C++混合编程

上一章我们重点介绍了Swift与Objective-C混合编程，本章介绍Swift与C/C++语言的混合编程。

24.1 数据类型映射

如果引入必要的头文件，在Objective-C语言中可以使用C数据类型。而Swift语言中是不能直接使用C数据类型的，苹果公司为Swift语言提供了与C语言相对应的数据类型。这些类型主要包括：C语言基本数据类型和指针类型。

24.1.1 C语言基本数据类型

表24-1展示了Swift数据类型与C语言基本数据类型的对应关系。

表24-1 类型对应关系

C类型	Swift类型
bool	CBool
char、signed char	CChar
unsigned char	CUnsignedChar
short	CShort
unsigned short	CUnsignedShort
int	CInt
unsigned int	CUnsignedInt
long	CLong
unsigned long	CUnsignedLong
long long	CLongLong
unsigned long long	CUnsignedLongLong
wchar_t	CWideChar
char16_t	CChar16
char32_t	CChar32
float	CFloat
double	CDouble

Swift语言中的这些数据类型与Swift原生的数据类型一样，本质上都是结构体类型。我们可

以用它们的构造函数创建这些数据类型的实例。示例代码如下：

```
import Foundation

var intSwift = 80

// int
var intNumber        = NSNumber(value: CInt(intSwift))                    ①

// unsigned char
var unsignedCharNumber = NSNumber(value: CUnsignedChar(intSwift))         ②

// unsigned int
var unsignedIntNumber  = NSNumber(value: CUnsignedInt(intSwift))          ③
```

变量intSwift所存储的80是Int类型。代码第①行中的CInt(intSwift)是实例化CInt类型，实现了将Swift语言Int类型转化为C语言int类型，在Swift中使用CInt表示。类似地，代码第②行中的CUnsignedChar(intSwift)是将Swift语言Int类型转化为C语言unsigned char类型，在Swift中使用CUnsignedChar表示。代码第③行中的CUnsignedInt(intSwift)是将Swift语言Int类型转化为C语言unsigned int类型，在Swift中使用CUnsignedInt表示。

24.1.2　C语言指针类型

表24-2是Swift数据类型与C语言指针数据类型对应关系表。

表24-2　C语言指针类型对应关系

C类型	Swift类型	说　　明
const T *	UnsafePointer<T>	常量指针
T*	UnsafeMutablePointer<T>	可变指针
T* const *	UnsafePointer<T>	常量指针
T* __strong *	UnsafeMutablePointer<T>	可变指针
T**	AutoreleasingUnsafeMutablePointer<T>	自动释放指针
const void *	UnsafeRawPointer	无类型指针
void *	UnsafeMutableRawPointer	无类型可变指针
Swift中无法表示的C指针类型	COpaquePointer	不透明C指针类型

从表24-2可见针对C语言多样的指针形式，Swift主要提供了3种不安全的泛型指针类型：UnsafePointer<T>、UnsafeMutablePointer<T>和AutoreleasingUnsafeMutablePointer<T>。T是泛型占位符，表示不同的数据类型；两个无类型指针是UnsafeRawPointer和UnsafeMutableRawPointer；另外，还有COpaquePointer类型是Swift中无法表示的C指针类型。

下面我们分别介绍一下。

1. 常量指针

常量指针包括了UnsafePointer<T>和UnsafeRawPointer两种类型，其中UnsafePointer<T>是一

个比较常用的常量指针类型，这种指针对象需要程序员自己手动管理内存，即需要自己申请和释放内存。它一般是由其他指针创建的。UnsafePointer<T>主要构造函数如下。

- init?(OpaquePointer?)。通过COpaquePointer类型指针创建。
- init(UnsafePointer<Pointee>)。通过UnsafePointer类型指针创建。
- init(UnsafeMutablePointer<Pointee>)。通过UnsafeMutablePointer类型指针创建。

UnsafePointer<T>主要的属性如下。

- pointee。只读属性，它能够访问指针指向的内容。

UnsafePointer<T>主要的方法如下。

- func predecessor() -> UnsafePointer<Pointee>。返回指针指向的前一个位置。
- func successor() -> UnsafePointer<Pointee>。返回指针指向的下一个位置。
- func advanced(by n: Int) -> UnsafePointer<Pointee>。返回当前指针位置+n的位置。

UnsafeRawPointer主要构造函数如下。

- init?<T>(UnsafePointer<T>?)。通过UnsafePointer创建类型指针，可以实现从UnsafePointer到UnsafeRawPointer的转换。
- init(OpaquePointer)。通过COpaquePointer类型指针创建。
- init(UnsafeRawPointer)。通过其他的UnsafeRawPointer创建类型指针。
- init(UnsafeMutableRawPointer)。通过其他的UnsafeMutableRawPointer创建类型指针。
- init<T>(AutoreleasingUnsafeMutablePointer<T>)。通过其他的AutoreleasingUnsafeMutablePointer创建类型指针。

UnsafeRawPointer主要的方法如下。

- func assumingMemoryBound<T>(to: T.Type) -> UnsafePointer<T>。可以实现从UnsafeRawPointer到UnsafePointer<T>的转换。
- func bindMemory<T>(to type: T.Type, capacity count: Int) -> UnsafePointer<T>。分配内存空间，绑定指针类型T，返回UnsafePointer<T>指针类型。
- func deallocate(bytes: Int, alignedTo: Int)。释放内存。

下面我们通过示例熟悉一下UnsafePointer<T>和UnsafeRawPointer的使用，比较它们之间的区别。假设有如下两个C语言函数：

```
void funConstIntPointer(const int *constIntPointer) {}                ①
void funConstVoidPointer(const void* constIntPointer) {}              ②
```

那么如果使用Swift语言描述，表示代码如下：

```
func funConstIntPointer(x: UnsafePointer<Int8>) {}                    ③
func funConstVoidPointer(x: UnsafeRawPointer) {}                      ④
```

代码第③行的方法对应第①行的方法，其中的UnsafePointer<Int8>类型对应C语言的const int *类型。代码第④行的方法对应第②行的方法，其中的UnsafeRawPointer类型对应C语言的const void*类型。

> **提示**
> C语言的void和void*表达的含义是不同的：void不表示任何类型，不存在任何内容；void* 表示"任意类型"的指针。

调用代码如下：

```
func funConstIntPointer(x: UnsafePointer<Int8>) {
    print("调用funConstIntPointer...")
    print(x.pointee)                    // pointee指针指向的数据        ①
    print(x.successor().pointee)        // successor下一个内存地址      ②
}

func funConstVoidPointer(x: UnsafeRawPointer) {
    print("调用funConstVoidPointer...")
    let i8x = x.assumingMemoryBound(to: UInt8.self)                    ③
    print(i8x.pointee)                                                 ④
}

var myInt: Int8 = 42
var intArray: [Int8] = [23, 45, 68]
var floatArray: [Float] = [23.0, 45.0, 68.0]

funConstIntPointer(x: &myInt)                                          ⑤
funConstIntPointer(x: intArray)                                        ⑥
// funConstIntPointer(x: floatArray)   //编译错误                       ⑦

funConstVoidPointer(x: &myInt)                                         ⑧
funConstVoidPointer(x: intArray)                                       ⑨
funConstVoidPointer(x: floatArray)                                     ⑩
```

输出结果如下：

```
调用funConstIntPointer...
42
0
调用funConstIntPointer...
23
45
调用funConstVoidPointer...
42
调用funConstVoidPointer...
23
调用funConstVoidPointer...
0
```

上述代码第①行、第②行、第④行都访问了UnsafePointer的pointee属性。代码第②行还调用了successor()函数，代码第③行表达式x.assumingMemoryBound(to: UInt8.self)可以将UnsafeRawPointer类型转换为UnsafePointer<Int8>；如果想将UnsafeRawPointer类型转换为UnsafePointer<Float>，则需要x.assumingMemoryBound(to: Float.self)表达式。assumingMemoryBound函数如果不能成功转换，则返回0。

代码第⑤行调用funConstIntPointer函数，参数是&myInt。&myInt表示传递myInt内存地址，而指针类型能够接收内存地址。这次调用函数日志输出42和0，42是print(x.pointee)的输出结果，而0是print(x.successor().pointee)的输出结果，这说明x.successor()语句取出的内存地址的内容无效。

代码第⑥行也是调用funConstIntPointer函数，参数是Int8数组。这次调用函数日志输出23和45，x.pointee用于取出数组的第一个元素，x.successor().pointee用于取出数组的第二个元素。

> **提示**
>
> 在C语言中，数组与指针关系非常密切。数组采用连续的内存地址，因此只要给出了数组第一个元素的内存地址，并给出数组的长度，我们就可以通过指针偏移获知数组中所有元素的内容。例如：第一个元素的内存地址是p，那么第二个元素的内存地址就是p+1，p+1指针指向的内容就是数组的第二个元素了。

代码第⑦行会发生编译错误，因为我们试图将Float数组传递给funConstIntPointer(x: UnsafePointer<Int8>)函数，UnsafePointer<Int8>类型能够接收Int8数组，但不能接收Float数组。

代码第⑧行调用funConstVoidPointer函数，参数是&myInt，输出结果是42。x参数类型是UnsafeRawPointer,可以接收任意指针类型；但是使用时还需要转换回原来的UnsafePointer<Int8>类型，如果不转换，那么取出的内容是无效的，不过不会抛出异常，而是返回0，代码第⑩行就是这种情况。

代码第⑨行也是调用funConstVoidPointer函数，参数是Int8数组，输出结果是23。

代码第⑩行也是调用funConstVoidPointer函数，参数是Float数组，输出结果是0，内容是无效的,因为在代码第③行进行的类型转换是UnsafePointer<Int8>,事实上应该转换为UnsafePointer<Float>类型。

> **提示**
>
> UnsafePointer和UnsafeRawPointer指针类型，都可以接收数组（intArray）或数组地址（&intArray）作为参数。代码第⑥行funConstIntPointer(x: intArray)语句可以替换为funConstInt Pointer(x: &intArray)。代码第⑨行funConstVoidPointer(x: intArray)语句可以替换为funConst VoidPointer(x: &intArray)。代码第⑩行funConstVoidPointer(x: floatArray)语句可以替换为funConstVoidPointer(x: &floatArray)。

2. 可变指针

常量指针包括UnsafeMutablePointer<T>和UnsafeMutableRawPointer两种类型。其中UnsafeMutablePointer<T>是一个比较常用的可变指针类型，这种指针对象需要程序员自己手动管理内存，自己负责申请和释放内存。UnsafeMutablePointer<T>可以由其他的指针创建，相关方法如下。

- `static func allocate(capacity count: Int) -> UnsafeMutablePointer<Pointee>`。静态方法，分配内存空间，capacity是内存对齐[①]数量，方法返回UnsafeMutablePointer<T>指针类型。
- `func deallocate(capacity: Int)`。释放内存。
- `func initialize(to newValue: Pointee, count: Int = default)`。构造函数，使用newValue初始化指针指向的内容。
- `func deinitialize(count: Int = default) -> UnsafeMutableRawPointer`。与initialize作用相反，用于销毁指针指向内容。

UnsafeMutablePointer<T>指针可以通过allocate方法申请内存空间，再调用initialize初始化指针指向的内容。指针对象释放时需要调用deinitialize销毁指针指向内容，它是initialize的反向操作，这两个方法在代码中应该成对出现。最后还要调用deallocate释放指针指向的内存空间，这是allocate的反向操作，这两个方法在代码中也应该成对出现。

UnsafeMutableRawPointer方法类似于UnsafeRawPointer，这里不再赘述。

下面我们通过示例熟悉一下UnsafeMutablePointer<T>和UnsafeMutableRawPointer的使用。假设有如下两个C语言函数：

```
void funVarUnsignedIntPointer(unsigned int *x) {}                ①

void funVarVoidPointer(void *x) {}                               ②
```

那么如果使用Swift语言描述，表示代码如下：

```
func funVarUnsignedIntPointer(x: UnsafeMutablePointer<UInt32>) {}    ③

func funVarVoidPointer(x: UnsafeMutableRawPointer) {}                ④
```

代码第③行的方法对应第①行的方法，其中的UnsafeMutablePointer<UInt32>类型对应C语言的unsigned int *x类型。代码第④行的方法对应第②行的方法，其中的UnsafeMutableRawPointer类型对应C语言的void *类型。

示例代码如下：

```
func funVarUnsignedIntPointer(x: UnsafeMutablePointer<UInt32>) {
    print("调用funVarUnsignedIntPointer...")
```

[①] 计算机内存空间按照字节划分，从计算机理论上讲任何起始地址可以访问任意类型的变量。但实际上不同硬件平台在访问特定类型变量时经常只能在特定的内存地址访问，这就需要各种类型数据按照一定的规则在空间上排列，而不是顺序地、一个接一个地存放，这就是内存对齐。

```
        print(x.pointee)
        print(x.successor().pointee)
    }

    func funVarVoidPointer(x: UnsafeMutableRawPointer) {
        print("调用funVarVoidPointer...")
        let iu32x = x.assumingMemoryBound(to: UInt32.self)
        print(iu32x.pointee)
    }

    var myInt32: UInt32 = 450
    var int32Array: [UInt32] = [230, 450, 80]

    funVarUnsignedIntPointer(x: &myInt32)                          ①
    funVarUnsignedIntPointer(x: &int32Array)

    funVarVoidPointer(x: &myInt32)
    funVarVoidPointer(x: &int32Array)                              ②

    var p1 = UnsafeMutablePointer<UInt8>.allocate(capacity: 1)     ③
    p1.initialize(to: 10)                                          ④
    print("p1.pointee = \(p1.pointee)")                            ⑤

    // UnsafeMutablePointer转换为UnsafePointer
    var p2 = UnsafePointer(p1)                                     ⑥
    print("p2.pointee = \(p2.pointee)")

    p1.deinitialize()                                              ⑦
    p1.deallocate(capacity: 1)                                     ⑧
```

输出结果如下:

```
调用funVarUnsignedIntPointer...
450
0
调用funVarUnsignedIntPointer...
230
450
调用funVarVoidPointer...
450
调用funVarVoidPointer...
230
p1.pointee = 10
p2.pointee = 10
```

上述代码方法调用与UnsafePointer示例类似，但需要注意代码第①行和第②行的方法调用，&int32Array用于取得数组的内存地址，也就是数组第一个元素的内存地址。但是UnsafeMutable-Pointer不能接收数组int32Array形式参数。

代码第③行是通过静态方法allocate申请内存空间，参数capacity是内存对齐数量。代码第④行中的p1.initialize(to: 10)是初始化对象内容为10。所以第⑤行代码输出的结果是10。

代码第⑥行是通过UnsafeMutablePointer构造UnsafePointer，从而实现了从UnsafeMutable-

Pointer到UnsafePointer类型的转换。

UnsafeMutablePointer和UnsafePointer类型对象使用完成后一定要销毁和释放；由于p1和p2是相同的指针，我们只需要销毁和释放p1或p2所指对象。代码第⑦行是销毁指针指向的对象，代码第⑧行是释放内存。

3. 自动释放指针

AutoreleasingUnsafeMutablePointer<T>称为自动释放指针，在方法或函数中声明为该类型的参数是输入输出类型的。在调用方法或函数过程中，参数首先被复制到一个无所有权的缓冲区，这个缓冲区在方法或函数内使用，当方法或函数返回时，缓冲区数据重新写回参数。

自动释放指针经常应用于调用Objective-C方法的场景，用于传递输入输出参数。如下示例是Swift 1.2网络请求的代码片段：

```
var request: NSURLRequest = NSURLRequest(URL: url)
var response: AutoreleasingUnsafeMutablePointer<NSURLResponse?> = nil        ①
var error: AutoreleasingUnsafeMutablePointer<NSError?> = nil                 ②

var dataVal: NSData? =  NSURLConnection.sendSynchronousRequest(request,
➥returningResponse: response, error:error)
```

上述代码第①行和第②行声明的两个变量都是自动释放指针类型，在方法sendSynchronous-Request调用完成之后，returningResponse和error参数就会返回数据。我们还可以传递变量地址给sendSynchronousRequest，将上述代码用如下代码替换：

```
var request: NSURLRequest = NSURLRequest(URL: url)
var response: NSURLResponse?
var error: NSError?

var dataVal: NSData? =  NSURLConnection.sendSynchronousRequest(request,
➥returningResponse: &response, error:&error)
```

我们看一个示例：

```
func validateContent(ioValue: AutoreleasingUnsafeMutablePointer<AnyObject?>) {    ①
    // 实例化NSError错误对象
    let error = NSError(domain: "com.51work6", code: 999, userInfo: nil)
    if let content = ioValue.pointee as? String {                                 ②
        if content == "" {
            print("Content is empty...")
            ioValue.pointee = error
        }
    } else {
        print("Content is nil...")
        ioValue.pointee = error
    }
}

var value: AnyObject? = nil
validateContent(ioValue: &value)                                                  ③
let error = value as! NSError
```

```
print(error.code)
```

上述代码第①行是定义方法，其中ioValue参数是AutoreleasingUnsafeMutablePointer
<AnyObject?>类型，而且该方法还声明抛出错误。代码第②行中的ioValue.pointee用于取出指针指向的内容，判断为nil或者空字符串（""）时抛出错误。

代码第③行是调用validateContent方法，参数value为变量地址。

24.2 应用目标中的混合编程

我们不仅可以在同一应用目标中实现Swift与Objective-C的混合编程，还可以实现Swift与C/C++的混合编程，本节重点介绍同一应用目标中Swift与C/C++的混合编程。

24.2.1 Swift 调用 C API

与Objective-C混合编程不同，一般我们只考虑Swift调用C API，而很少会用到C调用Swift API的情况。因此，本节介绍同一应用目标中如何用Swift调用C。

C语言是面向过程的语言，本身没有类和方法等面向对象的概念，程序代码主要由函数构成。因此，我们在Swift中调用C API主要是调用它的函数，而为了引入C语言的头文件，应用目标中也需要桥接头文件；桥接头文件的命名规则、配置和使用方式，与Objective-C桥接头文件一样。

下面我们通过一个示例介绍调用过程。首先有这样的C语言代码：

```
// Greeting.h文件
#include <stdio.h>
#include <string.h>
#include <stdlib.h>

const char* sayHello(const char* greeting, const char* name);            ①

// Greeting.c文件
#include "Greeting.h"

const char* sayHello(const char* greeting, const char* name) {

    // 多4B，为Hi,字符串准备
    char *result = malloc(strlen(greeting) + strlen(name) + 4);          ②
    strcpy(result, "Hi,");                                               ③
    strcat(result, name);                                                ④
    strcat(result, " ");
    strcat(result, greeting);

    return result;
}
```

上述程序代码是编写在Greeting.h文件和Greeting.c文件中的。代码第①行是在头文件中声明函数sayHello，函数的参数和返回值都是const char*。const char*可以表示C语言的字符串。

代码第②行是申请内存空间。malloc函数可以根据指定的字节数申请空间，strlen函数用于获取字符串的字节长度。

代码第③行的strcpy函数是复制"Hi,"到目标字符串中。代码第④行的strcat函数用于将字符串连接起来。

> **提示**
>
> 上面的函数malloc需要引入头文件<stdlib.h>，strlen、strcpy和strcat函数需要引入头文件<string.h>。

这个示例的产品模块名是HelloWorld，所以默认的桥接头文件是HelloWorld-Bridging-Header.h。如果需要在Swift中调用Greeting.c文件的C语言函数，我们需要在桥接头文件中引入如下内容：

```
#include "Greeting.h"
```

main.swift中的Swift调用代码如下：

```
let greeting = "Good morning."                  ①
let name = "Tony"                               ②

let cHello = sayHello(greeting, name)           ③

let sHello = String(cString: cHello!)           ④

print(sHello!)
```

上述代码第③行是调用函数sayHello。sayHello的定义是sayHello(greeting: UnsafePointer<Int8>!, name: UnsafePointer<Int8>!)，其中的参数是UnsafePointer<Int8>可选类型，可见UnsafePointer<Int8>与C语言中的const char*类型对应；其实还有UnsafePointer<CChar>也可以与const char*类型对应。

代码第①行的greeting参数和第②行的name参数可以直接传递给sayHello函数，它们会自动转换为UnsafePointer<Int8>!类型。

代码第④行是通过String构造函数init(cString: UnsafePointer<UInt8>)，将cHello从UnsafePointer<Int8>转换为String类型。

24.2.2 Swift 调用 C++ API

在Swift中调用C++要比调用C麻烦，因为Swift不能识别C++中的类和C++特有的语句。这些类和语句不能暴露给Swift语言，即不能在头文件中出现。我们可以通过两种方式解决Swift调用C++ API的问题，下面将分别介绍。

1. 头文件中隐藏C++特征

Swift调用C++时需要将C++头文件引入到桥接头文件中，我们可以在这个头文件中将C++特征隐藏起来。

我们将24.2.1节的C语言编写的Greeting.c文件重构为C++编写的Greeting.cpp文件。我们可以直接在把Greeting.c改名为Greeting.cpp，这样Greeting.cpp就成为C++源文件了。

首先修改Greeting.h头文件代码如下：

```c
// Greeting.h头文件
#include <stdio.h>

#ifdef __cplusplus
extern "C"{

#endif
    const char* sayHello(const char*  greeting, const char* name);

#ifdef __cplusplus

}
#endif
```

这个头文件中没有C++的特有语句，但是对比C语言Greeting.h头文件，C++版本有很大的不同，一方面是使用了#ifdef __cplusplus语句，另一方面是使用了extern "C"{}语句。#ifdef __cplusplus语句是定义__cplusplus宏的，表示这段是C++代码。extern "C"{}语句内的全局变量和函数是按照C语言方式编译和连接的。

> **提示** C++作为一种面向对象的语言，为了支持函数的重载，对全局函数的处理方式与C明显不同。

先修改Greeting.cpp文件代码如下：

```cpp
// Greeting.cpp文件

#include "Greeting.h"

#include <iostream>

using namespace std;

const char* sayHello(const char* greeting, const char* name) {

    string strGreeting(greeting);
    string strName(name);
    string str = "Hi," + strName + " " + strGreeting;
```

```
    char* result = strcpy((char*)malloc(str.length()+1), str.c_str());      ①
    return result;
}
```

上述代码中字符串的拼接使用了C++提供的string类，string类使用起来要比char*方便得多。代码第①行是将string字符串深度复制到char*字符串中，事实上实现了string到char*类型的转换，string的c_str()函数虽然也可以获得char*字符串，但由于只是获得字符串的指针，而不是深度复制，所以如果采用如下代码：

```
const char* sayHello(const char* greeting, const char* name) {
    string strGreeting(greeting);
    string strName(name);
    string str = "Hi," + strName + " " + strGreeting;
    
    return str.c_str();
}
```

在调用sayHello函数完成时，str字符串对象将被释放，调用者会只能获得NULL内容。

> 💡 **提示**
>
> Greeting.cpp文件中#include <iostream>、using namespace std和string等C++特有的语句和类不可以放到头文件Greeting.h中声明。如果放到头文件中，就会暴露给Swift代码，而Swift代码无法理解它们的含义。

最后要把头文件Greeting.h引入到桥接头文件（HelloSwiftCallCPP-Bridging-Header.h）中，代码如下：

```
#import "Greeting.h"
```

2. 使用Objective-C类包装

虽然我们无法直接在Swift中调用C++ API，但Swift可以调用Objective-C，Objective-C也可以调用C++。我们可以在Swift和C++之间做一个Objective-C包装类将C++包装起来，从而实现Swift代码调用C++ API的功能。这种方法可以不用修改C++头文件隐藏的C++特征，能够直接使用别人已经写好的C++代码，可以访问C++类，调用C++类中的函数，并通过Objective-C包装类返回。

下面通过一个示例说明一下。我们首先看看C++编写的类，头文件CppObject.h的文件代码如下：

```
// CppObject.h文件
#ifndef CppObject_hpp
#define CppObject_hpp

#include <stdio.h>
```

```
class CppObject
{
public:
    int add(int a, int b);                          ①
    int sub(int a, int b);                          ②
    static int static_add(int a, int b);            ③
    static int static_sub(int a, int b);            ④
};

#endif /* CppObject_hpp */
```

头文件中声明了C++类CppObject,该类有两个实例方法add和sub,以及两个类方法static_add和static_sub。

CppObject.cpp文件代码如下:

```
// CppObject.cpp 文件

#include "CppObject.h"

int CppObject::add(int a, int b){
    return a+b;
}

int CppObject::sub(int a, int b){
    return a-b;
}

int CppObject::static_add(int a, int b){
    return a+b;
}

int CppObject::static_sub(int a, int b){
    return a-b;
}
```

要想调用CppObject类,我们可以在Xcode中添加一个Objective-C包装类,Objective-C包装类命名为WrapperObjCObject,继承了NSObject。头文件WrapperObjCObject.h的文件代码如下:

```
#import <Foundation/Foundation.h>

@interface WrapperObjCObject : NSObject

-(int)add:(int)a :(int)b;
-(int)sub:(int)a :(int)b;
+(int)static_add:(int)a :(int)b;
+(int)static_sub:(int)a :(int)b;


@end
```

我们可以根据情况在WrapperObjCObject.h头文件中也声明几个方法与CppObject类相对应。本例中WrapperObjCObject类的4个方法与CppObject类中的4个方法一一对应。

> **注意**
> WrapperObjCObject.h头文件中也不能出现任何C++特有的语句和类。

实现部分WrapperObjCObject.mm的文件代码如下：

```objc
#import "WrapperObjCObject.h"
#import "CppObject.h"

@interface WrapperObjCObject () {                    ①
    CppObject cppObject;                             ②
}

@end

@implementation WrapperObjCObject

-(int)add:(int)a :(int)b {
    return cppObject.add(a, b);
}

-(int)sub:(int)a :(int)b {
    return cppObject.sub(a, b);
}

+(int)static_add:(int)a :(int)b {
    return CppObject::static_add(a, b);
}

+(int)static_sub:(int)a :(int)b {
    return CppObject::static_sub(a, b);
}

@end
```

因为WrapperObjCObject.h头文件中也不能出现任何C++特有的语句和类，所以不能在WrapperObjCObject.h头文件中声明CppObject的成员变量cppObject。我们可以在实现部分代码中声明Objective-C的扩展类型，代码第①行中的WrapperObjCObject()是WrapperObjCObject的扩展类型，Objective-C的扩展类型是一种特殊的Objective-C类别，与Swift的扩展概念类似。开发人员可以在Objective-C扩展中添加新的成员变量或方法。代码第②行是在WrapperObjCObject ()扩展中声明CppObject类型的成员变量cppObject。

由于成员变量cppObject是在WrapperObjCObject.mm的扩展中声明的，而不是在WrapperObjCObject.h头文件中，因此C++特有的语句和类被隐藏起来。

> **注意**
> WrapperObjCObject.mm中包含C++程序代码,它的文件后缀不能是.m,必须是.mm。这种.mm文件代码称为Objective-C++代码。使用Xcode添加的Objective-C文件默认都是.m文件,你可以在Xcode中双击文件(如图所示)使文件处于编辑状态,然后修改它的后缀名。
>
>
>
> 修改文件名

我们看看Swift调用代码:

```
// main.swift文件
import Foundation

let a:Int32 = 10
let b:Int32 = 20

let wrapper = WrapperObjCObject()

var str = String(format: "调用CppObjectCppObject实例方法add:
➥%d+%d=%d", a, b, wrapper.add(a,b))                                    ①
print(str)

str = String(format: "调用CppObjectCppObject实例方法sub:
➥%d-%d=%d", a, b, wrapper.sub(a,b))                                    ②
print(str)

str = String(format: "调用CppObjectCppObject静态方法static_add:
➥%d+%d=%d", a, b, WrapperObjCObject.static_add(a,b))                   ③
print(str)

str = String(format: "调用CppObjectCppObject静态方法static_sub:
➥%d-%d=%d", a, b, WrapperObjCObject.static_sub(a,b))                   ④
print(str)
```

上述代码首先创建WrapperObjCObject的对象wrapper,然后在代码第①行调用它的实例方法add,通过该方法调用CppObject的add方法,并将结果返回。类似的代码还有第②行的sub。

代码第③行调用WrapperObjCObject的类方法static_add,通过该方法调用CppObject的类方法static_add,并将结果返回。类似的代码还有第④行的static_sub方法。

最后要把头文件WrapperObjCObject.h引入到桥接头文件（HelloSwiftCallCPP-Bridging-Header.h）中,代码如下：

```
#import "WrapperObjCObject.h"
```

运行后输出内容如下：

```
调用CppObjectCppObject实例方法add: 10+20=30
调用CppObjectCppObject实例方法sub: 10-20=-10
调用CppObjectCppObject静态方法static_add: 10+20=30
调用CppObjectCppObject静态方法static_sub: 10-20=-10
```

24.3 框架目标中的混合编程

Swift与C/C++在框架目标中的混合编程可以分为两种情况考虑：

❑ 同一框架目标中Swift调用C或C++ API；
❑ Swift调用第三方库中的C或C++ API。

下面我们分别介绍一下。

24.3.1 同一框架目标中 Swift 调用 C 或 C++ API

要在同一框架目标中通过Swift调用C或C++ API，首先需要保护伞头文件引入要调用的C或C++ API头文件。这些头文件应该被设置为Public，设置步骤参考23.5.2节。

在具体的调用过程中，Swift调用C API的规律与应用目标中的调用完全一样，请参考24.2.1节。Swift调用C++ API的规律与应用目标中的调用完全一样，请参考24.2.2节，具体内容不再赘述。下面来看一个示例的代码。

此处重构24.2节的示例，由于调用关系比较复杂，笔者绘制了时序图，参见图24-1。

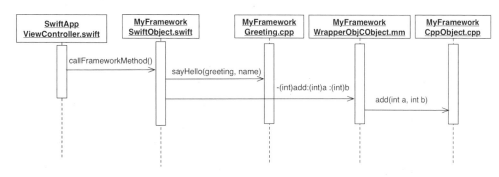

图24-1　调用时序图

图24-1所示的应用SwiftApp中的ViewController.swift是测试代码，而后面的4个文件是在MyFramework框架中编写的。从文件后缀名可知它们的文件类型，其中Greeting、WrapperObjCObject和CppObject等头文件和实现文件与24.2节的示例完全一样，这里不再赘述。我们重点看看SwiftObject.swift的代码：

```swift
import Foundation

public class SwiftObject {
    public init() {
        print("构造SwiftObject...")
    }
    
    public func callFrameworkMethod() {
        // ============== 调用C++函数，没有类 =====================
        let greeting = "Good morning."
        let name = "Tony"
        
        let cHello = sayHello(greeting, name)
        
        let sHello = String(cString: cHello!)
        
        print(sHello!)
        
        // ============== 调用C++类 =====================
        let a: Int32 = 10
        let b: Int32 = 20
        
        let wrapper = WrapperObjCObject()
        
        var str = String(format: "调用CppObjectCppObject实例方法add: %d+%d=%d",
        ➥a, b, wrapper.add(a,b))
        print(str)
        
        str = String(format: "调用CppObjectCppObject实例方法sub: %d-%d=%d",
        ➥a, b, wrapper.sub(a,b))
        print(str)
        
        str = String(format: "调用CppObjectCppObject静态方法
        ➥static_add: %d+%d=%d", a, b, WrapperObjCObject.static_add(a,b))
        print(str)
        
        str = String(format: "调用CppObjectCppObject静态方法
        ➥static_sub: %d-%d=%d", a, b, WrapperObjCObject.static_sub(a,b))
        print(str)
    }
}
```

保护伞头文件MyFramework.h的代码如下：

```
#import <UIKit/UIKit.h>
```

```
// 定义框架项目版本号
FOUNDATION_EXPORT double MyFrameworkVersionNumber;

// 定义框架项目版本
FOUNDATION_EXPORT const unsigned char MyFrameworkVersionString[];

// 框架中要暴露的Public头文件
#import <MyFramework/WrapperObjCObject.h>
#import <MyFramework/Greeting.h>
```

本示例中要暴露的头文件WrapperObjCObject.h和Greeting.h需要设置为Public的,设置结果如图24-2所示。

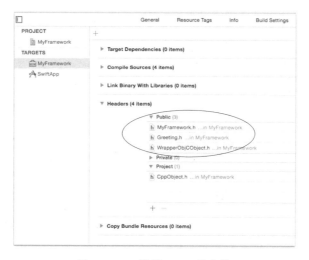

图24-2　iOS设置Public头文件

应用SwiftApp中的ViewController.swift是测试代码:

```
import UIKit
import MyFramework

class ViewController: UIViewController {
    
    override func viewDidLoad() {
        super.viewDidLoad()
        
        let sobj = SwiftObject()
        sobj.callFrameworkMethod()
    }
    ...

}
```

测试代码是在viewDidLoad()方法中编写的,因为比较简单所以不再赘述。

24.3.2 Swift 调用第三方库中的 C 或 C++ API

有时第三方提供给我们的是编译好的C或C++库文件，而不是获得源代码。如果我们在Swift框架中调用这些库，与直接访问同一目标的C或C++源代码不同，问题的关键在于引入C或C++头文件。框架要在保护伞头文件中引入，引入头文件的格式是"<产品模块名/xxx.h>"。如果引入的是第三方框架，假设我们有ABC.framework框架文件，其中ABC是"产品模块名"，就是文件名。那么，当引入头文件foo.h时，格式为"<ABC/foo.h>"。与框架不同，库没有模块名，如果直接引入头文件会出现无法找到模块名的问题。

解决这个问题可以使用LLVM Module系统，LLVM是C、C++、Objective-C和Swift等语言的编译器。LLVM Module系统用来取代传统的在C、C++和Objective-C中使用#include和#import语句引入头文件的做法，转而采用结构化描述头文件的引入。如传统的 #include <stdio.h>语句采用Module系统则应写成import std.io。

LLVM Module系统的结构化描述文件是module.map，该文件是对一个框架或一个库的所有头文件的结构化描述。文件的内容是使用Module Map描述语言的，语法可以参考http://clang.llvm.org/docs/Modules.html。

下面我们通过一个示例介绍如何使用LLVM Module系统引入第三方库。iOS中可以使用一种嵌入式数据库——SQLite数据库（http://www.sqlite.org）。SQLite是一个优秀的开源嵌入式数据库，苹果公司已经将它移植到iOS和macOS系统中，因此在开发的时候我们可以使用SQLite API库。

这个示例在框架目标中通过Swift语言访问SQLite API库，下面我们具体介绍一下配置过程。首先创建iOS的Single View Application应用，语言选择Swift。然后我们在工程中添加一个框架PersistenceLayer（数据持久层）目标，语言选择Swift，然后创建框架PersistenceLayer目标。

接着我们来编写并配置Module系统的结构化描述文件module.map，这是一个文本文件，可以使用vi等文本编辑工具编写，内容如下：

```
module sqlite3 [system] {
    header "/Applications/Xcode.app/Contents/Developer/Platforms/iPhoneOS.platform/Developer/SDKs/iPhoneOS.sdk/usr/include/sqlite3.h"
    link "sqlite3"
    export *
}

module sqlite3simulator [system] {
    header "/Applications/Xcode.app/Contents/Developer/Platforms/iPhoneSimulator.platform/Developer/SDKs/iPhoneSimulator.sdk/usr/include/sqlite3.h"
    link "sqlite3"
    export *
}
```

文件module.map中描述了两个模块：sqlite3和sqlite3simulator。module.map可以放置到系

统中的任何位置，然后在"编译参数设置"（Build Settings）中设置文件路径。本例中module.map文件放置在SQLiteDBApp工程目录下面的module文件夹内，如图24-3所示。配置是选择TARGETS→PersistenceLayer→Build Settings→Swift Compiler – Search Paths，点击Import Paths弹出对话框（如图24-4所示），再点击对话框的左下角+按钮，然后添加${SRCROOT}/module/路径。

> 💡 **提示**
> ${SRCROOT}表示工程源程序路径，即工程文件SQLiteDBApp.xcodeproj的位置。

图24-3　module.map文件位置

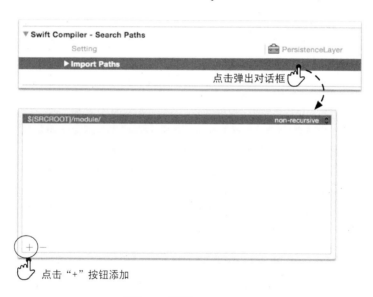

图24-4　设置Import Paths

我们在框架目标中添加NoteDAO.swift文件，代码如下：

```
import Foundation
#if arch(arm64) || arch(arm)
    import sqlite3            // iOS设备                       ①
#else
    import sqlite3simulator  // iOS模拟器
#endif
public class NoteDAO {
```

```
    var db: COpaquePointer = nil  //sqlite3 *db                            ②

    public init() {
        print("构造NoteDAO...")
        self.createDatabase()
    }

    // 创建数据库
    private func createDatabase() {
        let writableDBPath = "<数据文件路径>"
        let cpath = writableDBPath.cString(using: String.Encoding.utf8)

        if (sqlite3_open(cpath!, &db) != SQLITE_OK) {                       ③
            // TODO创建数据表
        }
    }

}
```

上述代码第①行在Swift版本中引入模块sqlite3或sqlite3simulator。

> **注意**
>
> 在iOS设备上运行需要引入模块sqlite3，而iOS模拟器上需要引入模块sqlite3simulator，为了能够在编译时候自动切换，可以采用Swift条件编译，Swift条件编译语句如下：
>
> ```
> #if 条件
>   code
> #elseif 条件
>   code
> #else
> ```
>
> "条件"可以是如下表达式：
>
> ❑ os(参数)，参数可以为OSX或iOS等；
>
> ❑ arch(参数)，参数可以为x86_64、arm、arm64、i386。
>
> 自定义的编译参数，如DEBUG，设定方法如下：
>
> 在Xcode中选择Build Settings → Swift Compiler - Custom Flags → Other Swift Flags，然后添加-D DEBUG。

代码第②行是声明一个不透明指针db，这条声明语句相当于C的sqlite3 *db语句。代码第③行中的sqlite3_open函数用于打开数据。SQLITE_OK是SQLite API提供的常量。

> **提示**
> 上述代码只是实现访问SQLite数据库的部分代码，读者在本节示例中只需要关心添加和配置SQLite链接库的过程，有关SQLite API的具体解释详见下一节。只要上述代码编译通过，这就说明添加SQLite链接库成功了。

从添加SQLite链接库的过程可见，只需在Swift代码中import相应的模块就可以配置成功，不需要在保护伞头文件中暴露头文件。通过这种方法配置第三方库已经不需要保护伞头文件了。

24.4 案例：用 SQLite 嵌入式数据库实现 MyNotes 数据持久层

为了充分理解前面讲解的内容，我们将21.3节介绍的MyNotes应用数据持久层采用SQLite嵌入式数据库实现。其实24.3.2节已经介绍了如何配置SQLite链接库，本节也是将24.3.2节的示例进一步完善。

24.4.1 Note 实体类代码

Note实体类是放置在PersistenceLayer框架目标中的，下面我们来看看具体的实现代码。首先看看Note实体类，Note.swift代码如下：

```swift
import Foundation

public class Note {
    
    public var date: Date?
    public var content: String?
    
    public init(date: Date?, content: String?) {
        self.date = date
        self.content = content
    }
    
    public init() {
    }
}
```

Note实体类以及它的两个属性和构造函数都声明为public，这是因为它们需要在其他模块中访问。

24.4.2 创建表

NoteDAO类是放置在PersistenceLayer框架目标中的。NoteDAO代码比较复杂，主要的编程工作就集中在这里。

NoteDAO.swift中初始化的相关代码如下：

```swift
import Foundation

#if arch(arm64) || arch(arm)
    import sqlite3           // iOS设备
#else
    import sqlite3simulator // iOS模拟器
#endif


//自定义数据访问错误类型
enum DAOError: Error {                                              ①
    case dbOpenFailure      // 数据库打开失败
    case tableCreateFailure // 数据表创建失败
    case dataInsertFailure  // 数据插入失败
    case dataSelectFailure  // 数据查询失败
    case dataDeleteFailure  // 数据删除失败
    case dataUpdateFailure  // 数据更新失败
}

public class NoteDAO {

    let dbFileName = "NotesList.sqlite3"                            ②

    var db: COpaquePointer? = nil // sqlite3 *db

    let dateFormatter = DateFormatter()

    public init() {
        print("构造NoteDAO...")
        self.createDatabase()                                       ③

        dateFormatter.dateFormat = "yyyy-MM-dd HH:mm:ss"
    }
    ...
}
```

上述代码第①行定义了数据访问错误类型DAOError，以便于数据库访问的错误处理。代码第②行定义了数据库文件名。代码第③行是调用自己的方法createDatabase()，以实现数据库表的创建。

NoteDAO.swift中的createDatabase()方法代码如下：

```swift
// 创建数据库
private func createDatabase() throws {

    let path = self.applicationDocumentsDirectoryFile()             ①
    let cpath = path.cString(using: String.Encoding.utf8)           ②

    if sqlite3_open(cpath!, &db) != SQLITE_OK {                     ③
```

```
        // 数据库打开失败
        throw DAOError.dbOpenFailure                            ④
    } else {
        let sql = "CREATE TABLE IF NOT EXISTS Note (cdate TEXT PRIMARY KEY,
        ➥content TEXT)"                                         ⑤
        let cSql = sql.cString(using: String.Encoding.utf8)     ⑥

        if (sqlite3_exec(db,cSql!, nil, nil, nil) != SQLITE_OK) {   ⑦
            // 建表失败
            throw DAOError.tableCreateFailure                   ⑧
        }
    }
    defer {                                                     ⑨
        print("关闭数据库")
        sqlite3_close(db)                                       ⑩
    }
}
```

上述代码第①行通过applicationDocumentsDirectoryFile()方法获得应用可写入目录。第②行代码是将Swift的String类型转换为C语言接受的char*类型数据。

代码第③行是打开数据库，其中sqlite3_open函数的第一个参数是数据库文件的完整路径，需要注意的是在SQLite3函数中接受的是char*类型数据；第二个参数为sqlite3指针变量db的地址；返回值是int类型。我们在SQLite3中定义了很多常量，如果返回值等于常量SQLITE_OK，则说明创建成功。

如果打开数据库失败，则通过代码第④行throw DAOError.dbOpenFailure语句抛出错误；如果打开数据库成功，则需要创建数据库中的表，其中第⑤行代码是建表的SQL语句：CREATE TABLE IF NOT EXISTS Note (cdate TEXT PRIMARY KEY, content TEXT)（当表Note不存在时创建，否则不创建）。

代码第⑥行也是将Swift的String类型转换为C语言接受的char*类型数据。代码第⑦行的sqlite3_exec(db,cSql!, nil, nil, nil)函数是执行SQL语句，该函数的第一个参数是sqlite3指针变量db的地址；第二个参数是要执行的SQL语句；第三个参数是要回调的函数；第四个参数是要回调函数的参数；第五个参数是执行出错的字符串。

代码第⑧行是抛出建表失败错误。

最后，操作执行完成后要通过sqlite3_close函数关闭数据库释放资源，我们可以通过Swift 2之后提供的defer语句关闭数据库，见代码第⑨行和第⑩行。

24.4.3 插入数据

修改数据时涉及的SQL语句有insert、update和delete，这3个SQL语句都可以带参数。修改数据的具体步骤如下所示：

(1) 使用sqlite3_open函数打开数据库；

(2) 使用sqlite3_prepare_v2函数预处理SQL语句；

(3) 使用sqlite3_bind_text函数绑定参数；

(4) 使用sqlite3_step函数执行SQL语句；

(5) 使用sqlite3_finalize和sqlite3_close函数释放资源。

本例中我们只实现了插入数据操作，下面看看代码部分。

NoteDAO.swift中插入Note方法的代码如下：

```swift
// 插入Note方法
public func create(_ model: Note) throws -> Int {
    
    let path = self.applicationDocumentsDirectoryFile()
    let cpath = path.cString(using: String.Encoding.utf8)
    
    var statement: COpaquePointer? = nil
    
    if sqlite3_open(cpath!, &db) != SQLITE_OK {                             ①
        // 数据库打开失败
        throw DAOError.dbOpenFailure                                        ②
    } else {
        let sql = "INSERT OR REPLACE INTO note (cdate, content) VALUES (?,?)"
        let cSql = sql.cString(using: String.Encoding.utf8)
        // 预处理过程
        if sqlite3_prepare_v2(db, cSql!, -1, &statement, nil) == SQLITE_OK {    ③
            
            let strDate = dateFormatter.string(from: model.date! as Date)
            let cDate = strDate.cString(using: String.Encoding.utf8)
            
            let cContent = model.content!.cString(using: String.Encoding.utf8)
            
            // 绑定参数开始
            sqlite3_bind_text(statement, 1, cDate!, -1, nil)                ④
            sqlite3_bind_text(statement, 2, cContent!, -1, nil)             ⑤
            
            // 执行插入
            if sqlite3_step(statement) != SQLITE_DONE {                     ⑥
                // 插入数据失败
                throw DAOError.dataInsertFailure
            }
        }
    }
    
    defer {
        print("释放语句对象")
        sqlite3_finalize(statement)                                         ⑦
    }
    
    defer {
        print("关闭数据库")
        sqlite3_close(db)
    }
```

}
        return 0
}

该方法执行了5个步骤，其中第(1)个步骤（如代码第①行和第②行所示），它与创建数据库的第(1)个步骤一样，这里就不再介绍了。

第(2)个步骤如第③行代码所示，语句sqlite3_prepare_v2(db, cSql!, -1, &statement, nil)是预处理SQL语句。预处理的目的是将SQL编译成二进制代码，提高SQL语句的执行速度。sqlite3_prepare_v2函数的第三个参数代表全部SQL字符串的长度；第四个参数是sqlite3_stmt指针的地址，它是语句对象（通过语句对象可以执行SQL语句）；第五个参数是SQL语句没有执行的部分语句。

第(3)个步骤如代码第④行和第⑤行所示，语句sqlite3_bind_text(statement, 1, cDate!, -1, nil)是绑定SQL语句的参数，其中第一个参数是statement指针；第二个参数为序号（从1开始）；第三个参数为字符串值；第四个参数为字符串长度；第五个参数为一个函数指针。

第(4)个步骤为使用sqlite3_step(statement)执行SQL语句（如代码第⑥行所示）。如果sqlite3_step函数的返回值等于SQLITE_DONE，则说明执行成功。

第(5)个步骤是释放资源，与创建数据库的过程不同，除了使用sqlite3_close函数关闭数据库，还要使用sqlite3_finalize函数释放语句对象statement，见代码第⑦行。它们都通过defer语句执行。

24.4.4 查询数据

数据查询一般会带有查询条件，这可以使用SQL语句的where子句实现，但是在程序中需要动态绑定参数给where子句。查询数据的具体操作步骤如下所示：

(1) 使用sqlite3_open函数打开数据库；

(2) 使用sqlite3_prepare_v2函数预处理SQL语句；

(3) 使用sqlite3_bind_text函数绑定参数；

(4) 使用sqlite3_step函数执行SQL语句，遍历结果集；

(5) 使用sqlite3_column_text等函数提取字段数据；

(6) 使用sqlite3_finalize和sqlite3_close函数释放资源。

NoteDAO.swift中查询所有数据的方法代码如下：

```
public func findAll() throws -> [Note] {

    var listData = [Note]()

    let path = self.applicationDocumentsDirectoryFile()
    let cpath = path.cString(using: String.Encoding.utf8)

    var statement:COpaquePointer? = nil
```

```swift
        if sqlite3_open(cpath!, &db) != SQLITE_OK {
            // 数据库打开失败
            throw DAOError.dbOpenFailure
        } else {
            let sql = "SELECT cdate,content FROM Note"
            let cSql = sql.cString(using: String.Encoding.utf8)
            // 预处理过程
            if sqlite3_prepare_v2(db, cSql!, -1, &statement, nil) == SQLITE_OK {
                // 执行
                while sqlite3_step(statement) == SQLITE_ROW {                       ①

                    let note = Note()                                                ②
                    if let strDate = getColumnValue(index:0, stmt:statement!) {     ③
                        let date : Date = self.dateFormatter.date(from: strDate)!   ④
                        note.date = date                                             ⑤
                    }
                    if let strContent = getColumnValue(index:1, stmt:statement!) {
                        note.content = strContent
                    }
                    listData.append(note)                                            ⑥
                }
            }
        }

        defer {
            print("关闭数据库")
            sqlite3_close(db)
        }
        defer {
            print("释放语句对象")
            sqlite3_finalize(statement)
        }

        return listData
    }

    // 获得字段数据
    private func getColumnValue(index: CInt, stmt: OpaquePointer)->String? {        ⑦

        if let ptr = UnsafeRawPointer.init(sqlite3_column_text(stmt, index)) {      ⑧
            let uptr = ptr.bindMemory(to:CChar.self, capacity:0)                    ⑨
            let txt = String(validatingUTF8:uptr)                                   ⑩
            return txt
        }
        return nil
    }
```

执行查询数据与插入数据的步骤非常类似,我们解释一下不同的代码。代码第①行是使用sqlite3_step(statement)执行SQL语句,如果sqlite3_step函数的返回值等于SQLITE_ROW,则说明还有其他行没有遍历。

代码第②是创建Note对象。

代码第③行是调用代码第⑦行的getColumnValue函数,该函数实现从字段中提取数据的功能。在getColumnValue方法中,代码第⑧行中的UnsafeRawPointer类是表示任意类型的C指针,代码第⑨行是bindMemory(to:CChar.self, capacity:0)方法是将任意类型的C指针绑定到Char类型指针,第一个参数是要绑定的指针类型,第二个参数是容量,不能确定容量可以设置为0。代码第⑩行String (validatingUTF8:uptr)是从指针所指内容创建String,validatingUTF8参数表示验证指针内容是不包含null结尾的UTF8字符串。

代码第⑧行sqlite3_column_text(stmt, index)函数读取字符串类型的字段。需要说明的是,sqlite3_column_text函数的第二个参数用于指定select字段的索引(从0开始)。

读取字段函数的采用与字段类型有关,SQLite3中类似的常用函数还有:

- sqlite3_column_blob()
- sqlite3_column_double()
- sqlite3_column_int()
- sqlite3_column_int64()
- sqlite3_column_text()
- sqlite3_column_text16()

关于其他API,读者可以参考http://www.sqlite.org/cintro.html。

代码第④行是将String转换为Date类型,代码第⑤行是将日期保存到Note对象中。

最后,代码⑥行将Note对象放到listData数组中,遍历结束后listData就填充了所有符合条件的Note对象。

最后还要使用sqlite3_close函数关闭数据库,使用sqlite3_finalize函数释放语句对象statement。

24.4.5 应用沙箱目录

打开数据库时都要调用applicationDocumentsDirectoryFile()方法,该方法代码如下:

```
// 获得数据库文件路径
private func applicationDocumentsDirectoryFile() ->String {
    let documentDirectory = NSSearchPathForDirectoriesInDomains(
        .documentDirectory, .userDomainMask, true) as NSArray
    let path = (documentDirectory[0] as AnyObject)
        .appendingPathComponent(dbFileName) as String
    print("path : \(path)")
    return path
}
```

上述applicationDocumentsDirectoryFile()方法获得应用可写入目录,这个目录称为"沙箱目录"。

> **提示**
> 沙箱目录是一种数据安全策略，很多系统都采用沙箱设计，遵循HTML5规范的一些浏览器也采用沙箱设计。沙箱目录设计的原理就是只允许自己的应用访问目录，而不允许其他的应用访问。在Android平台中，我们通过Content Provider技术将数据共享给其他应用。而在iOS系统中，特有的应用（联系人等）需要特定的API才可以共享数据，其他的应用之间都不能共享数据。有关沙箱目录的具体技术细节，请参考笔者所编著的《iOS开发指南（第5版）》。

24.4.6 表示层开发

PersistenceLayer框架目标编写完成之后，需要由表示层或其他组件调用。

> **提示**
> 表示层是用户与系统交互的组件集合。用户通过这一层向系统提交请求或发出指令，系统通过这一层接收用户请求或指令，待指令消化吸收后再调用下一层，接着将调用结果展现到这一层。表示层应该是轻薄的，不应该具有业务逻辑。iOS开发中表示层是由UIKit Framework构成的，包括：视图、控制器、控件和事件处理等内容。

MyNotes案例运行如图24-5所示，界面是一个表视图，每次启动的时候都会添加一条记录。

图24-5　MyNotes运行界面

ViewController 视图控制器继承了表视图控制器,ViewController.swift代码如下:

```swift
import UIKit
import PersistenceLayer                                          ①

class ViewController: UITableViewController {

    var listData = [Note]()

    var dao: NoteDAO?

    override func viewDidLoad() {
        super.viewDidLoad()

        let now = Date()
        let content = "Hello SQLite."

        let note = Note(date: now, content: content)
        do {
            let dao = try NoteDAO()                              ②
            // 插入数据
            try dao.create(note)                                 ③
            // 查询所有数据
            try listData = dao.findAll()                         ④
        } catch {
        }
        self.title = "MyNotes"                                   ⑤
    }

    // MARK: - 实现表视图数据源协议
    override func tableView(_ tableView: UITableView,
    ↪numberOfRowsInSection section: Int) -> Int {
        return listData.count
    }

    override func tableView(_ tableView: UITableView,
    ↪cellForRowAt indexPath: IndexPath) -> UITableViewCell {

        let cellIdentifier = "CellIdentifier"
        var cell = tableView.dequeueReusableCell(withIdentifier: cellIdentifier)

        if cell == nil {
            cell = UITableViewCell(style: .subtitle,
                ↪reuseIdentifier: cellIdentifier)
        }

        let note = listData[indexPath.row] as Note

        cell!.textLabel!.text = note.content
        cell!.detailTextLabel!.text = note.date!.description

        return cell!
    }
}
```

上述代码第①行是引入PersistenceLayer模块，这是我们编写的PersistenceLayer框架目标，不要忘记配置对PersistenceLayer框架的依赖关系。

代码第②行实例化NoteDAO对象。代码第③行的dao.create(note)语句是插入数据。代码第④行的dao.findAll()语句用于查询所有数据。这3条数据都会抛出错误，所以使用try关键字，另外我们还使用了do-catch结构捕获错误。

代码第⑤行是设置导航栏的标题，虽然这里没有直接调用导航栏对象，但它是通过表视图控制器间接赋值给导航栏的。

有关iOS表视图等具体技术细节，请参考笔者所编著的《iOS开发指南（第5版）》，这里不再赘述。编写完成后你可以运行一下看看效果。

24.5 本章小结

通过对本章内容的学习，广大读者可以了解到Swift与C/C++语言的混合编程，其中包括：应用目标中的混合编程和框架目标中的混合编程。

Part 4 第四部分

游 戏 篇

本部分内容

- 第25章 SpriteKit 游戏引擎

第 25 章 SpriteKit游戏引擎

随着手机游戏的蓬勃发展，手机游戏开发领域出现了很多游戏引擎。苹果公司也不失时机地推出自己的2D游戏引擎SpriteKit和3D游戏引擎SceneKit。本章介绍SpriteKit游戏引擎。

25.1 移动平台游戏引擎介绍

游戏引擎是指一些已编写好的游戏程序模块。游戏引擎包含以下子系统：渲染引擎（即"渲染器"，含二维图像引擎和三维图像引擎）、物理引擎、碰撞检测系统、音效、脚本引擎、电脑动画、人工智能、网络引擎以及场景管理。

目前移动平台的游戏引擎主要可以分为：2D引擎和3D引擎。2D引擎主要有：SpriteKit、Cocos2d-iphone、Cocos2d-x、Corona SDK、Construct 2、WiEngine和Cyclone 2D。3D引擎主要有：SceneKit、Unity3D、Unreal Development Kit、ShiVa 3D和Marmalade。此外还有一些针对HTML 5的游戏引擎：Cocos2d-html5、X-Canvas和Sphinx等。

这些游戏引擎各有千秋，但是目前得到市场普遍认可的2D引擎是Cocos2d-x，3D引擎是Unity3D。这两个引擎的最大优点是跨平台发布。但是如果我们只考虑在iOS和macOS平台上发布游戏，苹果公司提供的SpriteKit和SceneKit引擎是非常不错的选择，使用苹果自己的引擎不用考虑调用本地代码时的兼容问题。而且若采用一些基于Xcode的游戏开发工具，SpriteKit和SceneKit引擎能够很好地与它们结合，使用起来非常方便。

25.2 第一个 SpriteKit 游戏

笔者编写的第一个程序一般都习惯命名为HelloWorld，从它开始再学习其他的内容。这一节介绍的第一个SpriteKit游戏也命名为HelloWorld。

25.2.1 创建工程

首先需启动Xcode工具，然后点击File→New→Project菜单，在打开的Choose a template for your new project界面中选择iOS→Application→Game工程模板（如图25-1所示）。

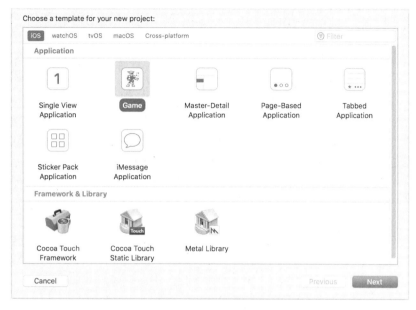

图25-1 选择工程模板

接着点击Next按钮，随即你会看到如图25-2所示的界面：在Product Name中输入HelloWorld，在Language中选择Swift，在Game Technology中选择SpriteKit，在Devices中选择iPhone。其他的内容可以根据你自己的情况填写。

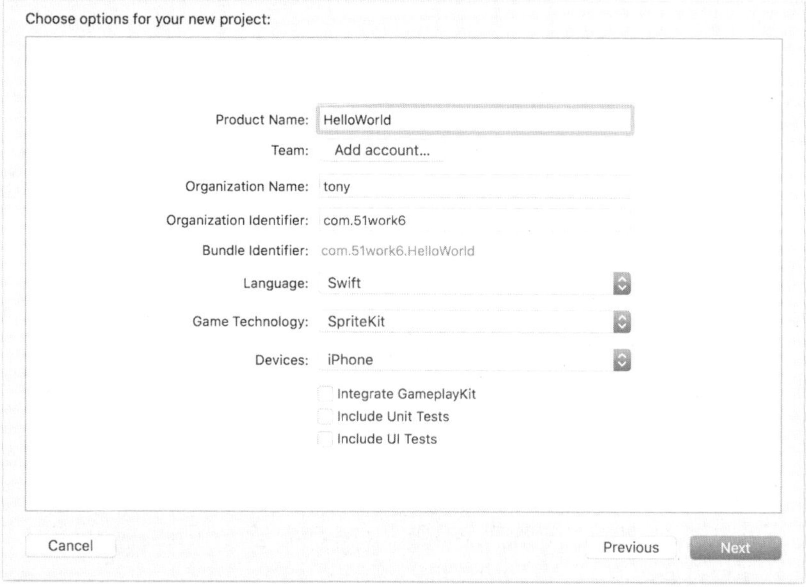

图25-2 新工程中的选项

418 第 25 章 SpriteKit 游戏引擎

> **提示**
>
> 对于Game Technology中的选项SceneKit、SpriteKit、OpenGL ES和Metal，其中OpenGL ES是OpenGL嵌入式版本（OpenGL for Embedded Systems），是OpenGL 三维图形API的子集，针对手机、PDA和游戏主机等嵌入式设备而设计。很多图形加速硬件厂商都提供了对于OpenGL ES和OpenGL的支持。SceneKit和SpriteKit在底层都使用了OpenGL ES作为渲染引擎。OpenGL ES和OpenGL使用起来非常麻烦，需要开发者对OpenGL ES和OpenGL API很熟悉，而这些API似乎就不是给初学者设计的。Metal是一种图像处理引擎，提供一种底层的渲染应用程序编程接口。在iOS 8中，Apple引入了Metal 3D图形库。相对于OpenGL，Metal将给应用表现带来50%的提升。

在图25-2所示界面中设置完相关的工程选项，然后点击Next按钮进入下一级界面。在新出现的界面中请根据提示选择存放文件的位置，然后点击Create按钮，此时将看到如图25-3所示的界面。

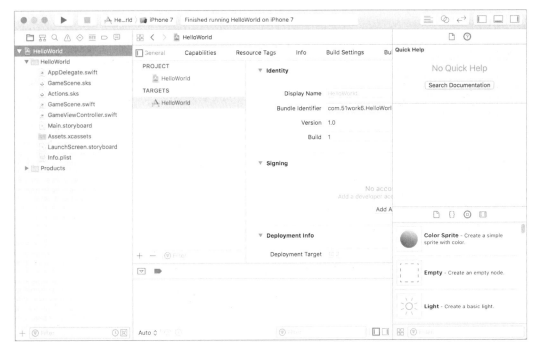

图25-3 新创建的工程

如果运行HelloWorld游戏，结果如图25-4所示，界面中会出现HelloWorld文字。当你触摸屏幕时，程序会在触摸点处添加一个旋转的飞机。

图25-4　新创建的工程

> **注意**
> 在游戏界面的右下角我们可以看到文字"node: 2 18.1 fps",其中node说明界面中有绘制多少个节点对象(SKNode,SKNode是SpriteKit中的根类)。18.1 fps表示当前屏幕刷新频率是18.1次/秒,fps是"次/秒"的缩写,也称为"帧"。一般的应用屏幕刷新频率平均为30帧左右,而游戏应用需要平均60帧以上才可以。屏幕刷新频率越高越耗费资源(包括电池、CPU等资源),因此游戏应用一般是比较耗电的。

25.2.2　工程剖析

在Xcode中打开HelloWorld游戏工程,在文件导航面板中可见:AppDelegate.swift、GameViewController.swift、GameScene.swift、Main.storyboard、LaunchScreen.storyboard、GameScene.sks和Actions.sks文件。下面我们解释一下这几个文件。

1. AppDelegate.swift

AppDelegate是iOS应用程序委托对象,有关iOS应用都需要程序委托对象的具体技术细节请参考笔者著的《iOS开发指南(第5版)》一书,这里不再赘述。

2. GameViewController.swift

游戏工程中唯一的视图控制器(`UIViewController`),它负责创建和配置SKView视图对象,还负责创建SKScene游戏场景对象。

代码如下:

```
import UIKit
import SpriteKit
import GameplayKit

class GameViewController: UIViewController {

    override func viewDidLoad() {
        super.viewDidLoad()

        // 配置视图
        if let view = self.view as! SKView? {

            // 从GameScene.sks文件创建场景对象
            if let scene = SKScene(fileNamed: "GameScene") {             ①
                // 设置缩放到屏幕的模式
                scene.scaleMode = .aspectFill                             ②

                // 呈现场景
                view.presentScene(scene)                                  ③
            }
            // 渲染时忽略兄弟节点顺序,渲染进行优化,以提高性能
            view.ignoresSiblingOrder = true                               ④

            view.showsFPS = true                                          ⑤
            view.showsNodeCount = true                                    ⑥
        }
    }

    override var shouldAutorotate: Bool {                                 ⑦
        return true
    }

    override var supportedInterfaceOrientations: UIInterfaceOrientationMask {  ⑧
        if UIDevice.current.userInterfaceIdiom == .phone {
            return .allButUpsideDown
        } else {
            return .all
        }
    }

    override func didReceiveMemoryWarning() {
        super.didReceiveMemoryWarning()
    }

    override var prefersStatusBarHidden: Bool {                           ⑨
        return true
    }
}
```

上述代码第①行是创建GameScene场景。GameScene场景类继承自SKScene类,SKScene是

SpriteKit提供的场景类。GameScene构造函数的fileNamed参数是场景设计文件GameScene.sks的名字。

代码第②行是设置缩放到屏幕的模式，有时场景大小与屏幕大小不同，如何把场景缩放到屏幕上呢？SpriteKit中定义了4种缩放模式，它们是枚举类型SKSceneScaleMode中定义的成员。

- `resizeFill`。原始尺寸显示，如图25-5a所示。
- `fill`。两个方向刚好填充两边，不考虑保持原始高宽比缩放视频，结果有可能高宽比例失真，如图25-5b所示。
- `aspectFit`。保持原始高宽比缩放视频，使其填充一个方向，另一个方向会有黑边，如图25-5c所示。
- `aspectFill`。保持原始高宽比缩放视频，使其填充两个方向，一个方向可能超出屏幕，若超出则会切除，如图25-5d所示。

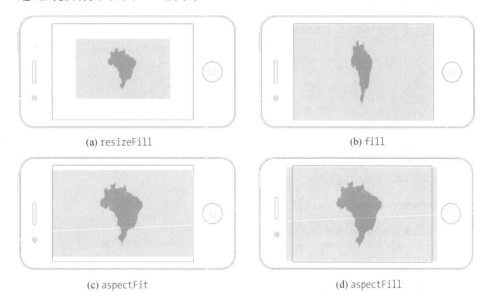

图25-5 缩放模式属性

代码第③行语句view.presentScene(scene)是在view视图中呈现场景，视图view是SKView类型。

代码第④行设置渲染时忽略兄弟节点顺序。SpriteKit采用层级结构管理节点，这些节点构成"节点树"，节点在添加到节点树时是有顺序的，那么渲染时如果忽略固有的添加顺序，可以进行优化渲染，提高性能。

代码第⑤行view.showsFPS = true设置显示帧率。代码第⑥行view.showsNodeCount = true设置显示绘制的节点数。

代码第⑦行是允许屏幕旋转，返回值为true则表示支持，如果返回值为false则表示不支持。

代码第⑧行是设置支持哪个方向的旋转,返回值是UIInterfaceOrientationMask类型,有如下7个成员值。

- portrait。垂直向上,即Home键下边。
- landscapeLeft。水平向左,即Home键右边。
- landscapeRight。水平向右,即Home键左边。
- portraitUpsideDown。垂直向下,即Home键上边。
- landscape。水平方向。
- all。所有(4个)方向。
- allButUpsideDown。除了垂直向下外的其他3个方向。

代码第⑨行是允许隐藏状态栏,返回值为true则表示隐藏,如果返回值为false则表示显示。

3. GameScene.swift

该文件中定义了GameScene类,它继承自SKScene,是游戏场景类。游戏应用开发主要是在场景类中编写代码。

代码如下:

```
import SpriteKit
import GameplayKit

class GameScene: SKScene {
    
    private var label : SKLabelNode?
    private var spinnyNode : SKShapeNode?
    
    override func didMove(to view: SKView) {                                        ①
        
        // 从场景中查找label节点
        self.label = self.childNode(withName: "//helloLabel") as? SKLabelNode       ②
        if let label = self.label {                                                 ③
            label.alpha = 0.0
            label.run(SKAction.fadeIn(withDuration: 2.0))
        }
        
        // 创建形状节点
        let w = (self.size.width + self.size.height) * 0.05
        self.spinnyNode = SKShapeNode.init(rectOf: CGSize.init(width: w, height: w), cornerRadius: w
            * 0.3)                                                                  ④
        
        if let spinnyNode = self.spinnyNode {                                       ⑤
            spinnyNode.lineWidth = 2.5
            
            spinnyNode.run(SKAction.repeatForever(SKAction.rotate(byAngle: CGFloat(M_PI), duration:
                1)))
            spinnyNode.run(SKAction.sequence([SKAction.wait(forDuration: 0.5),
                                              SKAction.fadeOut(withDuration: 0.5),
                                              SKAction.removeFromParent()]))
```

```swift
        }
    }
    
    func touchDown(atPoint pos : CGPoint) {
        if let n = self.spinnyNode?.copy() as! SKShapeNode? {
            n.position = pos
            n.strokeColor = SKColor.green
            self.addChild(n)
        }
    }
    
    func touchMoved(toPoint pos : CGPoint) {
        if let n = self.spinnyNode?.copy() as! SKShapeNode? {
            n.position = pos
            n.strokeColor = SKColor.blue
            self.addChild(n)
        }
    }
    
    func touchUp(atPoint pos : CGPoint) {
        if let n = self.spinnyNode?.copy() as! SKShapeNode? {
            n.position = pos
            n.strokeColor = SKColor.red
            self.addChild(n)
        }
    }
    
    override func touchesBegan(_ touches: Set<UITouch>, with event: UIEvent?) {        ⑥
        if let label = self.label {
            label.run(SKAction.init(named: "Pulse")!, withKey: "fadeInOut")
        }
        
        for t in touches { self.touchDown(atPoint: t.location(in: self)) }
    }
    
    override func touchesMoved(_ touches: Set<UITouch>, with event: UIEvent?) {        ⑦
        for t in touches { self.touchMoved(toPoint: t.location(in: self)) }
    }
    
    override func touchesEnded(_ touches: Set<UITouch>, with event: UIEvent?) {        ⑧
        for t in touches { self.touchUp(atPoint: t.location(in: self)) }
    }
    
    override func touchesCancelled(_ touches: Set<UITouch>, with event: UIEvent?) {    ⑨
        for t in touches { self.touchUp(atPoint: t.location(in: self)) }
    }
    
    override func update(_ currentTime: TimeInterval) {                                ⑩
        // 在渲染每帧前调用
    }
}
```

上述代码第①的didMove(to:)方法是场景被视图呈现完成后马上调用，我们可以在这个方法中添加场景中的节点对象等内容。代码第②行是从场景中查找名字为helloLabel的标签节点（SKLabelNode），标签、精灵等都属于节点；关于节点后面我们会详细介绍。

> 💡 **提示**
>
> 　　参数//helloLabel是字符串匹配模式，它表示从节点树根开始搜索名字为helloLabel的子节点。而helloLabel则是从当前节点搜索名字为helloLabel的子节点。此外还可以使用"*"匹配任意字符。

代码第③行是设置标签节点，其中label.alpha = 0.0是设置标签节点透明度，0.0表示完全透明，即不可见；label.run(SKAction.fadeIn(withDuration: 2.0))语句是执行动作（SKAction），SKAction.fadeIn(withDuration: 2.0)动作是在2 s内执行淡入动作，淡入动作会使节点完全不透明度。

代码第④行是创建形状节点（SKShapeNode），代码第⑤行是设置形状节点。

代码第⑥行、第⑦行、第⑧行和第⑨行是触摸相关方法，touches参数是触摸点集合，event参数是触摸事件。代码第⑥行的touchesBegan方法是触摸开始方法，当一个或多个手指触碰屏幕时触发。代码第⑦行的touchesMoved方法是触摸开始方法，当一个或多个手指在屏幕上移动时触发。代码第⑧行的touchesEnded方法是触摸结束方法，当一个或多个手指离开屏幕时触发。代码第⑨行的touchesCancelled方法是触摸事件取消方法，当触摸事件取消时触发。

代码第⑩行中的update(_:)是游戏循环方法，每一帧渲染时调用，一般情况下我们不需要重写该方法。

4. Main.storyboard

Main.storyboard为主故事板文件，它是界面布局文件。在SpriteKit游戏应用中Main.storyboard只放置了一个SKView视图对象。SKView是SpriteKit游戏提供的视图，SpriteKit游戏将场景渲染到SKView视图对象，这样玩家就可以看到和操控游戏场景了。

5. GameScene.sks

GameScene.sks是场景设计文件，通过Xcode提供的可视化场景设计工具可以设计游戏场景，场景文件后缀名是.sks；不过，.sks文件还可能是动作或粒子系统等设计文件。请打开GameScene.sks场景设计文件，界面如图25-6所示。

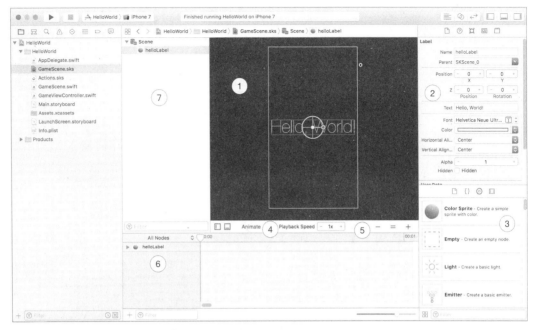

图25-6　GameScene.sks场景设计界面

①部分是设计画布，在这里可以设计、摆放和配置节点。

②部分是节点检查器面板，选择画布中的节点对象，可以在这里设计它的属性。

③部分是对象库，这里包含了各种节点，可以从这里拖曳到画布，使用方法与故事板非常相似。

④部分是Animate/Layout按钮，可以在动作预览模式和编辑模式下切换。

⑤部分是缩放按钮，可以改变画布的大小。

⑥部分是节点动作设计区域，非常类似于Flash。

⑦部分是场景的节点树，可以看到该节点中所有的节点，以及父子关系。

> 提示
>
> 　　场景设计工具提供了一种所见即所得的开发方式，通过鼠标拖曳，并设置一些属性就可以开发了。当然，事实上也没有那么简单，还需要一些代码配合。如果愿意，你也可以不使用场景设计工具，所有场景和场景中的节点对象全部用纯代码实现。

6. Actions.sks

Actions.sks是游戏动作文件，通过Xcode提供的可视化设计工具可以设计游戏动作，与场景文件一样文件后缀名都是.sks。打开Actions.sks动作设计文件,界面如图25-7所示,可见设计界面类似于场景设计界面。

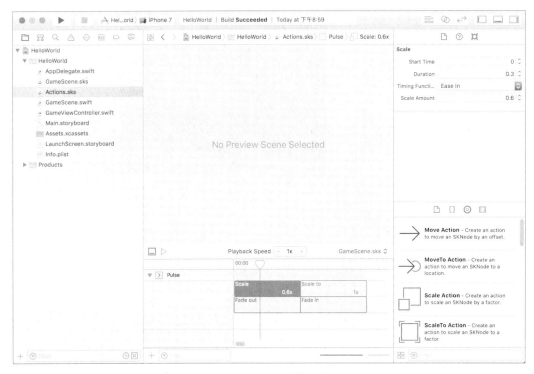

图25-7　Actions.sks动作设计界面

25.3　一切都是节点

SpriteKit中一切都是节点,节点类SKNode是SpriteKit的根类,我们前面用到的标签节点、精灵节点和场景都属于节点。

25.3.1　节点"家族"

SKNode节点类是SpriteKit的根类,类图参见图25-8。

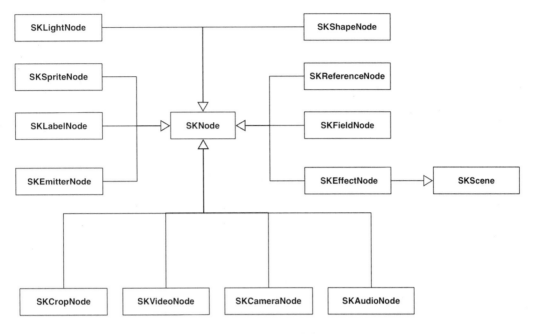

图25-8　SKNode节点类图

关于这些节点，我们重点介绍如下。

- **SKSpriteNode**。精灵节点，通过纹理图片绘制节点，游戏中的"英雄""怪""敌人"等都属于精灵节点。
- **SKVideoNode**。播放视频内容的节点。
- **SKLabelNode**。标签节点，显示文本节点，例如：菜单、显示分数、提示文字等。
- **SKShapeNode**。形状节点。
- **SKEmitterNode**。粒子系统节点。
- **SKEffectNode**。特效节点，其SKScene是它的子类。
- **SKLightNode**。灯光节点。
- **SKAudioNode**。音效节点。
- **SKScene**。场景节点。

25.3.2　节点树

SpriteKit采用层级（树形）结构管理场景，一个场景可以包含多个精灵、标签、粒子系统和形状等如图25-8所示的节点对象，这样就构成了一颗节点树，如图25-9所示。

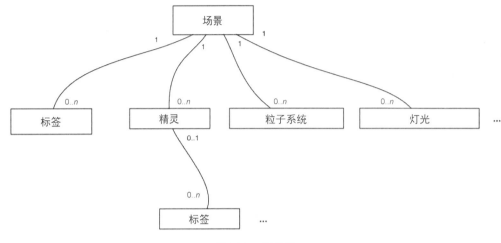

图25-9 节点树

场景是这颗树的根,其他的节点还可以包含其他节点,我们可通过节点相应的add方法添加节点到树中,通过节点相应的remove方法把节点从树中移除。

25.3.3 节点中重要的方法

节点类SKNode作为根类,有很多重要的方法,下面我们分别介绍一下。

- init?(fileNamed: String)。通过文件名创建节点。
- func addChild(_ node: SKNode)。添加子节点。
- func childNode(withName name: String) -> SKNode?。通过名字查找子节点。
- func removeAllChildren()。删除所有子节点。
- func removeFromParent()。从父节点树中移除当前节点。
- func run(_ action: SKAction)。执行一个动作。
- func run(_ action: SKAction, withKey key: String)。执行一个动作,并为动作提供一个"键"(key)作为唯一标识。
- func run(_ action: SKAction, completion block: @escaping () -> Void)。执行一个动作,完成后执行一个闭包。
- func removeAction(forKey key: String)。通过"键"移除动作。
- func removeAllActions()。移除所有动作。

25.3.4 节点中重要的属性

此外,节点还有一些非常重要的属性。

- var name: String? { get set }。节点的名字。

- var position: CGPoint { get set }。节点的位置坐标，CGPoint类型。
- var zPosition: CGFloat { get set }。节点Z轴的位置坐标，默认值为0.0。
- var xScale: CGFloat { get set }。节点X轴方向缩放。
- var yScale: CGFloat { get set }。节点Y轴方向缩放。
- var parent: SKNode? { get }。获得父节点对象。
- var scene: SKScene? { get }。获得当前节点所在场景的节点对象。

> 提示
>
> SpriteKit坐标不同于UIKit坐标，UIKit坐标原点在屏幕的左上角，而SpriteKit坐标原点在屏幕的左下角。Z轴正方向是从屏幕指出，屏幕往里是负数，屏幕往外是正数。

25.4 精灵

精灵是游戏中非常重要的概念，在SpriteKit中精灵类是SKSpriteNode，是通过图形纹理[①]、颜色块绘制的节点对象。

25.4.1 精灵类 SKSpriteNode

SKSpriteNode类直接继承了SKNode类，具有节点的基本特征。

1. 创建精灵节点

我们先介绍一下如何创建精灵对象。创建精灵对象有多种方式，其中常用的构造函数如下。

- init(color color: UIColor, size size: CGSize)。通过一个颜色块创建精灵节点。
- init(imageNamed name: String)。通过图片文件创建精灵节点。
- init(texture texture: SKTexture?)。通过SKTexture纹理对象创建精灵节点。

2. 精灵锚点属性

SKSpriteNode类还有一个非常重要的属性——anchorPoint（锚点），该属性与position（位置）属性有点相似；position属性是节点对象的实际位置，往往还要配合使用anchorPoint属性。为了将一个节点对象（标准矩形图形）精准地放置在屏幕的某一个位置上，我们需要设置该矩形的anchorPoint（锚点），anchorPoint是相对于position的比例，anchorPoint的计算公式是(w1/w2，h1/h2)。图25-10所示锚点位于节点对象矩形内，w1是锚点到节点对象左下角的水平距离，w2是节点对象的宽度；h1是锚点到节点对象左下角的垂直距离，h2是节点对象的高度。(w1/w2，h1/h2)计算结果为(0.5,0.5)，所以anchorPoint为(0.5,0.5)，anchorPoint的默认值就是(0.5,0.5)。

[①] 纹理（texture），表示物体表面细节的一幅或多幅二维图形，也称纹理贴图。当我们把纹理按照特定的方式映射到物体表面上的时候，能使精灵看上去更加真实。

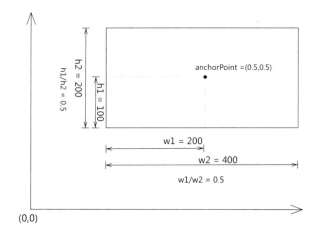

图25-10　anchorPoint为(0.5, 0.5)

图25-11所示是anchorPoint为(0.66, 0.5)情况。

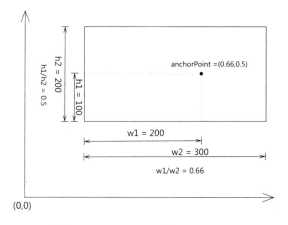

图25-11　anchorPoint为(0.66, 0.5)

anchorPoint还有两个极端值，一个是锚点在节点对象矩形的右上角（如图25-12所示），此时anchorPoint为(1, 1)；另一个是锚点在节点对象矩形的左下角（如图25-13所示），此时anchorPoint为(0, 0)。

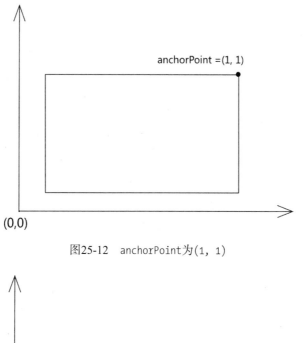

图25-12　anchorPoint为(1, 1)

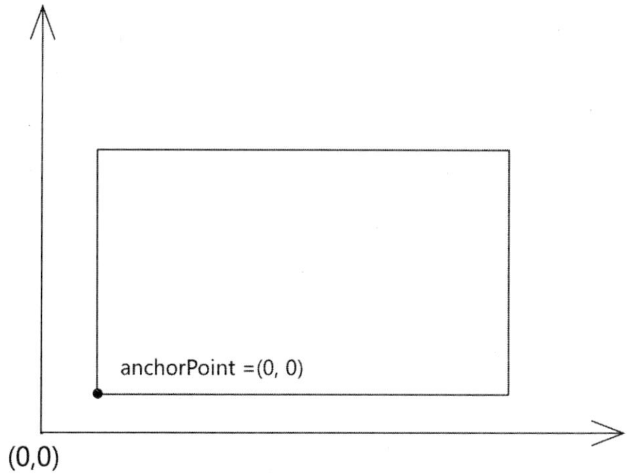

图25-13　anchorPoint为(0, 0)

25.4.2　案例：沙漠英雄场景

本节我们会通过一个案例介绍如何创建精灵节点对象（如图25-14所示），其中有"地""树""山"和"英雄"等精灵。场景中有5个精灵（如图25-15所示），其中的tree包含了3颗树，而"山"是两个不同的精灵mountain1和mountain2。

图25-14　沙漠英雄场景实例

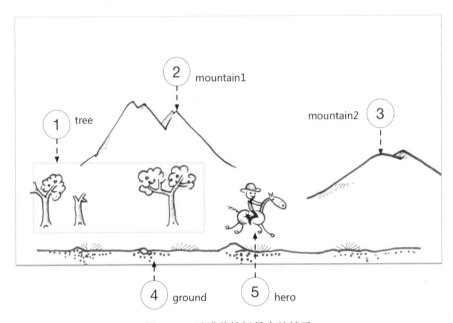

图25-15　沙漠英雄场景中的精灵

为了介绍场景设计工具的使用，我们将①、②和③使用场景设计工具摆放到场景中，而④和⑤通过代码放到场景中。

首先参考25.2节创建SpriteKit工程Hero，本示例没有动作，所以可以删除工程中的Actions.sks文件。然后将所需精灵图片放到工程中，Xcode工程有一个Assets.xcassets目录，打开便会看到如

图25-16所示的界面（默认有AppIcon项目），打开AppIcon右边会有一些小虚框框，这些小虚框框下面有一些说明。这里的AppIcon用于添加应用图标。

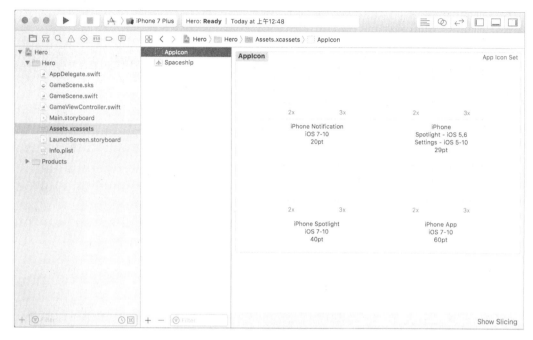

图25-16　资源目录

Assets.xcassets称为资源目录（asset catalog），可用于管理图片，包括：应用图标、启动界面、工具栏图标，以及应用中需要的任何图片。它能够为不同分辨率的设备提供几种不同规格的图片，这些不同规格的图片具有相同的图片集名，程序或设计器可以通过图片集名使用图片。图片集中3x是iPhone Plus（包括iPhone 6 Plus /6s Plus /7 Plus）视网膜显示屏所需图片，2x是除iPhone Plus外的视网膜显示屏所需图片，1x是普通显示屏所需图片。

下面看看如何将hero1.png图片添加到资源目录。我们可以从操作系统的Finder中拖曳资源目录，如图25-17所示。拖曳成功后资源目录中会出现以图片名命名的图片集，那么hero1.png的默认图片集名就是hero1。本例中我们需要把它修改为"hero"（如图25-18所示），方法是双击图片集名使之处于编辑状态，然后修改它的名字。另外，本例中我们只准备了一张2x图片，而默认图片是放在1x处的，我们需要将图片从1x拖曳到2x处。

第 25 章　SpriteKit 游戏引擎

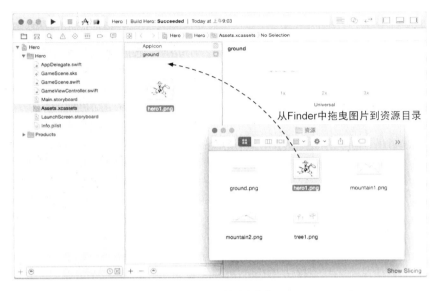

图25-17　添加图片集

图25-18　设置图片集

> **提示**
> 　　默认生成图片集提供的是Universal版本（包括了iPhone和iPad）图片集，如果考虑其他设备，可以右键添加其他设备图片集。

请按照上面的方法将其他精灵图片添加到资源目录中，然后打开GameScene.sks场景设计文件来设计游戏场景。本例中，我们需要添加"树"和"山"到场景中，具体步骤如下。

1. 初始化场景

首先需要初始化场景，本例只考虑iPhone 5系列设备的横屏显示。具体设置步骤：点击右边栏上的属性检查器按钮 来打开属性检查器，首先将场景设置为白色背景，方法是通过Scene→Color选择白色。然后选择Scene→Size为iPhone SE，这是因为iPhone SE屏幕尺寸与iPhone 5系列相同；然后再选择设备朝向为Landscape（横屏）。最后，设置场景锚点为（0，0），方法是通过Scene→Anchor Point实现。设置场景锚点为（0，0）意味着整个场景坐标原点在屏幕的左下角。

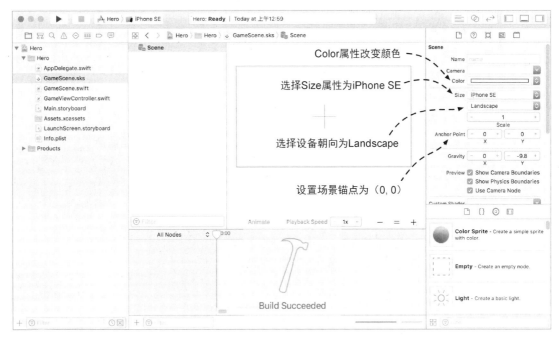

图25-19　初始化场景

2. 添加"树"到场景

从对象库中找到Color Sprite，将它拖曳到场景设计界面上（如图25-20所示）。拖曳完成后，我们需要设置精灵的纹理，在右边属性检查器中选择Sprite→Texture，如图25-21所示打开Texture属性后的下拉框选择tree，当精灵节点的大小不合适，此时可以按住shift键，使用鼠标拖曳精灵节点矩形边框"角"进行缩放。

第 25 章 SpriteKit 游戏引擎

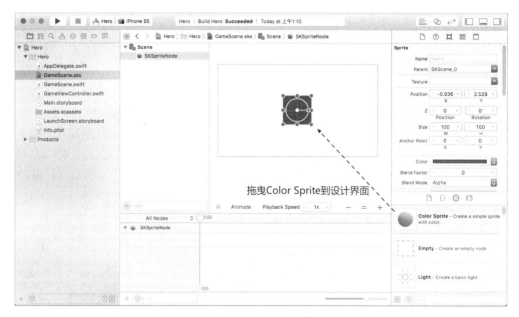

图25-20　添加精灵节点到场景

图25-21　设置精灵节点

采用上面添加"树"的方法添加两个"山"到场景，并设置合适的大小和位置，结果如图25-22所示。

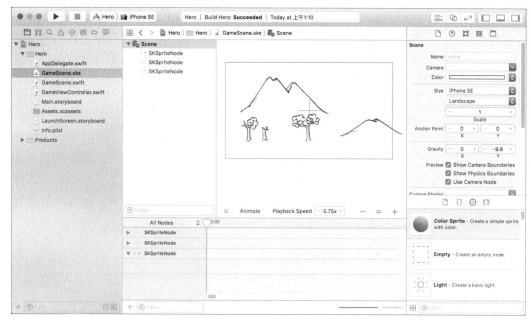

图25-22　场景设计完成

在游戏场景文件中完成设计后，我们看看程序代码；也可以通过程序代码添加精灵到场景。因为只是在GameScene中添加精灵，所以只需修改GameScene.swift文件。GameScene.swift代码如下：

```
import SpriteKit

class GameScene: SKScene {
    
    override func didMove(to view: SKView) {
        
        let ground = SKSpriteNode(imageNamed: "ground")             ①
        ground.position = CGPoint(x:self.frame.midX, y:15)
        self.addChild(ground)
        
        let hero = SKSpriteNode(imageNamed: "hero")                 ②
        hero.xScale = 0.5
        hero.yScale = 0.5
        hero.position = CGPoint(x:320, y:70)
        self.addChild(hero)
    }
}
```

上述代码第①行创建ground精灵节点对象，然后设置它的位置，并添加它到当前场景中。代码第②行是创建hero精灵节点对象，然后将精灵缩小一半，接着又设置它的位置，并添加它到当前场景中。

> **提示**
>
> ground和hero两个精灵节点是通过程序代码添加到场景中的，而"树"和"山"添加精灵节点是在场景设计界面添加的。通过程序代码添加节点对象到场景的步骤至少包括：创建节点、设置节点位置、添加节点到场景。

代码编写完成后就可以试运行看看效果了。采用场景设计文件进行设计能够实现所见即所得的效果，因此摆放节点位置以及改变大小很方便，而采用程序代码实现来设置节点的位置和大小就比较麻烦，要设置实现比较合适的位置和大小，需要一再修改代码并运行。

由于本例中的游戏为横屏显示，我们需要先进行设置。设置过程如图25-23所示，在目标列表中选择Hero→General→Deployment Info→Device Orientation（横屏情况下要选中Landscape Left 和Landscape Right）。

图25-23 设置游戏应用横屏显示

25.4.3 使用纹理图集性能优化

纹理图集（texture atlas）也称精灵表（sprite sheet），它是把许多小的精灵图片组合到一张大图里面。使用纹理图集（或精灵表）主要有如下优点：

❑ 减少文件读取次数，读取一张图片比读取一堆小文件要快；
❑ 减少绘制引擎的调用次数，能够加速渲染。

在Cocos2d等其他游戏引擎中，我们均可以使用纹理图集制作工具Zwoptex 和TexturePacker，这些工具能生成纹理图集文件（如图25-24所示）和坐标文件。

图25-24　精灵表文件SpirteSheet.png

SpiteKit不需要Zwoptex 和TexturePacker等其他工具，Xcode本身就提供了这些工具。要在Xcode中使用纹理图集，我们需要在Finder中创建一个以.atlas为后缀名的文件夹，把所需要的图片放到这个文件夹中（如图25-25所示）。

> ※ **注意**
> 　　文件命名需要注意，如果提供的图片是为iPhone Plus 视网膜显示屏准备的，则文件命名时要加@3x后缀，如hero@3x.png；如果提供的图片是为除iPhone Plus外的视网膜显示屏准备的，则文件命名要加@2x后缀，如hero@2x.png；为普通显示屏提供图片不需要加后缀。

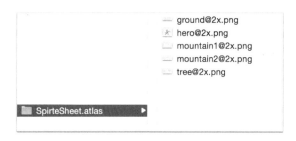

图25-25　纹理图集文件夹

把该文件添加到Xcode工程时，注意在添加对话框（如图25-26所示）的Added folders中选择Create folder references，这样Xcode会把它当作"文件夹"来看待。

> 提示
>
> 纹理图集的精灵表文件和坐标文件是在工程编译时生成的。我们可以编译一下工程，然后在生成的文件包中可以看到SpirteSheet.atlasc文件夹，而在这个文件夹中又可以看到SpirteSheet.1@2x.png和Spirte Sheet.plist。

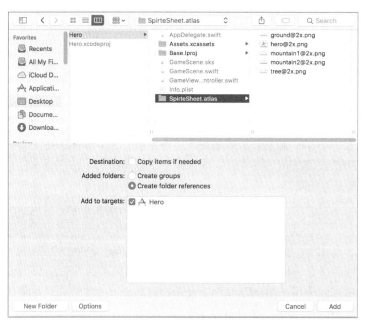

图25-26　添加纹理图集文件夹到Xcode

一旦采用了纹理图集，在游戏场景设计文件和程序代码中都需要做一些修改。在场景设计文件中需要重新选中精灵节点的Texture属性，还要根具情况调整大小和位置。GameScene.swift程序

代码修改如下:

```
import SpriteKit

class GameScene: SKScene {

    override func didMove(to view: SKView) {

        let textureAtlas = SKTextureAtlas(named:"SpirteSheet")                    ①

        let ground = SKSpriteNode(texture: textureAtlas.textureNamed("ground"))   ②
        ground.position = CGPoint(x:self.frame.midX, y:15)
        self.addChild(ground)

        let hero = SKSpriteNode(texture: textureAtlas.textureNamed("hero"))       ③
        hero.xScale = 0.5
        hero.yScale = 0.5
        hero.position = CGPoint(x:320, y:70)
        self.addChild(hero)

    }
}
```

上述代码第①行创建纹理图集SKTextureAtlas对象,其中named参数是纹理图集文件夹名。代码第②行和第③行是通过纹理创建精灵节点对象,其中textureAtlas.textureNamed("ground")是通过纹理图集对象查找ground纹理对象,再由纹理对象构建精灵节点对象。

25.5 场景切换

前面章节介绍的实例都局限于单个场景,但是实际游戏应用中往往有多个场景,而多个场景间必然需要切换。

25.5.1 场景切换方法

场景切换是通过SKView类实现的,其中的相关方法如下。

❑ func presentScene(_ scene: SKScene?)。从当前场景切换到另一个新场景。
❑ func presentScene(_ scene: SKScene, transition: SKTransition)。从当前场景切换到另一个新场景,这个过程中可以指定过渡动画,transition是过渡动画SKTransition实例。

没有过渡动画的场景切换代码如下:

```
let settingScene = SettingScene(fileNamed: "SettingScene")
self.view?.presentScene(settingScene!)
```

SettingScene是要切换到的下一个场景,通过SkView的presentScene(_:)方法进入下一个场景。

带有过渡动画的场景切换代码如下:

```
let doors = SKTransition.doorway(withDuration: 1.0)
let settingScene = SettingScene(fileNamed: "SettingScene")
settingScene!.scaleMode = .aspectFill
self.view?.presentScene(settingScene!, transition: doors)
```

SKTransition.doorway(withDuration: 1.0)语句获得持续1 s的门廊打开效果过渡动画。

25.5.2 场景过渡动画

场景切换时可以添加过渡动画，场景过渡动画是由SKTransition类展示的。SKTransition类有很多静态方法可以获得新的SKTransition过渡动画对象，这些静态方法如下。

- `class func crossFade(withDuration sec: TimeInterval) -> SKTransition`。两个场景交叉淡入淡出效果。
- `class func doorsCloseHorizontal(withDuration sec: TimeInterval) -> SKTransition`。门水平关闭效果。
- `class func doorsCloseVertical(withDuration sec: TimeInterval) -> SKTransition`。门垂直关闭效果。
- `class func doorsOpenHorizontal(withDuration sec: TimeInterval) -> SKTransition`。门水平打开效果。
- `class func doorsOpenVertical(withDuration sec: TimeInterval) -> SKTransition`。门垂直打开效果。
- `class func doorway(withDuration sec: TimeInterval) -> SKTransition`。门廊打开效果。
- `class func fade(withDuration sec: TimeInterval) -> SKTransition`。淡入淡出效果。
- `class func fade(with color: UIColor, duration sec: TimeInterval) -> SKTransition`。指定颜色的淡入淡出效果。
- `class func flipHorizontal(withDuration sec: TimeInterval) -> SKTransition`。水平翻转效果。
- `class func flipVertical(withDuration sec: TimeInterval) -> SKTransition`。垂直翻转效果。
- `class func moveIn(with direction: SKTransitionDirection, duration sec: TimeInterval) -> SKTransition`。新场景移入，覆盖老场景，第一个参数direction是SKTransitionDirection枚举类型，是指定移入的方向，SKTransitionDirection枚举类型的成员有：up、down、right和left。
- `class func push(with direction: SKTransitionDirection, duration sec: TimeInterval) -> SKTransition`。新场景移入，推出老场景，第一个参数direction同上。
- `class func reveal(with direction: SKTransitionDirection, duration sec: TimeInterval) -> SKTransition`。老场景移出，后面会露出新场景，第一个参数direction同上。

25.5.3 案例：沙漠英雄场景切换

下面我们通过一个示例演示场景切换，如图25-27所示有两个场景Game（见图25-27a）和Setting（见图25-27b）：在Game场景中点击"游戏设置"按钮可以切换到Setting场景，在Setting场景中点击OK按钮可以返回到Game场景。

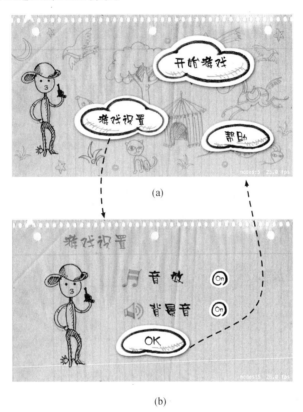

图25-27 场景之间的切换示例

我们首先需要在工程中添加一个Setting场景，包括：代码文件SettingScene.swift和场景设计文件SettingScene.sks。创建代码文件SettingScene.swift的过程不再赘述。要创建场景设计文件SettingScene.sks，可以通过选择Xcode菜单File→New→File，在如图25-28所示的弹出对话框中选择模板iOS→Resource→SpriteKit Scene，然后点击Next按钮，输入文件名SettingScene创建场景设计文件。

另外，两个文件创建成功后，还需要在SettingScene.sks中进行配置，使它们能够关联起来，打开SettingScene.sks文件，点击右边的自定义类检查器按钮，如图25-29所示在Custom Class中输入场景类名"SettingScene"。

444 第 25 章 SpriteKit 游戏引擎

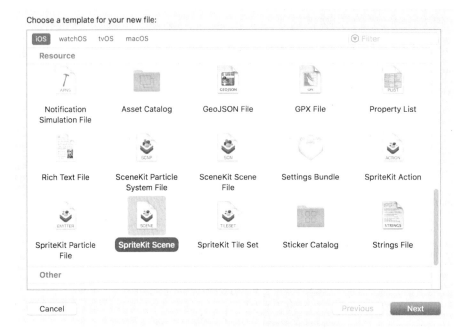

图25-28 添加SettingScene场景设计文件

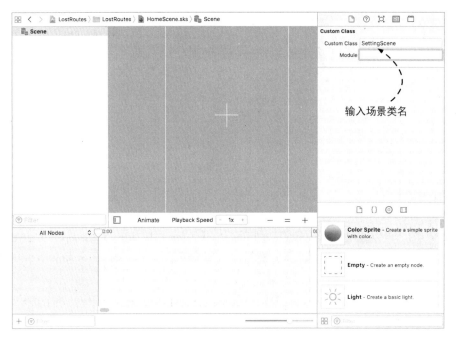

图25-29 设置SettingScene场景设计文件

为了方便，本例中我们只考虑将"游戏设置"按钮和OK按钮通过代码实现，其他背景和按钮都通过场景设计工具实现。

首先请参考25.4.3节将图片添加到资源目录（asset catalog）中，然后参考图25-27所示界面布局在场景设计界面中摆放节点对象。

> **提示**
>
> 背景和按钮都可以当作精灵节点对象。背景精灵节点最好设置zPosition实现为负数，负数表示"屏幕往里"，是在所有其他节点的后面。如图所示，在场景设计界面中设置zPosition属性为–1。

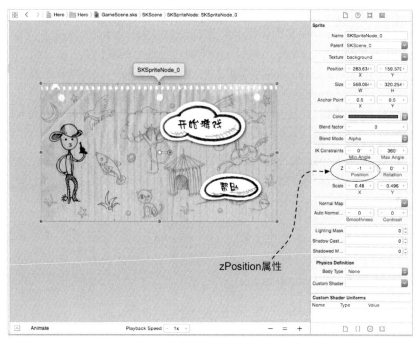

设置zPosition属性

下面我们看看代码部分，GameScene.swift中的代码如下：

```
import SpriteKit

class GameScene: SKScene {

    override func didMove(to view: SKView) {

        let settingButton = WKSpriteButton(normalImageName: "setting-up",
            selectedImageName: "setting-down",
```

```
            callback: #selector(GameScene.touchSettingButton))                ①
        settingButton.position = CGPoint(x:220, y:115)
        self.addChild(settingButton)

    }

    func touchSettingButton() {                                               ②
        print("touchSettingButton")

        let doors = SKTransition.doorway(withDuration: 1.0)
        let settingScene = SettingScene(fileNamed: "SettingScene")
        settingScene!.scaleMode = .aspectFill
        self.view?.presentScene(settingScene!, transition: doors)
    }
}
```

Game场景代码比较少，主要是因为很多精灵节点通过场景设计工具实现了。代码第①行是实例化WKSpriteButton按钮对象。WKSpriteButton是笔者自己编写的按钮类，它继承了SKSpriteNode，属于精灵节点。自定义WKSpriteButton类的原因是SKSpriteNode没有提供精灵触摸事件，也没有按下和抬起等状态。WKSpriteButton类实现了这些需求，WKSpriteButton构造函数的normalImageName参数是按钮正常状态的图片，selectedImageName参数是按钮处于按下状态时的图片，callback参数提供了触摸事件触发的方法，它是Selector类型，类似于函数指针，封装了要调用的方法。

代码第②行定义的touchSettingButton()方法是在触摸settingButton按钮时调用的。这个方法实现了场景切换，具体代码不再解释。

SettingScene.swift中的代码如下：

```
import SpriteKit

class SettingScene: SKScene {

    override func didMove(to view: SKView) {

        let okButton = WKSpriteButton(normalImageName: "ok-up",
            selectedImageName: "ok-down",
            callback: #selector(SettingScene.touchOkButton))

        okButton.position = CGPoint(x:self.frame.midX, y:80)
        self.addChild(okButton)
    }

    func touchOkButton() {
        print("touchOkButton")

        let doors = SKTransition.doorsCloseHorizontal(withDuration: 0.6)
        let gameScene = GameScene(fileNamed: "GameScene")
        gameScene!.scaleMode = .aspectFill
        self.view?.presentScene(gameScene!, transition: doors)
    }
}
```

Setting场景代码与Game场景代码非常类似，这里不再解释。

25.6 动作

游戏的世界是一个动态的世界，无论是玩家控制的精灵还是非玩家控制的精灵，包括背景都可能是动态的。SpriteKit中的动作类是SKAction。

25.6.1 常用动作

在SpriteKit中动作种类有很多，常用的动作主要涉及节点移动、旋转、缩放和透明度变化。SKAction类有很多静态方法，可以获得新的SKAction动作对象。

> 💡 **提示**
> 这些方法中很多都有XxxTo和XxxBy的命名，XxxTo是表示改变到绝对的值，而XxxBy是改变到相对的值。

这些动作相关的静态方法如下：

```
// 沿X轴和沿Y轴移动一段距离，duration是持续时间
class func moveBy(x deltaX: CGFloat,
    y deltaY: CGFloat,
    duration sec: TimeInterval) -> SKAction

// 沿X轴和沿Y轴移动一段距离，duration是持续时间
class func move(by delta: CGVector,         // CGVector是一个二维矢量
    duration sec: TimeInterval) -> SKAction

// 移动到location位置，这是一个绝对位置
class func move(to location: CGPoint,
    duration sec: TimeInterval) -> SKAction

// X轴坐标移动到绝对位置
class func moveTo(x: CGFloat,
    duration sec: TimeInterval) -> SKAction

// Y轴坐标移动到绝对位置
class func moveTo(y: CGFloat,
    duration sec: TimeInterval) -> SKAction

// 在持续的时间内，沿着一个路径移动
class func follow(_ path: CGPath,           // CGPath路径类
    duration sec: TimeInterval) -> SKAction

// 以指定的速度沿着一个路径移动
class func follow(_ path: CGPath,           // CGPath路径类
```

```
    speed: CGFloat) -> SKAction              // speed速度

// 旋转一定的角度
class func rotate(byAngle radians: CGFloat,   // radians单位是弧度
    duration sec: TimeInterval) -> SKAction

// 旋转到指定的角度
class func rotate(toAngle radians: CGFloat,   // radians单位是弧度
    duration sec: TimeInterval) -> SKAction

// 相对于当前大小缩放
class func scale(by scale: CGFloat,
    duration sec: TimeInterval) -> SKAction

// 缩放到一个绝对数值
class func scale(to scale: CGFloat,
    duration sec: TimeInterval) -> SKAction

// 在X轴和Y轴方向上相对缩放
class func scaleX(by xScale: CGFloat,
    y yScale: CGFloat,
    duration sec: TimeInterval) -> SKAction

// 在X轴和Y轴方向上绝对缩放
class func scaleX(to xScale: CGFloat,
    y yScale: CGFloat,
    duration sec: TimeInterval) -> SKAction

// 在X轴方向上绝对缩放
class func scaleX(to scale: CGFloat,
    duration sec: TimeInterval) -> SKAction

// 在Y轴方向上绝对缩放
class func scaleY(to scale: CGFloat,
    duration sec: TimeInterval) -> SKAction

// 淡入效果。改变alpha（透明度）值到1.0，alpha范围是0.0~1.0，0.0表示完全透明，1.0表示完全不透明
class func fadeIn(withDuration sec: TimeInterval) -> SKAction

// 淡出效果。改变alpha（透明度）值到0.0
class func fadeOut(withDuration sec: TimeInterval) -> SKAction

// 相对于当前大小改变alpha（透明度）值
class func fadeAlpha(by factor: CGFloat,
    duration sec: TimeInterval) -> SKAction

// alpha（透明度）改变为一个绝对数值
class func fadeAlpha(to alpha: CGFloat,
    duration sec: TimeInterval) -> SKAction
```

下面来看一个使用动作的示例。还记得25.5.3节中的WKSpriteButton按钮类吗？其中与动作相关的代码如下：

```
// 触摸开始方法，当手指触摸屏幕时触发
override func touchesBegan(_ touches: Set<UITouch>, with event: UIEvent?) {

    self.texture = self.selectedTexture

    let ac1 = SKAction.scale(by: 1.2, duration: 0.1)                    ①
    self.run(ac1)                                                        ②
}

// 触摸结束方法，当手指离开屏幕时触发
override func touchesEnded(_ touches: Set<UITouch>, with event: UIEvent?) {

    self.texture = self.normaleTexture

    let ac1 = SKAction.scale(by: 1.0/1.2, duration: 0.1)                ③

    self.run(ac1, completion: { () -> Void in                           ④
        Timer.scheduledTimer(timeInterval: 0.0,
            target: self.parent!,
            selector: self.callback,
            userInfo: nil,
            repeats: false)
    })
}
```

上述代码第①行是创建一个相对缩放动作，通过代码第②行的self.run(ac1)语句执行动作，run(_:)是SKNode的方法，所有节点都可以执行动作。

代码第③行也是创建一个相对缩放动作，它的作用是当用户手指从按钮上抬起时，将原来放大的按钮恢复到原来大小，放大时缩放因子是1.0，那么恢复时缩放因子是1.0/1.2。

代码第④行的run(_:completion:)方法带有一个闭包参数，在动作执行完成之后调用。

25.6.2 组合动作

动作往往不是单一的，而是复杂的组合。我们可以按照一定的次序将一些基本动作组合起来形成一套连贯的组合动作。组合动作包括以下几类：顺序、并列、有限次数重复、无限次数重复和反动作。

相关动作静态方法如下：

```
// 顺序动作，参数的多个动作数组
class func sequence(_ actions: [SKAction]) -> SKAction

// 并列动作，参数的多个动作数组
class func group(_ actions: [SKAction]) -> SKAction

// 有限次数重复，count参数是重复的次数
class func repeat(_ action: SKAction, count: Int) -> SKAction
```

```
// 无限次数重复
class func repeatForever(_ action: SKAction) -> SKAction

// 当前动作的反动作。注意，它是实例方法
func reversed() -> SKAction
```

下面我们通过一个示例介绍组合动作的使用，这个示例如图25-30所示。图25-30a是一个操作菜单场景，触摸标签节点可以进入到图25-30b所示的动作场景；在图25-30b所示的动作场景中点击Go按钮可以执行我们选择的动作效果，点击Back按钮可以返回菜单场景。

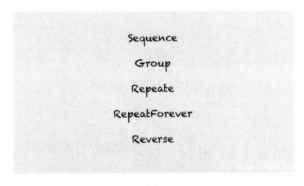

(a)

(b)

图25-30　组合动作示例

下面看看代码部分，操作菜单场景的GameScene.swift代码如下：

```
import SpriteKit

enum ActionTypes : Int {
    case kSequence = 100, kGroup, kRepeate, kRepeatForever, kReverse        ①
}

class GameScene: SKScene {
```

```
override func didMove(to view: SKView) {

    let labelSpace: CGFloat = 50                                          ②

    let sequenceLabel = WKLabelButton(text: "Sequence",
    ➥fontNamed:"Chalkduster",
    ➥callback: #selector(touchSequenceLabel))                             ③
    sequenceLabel.position = CGPoint(x:self.frame.midX,
    ➥y:self.frame.height - 60)
    self.addChild(sequenceLabel)

    let groupLabel = WKLabelButton(text: "Group",
    ➥fontNamed:"Chalkduster", callback: #selector(touchGroupLabel))
    groupLabel.position = CGPoint(x:self.frame.midX,
    ➥y:sequenceLabel.position.y - labelSpace)
    self.addChild(groupLabel)

    let repeateLabel = WKLabelButton(text: "Repeate",
    ➥fontNamed:"Chalkduster", callback: #selector(touchRepeateLabel))
    repeateLabel.position = CGPoint(x:self.frame.midX,
    ➥y:groupLabel.position.y - labelSpace)                                ④
    self.addChild(repeateLabel)

    let repeatForeverLabel = WKLabelButton(text: "RepeatForever",
    ➥fontNamed:"Chalkduster", callback: #selector(touchRepeatForeverLabel))
    repeatForeverLabel.position = CGPoint(x:self.frame.midX,
    ➥y:repeateLabel.position.y - labelSpace)
    self.addChild(repeatForeverLabel)

    let reverseLabel = WKLabelButton(text: "Reverse",
    ➥fontNamed:"Chalkduster", callback: #selector(touchReverseLabel))
    reverseLabel.position = CGPoint(x:self.frame.midX,
    ➥y:repeatForeverLabel.position.y - labelSpace)
    self.addChild(reverseLabel)

}

func touchSequenceLabel() {                                               ⑤
    print("touchSequenceLabel")
    let doors = SKTransition.doorway(withDuration: 1.0)
    let actionScene = MyActionScene(fileNamed: "MyActionScene")
    actionScene?.scaleMode = .aspectFill
    actionScene?.selectedAction = .kSequence                              ⑥
    self.view?.presentScene(actionScene!, transition: doors)
}

func touchGroupLabel() {
    print("touchGroupLabel")
    let doors = SKTransition.doorway(withDuration: 1.0)
    let actionScene = MyActionScene(fileNamed: "MyActionScene")
    actionScene?.scaleMode = .aspectFill
    actionScene?.selectedAction = .kGroup
    self.view?.presentScene(actionScene!, transition: doors)
}
```

```
func touchRepeateLabel() {
    print("touchRepeateLabel")
    let doors = SKTransition.doorway(withDuration: 1.0)
    let actionScene = MyActionScene(fileNamed: "MyActionScene")
    actionScene?.scaleMode = .aspectFill
    actionScene?.selectedAction = .kRepeate
    self.view?.presentScene(actionScene!, transition: doors)
}
func touchRepeatForeverLabel() {
    print("touchRepeatForeverLabel")
    let doors = SKTransition.doorway(withDuration: 1.0)
    let actionScene = MyActionScene(fileNamed: "MyActionScene")
    actionScene?.scaleMode = .aspectFill
    actionScene?.selectedAction = .kRepeatForever
    self.view?.presentScene(actionScene!, transition: doors)
}
func touchReverseLabel() {
    print("touchReverseLabel")
    let doors = SKTransition.doorway(withDuration: 1.0)
    let actionScene = MyActionScene(fileNamed: "MyActionScene")
    actionScene?.scaleMode = .aspectFill
    actionScene?.selectedAction = .kReverse
    self.view?.presentScene(actionScene!, transition: doors)
}
```

上述代码第①行声明一个枚举类型ActionTypes，而ActionTypes中定义了5个操作动作。代码第②行let labelSpace: CGFloat = 50用于声明上下标签节点之间的距离变量labelSpace。

代码第③行是实例化WKLabelButton标签按钮对象。与WKSpriteButton类似，WKLabelButton是笔者自己编写的按钮类，它继承了SKLabelNode，是一种能够显示标签的按钮。构造函数中的text参数是标签文本，fontNamed参数是字体名称，callback是触摸事件关联方法名。

代码第④行是设置repeateLabel的位置，这些标签按钮之间上下之间的间隔相同，因此它的Y轴坐标是groupLabel.position.y - labelSpace，groupLabel.position.y是它的上一个标签按钮。除了第一个标签按钮，其他几个标签按钮的Y轴坐标都是通过上一个标签按钮定位的。

代码第⑤行是触摸sequenceLabel标签按钮时触发的方法。代码第⑥行actionScene?.selectedAction = .kSequence选择将哪个动作转递给下一个场景MyActionScene，其中selectedAction是MyActionScene属性，.kSequence是选择的动作。

动作场景的MyActionScene.swift代码如下：

```
import SpriteKit
class MyActionScene: SKScene {
    
    var selectedAction: ActionTypes?
```

25.6 动作

```swift
override func didMove(to view: SKView) {
    
    let backButton = WKSpriteButton(normalImageName: "Back-up",
        selectedImageName: "Back-down",
        callback: #selector(touchBackButton))                        ①
    
    backButton.position = CGPoint(x:70, y:290)
    self.addChild(backButton)
    
    let goButton = WKSpriteButton(normalImageName: "Go-up",
        selectedImageName: "Go-down",
        callback: #selector(touchGoButton))                          ②
    
    goButton.position = CGPoint(x:480, y:60)
    self.addChild(goButton)
    
    let sprite = SKSpriteNode(imageNamed: "hero")                    ③
    sprite.name = "hero"
    sprite.position = CGPoint(x:self.frame.midX, y:self.frame.midY)
    self.addChild(sprite)
    
}

func touchBackButton() {
    let doors = SKTransition.doorsCloseHorizontal(withDuration: 0.6)
    let gameScene = GameScene(fileNamed: "GameScene")
    gameScene!.scaleMode = .aspectFill
    self.view?.presentScene(gameScene!, transition: doors)
}

func touchGoButton() {                                               ④
    
    switch selectedAction! {
    case .kSequence:
        self.runSequenceAction()
    case .kGroup :
        self.runGroupAction()
    case .kRepeate:
        self.runRepeateAction()
    case .kRepeatForever:
        self.runRepeatForeverAction()
    case .kReverse:
        self.runReverseAction()
    }
    
}

// 执行顺序动作方法
func runSequenceAction() {
    
    if let sprite = self.childNode(withName: "hero") {
        
        let scale = SKAction.scale(to: 0.5, duration: 1.5)
```

```
        let fade = SKAction.fadeOut(withDuration: 1.5)
        let sequence = SKAction.sequence([scale, fade])                    ⑤

        sprite.run(sequence)
    }
}

// 执行并列动作方法
func runGroupAction() {

    if let sprite = self.childNode(withName: "hero") {

        let scale = SKAction.scale(to: 0.5, duration: 1.5)
        let fade = SKAction.fadeOut(withDuration: 1.5)
        let group = SKAction.group([scale, fade])                          ⑥

        sprite.run(group)
    }
}

// 执行有限次数重复动作方法
func runRepeateAction() {

    if let sprite = self.childNode(withName: "hero") {

        let rotate = SKAction.rotate(byAngle: CGFloat(M_PI/2), duration:1)
        let repeat3 = SKAction.repeat(rotate, count: 3)                    ⑦

        sprite.run(repeat3)
    }

}

// 执行无限次数重复动作方法
func runRepeatForeverAction() {

    if let sprite = self.childNode(withName: "hero") {

        let rotate = SKAction.rotate(byAngle: CGFloat(M_PI/2), duration:1)
        let forever = SKAction.repeatForever(rotate)                       ⑧

        sprite.run(forever)
    }
}

// 执行反动作方法
func runReverseAction() {

    if let sprite = self.childNode(withName: "hero") {

        let scale = SKAction.scale(by: 0.5, duration: 1.5)
        let reverseScale = scale.reversed()                                ⑨
        let sequence = SKAction.sequence([scale, reverseScale])
```

```
            let forever = SKAction.repeatForever(sequence)
            sprite.run(forever)
        }
    }
}
```

上述代码第①行和第②行定义Back按钮和Go按钮，它们都是WKSpriteButton类型。代码第③行定义精灵节点对象。代码第④行是在触摸点击Go按钮时调用，该方法根据前一个场景选择的动作判断调用哪个方法执行动作。

代码第⑤行let sequence = SKAction.sequence([scale, fade])定义一个顺序动作，这个动作是先执行缩放动作scale，然后执行淡出动作fade。

代码第⑥行let group = SKAction.group([scale, fade])定义一个并列动作，这个动作是同时执行缩放动作scale和淡出动作fade。

代码第⑦行let repeate3 = SKAction.repeat(rotate, count: 3)定义一个有限次数的重复动作，它重复3次执行旋转动作rotate。

代码第⑧行let forever = SKAction.repeatForever(rotate)定义一个无限次数的重复动作，它会一直次执行旋转动作rotate。

代码第⑨行let reverseScale = scale.reversed()获得缩放动作scale的反动作。

这些动作的执行效果往往无法简单地用语言描述，大家需要自己运行一下进行比较。

25.6.3　案例：帧动画实现

帧动画就是按照一定时间间隔、一定的顺序、一帧一帧地显示帧图片。我们的美工要为精灵的运动绘制每一帧图片，因此帧动画会由很多帧组成，程序按照一定的顺序切换这些图片就可以了。

SKAction提供了如下API方法用于执行帧动画动作：

```
// textures参数是帧纹理数组集合，timePerFrame参数是设置两帧间的播放时间间隔
class func animate(with textures: [SKTexture],
    timePerFrame sec: TimeInterval) -> SKAction          ①

class func animate(with textures: [SKTexture],
    timePerFrame sec: TimeInterval,
    resize: Bool,
    restore: Bool) -> SKAction                           ②
```

方法②中的前两个参数与方法①中相同。它还有另外两个参数：resize和restore。resize参数为true时，精灵根据新的纹理大小调整；为false时精灵保持固定大小。restore参数为true时，当动画完成后精灵纹理恢复到动画完成之前的纹理；为false时，当动画完成后精灵纹理是纹理数组的最后一个。

下面我们通过一个实例介绍帧动画的使用。如图25-31所示，点击Go按钮开始播放动画，这时候播放按钮的标题变为Stop，点击Stop按钮可以停止播放。

图25-31　帧动画实例

下面我们再看看具体的程序代码，GameScene.swift文件中的代码如下：

```
import SpriteKit
class GameScene: SKScene {

    var walkFrames = [SKTexture]()                                          ①
    var hero: SKSpriteNode!                                                 ②

    override func didMove(to view: SKView) {

        let textureAtlas = SKTextureAtlas(named:"hero")                     ③

        let numFrames: Int = textureAtlas.textureNames.count                ④

        for i in 1...numFrames {
            let heroTextureName = "hero\(i)"                                ⑤
            walkFrames.append(textureAtlas.textureNamed(heroTextureName))
        }

        let toggleButton = WKSpriteToggleButton(onImageName: "go",
            offImageName: "stop",
            onCallback: #selector(touchToggleButtonOn),
            offCallback: #selector(touchToggleButtonOff))                   ⑥

        toggleButton.position = CGPoint(x:480, y:60)
        self.addChild(toggleButton)

        let firstFrame: SKTexture = walkFrames[0]

        hero = SKSpriteNode(texture: firstFrame)                            ⑦
        hero.position = CGPoint(x:self.frame.midX, y:self.frame.midY)
        self.addChild(hero)
```

```
    }
    func touchToggleButtonOn() {
        print("touchToggleButtonOn")
        let animate = SKAction.animate(with: walkFrames, timePerFrame: 0.15,
            resize: false,
            restore: true)                                                    ⑧
        hero.run(SKAction.repeatForever(animate), withKey: "heroMoving")      ⑨
    }
    func touchToggleButtonOff() {
        print("touchToggleButtonOff")
        hero.removeAction(forKey: "heroMoving")                               ⑩
    }
}
```

上述代码第①行是定义属性walkFrames，该属性用来保持帧动画在每一帧的纹理，所以是SKTexture数组类型。代码第②行定义一个精灵节点对象属性，由于我们需要在多个方法中使用它，所以定义为属性了。

代码第③行是创建纹理图集对象，帧动画一般都需要多个图片，考虑到性能这些图片都被放到纹理图集中，本例的纹理图集是hero。我们需要创建一个hero.atlas文件（内容如图25-32所示），并把它添加到Xcode工程中。代码第④行的textureAtlas.textureNames.count语句是获得问题图集中纹理的个数。代码第⑤行获得每一个纹理的名字，接着通过walkFrames.append(textureAtlas.textureNamed(heroTextureName))语句获得纹理对象，再把纹理对象添加到walkFrames数组中。

图25-32 hero.atlas文件

代码第⑥行是实例化WKSpriteToggleButton对象，该对象与WKSpriteButton类似，是笔者自己编写的按钮类；它继承了SKSpriteNode，是能够实现两种状态（on和off状态）间切换的按钮。这种按钮称为Toggle Button，本例中的Go和Stop切换的按钮就属于Toggle Button，SpriteKit没有提供这种功能的按钮。它的实现过程类似于WKSpriteButton，具体实现细节本章不再赘述。WKSpriteButton构造函数有4个参数，其中onImageName参数是on状态时的精灵图片名，

offImageName参数是off状态时的精灵图片名，onCallback参数是on状态时触摸按钮的相关方法，offCallback参数是off状态时触摸按钮的相关方法。

代码第⑦行使用动画第一帧创建精灵对象。

代码第⑧行是创建动画动作，两个帧的时间间隔是0.15 s。代码第⑨行是执行这个动画动作并且分配一个键，这个键将在停止动画时使用。SKAction.repeatForever(animate)则使动画能无限次数重复执行。

代码第⑩行hero.removeAction(forKey: "heroMoving")语句是停止执行动画动作。由于场景中动作很多，要停止哪个动作，可以根据当初分配的key来停止动作。

25.7　粒子系统

"粒子系统"用于模拟自然界中一些粒子的物理运动效果，如烟雾、下雪、下雨、火、爆炸等。单个或几个粒子无法体现出粒子运动规律性，必须有大量的粒子才能体现运行规律，而且大量的粒子不断消失，又有大量的粒子不断产生。微观上粒子运动是随机、不确定的，而宏观上却是有规律的，它们符合物理学中的"测不准原理"。

图25-33所示是一个Zippo打火机，它的火苗就是"火"粒子系统。图25-34所示是下雪场景，使用了"雪"粒子系统。

图25-33　"火"粒子系统

图25-34 "雪"粒子系统

25.7.1 粒子系统属性

SpriteKit粒子系统是由SKEmitterNode类负责实现的。SKEmitterNode是一个节点，是SKNode的子类。设计粒子系统主要是设置它的各种属性，SpriteKit粒子系统的属性多达几十个。图25-35所示是Xcode提供的粒子编辑器属性检查器。

从图25-35所示的Xcode粒子编辑器属性检查器可见，粒子属性分为6部分，其中粒子的生命周期、粒子产生和粒子几何变换的属性非常多，其中有很多是Start、Range和Speed属性：Start是粒子初始的平均值，Range是随机产生单个粒子的变化幅度，Speed是该属性值每秒变化的速度。例如粒子的透明度有3个属性：particleAlpha、particleAlphaRange和particleAlphaSpeed，其中：particleAlpha是粒子初始透明度的平均值；particleAlphaRange是随机产生单个粒子的初始透明度变化幅度，那么随机产生的单个粒子初始透明度范围应该为(particleAlpha – particleAlphaRange/2)~(particleAlpha + particleAlphaRange/2)；particleAlphaSpeed是透明度每秒变化的速度，即"透明度加速度"。

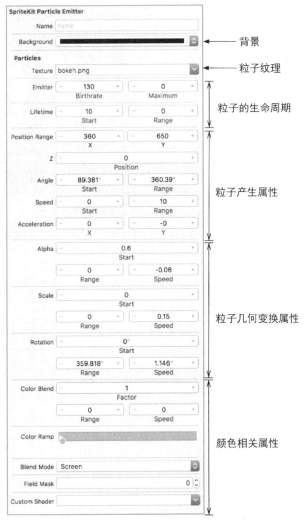

图25-35 Xcode粒子编辑器属性检查器

25.7.2 内置粒子系统模板

粒子系统有如此众多的属性，理论上我们可以通过设置这些属性得到想要的任何粒子效果。从无到有设计粒子效果的工作量很大，因此SpriteKit提供了8种内置的粒子系统模板，如下。

- Bokeh。虚化效果，生长然后淡出，在其生命周期结束之前模糊。
- Fire。火焰效果。
- Fireflies。萤火虫效果。黄色粒子随机移动很短的距离，且成长然后淡出，在其生命周期结束之前模糊。

- **Magic**。魔法效果。绿色粒子随机移动很短的距离,且成长然后淡出,在其生命周期结束之前模糊。
- **Rain**。雨效果。
- **Smoke**。烟雾效果。
- **Snow**。雪效果。
- **Spark**。火星效果。金色粒子从发射器中心向外扩散。

下面我们通过一个示例演示这8种内置粒子系统,这个示例如图25-36所示。图25-36a中是一个操作菜单场景,选择菜单可以进入图25-36b所示的粒子演示场景,点击右下角的返回按钮可以返回到菜单场景。

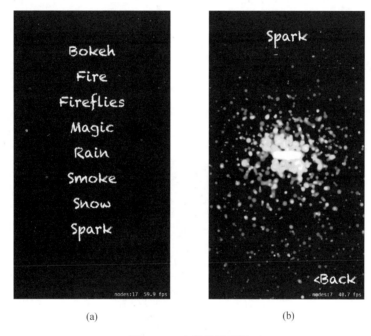

图25-36 内置粒子系统

本示例程序结构上类似于25.6.2节的示例,不过是竖屏的(有关菜单和场景跳转等内容请参考25.6.2节,这里不再介绍)。

首先我们创建粒子系统。启动Xcode工具,然后点击File→New→File菜单,在打开的Choose a template for your new file界面中通过iOS→Resource→SpriteKit Particle File选择文件模板(如图25-37所示)。点击Next按钮进入选择粒子界面,在这里可以选择所需要的粒子,如果选择了Fire并创建,其中输入文件名为FireParticle,创建成功会看到如图25-38所示界面。从图25-38可见,工程中添加了FireParticle.sks和spark.png两个文件,FireParticle.sks文件是粒子系统文件,spark.png是粒子纹理。

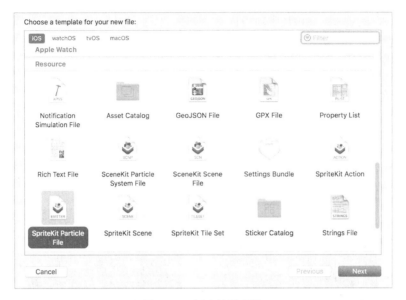

图25-37　创建粒子系统

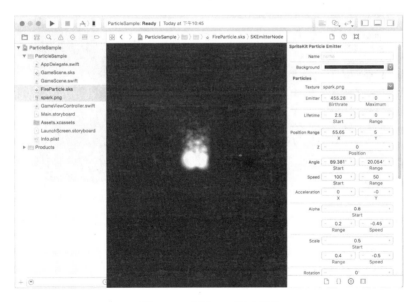

图25-38　创建Fire粒子系统

请参考Fire粒子系统创建其他7个粒子系统。Xcode除了创建粒子文件，还有粒子纹理图片，只有Bokeh默认使用的粒子纹理图片是spark.png。

接着我们就可以初始化了，为了看到比较好的效果，可以将场景背景设置为黑色，并设置屏幕大小为宽320点、高568点。

25.7 粒子系统

演示粒子系统场景的MyActionScene.swift代码如下:

```swift
import SpriteKit
class MyActionScene: SKScene {
    
    var selectedAction: ActionTypes?
    
    override func didMove(to view: SKView) {
        
        let backLabel = WKLabelButton(text: "<Back", fontNamed:"Chalkduster",
        ↪callback: #selector(touchBackLabel))
        backLabel.position = CGPoint(x:self.frame.width - 60, y:30)
        backLabel.zPosition = 100
        backLabel.fontSize = 28
        backLabel.fontColor = UIColor.white
        self.addChild(backLabel)
        
        let label = SKLabelNode(fontNamed:"Chalkduster")
        label.fontSize = 28
        label.fontColor = UIColor.white
        label.position = CGPoint(x:self.frame.midX, y:self.frame.height - 60)
        self.addChild(label)
        
        var fileNamed: String?
        
        switch selectedAction! {
        case .kBokeh:
            fileNamed = "BokehParticle.sks"
            label.text = "Bokeh"
        case .kFire:
            fileNamed = "FireParticle.sks"
            label.text = "Fire"
        case .kFireflies:
            fileNamed = "FirefliesParticle.sks"
            label.text = "Fireflies"
        case .kMagic:
            fileNamed = "MagicParticle.sks"
            label.text = "Magic"
        case .kRain:
            fileNamed = "RainParticle.sks"
            label.text = "Rain"
        case .kSmoke:
            fileNamed = "SmokeParticle.sks"
            label.text = "Smoke"
        case .kSnow:
            fileNamed = "SnowParticle.sks"
            label.text = "Snow"
        case .kSpark:
            fileNamed = "SparkParticle.sks"
            label.text = "Spark"
        }
        
        if let particles = SKEmitterNode(fileNamed: fileNamed!) {         ①
            particles.position = CGPoint(x:self.frame.midX, y:self.frame.midY)   ②
```

```
            addChild(particles)                                                     ③
        }
    }
    func touchBackLabel() {
        let push = SKTransition.push(with: .left, duration: 0.6)
        let gameScene = GameScene(fileNamed: "GameScene")
        self.view?.presentScene(gameScene!, transition: push)
    }
}
```

粒子系统发射（演示）主要是通过代码第①行~第③行实现的。代码第①行是创建SKEmitterNode粒子发射节点，fileNamed参数是粒子系统文件.sks名字。代码第②行是设置粒子发射点。代码第③行是将粒子添加到当前场景中。粒子发射节点与其他节点对象类似，都需要至少3个步骤：创建、设置位置和添加到场景（或其他节点）中。

> **提示**
>
> 我们可以在图25-35所示的粒子编辑器中设计粒子，粒子编辑器的使用可以参考：https://developer.apple.com/library/content/documentation/IDEs/Conceptual/xcode_guide-particle_emitter/Introduction/Introduction.html。

25.8 游戏音乐与音效

游戏中音频的处理也非常重要，它分为背景音乐与音效。背景音乐是长时间循环播放的，会长时间占用较大的内存，但不能多个同时播放。而音效是短声音，例如点击按钮、发射子弹等声音，占用内存较小，但能多个同时播放。

25.8.1 音频文件介绍

音频多媒体文件主要用于存放音频数据信息，音频文件在录制的过程中，把声音信号通过音频编码变成音频数字信号保存到某种格式文件中。播放过程再对音频文件解码，解码出的信号通过扬声器等设备转成音波。音频文件在编码的过程中数据量很大，所以有的文件格式对于数据进行了压缩，因此音频文件可以分为无损格式和有损格式。

- 无损格式是非压缩数据格式，文件很大，一般不适合移动设备，例如WAV、AU、APE等文件。
- 有损格式对于数据进行了压缩，压缩后丢掉了一些数据，例如MP3、WMA（Windows Media Audio）等文件。

下面我们分别介绍一下。

1. WAV文件

WAV文件是目前最流行的无损压缩格式。WAV文件格式灵活，可以储存多种类型的音频数据。由于文件较大，不太适用于移动设备这些存储容量小的设备。

2. MP3文件

MP3（MPEG Audio Layer 3）格式现在非常流行。MP3是一种有损压缩格式，它尽可能地去掉人耳无法感觉的部分和不敏感的部分。MP3是利用MPEG Audio Layer 3的技术，将数据以1∶10甚至1∶12的压缩率压缩成容量较小的文件。由于具有这么高的压缩比率，它非常适合于移动设备这些存储容量小的设备。

3. WMA文件

WMA（Windows Media Audio）格式是微软发布的文件格式，也是有损压缩格式。它与MP3格式不分伯仲。在低比特率渲染情况下，WMA格式显示出了比MP3更多的优点，压缩比MP3更高，音质更好。但是在高比特率渲染情况下MP3还是占有优势的。

4. CAFF文件

CAFF（Core Audio File Format）是苹果开发的专门用于macOS和iOS系统的无压缩音频格式。它被设计用来替换老的WAV格式。

5. AIFF文件

AIFF（Audio Interchange File Format）文件是苹果开发的专业音频文件格式。AIFF的压缩格式是AIFF-C（或AIFC），将数据以4∶1的压缩率进行压缩，专门应用于Mac macOS和iOS系统。

6. MID文件

MID文件是MIDI（Musical Instrument Digital Interface）格式的专业音频文件格式，允许数字合成器和其他设备交换数据。MID文件主要用于原始乐器作品、流行歌曲的业余表演、游戏音轨以及电子贺卡等。

7. Ogg文件

Ogg文件全称为OGGVobis（oggVorbis），是一种新的音频压缩格式，类似于MP3等音乐格式。Ogg是完全免费、开放和没有专利限制的。Ogg文件格式可以不断地进行大小和音质的改良，而不影响旧有的编码器或播放器。

25.8.2　macOS 和 iOS 平台音频优化

苹果的声音格式有CAFF（Core Audio File Format）和AIFF（Audio Interchange File Format），其中CAFF是无压缩音频格式，AIFF的压缩格式是AIFF-C（或AIFC），AIFF文件主要用于macOS和iOS系统。Android平台一般采用MP3。

我们主要将声音用于背景音乐和音效，下面就从这两方面介绍相关的优化技术。

1. 背景音乐优化

背景音乐会在应用中反复播放，会一直驻留在内存中并耗费CPU，所以比较小的文件更合适，而压缩文件是不错的选择。压缩文件主要有AIFC和MP3两种格式，在iOS平台上我们首选AIFC，因为这是苹果推荐的格式。但是我们获得的原始文件格式不一定是AIFC，这种情况下需要使用苹果macOS中提供的音频转换命令行工具afconvert（afconvert工具位于/usr/bin目录下）将其转换为AIFC格式。在终端中执行如下命令：

```
$ afconvert -f AIFC -d ima4 Jazz.wav
```

其中-f AIFC参数用于转换为AIFC格式，-d ima4参数用于指定解码方式，Jazz.wav是要转换的源文件；转换成功后会在相同目录下生成Jazz.aifc文件。本例中源文件Jazz.wav的大小是295 KB，转换之后的Jazz.aifc文件大小是82 KB。当然，afconvert工具也可以转换MP3等其他压缩格式文件。如果我们同时有WAV文件，就应优先采用WAV文件。MP3本身是有损压缩，如果再经过afconvert转换，音频的质量会受到影响。

另外，在制作背景声音的时候文件不要太大，单个文件播放时间也不用很长，如果原始文件播放时间比较长，可以使用一些工具截取一小段，然后反复播放就可以了。

2. 音乐特效优化

音乐特效被用于很多游戏中，如发射子弹、敌人被打死或按钮点击等发出的声音，这些声音都是比较短的。如果追求震撼的3D效果，在iOS平台可以采用苹果专用的无压缩CAFF格式文件，其他格式的文件尽量不要考虑。一般不要使用压缩音频文件，这主要是因为音乐特效通常采用OpenAL技术，它只接受无压缩的音频文件。另外，压缩音频文件都会造成音质的丢失。如果我们没有CAFF格式的文件，也可以使用afconvert工具将其转换为CAFF格式。在终端中执行如下命令：

```
$ afconvert -f caff -d LEI16 Blip.wav
```

其中-f caff参数用于转换为CAFF格式，-d LEI16参数指定解码方式，Blip.wav是要转换的源文件。默认音频的采样频率为22 050 Hz，如果想提高音频采样频率，可以使用如下命令：

```
$ afconvert -f caff -d LEI16@44100  Blip.wav
```

其中-d LEI16@44100参数中的44100表示音频采用频率为44 100 Hz。

综上所述，在iOS和macOS平台上背景音乐首选AIFC格式，音效首选CAFF格式。

25.8.3　背景音乐

SKAudioNode节点类不仅可以播放背景音乐，还可以播放音效。我们先看看如何使用SKAudioNode播放背景音乐。

播放功能的示例代码如下：

```
var backgroundMusic: SKAudioNode

backgroundMusic = SKAudioNode(fileNamed: "sound/arena.aifc")
addChild(backgroundMusic)
```

上述代码创建SKAudioNode音频节点对象，指定音频文件路径和文件名，然后再把该节点对象添加到当前节点中，这样就会马上播放arena.aifc音频文件了。

停止播放示例代码如下：

```
backgroundMusic.run(SKAction.stop())
```

backgroundMusic是SKAudioNode音频节点对象，SKAction.stop()返回一个停止动作，SKAction类提供了类似的方法：pause()和play()等。

28.8.4　3D音效

SKAudioNode节点类也可以实现音效，而且可以是3D（立体空间）效果。在现实世界中，我们的耳朵能够分辨出声源（声音来源）的方向、相对的距离、运动的方向，有的人还能辨别出声源的个数。例如：我们可以听出一架飞机是离我而去，还是向我飞来。

图25-39所示是SKAudioNode的3D声音效果。在一个虚拟的3D空间中有听众和声音，听众就是你的耳朵，声源是SKAudioNode节点对象，我们能够定义声源的位置、变化等动作。

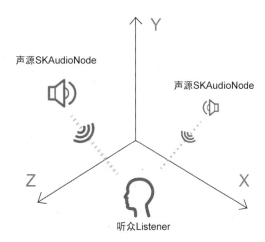

图25-39　3D声音效果与SKAudioNode

播放3D声音效果的示例代码如下：

```
let soundNode = SKAudioNode(fileNamed: "sound/arena.aifc")

soundNode.isPositional = true
```

```
soundNode.position = CGPoint(x: -1024, y: 0)
soundNode.autoplayLooped = false

addChild(soundNode)

let moveAction = SKAction.moveTo(x: 1024, duration: 0.5)                ①
let group = SKAction.group([moveAction, SKAction.play()])               ②

soundNode.run(group)                                                    ③
```

SKAudioNode的isPositional属性用于设置是否支持3D空间效果，position属性是声源节点的位置。autoplayLooped属性用于设置是否自动播放循环，true情况下会不断地循环播放，false时则只播放一次（对于音效要设置为false）。

代码第①行~第③行是设置并执行声源节点对象的动作，声源节点对象作为节点对象当然可以执行动作，只是并不是所有的动作都适合声源节点，它的动作一般都与位置变化有关，或者和淡入淡出有关。

代码第②行是定义并行动作，其中SKAction.play()是声源节点对象播放动作。这样当代码第③行的soundNode.run(group)语句执行时会听到声音位置一边变化，一边播放。

25.9　物理引擎

你玩过《愤怒的小鸟》[①]（见图25-40）吗？游戏中小鸟在空中飞行，其飞行轨迹是一个抛物线，符合物理规律，我们通过改变发射角度让小鸟飞得更远。游戏中建筑物的倒塌也跟我们在现实生活中看到的一样。

图25-40　*Angry Birds*游戏

[①]《愤怒的小鸟》（芬兰语为Vihainen Lintu，英语为Angry Birds）是芬兰Rovio娱乐推出的一款益智游戏。在游戏中玩家控制一支弹弓来发射无翅小鸟以打击建筑物和小猪，并以摧毁关中所有的小猪为最终目的。2009年12月该款游戏首先发布于苹果公司的iOS平台，自那时起已经有超过1200万人在App Store付费下载，因而促使该游戏公司开发新的游戏版本，以支持包括Android、Symbian OS等操作系统在内的拥有触控功能的智能手机。

——引自于维基百科：http://zh.wikipedia.org/zh-cn/愤怒的小鸟

场景中的精灵能够符合物理规律，与我们生活中看到的效果基本一样。这种在游戏世界中模仿真实世界物理运动规律的能力是通过"物理引擎"实现的。严格意义上说，"物理引擎"模仿的物理运动规律是指牛顿力学运动规律，而不符合量子力学运动规律。

25.9.1 物理引擎核心概念

物理引擎能够模仿真实世界中的物理运动规律，从而使精灵做出自由落体、抛物线运动、互相碰撞、反弹等效果。

物理引擎还可用于进行精确的碰撞检测。如果不使用物理引擎，我们往往只是将碰撞的精灵抽象为矩形、圆形等规则的几何图形，这样算法比较简单。但是碰撞的真实效果就比较差了，而且自己编写时往往算法未能经过优化，性能也不是很好。物理引擎是经过优化的，所以我建议还是使用已有的成熟的物理引擎吧！

目前主要使用的物理引擎有Box2D和Chipmunk。SpriteKit对Box2D引擎进行了封装，拥有了一套自己的物理引擎，它能够与SpriteKit结合得更加紧密，也不用我们关心物理引擎的技术细节问题。

在详细介绍这些物理引擎之前，我们首先介绍物理引擎的一些核心概念。

- 世界（world）。游戏中的物理世界，与现实世界一样，我们可以设置物理世界的重力加速度。
- 物体（body）。构成物理世界的基础，具有位置、旋转角度等特性，它上面的任何两点之间的距离都是完全不变的，它们就像钻石那样坚硬，因此也可以称为刚体[①]。
- 接触（contact）。管理测试碰撞。
- 关节（joint）。把两个或多个物体固定到一起的约束。

在这些概念中物体是核心，下面我们重点介绍物体。

25.9.2 物理引擎中的物体

SpriteKit中的物理引擎物体是SKPhysicsBody，SKPhysicsBody主要的构造函数如下。

- init(rectangleOf s: CGSize)。创建一个有体积的矩形物体，如图25-41a所示。
- init(circleOfRadius r: CGFloat)。创建一个有体积的圆形物体，如图25-41b所示，r参数是半径。

[①] 在任何力的作用下，体积和形状都不发生改变的物体叫作刚体（rigid body）。在物理学内，理想的刚体是一个固体的、尺寸值有限的、形变情况可以被忽略的物体。不论有否受力，在刚体内任意两点的距离不会改变。在运动中，刚体上任意两条平行直线在各个时刻的位置都保持平行。

——引自于百度百科：http://baike.baidu.com/view/68357.htm

- **init(texture: SKTexture, size: CGSize)**。创建一个有体积的基于精灵纹理形状的物体，如图25-41c所示。
- **init(edgeLoopFrom rect: CGRect)**。通过一个矩形创建一个封闭边形物体，如图25-42a所示。注意边形物体没有体积。
- **init(edgeFrom p1: CGPoint, to p2: CGPoint)**。通过两个点创建一个直线边形物体，如图25-42b所示。
- **init(edgeChainFrom path: CGPath)**。通过给的路径（path）创建一个链状（非封闭）多边形物体，如图25-42c所示。
- **init(edgeLoopFrom path: CGPath)**。通过给的路径（path）创建一个封闭多边形物体，如图25-42d所示。

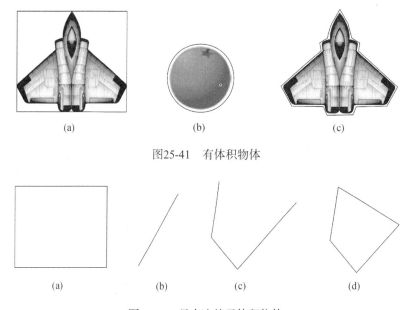

图25-41　有体积物体

图25-42　只有边的无体积物体

物体的形状是非常重要的属性，碰撞检测与物体的形状有关。如果物体的形状不能准确描述，那么碰撞检测就不会准，你可能会发现子弹没有接近飞机，飞机就爆炸了。因为精灵的纹理图片都是矩形，所以我们往往简单地将任何精灵的物体形状都看成是矩形（如图25-41a所示），但把飞机看成一个矩形物体是有问题的。为了能够精确地描述物体的形状，我们可以使用SKPhysicsBody的init(texture: SKTexture, size: CGSize)构造函数，它是基于精灵纹理形状的物体，可以根据纹理图像中像素的差别找到一个多边形物体，这种计算当然比较耗费资源。

图25-41和图25-42的差别是物体是否有体积，图25-42所示的都是只有边没有体积的物体。由于边没有宽度，没有质量，因此不会受到重力影响，是静态不动的，我们可以使用它来定义一个边界。

> 物体还可以分为静态物体和动态物体，静态物体不会受到重力等作用力的影响，而动态物体受作用力后会改变运动轨迹。无体积的边形物体都是静态物体，有体积物体默认是动态物体，可以通过设置dynamic属性为false改变为静态物体。

创建SKPhysicsBody的示例代码如下：

```
let sprite = SKSpriteNode(imageNamed: name)
sprite.position = location

// 创建精灵纹理形状物体
let spaceship = SKPhysicsBody(texture: sprite.texture!, size: sprite.size)
// 创建屏幕边形状物体
let wall = SKPhysicsBody(edgeLoopFrom: view.frame)
// 创建屏幕大小的矩形物体
let box = SKPhysicsBody(rectangleOf: view.frame.size)
// 创建圆形物体，它的半径是精灵宽度的一半
let ball = SKPhysicsBody(circleOfRadius: sprite.size.width/2)

sprite.physicsBody = spaceship
...
addChild(sprite)
```

上述代码中的sprite.physicsBody = spaceship语句是将物理引擎中的物体与精灵关联起来的关键。如果不设置精灵的physicsBody属性，物体与精灵没有关系，物理引擎也不会影响精灵行为。

25.9.3 接触与碰撞

在物理引擎作用的虚拟物理世界中，物体之间会相互作用，其中接触（contact）与碰撞（collision）是非常重要的相互作用方式。下面我们解释一下这两个概念。

- 接触是两个物体彼此靠近。两个物体的边缘发生碰触时，则这两个物体发生了接触，如图25-43a所示。接触常用来进行接触测试，根据测试结果进行处理。例如，测试到子弹与飞机发生接触，我们会让飞机发生爆炸，同时让子弹和飞机在屏幕中消失。
- 碰撞是为了防止两个物体接触并碰撞后发生彼此互穿现象，如图25-43b所示。我们希望碰撞的结果是两个物体彼此分开，SpriteKit物理引擎能够自动计算出物体上的反作用力，并作用于物体，这会改变动态物体使之向相反方向运动（如图25-43c所示），但静态物体不会运动。

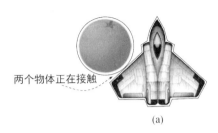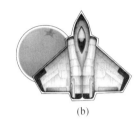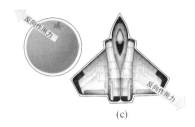

图25-43 物体接触与碰撞

一个游戏场景中经常会有很多精灵物体，有的时候我们希望某些物体之间发生接触和碰撞，而有些物体则不需要。物理引擎为物体提供如下3个掩码。

- 类别掩码（CategoryBitmask）。相同类型的物体具有相同的类别掩码，我们可以在一个场景中定义最多32种类别掩码。
- 接触测试掩码（ContactTestBitmask）。物体A的接触测试掩码与物体B的类别掩码进行"逻辑与"运算，如果结果为非零值，则物体A与物体B发生接触，触发接触事件。
- 碰撞掩码（CollisionBitmask）。物体A的碰撞掩码与物体B的类别掩码进行"逻辑与"运算，如果结果为非零值，则物体A与物体B发生碰撞，物体A与物体B不会发生互穿现象。

SKPhysicsBody提供了3个掩码属性，分别是：categoryBitmask、contactTestBitmask和collisionBitmask。为了能够捕捉到接触事件，我们需要使场景遵从SKPhysicsContactDelegate协议。SKPhysicsContactDelegate协议中的两个可选方法如下。

- func didBegin(_ contact: SKPhysicsContact)。接触开始。
- func didEnd(_ contact: SKPhysicsContact)。接触结束，即分开。

这两个方法的参数是SKPhysicsContact类型。SKPhysicsContact有两个重要的属性bodyA和bodyB，这两个属性可用于获得接触的两个物体对象。

25.9.4 案例：食品的接触与碰撞

下面通过一个案例展示接触与碰撞的使用，如图25-44所示。场景启动后，玩家可以触摸点击屏幕，每次触摸时都会在触摸点上随机生成一个新的精灵。精灵的运行是自由落体运动，它们被堆积在场景所在的屏幕空间中，这些精灵之间发生接触和碰撞。

图25-44 接触与碰撞

我们来分析一下这个案例,案例中所用食品无论是哪一种,相互之间都可以接触和碰撞,因此可以定义为同一类别掩码。屏幕四周的边我们称为"墙",墙是另一个类别掩码。本例有两个类别掩码就可以了。

```
// 食品类别掩码
let spriteCategory: UInt32  = 0x1 << 0    // 前28位是0,后4位是0001
// 墙类别掩码
let wallCategory:  UInt32   = 0x1 << 1    // 前28位是0,后4位是0010
```

> **提示** 代码中的<<是左位移运算符,类别掩码是32位的,每一个类别掩码中只有一位是1,其他位是0,例如0001(前28位是0)、0010(前28位是0)、0100(前28位是0)、1000(前28位是0)等。我们可以使用表达式0x1 << 0、0x1 << 1、0x1 << 2、0x1 << 3等计算,使用这种表达式的程序可读性好,书写起来也很方便。

下面我们看看GameScene场景中的主要代码,如下:

```
class GameScene: SKScene, SKPhysicsContactDelegate {       ①

    let spriteNames = ["orange", "drink", "hamburger", "hotdog", "icecream", "icecream2", "icecream3"]

    // 食品类别掩码
    let spriteCategory: UInt32 = 0x1 << 0 // 前28位是0,后4位是0001
    // 墙类别掩码
    let wallCategory:  UInt32  = 0x1 << 1 // 前28位是0,后4位是0010

    override func didMove(to view: SKView) {
```

```swift
        // 定义屏幕的边界
        let wall = SKPhysicsBody(edgeLoopFrom: view.frame)                           ②
        
        wall.categoryBitMask    =   wallCategory                                     ③
        wall.collisionBitMask   =   0x0       // 清除掩码,不发生碰撞
        wall.contactTestBitMask =   0x0       // 清除掩码,不进行接触测试
        
        self.physicsBody = wall
        self.physicsWorld.gravity = CGVector(dx: 0.0, dy: -3.8)                      ④
        self.physicsWorld.contactDelegate = self                                     ⑤
    }
    
    override func touchesBegan(_ touches: Set<UITouch>, with event: UIEvent?) {
        
        for touch in touches {
            
            let location = touch.location(in: self)
            let name = spriteNames[Int(arc4random() % 7)]                            ⑥
            let sprite = SKSpriteNode(imageNamed: name)
            sprite.name = name
            sprite.position = location
            
            sprite.physicsBody = SKPhysicsBody(texture: sprite.texture!, size: sprite.size)  ⑦
            // sprite.physicsBody!.dynamic = false
            
            sprite.physicsBody?.categoryBitMask = spriteCategory
            sprite.physicsBody?.collisionBitMask = spriteCategory | wallCategory     ⑧
            sprite.physicsBody?.contactTestBitMask = spriteCategory                  ⑨
            
            addChild(sprite)
            
        }
    }
    
    func didBegin(_ contact: SKPhysicsContact) {                                     ⑩
        NSLog("didBeginContact")
        NSLog("NodeA = %@", contact.bodyA.node!)
        NSLog("NodeB = %@", contact.bodyB.node!)
    }
    
    func didEnd(_ contact: SKPhysicsContact) {                                       ⑪
        NSLog("didEndContact")
    }
}
```

上述代码第①行声明GameScene场景遵循SKPhysicsContactDelegate协议。代码第②行是创建屏幕边界的墙物体wall。代码第③行是设置wall的类别掩码为wallCategory,接着设置了wall的collisionBitMask和contactTestBitMask为0x0。0x0表示任何物体都不能与之发生碰撞和接触测试。

代码第④行是设定物理世界的重力，CGVector(dx: 0.0, dy: -3.8)是创建二维矢量对象，dx是X轴矢量，dy是Y轴矢量。场景的physicsWorld属性可以获得当前场景的物理世界对象，物理世界类是SKPhysicsWorld，它的gravity属性是重力。

代码第⑤行self.physicsWorld.contactDelegate = self语句是设定物理世界的接触测试委托对象为self（当前场景）。

代码第⑥行spriteNames[Int(arc4random() % 7)]表达式是随机地获取精灵的纹理图片名，spriteNames是前面定义的纹理图片名数组。

代码第⑦行是创建基于精灵纹理的物体。

代码第⑧行sprite.physicsBody?.collisionBitMask = spriteCategory | wallCategory语句是将collisionBitMask属性设置为spriteCategory | wallCategory，该表达式是spriteCategory与wallCategory进行"逻辑或"运算，运算结果无论与spriteCategory还是wallCategory进行"逻辑与"，结果都是非零的。所以spriteCategory | wallCategory这个表达式表示该食品物体可以与其他食品物体（设置spriteCategory类别）或wall物体（设置wallCategory类别）发生碰撞。

代码第⑨行sprite.physicsBody?.contactTestBitMask = spriteCategory语句是将contactTestBitMask属性设置为spriteCategory。这表示该食品物体可以与其他食品物体（设置spriteCategory类别）发生接触，并触发接触事件。

代码第⑩行是物体接触开始事件，代码第⑪行是物体接触结束（分开时）事件。

25.10 本章小结

通过对本章的学习，我们了解了苹果公司的2D游戏引擎SpriteKit，包括SpriteKit中的节点、精灵、场景切换、动作、粒子系统、游戏的音乐与音效，以及物理引擎等内容。

Part 5

第五部分

项目实战篇

本部分内容

- 第 26 章 游戏 App 实战——迷失航线

第 26 章 游戏App实战——迷失航线

本章是项目实战，详细介绍了采用SpriteKit引擎设计与开发一款手机游戏的过程，借此带读者将本书前面讲过的知识点串联起来。

26.1 《迷失航线》游戏分析与设计

本节从计划开发这个项目开始，依次进行分析和设计。设计过程包括原型设计、场景设计、脚本设计和架构设计。

26.1.1 《迷失航线》故事背景

这款游戏构思的初衷缘起大英博物馆里珍藏的一份二战时期的飞行报告。这份报告讲述了一名英国皇家空军的飞行员在执行任务时遭遇了暴风雨，迫降在了不列颠的一个不知名的军用机场的故事，当时这位飞行员看到了绿色的跑道和米色的塔楼。等暴风雨平息后他再次起飞，返航后提交飞行报告时却被告知根本不存在这个军用机场。迷惑的飞行员百思不得其解，直到20世纪70年代的一次飞行中降落在一个刚刚竣工的军用机场，目睹的一切与当年看到的情景完全一样（刚刚粉刷好的绿色跑道和米色塔楼）。因此，这份飞行记录成为关键证据，造就了世界知名的未解之谜。

因此，我们想以这个超现实主义的故事为背景设计并制作一款简单、轻松的射击类游戏，让小飞机穿越时空进行冒险。

26.1.2 需求分析

这是一款非过关类的第三视角射击游戏。

游戏主角是一架二战时期的老式轰炸机，在迷失航线后穿越宇宙、穿越时空，与敌人激战的同时躲避虚拟时空里的生物和小行星。

由于是一款手机游戏，因此需要设计得操作简单、节奏明快，适合用户利用空闲或琐碎的时间来放松和娱乐。

在这里我们采用用例分析方法描述用例图，如图26-1所示。

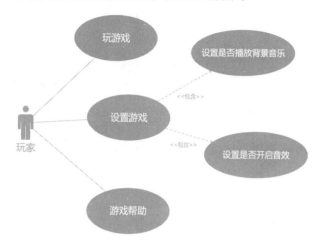

图26-1　客户端用例图

26.1.3　原型设计

原型设计草图对于应用设计人员、开发人员、测试人员、UI设计人员以及用户都非常重要，该案例的原型如图26-2所示。

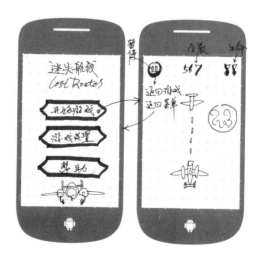

图26-2　原型设计草图

这是一个草图，它是我们最初的想法，一旦我们确定这些想法，UI设计师就会将这些草图变成高保真原型设计图（如图26-3所示）。

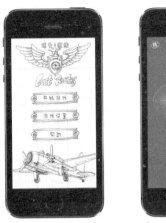

图26-3 高保真原型设计图

最终我们希望采用另类的圆珠笔手绘风格界面，并把战斗和冒险的场景安排在坐标纸上。这会给玩家带来耳目一新、超乎想象的个性体验。

26.1.4 游戏脚本

为了在游戏的实现过程中让团队配合得更加默契，也让工作更加有效，我们事先制作了一个简单的手绘游戏脚本（如图26-4所示）。

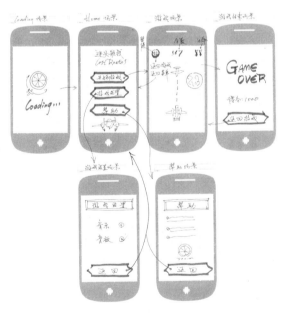

图26-4 游戏脚本图

脚本描绘了界面的操作、交互流程和游戏的场景，包括场景中的敌人种类、玩家飞机位置、生命值、击毁一个敌人获得的加分情况，以及每次加分超过1000给玩家增加一条生命等。

26.2 任务1：游戏工程的创建与初始化

开发项目之前应该由一个人搭建开发环境，然后把环境复制给其他人使用。

26.2.1 迭代1.1：创建工程

首先参考25.2.1节创建名为LostRoutes的SpriteKit游戏。

26.2.2 迭代1.2：自定义类型维护

一个项目中会有一些自定义类型，这些类型建议由一个人统一维护，其他人可以使用但不能修改，如果感觉有问题可以与设计团队进行沟通，然后再由维护者修改。

本例中的自定义类型如下。

- WKSpriteButton。类似UIButton效果的按钮，在第25章使用过。
- WKSpriteToggleButton。具有两种状态切换的按钮，在第25章使用过。
- WKLabelButton。文本形式的按钮，在第25章使用过。
- SKScene+Addon。是对SKScene的扩展，增加了使用瓦片设置场景背景的功能。
- WKSoundHelper。结构体类型，播放音效的辅助类型。

下面我们重点解释一下SKScene+Addon和IWKSoundHelper。

1. SKScene+Addon

从图26-3所示的高保真原型设计图中可见，游戏的背景是不断重复的网格。美术设计师为此设计了一个如图26-5所示的128×128图片，这个小图片在游戏中称为"瓦片"。瓦片按照从左到右、从上到下平铺来构建游戏背景。与简单地使用一张大的背景图片相比较，瓦片背景大大地减少了内存使用。

图26-5 背景瓦片

但是SKScene本身没有提供这种构建瓦片背景的功能，我们需要自己增加这个功能。这里采用了扩展实现增加这个功能，SKScene+Addon.swift代码如下：

```
import SpriteKit
extension SKScene {
    
    // 使用瓦片设置场景背景
    func setBackgroundTilesImageNamed(_ imageName: String) {
        
        var totW: CGFloat = 0    // 水平方向已经覆盖距离
        var totH: CGFloat = 0    // 垂直方向已经覆盖距离
        var i: CGFloat = 0       // 水平方向循环变量
        var j: CGFloat = 0       // 垂直方向循环变量
        
        let tile = SKTexture(imageNamed: imageName)
        
        let screenHeight = self.size.height
        let screenWidth = self.size.width
        
        while totH < screenHeight {
            
            if totW >= screenWidth {
                totW = 0
                i = 0
            }
            
            while totW < screenWidth {
                let bg = SKSpriteNode(texture: tile)                        ①
                bg.zPosition = -100                                         ②
                bg.anchorPoint = CGPoint(x: 0.0, y: 0.0)   //设置锚点       ③
                bg.position = CGPoint(x: i * tile.size().width,
                    ↪y: j * tile.size().height)      ④
                
                self.addChild(bg)
                i += 1
                totW += tile.size().width
            }
            j += 1
            totH += tile.size().height
        }
    }
}
```

上述代码通过双层while循环创建多个SKSpriteNode对象，然后把这些对象平铺到背景上。由于这些对象都使用相同的瓦片图片，它们的内存占用很小。

代码第①行是创建SKSpriteNode对象。代码第②行是设置SKSpriteNode对象的zPosition属性，由于背景应该在所有节点的后面，因此它的zPosition属性一定要设置得很小。代码第③行是设置SKSpriteNode对象的锚点为(0.0, 0.0)，锚点的位置在瓦片的左下角，这样第一块瓦片左下角与场景的左下角重合。代码第④行是在设置瓦片的位置，i * tile.size().width是计算瓦片的 X 坐标，j * tile.size().height是计算瓦片的 Y 坐标。

2. WKSoundHelper

由于音效播放采用基于位置的3D效果，每次播放都需要设置。我们在WKSoundHelper中封装

了播放音效的方法。WKSoundHelper.swift代码如下:

```swift
import SpriteKit

struct WKSoundHelper {
    
    // 播放音效
    static func playSoundEffect(_ parent: SKNode, fileNamed: String,
    ➥completion:@escaping () -> Void) {                                         ①
        
        let soundNode = SKAudioNode(fileNamed: fileNamed)
        
        soundNode.isPositional = true
        soundNode.position = CGPoint(x: -1024, y: 0)
        soundNode.autoplayLooped = false
        
        parent.addChild(soundNode)
        
        let moveAction = SKAction.moveTo(x: 1024, duration: 0.5)
        let group = SKAction.group([moveAction, SKAction.play()])
        
        soundNode.run(group, completion: completion)
    }
    
    // 播放音效
    static func playSoundEffect(_ parent: SKNode, fileNamed: String) {            ②
        
        let soundNode = SKAudioNode(fileNamed: fileNamed)
        
        soundNode.isPositional = true
        soundNode.position = CGPoint(x: -1024, y: 0)
        soundNode.autoplayLooped = false
        
        parent.addChild(soundNode)
        
        let moveAction = SKAction.moveTo(x: 1024, duration: 0.5)
        let group = SKAction.group([moveAction, SKAction.play()])
        
        soundNode.run(group)
    }
    
    // 播放背景音乐
    static func playMusic(_ parent: SKNode, fileNamed: String) {                  ③
        
        if let node = parent.childNode(withName: "BackgroundMusic_Key") {         ④
            node.removeFromParent()
        }
        let soundNode = SKAudioNode(fileNamed: fileNamed)                         ⑤
        soundNode.name = "BackgroundMusic_Key"                                    ⑥
        
        parent.addChild(soundNode)
    }
```

```
        // 停止播放背景音乐
        static func stopMusic(_ parent: SKNode) {                              ⑦
            if let node = parent.childNode(withName: "BackgroundMusic_Key") {  ⑧
                node.run(SKAction.stop())
                node.removeFromParent()
            }
        }
    }
```

WKSoundHelper是结构体,其中有4个静态方法。代码第①行和第②行的方法都是播放音效方法,差别在于前者最后一个参数是闭包,当声音播放完成后回调闭包,这个方法主要应用于场景跳转之前的音效播放;代码第②行的方法是一般的播放方法。

代码第③行的方法用于播放背景音乐。播放方法中代码第④行是查询名称为BackgroundMusic_Key的SKAudioNode节点,然后从节点树中移除,这是为了防止内存泄漏。代码第⑤行是重新创建SKAudioNode节点对象,代码第⑥行是指定新的节点对象的名称。

代码第⑦行方法用于停止播放背景音乐。代码第⑧行也是查询名称为BackgroundMusic_Key的SKAudioNode节点,然后停止节点动作,即停止音乐播放,最后将该节点对象从节点树中移除。

26.2.3 迭代1.3:添加资源文件

游戏中需要很多图片、声音和字体库等文件,为了提升性能,图片会放到纹理图集中。添加完成后如图26-6所示,其中sound(声音)是个组,内部是游戏需要的声音文件。以atlas结尾的文件夹是纹理图集。"汉仪黛玉体简.ttf"是游戏使用的字体库文件。

图26-6 添加资源文件

添加的字体库还需要进行设置,在工程中找到Info.plist文件,它是工程设置文件。如图26-7所示,在右键菜单中选择Add Row添加一个设置项,选择设置项为Fonts provided by application,然后在Item0中输入文件名"汉仪黛玉体简.ttf"。

26.2 任务1：游戏工程的创建与初始化

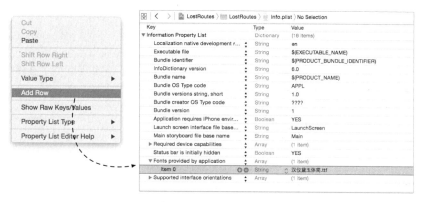

图26-7 设置字体库

> **注意**
>
> 使用资源文件（如自定义字体库文件等），需要保证它们在应用程序打包时，能够与应用程序放置在一起。我们可以查看TARGETS中Build Phases→Copy Bundle Resources (18 items) 列表（如下图所示），如果列表中没有，可以点击+按钮添加。
>
>
>
> Copy Bundle Resources列表

26.2.4　迭代 1.4：添加粒子系统

这个游戏中我们会使用两个粒子系统：爆炸效果和飞机尾部喷射火焰。请参考25.7节添加和设计这两个粒子系统，结果如图26-8所示，其中explosion.sks是爆炸效果粒子系统文件，fire.sks是火焰粒子系统文件，air.png是两个粒子系统中使用的粒子图片纹理。

图26-8　粒子系统文件

26.3　任务 2：创建 Loading 场景

Loading场景是玩家看到游戏的第一个界面，我们可以在这里执行预处理中的加载纹理等操作。Loading场景的界面如图26-9所示，其中Loading文字是有动画效果的，这样可以消除玩家的心理等待时间。

图26-9　Loading场景

26.3.1　迭代 2.1：设计场景

Loading场景是在WelcomeScene.swift和WelcomeScene.sks文件中实现的，我们可以将Xcode默认生成的GameScene.swift和GameScene.sks文件改名。

WelcomeScene.sks是游戏场景设计文件，一些静态的精灵会通过场景设计工具添加到场景中。打开WelcomeScene.sks场景设计文件，然后参考25.4.2节初始化场景，设置场景背景为白色、锚点为（0，0）、屏幕为iPhone SE、设备朝向为Portrait（竖屏）。

然后从对象库拖曳一个Color Sprite（精灵节点）控件到设计界面，选择logo图片，完成之后界面如图26-10所示。在此界面中，我们看不到游戏背景，背景不是在场景设计界面中添加，而是通过代码添加的，设置场景瓦片背景的示例代码如下：

```
class WelcomeScene: SKScene {

    override func didMove(to view: SKView) {

        self.setBackgroundTilesImageNamed("red_tiles")

        ...
    }
}
```

一般情况下，设置背景的代码应放在didMove(to:)方法的第一行。

图26-10 Loading场景

> **提示**
>
> 　　本例中所有场景的Size属性设置为iPhone SE，即屏幕分辨率为320×568点。当设置的分辨率不是320×568点时（如iPhone Plus等设备），通过scene.scaleMode = .aspectFill语句将场景适配到屏幕上。

26.3.2　迭代2.2：Loading动画

Loading动画是采用帧动画实现的，我们的美工帮助设计了4帧的Loading动画。Loading动画是在WelcomeScene.swift中实现的，相关代码如下：

```swift
import SpriteKit

class WelcomeScene: SKScene {
    
    override func didMove(to view: SKView) {
        
        ...
        let loadingAtlas = SKTextureAtlas(named:"loading")
        
        let textureAtlas = [loadingAtlas]
        
        var frames = [SKTexture]()
        let numFrames = 4
        for i in 1...numFrames {
            let textureName = "loading\(i)"
            frames.append(loadingAtlas.textureNamed(textureName))
        }
        let animate = SKAction.animate(with: frames, timePerFrame: 0.25,
                                       resize: false,
                                       restore: true)
        
        // 第一个帧作为精灵纹理
        let loadingSprite = SKSpriteNode(texture: frames[0])
        loadingSprite.position = CGPoint(x:self.frame.midX, y:230)
        addChild(loadingSprite)
        
        loadingSprite.run(SKAction.repeatForever(animate) , withKey: "loading")
        ...
    }
}
```

上述帧动画我们在25.6.3节已经介绍过了，这里不再赘述。

26.3.3 迭代2.3：预处理加载纹理

为了给玩家流畅的体验，我们一般需要在Loading场景中加载尽可能多的资源，其中预处理中加载纹理是非常重要的。

WelcomeScene.swift中的相关代码如下：

```swift
class WelcomeScene: SKScene {
    
    override func didMove(to view: SKView) {
        
        self.setBackgroundTilesImageNamed("red_tiles")
        
        let gameplayAtlas = SKTextureAtlas(named:"gameplay")
        let homeAtlas = SKTextureAtlas(named:"home")
        let settingHelpAtlas = SKTextureAtlas(named:"setting_help")
        let tilesAtlas = SKTextureAtlas(named:"tiles")
        let loadingAtlas = SKTextureAtlas(named:"loading")
```

```
        let textureAtlas = [gameplayAtlas, homeAtlas, loadingAtlas,
        ↪settingHelpAtlas, tilesAtlas]                                                        ①
        ...
        SKTextureAtlas.preloadTextureAtlases(textureAtlas) { () -> Void in
            loadingSprite.removeAction(forKey: "loading")                                     ②
            let doors = SKTransition.doorsOpenHorizontal(withDuration: 1.0)
            let scene = HomeScene(fileNamed: "HomeScene")
            scene!.scaleMode = .aspectFill
            self.view?.presentScene(scene!, transition: doors)
        }
    }
}
```

上述代码第①行是将多个纹理图集对象放到一个数组中，然后通过SKTextureAtlas的类方法preloadTextureAtlases(_:withCompletionHandler:)预处理这些纹理图集，预处理完成调用闭包。我们在闭包中清除动作，见代码第②行。最后是场景跳转。

26.4　任务3：创建Home场景

Home场景是主菜单界面，可借由进入游戏场景、设置场景和帮助场景。Home场景的界面如图26-11所示。

图26-11　Home场景

26.4.1　迭代3.1：设计场景

我们首先需要通过Xcode开发工具创建Home场景类文件HomeScene.swift和场景设计文件

HomeScene.sks。

HomeScene.sks是Home场景设计文件（参考26.3.1节设计场景）。如图26-12所示，打开HomeScene.sks文件，然后从对象库拖曳两个Color Sprite（精灵节点）控件到设计界面，选择相应的图片，并摆放到合适的位置。

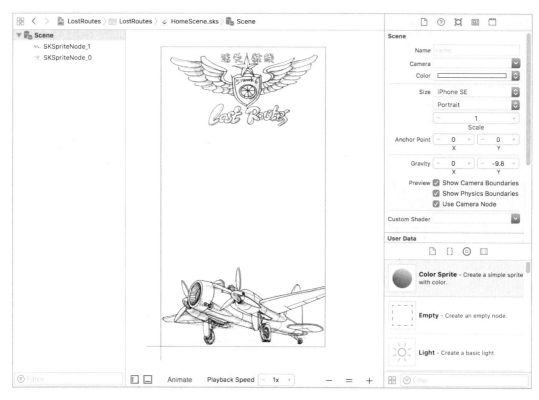

图26-12　设计Home场景

26.4.2　迭代3.2：实现代码

Home场景中有3个菜单，HomeScene.swift中的相关代码如下：

```swift
import SpriteKit
class HomeScene: SKScene {
    
    let defaults = UserDefaults.standard
    
    override func didMove(to view: SKView) {
        
        self.setBackgroundTilesImageNamed("red_tiles")
        
        let homeAtlas = SKTextureAtlas(named: "home")
```

```swift
        // 设置菜单
        let settingMenuItem = WKSpriteButton(normalTexture:
                homeAtlas.textureNamed("buttonSetting"),
                selectedTexture: homeAtlas.textureNamed("buttonSettingOn"),
                callback: #selector(touchedSettingMenuItem))                    ①
        settingMenuItem.position = CGPoint(x: self.frame.midX, y: self.frame.midY)
        self.addChild(settingMenuItem)
        
        // 开始菜单
        let startMenuItem = WKSpriteButton(normalTexture:
                homeAtlas.textureNamed("buttonStart"),
                selectedTexture: homeAtlas.textureNamed("buttonStartOn"),
                callback: #selector(touchedStartMenuItem))
        startMenuItem.position = CGPoint(x: self.frame.midX,
                y: settingMenuItem.position.y + 80)
        self.addChild(startMenuItem)
        
        // 帮助菜单
        let helpMenuItem = WKSpriteButton(normalTexture:
                homeAtlas.textureNamed("buttonHelp"),
                selectedTexture: homeAtlas.textureNamed("buttonHelpOn"),
                callback: #selector(touchedHelpMenuItem))
        helpMenuItem.position = CGPoint(x: self.frame.midX,
                y: settingMenuItem.position.y - 80)
        self.addChild(helpMenuItem)
        
        // 背景音乐播放
        if defaults.bool(forKey: Configuration.MusicKey) {                       ②
            WKSoundHelper.playMusic(self, fileNamed: Configuration.HomeMusic)    ③
        }
        
    }
    
    func touchedStartMenuItem() {
        if defaults.bool(forKey: Configuration.SoundKey) {                       ④
            WKSoundHelper.playSoundEffect(self,
            ↪fileNamed: Configuration.TapSoundEffect,
            ↪completion: { () -> Void in                                          ⑤
                let doors = SKTransition.doorsOpenHorizontal(withDuration: 1.0)
                let scene = GamePlayScene(fileNamed: "GamePlayScene")
                scene!.scaleMode = .aspectFill
                self.view?.presentScene(scene!, transition: doors)
            })
        } else {
            let doors = SKTransition.doorsOpenHorizontal(withDuration: 1.0)
            let scene = GamePlayScene(fileNamed: "GamePlayScene")
            scene!.scaleMode = .aspectFill
            self.view?.presentScene(scene!, transition: doors)
        }
    }
    
    func touchedSettingMenuItem() {
        if defaults.bool(forKey: Configuration.SoundKey) {
```

```
                WKSoundHelper.playSoundEffect(self,
                ↪fileNamed: Configuration.TapSoundEffect,
                ↪completion: { () -> Void in
                    let doors = SKTransition.doorsOpenHorizontal(withDuration: 1.0)
                    let scene = SettingScene(fileNamed: "SettingScene")
                    scene!.scaleMode = .aspectFill
                    self.view?.presentScene(scene!, transition: doors)
                })
            } else {
                let doors = SKTransition.doorsOpenHorizontal(withDuration: 1.0)
                let scene = SettingScene(fileNamed: "SettingScene")
                scene!.scaleMode = .aspectFill
                self.view?.presentScene(scene!, transition: doors)
            }
        }

        func touchedHelpMenuItem() {
            if defaults.bool(forKey: Configuration.SoundKey) {
                WKSoundHelper.playSoundEffect(self,
                ↪fileNamed: Configuration.TapSoundEffect,
                ↪completion: { () -> Void in
                    let doors = SKTransition.doorsOpenHorizontal(withDuration: 1.0)
                    let scene = HelpScene(fileNamed: "HelpScene")
                    scene!.scaleMode = .aspectFill
                    self.view?.presentScene(scene!, transition: doors)
                })
            } else {
                let doors = SKTransition.doorsOpenHorizontal(withDuration: 1.0)
                let scene = HelpScene(fileNamed: "HelpScene")
                scene!.scaleMode = .aspectFill
                self.view?.presentScene(scene!, transition: doors)
            }
        }
    }
```

上述代码主要是定义了3个菜单，代码第①行是创建WKSpriteButton对象，把它作为设置菜单，触摸菜单回调touchedSettingMenuItem方法。

代码第②行是从NSUserDefaults中取出用户设置信息。NSUserDefaults可以将少量的数据保存到应用程序目录下，它是一种键值对结构，我们将用户是否允许播放背景音乐和音效的状态保存到NSUserDefaults中。我们可以通过NSUserDefaults.standardUserDefaults()语句获得NSUser-Defaults实例。代码中的defaults.boolForKey (Configuration.MusicKey)语句是通过键取出布尔值，根据不同类型采用不同的取值方法，Configuration.MusicKey是在Configuration类型中定义的常量（为了便于管理很多常量都放到Configuration中）。

代码第③行是通过WKSoundHelper的静态方法playMusic播放背景音乐，背景音乐名也是在Configuration中定义的常量。

代码第④行的defaults.boolForKey(Configuration.SoundKey)是从NSUserDefaults中读取关于是否开启音效设置的状态，如果为false则直接跳转到GamePlayScene场景。

代码第⑤行是调用WKSoundHelper的静态方法playSoundEffect播放音效,completion参数是一个闭包表达式,当音效播放完成之后回调completion闭包,在闭包中跳转到GamePlayScene场景。

26.5 任务4:创建设置场景

设置场景可以设置音效和背景音乐是否开启。设置场景的界面如图26-13所示。

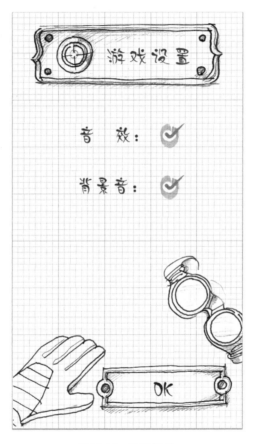

图26-13 设置场景

26.5.1 迭代4.1:设计场景

我们首先需要通过Xcode开发工具创建设置场景类文件SettingScene.swift和SettingScene.sks。

SettingScene.sks是设置场景设计文件(参考26.3.1节设计场景)。图26-14所示是SettingScene.sks设计界面,其中①、④和⑤控件是Color Sprite(精灵节点),②和③控件是Label(标签节点)。

494　第 26 章　游戏 App 实战——迷失航线

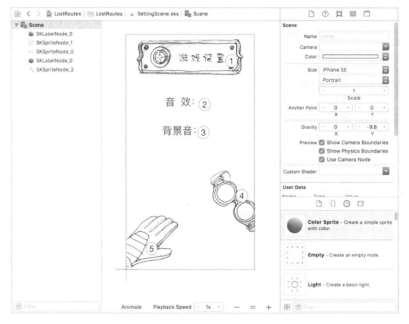

图26-14　设计设置场景

26.5.2　迭代 4.2：实现代码

设置场景SettingScene.swift代码如下：

```
class SettingScene: SKScene {

    let defaults = UserDefaults.standard

    override func didMove(to view: SKView) {

        self.setBackgroundTilesImageNamed("red_tiles")

        let settingHelpAtlas = SKTextureAtlas(named: "setting_help")

        // OK按钮
        let okMenuItem = WKSpriteButton(normalTexture:
        settingHelpAtlas.textureNamed("buttonOk"),
            selectedTexture: settingHelpAtlas.textureNamed("buttonOkOn"),
            callback: #selector(touchedOkMenuItem))                                  ①

        okMenuItem.position = CGPoint(x: 210, y: 54)
        self.addChild(okMenuItem)

        // 把所有标签节点对象字体全部设置为【汉仪黛玉体简】
        for node in self.children where node is SKLabelNode {                        ②
            let labelNode = node as! SKLabelNode
```

```
            labelNode.fontName = "HYDaiYuJ"                           ③
        }

        let soundToggleStatus = defaults.bool(forKey: Configuration.SoundKey)   ④
        let soundToggleButton = WKSpriteToggleButton(onTexture:
        ➥settingHelpAtlas.textureNamed("checkOn"),
        ➥offTexture: settingHelpAtlas.textureNamed("checkOff"),
            onCallback: #selector(touchSoundOn),
            offCallback: #selector(touchSoundOff),
            status: soundToggleStatus)                                ⑤

        soundToggleButton.position = CGPoint(x: 220, y: 400)
        self.addChild(soundToggleButton)

        let musicToggleStatus = defaults.bool(forKey: Configuration.MusicKey)
        let musicToggleButton = WKSpriteToggleButton(onTexture:
        ➥settingHelpAtlas.textureNamed("checkOn"),
        ➥offTexture: settingHelpAtlas.textureNamed("checkOff"),
            onCallback: #selector(touchMusicOn),
            offCallback: #selector(touchMusicOff),
            status: musicToggleStatus)

        musicToggleButton.position = CGPoint(x: 220, y: 330)
        self.addChild(musicToggleButton)

        // 设置背景音乐
        if defaults.bool(forKey: Configuration.MusicKey) {
            WKSoundHelper.playMusic(self, fileNamed: Configuration.HomeMusic)
        }
    }

    func touchMusicOn() {
        print("touchMusicOn")
        if defaults.bool(forKey: Configuration.SoundKey) {
            WKSoundHelper.playSoundEffect(self,
                fileNamed: Configuration.TapSoundEffect)
        }
        // 停止播放背景音乐
        WKSoundHelper.stopMusic(self)

        // 状态 On->Off
        defaults.set(false, forKey: Configuration.MusicKey)
    }

    func touchMusicOff() {
        print("touchMusicOff")

        if defaults.bool(forKey: Configuration.SoundKey) {
            WKSoundHelper.playSoundEffect(self,
                fileNamed: Configuration.TapSoundEffect)
        }
        // 播放背景音乐
        WKSoundHelper.playMusic(self, fileNamed: Configuration.HomeMusic)
```

```swift
        // 状态 Off->On
        defaults.set(true, forKey: Configuration.MusicKey)
    }
    
    func touchSoundOn() {
        print("touchSoundOn")
        // 已经是On状态
        if defaults.bool(forKey: Configuration.SoundKey) {
            WKSoundHelper.playSoundEffect(self,
                fileNamed: Configuration.TapSoundEffect)
        }
        // 状态 On->Off
        defaults.set(false, forKey: Configuration.SoundKey)
    }
    
    func touchSoundOff() {
        print("touchSoundOff")
        // 状态 Off->On
        defaults.set(true, forKey: Configuration.SoundKey)
    }
    
    func touchedOkMenuItem() {
        if defaults.bool(forKey: Configuration.SoundKey) {
            WKSoundHelper.playSoundEffect(self,
                fileNamed: Configuration.TapSoundEffect, completion: { () -> Void in
                    let doors = SKTransition.doorsCloseHorizontal(withDuration: 1.0)
                    let scene = HomeScene(fileNamed: "HomeScene")
                    scene!.scaleMode = .aspectFill
                    self.view?.presentScene(scene!, transition: doors)
            })
        } else {
            let doors = SKTransition.doorsCloseHorizontal(withDuration: 1.0)
            let scene = HomeScene(fileNamed: "HomeScene")
            scene!.scaleMode = .aspectFill
            self.view?.presentScene(scene!, transition: doors)
        }
    }
}
```

上述代码第①行是创建WKSpriteButton对象，它是场景右下角的OK按钮。

代码第②行~第③行是查找场景中的所有标签节点，然后重新设置它们的字体为"汉仪黛玉体简"。其中代码第③行labelNode.fontName = "HYDaiYuJ"是设置"汉仪黛玉体简"字体，其中HYDaiYuJ是"汉仪黛玉体简"字体名。

> **提示**
> 为什么不在场景设计工具中直接设置字体呢？这是因为在场景设计工具中不能选择自定义字体库。所以如果要使用自定义字体库，我们只能通过程序代码设置字体。

> **注意**
>
> 字体名不是文件名,如果你在macOS系统下,并且已安装该字体,则可以通过:"应用程序"→"字体册"应用找到要查看的字体,然后再打开"字体册"应用菜单"显示"→"自定",界面如下图所示,可见它的字体名。

在macOS中查看字体名

代码第④行的defaults.boolForKey(Configuration.SoundKey)是从NSUserDefaults中读取关于是否开启音效设置的状态。代码第⑤行是创建WKSpriteToggleButton对象,这是音效开关ToggleButton,根据代码第④行读取的soundToggleStatus设置ToggleButton状态。

26.6 任务5:创建帮助场景

帮助场景的界面如图26-15所示。从图中可见,帮助场景的很多元素与设置场景相同。

图26-15 帮助场景

26.6.1 迭代 5.1：设计场景

我们首先需要通过Xcode开发工具创建帮助场景类文件HelpScene.swift和HelpScene.sks。

HelpScene.sks是帮助场景设计文件（参考26.3.1节设计场景）。图26-16所示是HelpScene.sks设计界面，其中①、③和④控件是Color Sprite（精灵节点），②控件是Label（标签节点）。

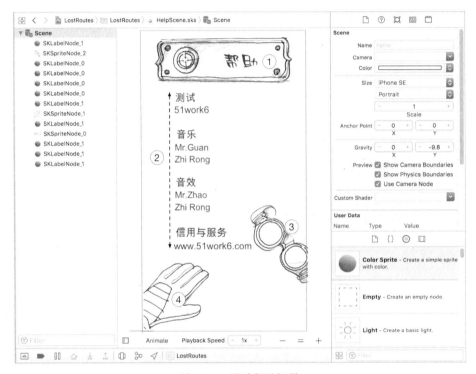

图26-16　设计帮助场景

26.6.2 迭代 5.2：实现代码

帮助场景HelpScene.swift代码如下：

```
import SpriteKit

class HelpScene: SKScene {
    
    let defaults = UserDefaults.standard
    
    override func didMove(to view: SKView) {
        
        self.setBackgroundTilesImageNamed("red_tiles")
        let settingHelpAtlas = SKTextureAtlas(named: "setting_help")
```

```swift
    // OK按钮
    let okMenuItem = WKSpriteButton(normalTexture:
    settingHelpAtlas.textureNamed("buttonOk"),
            selectedTexture: settingHelpAtlas.textureNamed("buttonOkOn"),
            callback: #selector(touchedOkMenuItem))

    okMenuItem.position = CGPoint(x: 210, y: 54)

    self.addChild(okMenuItem)

    // 把所有标签节点对象字体全部设置为【汉仪黛玉体简】
    for node in self.children where node is SKLabelNode {
        let labelNode = node as! SKLabelNode
        labelNode.fontName = "HYDaiYuJ"
    }

    // 设置背景音乐
    if defaults.bool(forKey: Configuration.MusicKey) {
        WKSoundHelper.playMusic(self, fileNamed: Configuration.HomeMusic)
    }
}

func touchedOkMenuItem() {
    if defaults.bool(forKey: Configuration.SoundKey) {
        WKSoundHelper.playSoundEffect(self,
            fileNamed: Configuration.TapSoundEffect, completion: { () -> Void in
            let doors = SKTransition.doorsCloseHorizontal(withDuration: 1.0)
            let scene = HomeScene(fileNamed: "HomeScene")
            scene!.scaleMode = .aspectFill
            self.view?.presentScene(scene!, transition: doors)
        })
    } else {
        let doors = SKTransition.doorsCloseHorizontal(withDuration: 1.0)
        let scene = HomeScene(fileNamed: "HomeScene")
        scene!.scaleMode = .aspectFill
        self.view?.presentScene(scene!, transition: doors)
    }
}
```

上述代码与设置场景中的很多代码类似，事实上我们可以为设置场景和帮助场景设计一个共同的父类。

26.7 任务6：实现游戏场景

我们开发的主要工作是实现游戏场景，游戏场景的界面如图26-17所示。

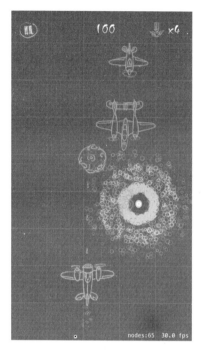

图26-17　游戏场景

26.7.1　迭代6.1：设计场景

我们首先需要通过Xcode开发工具创建游戏场景类文件GamePlayScene.swift和GamePlay-Scene.sks。

GamePlayScene.sks是游戏场景设计文件（参考26.3.1节设计场景）。图26-18所示是GamePlayScene.sks设计界面，其中①和②控件是Label（标签节点），③控件是Color Sprite（精灵节点）。①标签控件要动态显示得分情况，③标签控件要动态显示玩家飞机生命值，这两个标签需要在程序中访问，我们需要在设计属性中给它们设置名称。具体步骤如图26-19所示：选择标签控件，打开右边属性检测器，在Name中输入名字。

26.7 任务6：实现游戏场景   501

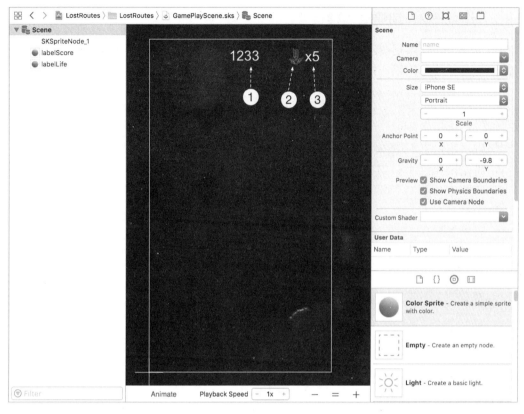

图26-18　设计游戏场景

图26-19　设置标签节点属性

> **提示**　当然我们也可以将这些控件通过程序代码添加到场景中，但是这样会增加游戏场景的代码量。原则上那些静态的、位置固定的节点可以直接在场景设计工具中进行设计。

26.7.2 迭代 6.2：创建敌人精灵

由于敌人精灵比较复杂，我们不能直接使用SKSpriteNode类，而应根据需要进行封装。我们需要继承SKSpriteNode类，并定义敌人精灵类Enemy的特有方法和属性。

Enemy类中初始化的相关代码如下：

```
import SpriteKit

// 定义敌人名称，也是敌人精灵帧的名字
let EnemyStoneTexture = "stone1"
let Enemy1Texture = "enemy1"
let Enemy2Texture = "enemy2"
let EnemyPlanetTexture = "enemyPlanet"

// 定义敌人类型
enum EnemyTypes {
    case EnemyTypeStone         // 陨石
    case EnemyTypeEnemy1        // 敌机1
    case EnemyTypeEnemy2        // 敌机2
    case EnemyTypePlanet        // 行星
}

class Enemy: SKSpriteNode {

    // 敌人类型
    var enemyType: EnemyTypes
    // 速度
    var velocity: CGVector
    // 初始的生命值
    var initialHitPoints: UInt
    // 当前的生命值
    var hitPoints: UInt = 0
    ...
}
```

Enemy类构造函数的相关代码如下：

```
init(enemyType: EnemyTypes, velocity: CGVector) {                              ①

    self.enemyType = enemyType
    self.velocity = velocity

    var textureName: String?
    switch enemyType {
    case .EnemyTypeStone:
        textureName = EnemyStoneTexture
        self.initialHitPoints = 3
    case .EnemyTypeEnemy1:
        textureName = Enemy1Texture
        self.initialHitPoints = 5
    case .EnemyTypeEnemy2:
        textureName = Enemy2Texture
```

```
            self.initialHitPoints = 10
        case .EnemyTypePlanet:
            textureName = EnemyPlanetTexture
            self.initialHitPoints = 15
        }

        let texture = SKTexture(imageNamed: textureName!)
        super.init (texture: texture, color: UIColor.clear, size: texture.size())    ②
        // 构造完成

        // 其他设置
        self.isHidden = true    //设置当前精灵隐藏

        switch enemyType {
        case .EnemyTypeStone:
            // 一秒钟旋转180度
            let ac = SKAction.rotate(byAngle: CGFloat(M_PI), duration: 0.5)          ③
            self.run(SKAction.repeatForever(ac))
            // 设置敌人物理引擎的物体
            let enemyBody = SKPhysicsBody(circleOfRadius: self.frame.width / 2 - 5)  ④
            self.physicsBody = enemyBody                                             ⑤

        case .EnemyTypePlanet:
            // 一秒钟旋转-180度
            let ac = SKAction.rotate(byAngle: CGFloat(-1 * M_PI), duration: 2)
            self.run(SKAction.repeatForever(ac))
            // 设置敌人物理引擎的物体
            let enemyBody = SKPhysicsBody(circleOfRadius: self.frame.width / 2 - 5)
            self.physicsBody = enemyBody

        case .EnemyTypeEnemy1:
            // 设置敌人物理引擎的物体
            let path = CGMutablePath()                                               ⑥
            path.move(to: CGPoint(x: -2.5, y: -45.75))                               ⑦
            path.addLine(to: CGPoint(x: -29.5, y: -27.25))
            path.addLine(to: CGPoint(x: -53, y: -0.25))
            path.addLine(to: CGPoint(x: -34, y: 43.25))
            path.addLine(to: CGPoint(x: 28, y: 44.25))
            path.addLine(to: CGPoint(x: 55, y: -2.25))                               ⑧

            let enemyBody = SKPhysicsBody(polygonFrom: path)
            self.physicsBody = enemyBody                                             ⑨

        case .EnemyTypeEnemy2:
            // 设置敌人物理引擎的物体
            let enemyBody = SKPhysicsBody(texture: self.texture!, size: self.size)   ⑩
            self.physicsBody = enemyBody
        }
    }

    required init?(coder aDecoder: NSCoder) {                                        ⑪
        fatalError("init(coder:) has not been implemented")
    }
```

上述代码第①行定义构造函数init(enemyType: EnemyTypes, velocity: CGVector)，enemyType参数用于指定敌人的类型，velocity参数用于指定敌人的速度。

代码第②行之前都是初始化属性。代码第②行调用父类指定构造函数初始化父类属性。根据构造函数的安全检查原则，其他的初始化设置要在父类属性初始化完成之后进行。第②行代码之后可以进行其他设置了。

其他设置主要是设置敌人精灵的是否显示、动作和物理引擎物体等。代码第③行~第④行是设置陨石类型敌人。代码第③行是创建逆时针旋转动作，然后循环执行这个旋转动作。代码第④行是创建陨石类型敌人物理引擎物体，陨石物体形状是圆形，半径是self.frame.width / 2 - 5表达式，-5是一个修正值，美工给我们做的图片如图26-20所示，球体与边界之间有一些空白。代码第⑤行self.physicsBody = enemyBody是物体赋值给敌人的physicsBody属性，这样敌人精灵就与物理引擎关联起来了。

图26-20　陨石图片的空白

行星类型敌人与陨石类型敌人的设置类似，这里不再赘述。

代码第⑥行~第⑨行是设置敌机1类型敌人，创建它的物体形状时没有采用基于精灵纹理的形状，因为这种形状的计算非常耗费资源。这里我们采用了多边形物体形状，这个多边形是通过CGPath来描述的，代码第⑥行~第⑧行是创建并设置路径。物体的多边形如图26-21所示，顶点坐标可以通过一些图形软件测量出来。代码第⑦行~第⑧行是通过这6个顶点设置路径。

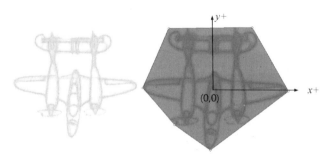

图26-21　多边形顶点

代码第⑩行是敌机2创建物体，它的形状是基于精灵纹理形状的。它的形状也可以采用多边形描述。

代码第⑪行的required init?(coder aDecoder: NSCoder)构造函数是SKSpriteNode父类要求必须实现的。SKSpriteNode父类遵循了NSCoding协议，因此我们需要实现该构造函数。

Enemy中游戏循环调用和产生敌人的方法代码如下：

```
func update(currentTime: CFTimeInterval) {                          ①

    // 将要超出屏幕的下底边
    if (self.position.y + self.size.height/2 < 0) {                 ②
       self.spawn()
       return
    }

    // 每渲染一帧调用一次
    let ac = SKAction.move(by: velocity, duration: 0.0)             ③
    self.run(ac)

}

func spawn() {                                                      ④

    let yPos = self.scene!.size.height + self.size.height / 2       ⑤
    let range = UInt32(self.scene!.frame.width - self.size.width)
    let xPos = CGFloat(arc4random_uniform(range)) + self.size.width / 2  ⑥

    let ac = SKAction.move(to: CGPoint(x: xPos, y: yPos), duration: 0.0)
    self.run(ac)

    self.hitPoints = self.initialHitPoints
    // 显示出来
    self.isHidden = false

}
```

上述代码第①行的update方法是游戏循环调用，这里不是重写父类update方法，SKSpriteNode类没有update方法，只有SKScene类才有update方法。我们可以在场景的update方法中调用该update方法。

代码第②行是判断敌人是否将要超出屏幕的下底边，如果为true则调用self.spawn()方法重新生成敌人精灵。

代码第③行是移动敌人，velocity是移动的速度，moveBy是相对当前位置的移动方法，每渲染一帧调用一次，渲染一帧是1/60 s。

代码第④行的spawn方法用于生成敌人，所谓"生成敌人"并不是创建敌人对象，而是重新调整它的坐标，让它从屏幕上边开始向下运动，见图26-22中实线表示的敌人。其中第⑤行中的代码self.scene!.size.height + self.size.height / 2是计算出它在屏幕上边界的Y轴坐标。第⑥行代码是随机产生X轴坐标，arc4random_uniform函数用于产生随机数。

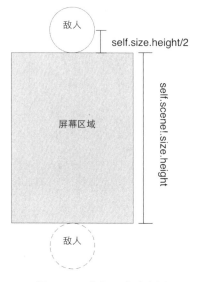

图26-22 敌人运动示意图

26.7.3 迭代6.3：创建玩家飞机精灵

玩家飞机精灵没有敌人精灵那么复杂，玩家飞机只有一种。但是我们也没有直接使用SKSpriteNode类，而是进行了封装，让它继承SKSpriteNode类。

Fighter类代码如下：

```
import SpriteKit

class Fighter: SKSpriteNode {
    
    // 当前的生命值
    var hitPoints: UInt = 0
    
    init(texture: SKTexture?) {
        
        super.init(texture: texture, color: UIColor.clear, size: texture!.size())
        // 构造完成
        
        // 设置粒子系统，并放在飞机下面
        if let particles = SKEmitterNode(fileNamed: "fire.sks") {            ①
            particles.position = CGPoint(x: 0, y: (0 - self.size.height / 2))  ②
            addChild(particles)                                                ③
        }
        
        // 设置物理引擎的物体
        let path = CGMutablePath()                                           ④
        path.move(to: CGPoint(x: -43.5, y: 15.5))
        path.addLine(to: CGPoint(x: -23.5, y: 33))
```

```
            path.addLine(to: CGPoint(x: 28.5, y: 34))
            path.addLine(to: CGPoint(x: 48, y: 17.5))
            path.addLine(to: CGPoint(x: 0, y: -39.5))            ⑤

            let body = SKPhysicsBody(polygonFrom: path)
            self.physicsBody = body
        }

        required init?(coder aDecoder: NSCoder) {
            fatalError("init(coder:) has not been implemented")
        }
    }
```

上述代码第①行~第③行是创建飞机后面喷射烟雾粒子的效果，第②行代码是设置烟雾粒子在飞机的下面；这个坐标是一个相对于飞机的坐标，因为代码第③行的addChild(particles)语句将粒子添加到飞机精灵节点中，这样它的坐标就是相当于飞机而非场景的。因为飞机的锚点在它的中心，所以(x: 0, y: (0 - self.size.height / 2))坐标值就是飞机的下边界水平居中的位置了。

代码第④行~第⑤行是定义多边形，这个多边形是飞机物体的形状。

26.7.4　迭代 6.4：创建子弹精灵

Bullet也没有直接使用SKSpriteNode类，而是进行了封装，继承了SKSpriteNode类。

Bullet类代码如下：

```
    import SpriteKit

    class Bullet: SKSpriteNode {

        // 速度
        var velocity: CGVector

        init(texture: SKTexture?, velocity: CGVector) {

            self.velocity = velocity

            super.init(texture: texture, color: UIColor.clear, size: texture!.size())
            // 构造完成

            self.isHidden = true
            // 设置子弹与物理引擎的关联
            let bulletBody = SKPhysicsBody(rectangleOf: self.size)            ①
            self.physicsBody = bulletBody
        }

        required init?(coder aDecoder: NSCoder) {
            fatalError("init(coder:) has not been implemented")
        }
```

```swift
    func update(currentTime: CFTimeInterval) {                              ②

        let ac = SKAction.move(by: velocity, duration: 0.0)                 ③
        self.run(ac)

        // 超出屏幕
        if self.position.y > self.scene!.size.height {                      ④
            self.removeFromParent()                                         ⑤
        }
    }

    func shootBulletFromFighter(fighter: Fighter) {                         ⑥
        let xPos = fighter.position.x
        let yPos = fighter.position.y + fighter.size.height/2
        self.position = CGPoint(x: xPos, y: yPos)
        self.isHidden = false
    }
}
```

代码第①行是设置子弹的物体形状为矩形。代码第②行的update方法与敌人精灵的update方法类似，由场景中游戏的循环方法update调用。

代码第③行是定义一个相对移动动作，velocity是速度。

代码第④行是判断子弹是否超出屏幕，由于子弹很小，我们忽略了它的形状占用的空间，直接使用self.position.y > self.scene!.size.height条件判断。如果子弹超出屏幕则通过self.removeFromParent()语句将子弹从当前场景中移除，见代码第⑤行。

代码第⑥行shootBulletFromFighter方法在飞机发射子弹时调用，这个方法并没有创建子弹精灵节点对象，只是重新设置子弹的位置为飞机的顶边居中位置，然后再显示子弹。

26.7.5 迭代6.5：初始化游戏场景

为了能够清楚地介绍游戏场景实现，我们将分部分为大家介绍。

先来看看GamePlayScene.swift中的相关代码：

```swift
import SpriteKit

class GamePlayScene: SKScene, SKPhysicsContactDelegate {

    // 上一次子弹发射时间
    var lastUpdateTime: CFTimeInterval = 0.0
    // 两次发射子弹最小时间间隔
    var timeDelta: CFTimeInterval = 0.2

    var labelScore: SKLabelNode?
    var labelLife: SKLabelNode?
    // 得分
    var score = 0
    // 记录0~999分数
```

```
    var scorePlaceholder = 0

    let defaults = NSUserDefaults.standardUserDefaults()
    var backgroundMusic: SKAudioNode!

    var gameplayAtlas = SKTextureAtlas(named:"gameplay")
    // 当前场景暂停状态
    var pauseStatus = false
    var fighter: Fighter?

    override func didMove(to view: SKView) {

        // 初始化物理世界，(0.0,0.0) 表示物体不受重力影响
        self.physicsWorld.gravity = CGVector(dx: 0.0, dy: 0.0)
        self.physicsWorld.contactDelegate = self

        // 初始化游戏背景
        initBG()

        // 初始化敌人
        initEnemys()

        // 初始化玩家飞机
        initFighter()

        // 初始化得分栏
        initScoreBar()

    }
    ...
}
```

初始化主要是在didMove方法中实现的。为了提高程序代码的可读性，我们将相关的初始化封装到几个方法中，下面分别介绍这些初始化方法。

1. 初始化游戏背景

初始化游戏背景的方法initBG()代码如下：

```
// MARK: --初始化游戏背景
func initBG() {
    self.setBackgroundTilesImageNamed("blue_tiles")
    // 把所有标签节点对象字体全部设置为【汉仪黛玉体简】
    for node in self.children where node is SKLabelNode {
        let labelNode = node as! SKLabelNode
        labelNode.fontName = "HYDaiYuJ"
    }

    // 添加背景精灵1
    let sprite1 = SKSpriteNode(texture: gameplayAtlas.textureNamed("bgSprite1"))
    sprite1.position = CGPoint(x:-50, y:-50)
    sprite1.name = "bgSprite"
    addChild(sprite1)
```

```
        let ac1 = SKAction.move(by: CGVector(dx: 500, dy: 600), duration: 20)
        let ac2 = ac1.reversed()
        let as1 = SKAction.sequence([ac1, ac2])
        sprite1.run(SKAction.repeatForever(as1))
        
        // 添加背景精灵2
        let sprite2 = SKSpriteNode(texture: gameplayAtlas.textureNamed("bgSprite2"))
        sprite2.position = CGPoint(x:self.frame.width, y:0)
        sprite2.name = "bgSprite"
        addChild(sprite2)
        
        let ac3 = SKAction.move(by: CGVector(dx: -500, dy: 600), duration: 10)
        let ac4 = ac3.reversed()
        let as2 = SKAction.sequence([ac3, ac4])
        sprite2.run(SKAction.repeatForever(as2))
        
        // 设置背景音乐
        if defaults.bool(forKey: Configuration.MusicKey) {
            WKSoundHelper.playMusic(self, fileNamed: Configuration.GameMusic)
        }
    }
```

initBG()方法创建并设置游戏场景,设置了标签字体,还添加了背景精灵1和背景精灵2;这两个背景精灵并不与其他精灵发生碰撞。最后,它还设置了背景音乐。

2. 初始化玩家飞机

初始化玩家飞机的方法initFighter()代码如下:

```
    func initFighter() {
        
        fighter = Fighter(texture: gameplayAtlas.textureNamed("fighter"))
        addChild(fighter!)
        fighter?.position = CGPoint(x: self.frame.midX, y: 70)
        fighter?.zPosition = 20
        fighter?.hitPoints = 5
        fighter?.name = "me"
        
        fighter?.physicsBody!.categoryBitMask = Configuration.fighterCategory      ①
        fighter?.physicsBody!.contactTestBitMask = Configuration.enemyCategory     ②
        fighter?.physicsBody!.collisionBitMask    = 0x0                            ③
    }
```

上述代码第①行是设置飞机的类别掩码。代码第②行是设置接触检测掩码,它被设置为Configuration.enemyCategory(敌人掩码),说明玩家飞机可以与敌人发生接触事件。代码第③行是设置飞机的碰撞掩码,0x0表示玩家飞机不与其他任何物体发生碰撞,这样设置会使玩家飞机与敌人发生互穿。事实上这种情况并不会发生,我们一旦检测到两个物体发生接触,就会让它们爆炸并在场景中消失。

3. 初始化敌人

初始化敌人的方法initEnemys()代码如下:

```
func initEnemys() {
    // 添加陨石1
    let stone1 = Enemy(enemyType: .enemyTypeStone,
    ↪velocity: CGVector(dx: 0, dy: -1.6))
    stone1.name = "enemy"
    stone1.zPosition = 10
    addChild(stone1)

    // 添加行星
    let planet = Enemy(enemyType: .enemyTypePlanet,
    ↪velocity: CGVector(dx: 0, dy: -0.8))
    planet.name = "enemy"
    planet.zPosition = 10
    addChild(planet)

    // 添加敌机1
    let enemyFighter1 = Enemy(enemyType: .enemyTypeEnemy1,
    ↪velocity: CGVector(dx: 0, dy: -1.2))
    enemyFighter1.name = "enemy"
    enemyFighter1.zPosition = 10
    addChild(enemyFighter1)

    // 添加敌机2
    let enemyFighter2 = Enemy(enemyType: .enemyTypeEnemy2,
    ↪velocity: CGVector(dx: 0, dy: -1.6))
    enemyFighter2.name = "enemy"
    enemyFighter2.zPosition = 10
    addChild(enemyFighter2)

    // 设置敌人物体碰撞检测
    self.enumerateChildNodes(withName: "enemy") { (node: SKNode!,
        stop: UnsafeMutablePointer<ObjCBool>) -> Void in                        ①

        let enemy = node as! Enemy
        enemy.physicsBody?.categoryBitMask = Configuration.enemyCategory        ②
        enemy.physicsBody?.contactTestBitMask = Configuration.fighterCategory   ③
        enemy.physicsBody?.collisionBitMask    = 0x0                            ④
    }
}
```

上述代码第②行~第④行是设置敌人物体碰撞检测。由于敌人不止一个，我们可以通过调用SKNode的enumerateChildNodes(withName:using:)方法设置每一个命名为"enemy"的节点。代码第②行是设置敌人类别掩码。代码第③行是设置敌人接触检测掩码，该掩码设置为Configuration.fighterCategory（玩家飞机类别掩码），这说明敌人可以与玩家飞机发生接触。代码第④行是设置碰撞掩码为0x0，这与玩家飞机的设置类似。

4. 初始化得分栏

初始化得分栏的方法initScoreBar()代码如下：

```
func initScoreBar() {
```

```
// 获得得分标签对象
labelScore = childNode(withName: "labelScore") as? SKLabelNode            ①
//获得生命值标签对象
labelLife = childNode(withName: "labelLife") as? SKLabelNode              ②
labelScore!.text = String(format: "%d", score)                            ③
labelLife!.text = String(format: "x%d", fighter!.hitPoints)               ④

// 初始化暂停按钮
let pauseButton = WKSpriteButton(normalTexture:
    gameplayAtlas.textureNamed("buttonPause"),
    selectedTexture: gameplayAtlas.textureNamed("buttonPause"),
    callback: #selector(touchedPauseButton))                              ⑤
pauseButton.zPosition = 30
pauseButton.position = CGPoint(x:30, y:538)
self.addChild(pauseButton)
}
```

上述代码第①行和第②行是通过名称查找标签节点对象,它们是在场景设计器中添加的。代码第③行是设置text属性来显示当前得分。代码第④行是设置text属性来显示当前玩家的生明值。代码第⑤行创建并初始化暂停按钮。

26.7.6 迭代6.6:玩家移动飞机

初始化完成之后,玩家飞机在场景的底部,玩家需要移动飞机躲避敌人,相关代码如下:

```
override func touchesMoved(_ touches: Set<UITouch>, with event: UIEvent?) {
    // 暂停状态下不接受触摸移动
    if pauseStatus {
        return
    }
    // 移动飞机
    for touch in touches {
        
        let location = touch.location(in: self)                           ①
        let previousLocation = touch.previousLocation(in: self)           ②
        
        // 移动的相对距离
        let moveDeltaX = location.x - previousLocation.x
        let moveDeltaY = location.y - previousLocation.y
        
        // 场景高宽
        let sceneWidth = self.size.width
        let sceneHeight = self.size.height
        
        // 飞机高宽的一半
        let halfWidth = fighter!.size.width / 2
        let halfHeight = fighter!.size.height / 2
        
        // 飞机移动到新的位置
        var xPos = fighter!.position.x + moveDeltaX                       ③
        var yPos = fighter!.position.y + moveDeltaY                       ④
```

```
        if xPos < halfWidth {                            // 不能超过左边屏幕           ⑤
            xPos = halfWidth
        } else if xPos > (sceneWidth - halfWidth) {      // 不能超过右边屏幕
            xPos = sceneWidth - halfWidth
        }

        if yPos < halfHeight {                           //不能超过底边屏幕
            yPos = halfHeight
        } else if yPos > (sceneHeight - halfHeight) {    // 不能超过上边屏幕
            yPos = sceneHeight - halfHeight
        }                                                                          ⑥

        fighter!.position = CGPoint(x: xPos, y: yPos)
    }
}
```

重写touchesMoved(_:with:)方法接收触摸移动事件，此次的触摸事件并不需要用户手指按在飞机上，屏幕的其他位置也可以接收触摸事件。无论用户触摸屏幕哪个位置，我们只需要计算两次移动的相对距离。

上述代码第①行let location = touch.location(in: self)用于获得当前触摸点位置，代码第②行let previousLocation = touch.previousLocation(in: self)用于获得上一个触摸点位置。通过这两个位置差moveDeltaX和moveDeltaY，我们就可以计算出移动的相对距离，这两个距离是向量（有方向和大小）。代码第③行和第④行就可以计算出飞机移动到的新位置。

代码第⑤行~第⑥行判断并重新计算坐标，这样可以防止飞机移动到屏幕之外。

26.7.7 迭代 6.7：游戏循环与任务调度

游戏场景中都有一个循环按照帧率调用update方法，一般情况下我们不需要重写该方法，除非需要执行一些任务，例如要不断地移动敌人、玩家飞机不断地发射子弹等任务。

游戏场景中重写update方法代码如下：

```
override func update(_ currentTime: TimeInterval) {

    // 更新敌人精灵状态
    for node in self.children where node is Enemy && self.pauseStatus == false {    ①
        let enemy = node as! Enemy
        enemy.update(currentTime: currentTime)                                      ②
    }

    // 子弹状态
    for node in self.children where node is Bullet && self.pauseStatus == false {   ③
        let bullet = node as! Bullet
        bullet.update(currentTime: currentTime)                                     ④
    }

    // 计算子弹发射时间
```

```
        let timeSinceLastUpdate = currentTime - lastUpdateTime                       ⑤
        if timeSinceLastUpdate >= timeDelta && self.pauseStatus == false {           ⑥
            // 发射子弹
            self.shootBullet()                                                       ⑦
            lastUpdateTime = currentTime
        }
    }
```

上述代码第①行的for循环遍历场景子节点，获得可见的敌人精灵节点，然后调用代码第②行的enemy.update (currentTime: currentTime)语句实现移动敌人的任务调度。

代码第③行的for循环遍历场景子节点，获得可见的子弹精灵节点，然后调用代码第④行的bullet.update (currentTime: currentTime)语句，实现移动子弹的任务调度。

update方法中的currentTime参数只是当前时间，不是上一次调用到现在的一个时间段。而我们发射子弹是按照一个时间段发射的。代码第⑤行是计算上一次调用到现在的一个时间段，代码第⑥行是判断是否大于等于给定的时间段timeDelta，如果为true，则通过代码第⑦行的self.shootBullet()语句发射子弹。

26.7.8　迭代6.8：游戏场景菜单实现

游戏场景中有3个菜单：暂停、返回主页和继续游戏。暂停菜单位于场景的左上角，点击暂停菜单会弹出返回主页和继续游戏菜单。

暂停菜单相关代码如下：

```
func touchedPauseButton() {
    print("触摸暂停按钮...")
    
    if defaults.bool(forKey: Configuration.SoundKey) {
        WKSoundHelper.playSoundEffect(self, fileNamed: Configuration.TapSoundEffect)
    }
    
    if pauseStatus {
        return
    }
    pauseStatus = true
    
    // 设置敌人暂停
    self.enumerateChildNodes(withName: "enemy") { (node: SKNode!,
    ↪top: UnsafeMutablePointer<ObjCBool>) -> Void in                                 ①
        node.isPaused = self.pauseStatus
    }
    // 设置背景精灵暂停
    self.enumerateChildNodes(withName: "bgSprite") { (node: SKNode!,
    ↪stop: UnsafeMutablePointer<ObjCBool>) -> Void in                                ②
        node.isPaused = self.pauseStatus
    }
    
    // 设置我的飞机暂停
```

```
        fighter?.isPaused = pauseStatus                                          ③

    // 返回主菜单
    let backMenuItem = WKSpriteButton(normalTexture:
gameplayAtlas.textureNamed("buttonBack"),
            selectedTexture: gameplayAtlas.textureNamed("buttonBackOn"),
            callback: #selector(touchedBackMenuItem))                            ④
    backMenuItem.zPosition = 30
    backMenuItem.position = CGPoint(x: self.frame.midX, y: self.frame.midY + 50)
    backMenuItem.name = "menu"
    addChild(backMenuItem)

    // 继续游戏菜单
    let resumeMenuItem = WKSpriteButton(normalTexture:
gameplayAtlas.textureNamed("buttonResume"),
            selectedTexture: gameplayAtlas.textureNamed("buttonResumeOn"),
            callback: #selector(touchedResumeMenuItem))                          ⑤
    resumeMenuItem.zPosition = 30
    resumeMenuItem.position = CGPoint(x: self.frame.midX, y: self.frame.midY - 20)
    resumeMenuItem.name = "menu"
    addChild(resumeMenuItem)
}
```

上述代码第①行设置敌人精灵暂停，SKNode的isPaused属性可以设置节点对象暂停；因为有多个敌人节点对象需要设置，所以还是通过enumerateChildNodesWithName方法进行设置。代码第②行是设置背景精灵暂停，这个设置类似于代码第①行敌人精灵暂停的设置。

代码第③行是设置飞机节点对象暂停。

代码第④行是创建返回主菜单对象。代码第⑤行是创建继续游戏菜单。

触摸返回主菜单的相关代码如下：

```
func touchedBackMenuItem() {
    print("触摸返回主菜单...")

    if defaults.bool(forKey: Configuration.SoundKey) {
        WKSoundHelper.playSoundEffect(self,
            fileNamed: Configuration.TapSoundEffect, completion: { () -> Void in
            let doors = SKTransition.doorsCloseHorizontal(withDuration: 1.0)
            let scene = HomeScene(fileNamed: "HomeScene")
            scene!.scaleMode = .aspectFill
            self.view?.presentScene(scene!, transition: doors)
        })
    } else {
        let doors = SKTransition.doorsCloseHorizontal(withDuration: 1.0)
        let scene = HomeScene(fileNamed: "HomeScene")
        scene!.scaleMode = .aspectFill
        self.view?.presentScene(scene!, transition: doors)
    }
}
```

触摸继续游戏菜单的相关代码如下：

```swift
func touchedResumeMenuItem() {
    print("触摸继续游戏菜单...")
    
    if defaults.bool(forKey: Configuration.SoundKey) {
        WKSoundHelper.playSoundEffect(self, fileNamed: Configuration.TapSoundEffect)
    }
    
    pauseStatus = false                                                         ①
    // 设置飞机继续
    fighter?.isPaused = pauseStatus
    // 设置敌人继续
    self.enumerateChildNodes(withName: "enemy") { (node: SKNode!,
    ➥stop: UnsafeMutablePointer<ObjCBool>) -> Void in
        node.isPaused = self.pauseStatus                                        ②
    }
    // 设置背景精灵继续
    self.enumerateChildNodes(withName: "bgSprite") { (node: SKNode!,
    ➥stop: UnsafeMutablePointer<ObjCBool>) -> Void in
        node.isPaused = self.pauseStatus                                        ③
    }
    
    // 移除菜单
    self.enumerateChildNodes(withName: "menu") { (node: SKNode!,
    ➥top: UnsafeMutablePointer<ObjCBool>) -> Void in
        node.removeFromParent()                                                 ④
    }
}
```

触摸继续游戏是与暂停相反的操作，代码第①行设置pauseStatus变量为false，代码第②行是设置敌人暂停，代码第③行是设置背景精灵暂停。另外还要实现移除菜单功能，见代码第④行。

26.7.9 迭代6.9：玩家飞机发射子弹

玩家飞机需要不断发射子弹，这个过程不需要玩家控制，因此需要一个任务调度定时重复发射。这个任务调用我们在26.7.7节介绍过了，下面来看看任务本身，相关代码如下：

```swift
func shootBullet() {
    
    if fighter != nil && fighter?.isHidden == false {
        let bullet = Bullet(texture: gameplayAtlas.textureNamed("bullet"),
        ➥velocity: Configuration.GameSceneBulletVelocity)
        bullet.name = "bullet"
        bullet.zPosition = 20
        addChild(bullet)
        
        // 设置子弹与物理引擎的关联
        bullet.physicsBody!.categoryBitMask = Configuration.bulletCategory      ①
        bullet.physicsBody!.contactTestBitMask = Configuration.enemyCategory    ②
        bullet.physicsBody!.collisionBitMask = 0x0                              ③
```

```
        bullet.shootBulletFromFighter(fighter: fighter!)
    }
}
```

上述代码第①行是设置子弹的类别掩码。代码第②行是设置接触检测掩码，它被设置为 Configuration.enemyCategory（敌人掩码），说明子弹可以与敌人发生接触事件。代码第③行是设置子弹的碰撞掩码，0x0表示子弹不与其他任何物体发生碰撞，这样的设置与玩家飞机类似。

26.7.10 迭代6.10：子弹与敌人的碰撞检测

在游戏中需要检测碰撞的是：玩家发射的子弹与敌人之间以及玩家飞机与敌人之间的碰撞。碰撞检测中引入了物理引擎检测碰撞，这样会更加精确地检测出碰撞。

我们首先需要在GamePlayScene场景中声明遵从SKPhysicsContactDelegate协议，代码如下：

```
class GamePlayScene: SKScene, SKPhysicsContactDelegate {

    ...

    // MARK: --实现SKPhysicsContactDelegate检测碰撞
    func didBegin(_ contact: SKPhysicsContact) {

        guard let nodeA = contact.bodyA.node,
            let nodeB = contact.bodyB.node else {         ①
            // 过滤掉nil的节点
            return
        }

        // 过滤掉隐藏的节点
        if nodeB.isHidden || nodeA.isHidden {             ②
            return
        }

        var f: Fighter?
        if nodeA is Fighter {
            f = nodeA as? Fighter
        }
        if nodeB is Fighter {
            f = nodeB as? Fighter
        }

        var bullet: Bullet?
        if nodeA is Bullet {
            bullet = nodeA as? Bullet
        }
        if nodeB is Bullet {
            bullet = nodeB as? Bullet
        }

        var enemy: Enemy?
        if nodeA is Enemy {
```

```
            enemy = nodeA as? Enemy
        }
        if nodeB is Enemy {
            enemy = nodeB as? Enemy
        }

        // 子弹击中敌人
        if bullet != nil && enemy != nil {                          ③
            bullet?.removeFromParent()
            handleBulletCollidingWithEnemy(enemy!)                  ④
        }

        // 飞机与敌人相撞
        if f != nil && enemy != nil {                               ⑤
            handleFighterCollidingWithEnemy(enemy!)                 ⑥
        }
    }

    ...

}
```

上述代码第①行通过guard语句过滤掉nil的节点。代码第②行是过滤掉隐藏的节点。

代码第③行是判断是否有子弹击中敌人，如果击中敌人，则将子弹从场景中移除。代码第④行调用handleBulletCollidingWithEnemy(enemy!)方法处理子弹与敌人的碰撞事件。

代码第⑤行是判断飞机是否与敌人相撞，如果是则调用第⑥行handleFighterColliding-WithEnemy(enemy!)方法处理飞机与敌人的碰撞事件。

我们先看看子弹与敌人的碰撞处理代码：

```
func handleBulletCollidingWithEnemy(_ enemy: Enemy) {

    enemy.hitPoints -= 1
    if enemy.hitPoints <= 0 {                                       ①

        // 敌人爆炸
        // 爆炸点敌人物体顶部
        let xPos = enemy.position.x
        let yPos = enemy.position.y - enemy.size.height / 2
        self.explosion(CGPoint(x: xPos, y: yPos))                   ②

        // 爆炸音效
        if defaults.bool(forKey: Configuration.SoundKey) {
            WKSoundHelper.playSoundEffect(self,
                fileNamed: Configuration.ExplosionSoundEffect)
        }

        // 计分
        switch enemy.enemyType {                                    ③
        case .EnemyTypeStone:
            score += Configuration.enemyStoneScore
```

```
            scorePlaceholder += Configuration.enemyStoneScore
        case .EnemyTypeEnemy1:
            score += Configuration.enemy1Score
            scorePlaceholder += Configuration.enemy1Score
        case .EnemyTypeEnemy2:
            score += Configuration.enemy2Score
            scorePlaceholder += Configuration.enemy2Score
        case .EnemyTypePlanet:
            score += Configuration.enemyPlanetScore
            scorePlaceholder += Configuration.enemyPlanetScore
        }                                                                    ④

        // 每次获得1000分数，生命值加一，scorePlaceholder恢复0
        if scorePlaceholder >= 1000 {                                        ⑤
            fighter!.hitPoints += 1                                          ⑥
            scorePlaceholder -= 1000                                         ⑦
        }

        // 更新得分栏
        labelScore!.text = String(format: "%d", score)                       ⑧
        labelLife!.text = String(format: "x%d", fighter!.hitPoints)          ⑨

        // 设置敌人消失
        enemy.isHidden = true
        // 重新生成
        enemy.spawn()
    }
}
...
// MARK: --爆炸效果
func explosion(_ pos: CGPoint) {
    if let particles = SKEmitterNode(fileNamed: "explosion.sks") {
        particles.particlePosition = pos
        self.addChild(particles)
        self.run(SKAction.wait(forDuration: 0.2), completion: {
            particles.removeFromParent()
        })
    }
}
```

上述代码第①行是判断敌人生命值小于等于0的情况，此时敌人应该消失、爆炸，玩家获得加分。

代码第②行self.explosion(CGPoint(x: xPos, y: yPos))是调用explosion方法实现爆炸粒子效果，参数CGPoint(x: xPos, y: yPos)是爆炸点。我们不应该简单地将爆炸点设置为敌人的中心，而应该设为子弹与敌人接触的位置，本例中设置爆炸点为敌人物体顶部。

代码第③行~第④行是根据被击毁的敌人类型给玩家加不同的分值。

代码第⑤行~第⑦行是每次玩家获得1000分时生命值加1。代码第⑥行是给玩家生命值加1。

代码第⑧行是更新状态栏中玩家的得分。代码第⑨行更新状态栏中的玩家生命值。

26.7.11 迭代 6.11：玩家飞机与敌人的碰撞检测

玩家飞机与敌人的碰撞检测与子弹与敌人的碰撞检测类似，相关代码如下：

```
// MARK: --处理玩家与敌人的碰撞检测
func handleFighterCollidingWithEnemy(_ enemy: Enemy) {

    // 设置敌人消失
    enemy.isHidden = true
    // 重新生成
    enemy.spawn()

    // 设置玩家消失
    fighter?.isHidden = true
    // 减少一个生命值
    fighter!.hitPoints -= 1

    // 更新得分栏
    labelScore!.text = String(format: "%d", score)
    labelLife!.text = String(format: "x%d", fighter!.hitPoints)

    // 敌人爆炸 飞机爆炸
    // 爆炸点是两个物体的中心点
    let xPos = (enemy.position.x + fighter!.position.x) / 2
    let yPos = (enemy.position.y + fighter!.position.y) / 2
    self.explosion(CGPoint(x: xPos, y: yPos))                              ①

    if fighter!.hitPoints > 0 {                                            ②
        // 爆炸音效
        if defaults.bool(forKey: Configuration.SoundKey) {
            WKSoundHelper.playSoundEffect(self,
                fileNamed: Configuration.ExplosionSoundEffect)
        }
        let ac1 = SKAction.move(to: CGPoint(x: self.size.width / 2, y: 70),
            ↪duration: 0.0)                                                ③
        let ac2 = SKAction.fadeOut(withDuration: 0.1)                      ④
        let acgruop1 = SKAction.group([ac1, ac2])                          ⑤

        // 显示动作相当于Hide设置为false
        let ac3 = SKAction.unhide()                                        ⑥
        let ac4 = SKAction.fadeIn(withDuration: 1.0)                       ⑦
        let acgruop2 = SKAction.group([ac3, ac4])                          ⑧

        let as1 = SKAction.sequence([acgruop1, acgruop2])                  ⑨
        fighter?.run(as1)

    } else {                                                               ⑩
        print("Game Over")
        // MARK: ---Game Over
        if defaults.bool(forKey: Configuration.SoundKey) {
            // 爆炸音效
            WKSoundHelper.playSoundEffect(self,
                ↪fileNamed: Configuration.ExplosionSoundEffect,
```

```
        ↪completion: { () -> Void in
            let transition = SKTransition.fade(withDuration: 2.0)
            let scene = GameOverScene(fileNamed: "GameOverScene")
            // 把得分传递过去
            scene!.score = self.score
            scene!.scaleMode = .aspectFill
            self.view?.presentScene(scene!, transition: transition)
        })
    } else {
        let transition = SKTransition.fade(withDuration: 2.0)
        let scene = GameOverScene(fileNamed: "GameOverScene")
        // 把得分传递过去
        scene!.score = self.score
        scene!.scaleMode = .aspectFill
        self.view?.presentScene(scene!, transition: transition)
    }
}
```

上述代码第①行调用self.explosion(CGPoint(x: xPos, y: yPos))语句实现爆炸效果，此次敌人和玩家飞机都会爆炸，那么爆炸中心点选为敌人中心点或玩家飞机中心点都不是很合适，如果敌人或玩家飞机都爆炸，也不符合爆炸的常规，因此我们选择了敌人和玩家飞机的中间作为爆炸中心点。表达式(enemy.position.x + fighter!.position.x) / 2可以计算出中间点的X坐标，表达式(enemy.position.y + fighter!.position.y) / 2可以计算出中间点的Y坐标。

代码第②行fighter!.hitPoints > 0条件为true时游戏没有结束，要做的事情是引发爆炸效果，把飞机移到初始位置，然后重新显示飞机。代码第③行~第⑨行是设置动作，这些动作分为两组：代码第③行~第⑤行为一组，执行移动却淡出动作，事实上这时飞机还是隐藏的，淡出动作我们是看不到效果的，但是可以将alpha值设置为0.0（完全透明），为淡入做准备；代码第⑥行~第⑧行为另一组，执行显示却淡入动作，淡入动作会在1.0 s内将alpha值从0.0变化到1.0（完全不透明）。最后代码第⑨行通过一个串行动作执行acgruop1和acgruop2两个并行动作。

代码第⑩行是游戏结束情况，游戏结束时场景切换到游戏结束场景。游戏结束场景切换与其他的场景切换不同，我们需要把当前获得分值传递给游戏结束场景，scene!.score = self.score语句实现了这一目的。

26.8 任务7：游戏结束场景

游戏结束场景是游戏结束后由游戏场景进入的。我们需要在游戏结束场景中显示最高记录，游戏结束场景的界面如图26-23所示。

图26-23 游戏结束场景

26.8.1 迭代7.1：设计场景

我们首先需要通过Xcode开发工具创建游戏结束场景类文件GameOverScene.swift和GameOverScene.sks。

GameOverScene.sks是游戏结束场景设计文件（参考26.3.1节设计场景）。图26-24所示是GameOverScene.sks设计界面，其中①控件是Color Sprite（精灵节点），②、③和④控件是Label（标签节点）。

图26-24 设计游戏结束场景

26.8.2 迭代7.2：实现代码

游戏结束场景是游戏结束后由游戏场景进入的。我们需要在游戏结束场景中显示最高记录分，最高记录保存在NSUserDefaults中。实现游戏结束场景的时候，我们还要考虑接受前一个场景（游戏场景）传递的分数值。

游戏结束场景GameOverScene.swift代码如下：

```
import SpriteKit

class GameOverScene: SKScene {

    // 得分
    var score = 0
    var labelScore: SKLabelNode?

    let defaults = UserDefaults.standard

    override func didMove(to view: SKView) {
        self.setBackgroundTilesImageNamed("blue_tiles")

        // 把所有标签节点对象字体全部设置为【汉仪黛玉体简】
        for  node in self.children where node is SKLabelNode {
            let labelNode = node as! SKLabelNode
            labelNode.fontName = "HYDaiYuJ"
        }

        let defaults = UserDefaults.standard

        var highScore = defaults.integer(forKey: Configuration.HighScoreKey)      ①

        if highScore < score {                                                    ②
            highScore = score
            defaults.set(highScore, forKey: Configuration.HighScoreKey)           ③
        }

        // 获得得分标签对象
        labelScore = childNode(withName: "labelScore") as? SKLabelNode
        labelScore!.text = String(format: "%d", highScore)

        // 设置背景音乐
        if defaults.bool(forKey: Configuration.MusicKey) {
            WKSoundHelper.playMusic(self, fileNamed: Configuration.GameMusic)
        }
    }

    override func touchesBegan(_ touches: Set<UITouch>, with event: UIEvent?) {    ④

        if defaults.bool(forKey: Configuration.SoundKey) {
            WKSoundHelper.playSoundEffect(self,
                ➥fileNamed: Configuration.TapSoundEffect,
                ➥completion: { () -> Void in
```

```
                let doors = SKTransition.doorsOpenHorizontal(withDuration: 1.0)
                let scene = GamePlayScene(fileNamed: "GamePlayScene")
                scene!.scaleMode = .aspectFill
                self.view?.presentScene(scene!, transition: doors)
            })
        } else {
            let doors = SKTransition.doorsOpenHorizontal(withDuration: 1.0)
            let scene = GamePlayScene(fileNamed: "GamePlayScene")
            scene!.scaleMode = .aspectFill
            self.view?.presentScene(scene!, transition: doors)
        }
    }
}
```

上述代码第①行是从NSUserDefaults中通过integer(forKey:)取出之前保存的最高记录，如果第一次取会返回0。Configuration.HighScoreKey键是在Configuration中定义的常量。

代码第②行highScore < score条件为true则说明当前的得分超过最高记录。代码第③行是通过NSUserDefaults的set(_:forKey:)方法保存新的最高记录，注意保存的键与取出的键相同。

用户触摸场景中的任何一个位置都会触发代码第④行的方法。该方法主要实现跳转回游戏场景的功能。

26.9 还有"最后一公里"

《迷失航线》游戏在应用商店发布之前还有"最后一公里"的事情要做，这"最后一公里"包括：添加图标以及设置一些产品属性等工作。

26.9.1 添加图标

用户第一眼看到的就是应用图标。图标就像我们的"着装"，"着装"应该大方得体，图标设计也是如此。但图标设计已经超出了本书的讨论范围，这里我们只介绍iOS图标的设计规格以及如何把图标添加到应用中去。

iOS应用使用的图标（App Icon）包括：应用图标、Spotlight搜索图标、设置图标、工具栏（或导航栏）图标、标签栏图标。这些图标在不同设备上的规格也不同，这么多规格的图标真是让人很难记住，Xcode帮我们解决了这一个问题。在Xcode中，有一个添加图标的新方法。选择Assets.xcassets→AppIcon，打开如图26-25所示的界面。在这个界面中，我们可以很直观地看到各种图标的规格，其中Notification图标是通知栏所使用的图标，Spotlight图标是搜索栏，Setting是在设置应用中的图标，App图标是显示在桌面上的图标。另外，图标下面的数值代表图标的规格，pt单位为"点"。例如：图中2x iPhone App iOS 7-10 60pt，60点在2x设备上图标规格为$2 \times 60\ pt = 120$像素，在3x设备上图标规格为$3 \times 60\ pt = 180$像素。这些图标的规格一定要严格按照图26-25提示的设计，而文件可以随意命名。

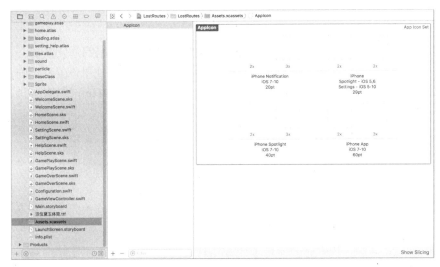

图26-25　Xcode中的AppIcon

首先我们需要准备各种规格图标，然后在macOS操作系统的Finder中拖动图标到Xcode中对应的位置，如图26-26所示。

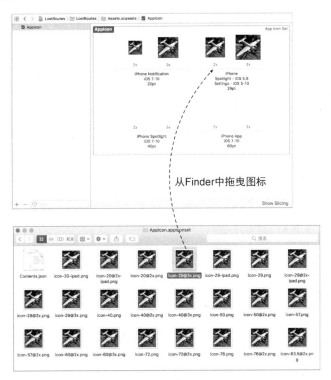

图26-26　拖动图标到Xcode

26.9.2 调整 Identity 和 Deployment Info 属性

在编程过程中，有些产品的属性并不影响我们开发。即便这些属性设置不正确，一般也不会有什么影响。但是在产品发布时，正确地设置这些属性就很重要了，如果设置不正确，就会影响产品的发布。这些产品属性主要是TARGETS中的 Identity和Deployment Info属性，如图26-27所示。

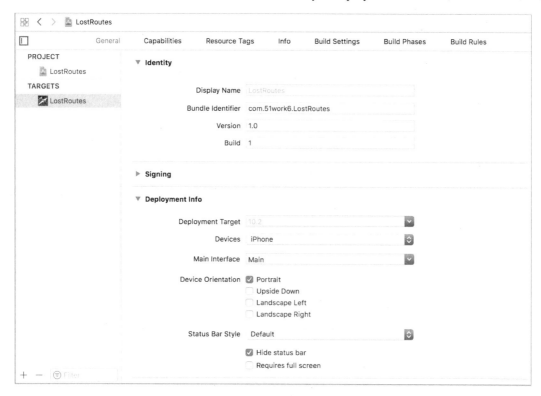

图26-27　Identity和Deployment Info属性

1. Identity属性设置

Identity属性内容如下。

- **Display Name（应用显示名）**。应用安装到设备上显示的名字，这个名字默认是TARGETS名，即LostRoutes。
- **Bundle Identifier（包标识符）**。包标识符在开发过程中对我们似乎没有什么影响，但是在发布时非常重要。本例中我们设置的是com.51work6.LostRoutes。
- **Version（发布版本）**。这个版本号看起来无关紧要，但是如果在发布时这里设定的版本号与iTunes Connect中设置的应用版本号不一致，在打包上传时就会失败。
- **Build（编译版本）**。它是编译时设定的版本号。

2. Deployment Info属性设置

Deployment Info属性内容如下。

- **Deployment Target**（部署目标）。选择部署目标是开发应用之前就要考虑的问题，这关系到应用所能够支持的操作系统。
- **Devices**（运行设备）。本游戏只考虑iPhone设备。
- **Device Orientation**（设备朝向）。本游戏只考虑iPhone竖屏，所以只选中Portrait。

29.9.3 调整程序代码

为了最后发布，我们需要调整程序代码，主要是GameViewController.swift文件。修改后代码如下：

```swift
import UIKit
import SpriteKit

class GameViewController: UIViewController {

    override func viewDidLoad() {
        super.viewDidLoad()

        // 配置视图
        if let view = self.view as! SKView? {
            // 从GameScene.sks文件创建场景对象
            if let scene = SKScene(fileNamed: "WelcomeScene") {
                // 设置缩放到屏幕的模式
                scene.scaleMode = .aspectFill

                // 呈现场景
                view.presentScene(scene)
            }

            // 渲染时忽略兄弟节点顺序，渲染进行优化，以提高性能
            view.ignoresSiblingOrder = true

            view.showsFPS = false                                    ①
            view.showsNodeCount = false                              ②
        }
    }

    override var shouldAutorotate: Bool {
        return true
    }

    override var supportedInterfaceOrientations: UIInterfaceOrientationMask {
        if UIDevice.current.userInterfaceIdiom == .phone {
            return .portrait                                         ③
        } else {
            return .all
```

```
        }
    }
    
    override func didReceiveMemoryWarning() {
        super.didReceiveMemoryWarning()
    }
    
    override var prefersStatusBarHidden: Bool {
        return true
    }
}
```

GameViewController.swift文件中,我们主要修改了代码第①行、第②行和第③行,其中代码第①行将view.showsFPS设置为false,这会使得界面上不再显示帧率。代码第②行将view.showsNodeCount设置为false,这会使界面上不再显示节点个数。代码第③行修改为portrait,portrait只支持竖屏。

26.10 本章小结

本章介绍了完整的游戏项目分析、设计、编程过程,带广大读者了解了SpriteKit引擎开发手机游戏的过程。通过对本章内容的学习,读者能够将前面介绍的知识串联起来。

欢迎加入

图灵社区 iTuring.cn

——最前沿的IT类电子书发售平台

电子出版的时代已经来临。在许多出版界同行还在犹豫彷徨的时候，图灵社区已经采取实际行动拥抱这个出版业巨变。作为国内第一家发售电子图书的IT类出版商，图灵社区目前为读者提供两种DRM-free的阅读体验：在线阅读和PDF。

相比纸质书，电子书具有许多明显的优势。它不仅发布快，更新容易，而且尽可能采用了彩色图片（即使有的书纸质版是黑白印刷的）。读者还可以方便地进行搜索、剪贴、复制和打印。

图灵社区进一步把传统出版流程与电子书出版业务紧密结合，目前已实现作译者网上交稿、编辑网上审稿、按章发布的电子出版模式。这种新的出版模式，我们称之为"敏捷出版"，它可以让读者以较快的速度了解到国外最新技术图书的内容，弥补以往翻译版技术书"出版即过时"的缺憾。同时，敏捷出版使得作、译、编、读的交流更为方便，可以提前消灭书稿中的错误，最大程度地保证图书出版的质量。

优惠提示：现在购买电子书，读者将获赠书款20%的社区银子，可用于兑换纸质样书。

——最方便的开放出版平台

图灵社区向读者开放在线写作功能，协助你实现自出版和开源出版的梦想。利用"合集"功能，你就能联合二三好友共同创作一部技术参考书，以免费或收费的形式提供给读者。（收费形式须经过图灵社区立项评审。）这极大地降低了出版的门槛。只要你有写作的意愿，图灵社区就能帮助你实现这个梦想。成熟的书稿，有机会入选出版计划，同时出版纸质书。

图灵社区引进出版的外文图书，都将在立项后马上在社区公布。如果你有意翻译哪本图书，欢迎你来社区申请。只要你通过试译的考验，即可签约成为图灵的译者。当然，要想成功地完成一本书的翻译工作，是需要有坚强的毅力的。

——最直接的读者交流平台

在图灵社区，你可以十分方便地写作文章、提交勘误、发表评论，以各种方式与作译者、编辑人员和其他读者进行交流互动。提交勘误还能够获赠社区银子。

你可以积极参与社区经常开展的访谈、乐译、评选等多种活动，赢取积分和银子，积累个人声望。

延 展 阅 读

JavaScript这门语言简单易用，很容易上手，但其语言机制复杂微妙，即使是经验丰富的JavaScript开发人员，如果没有认真学习的话也无法真正理解。"你不知道的JavaScript"系列就是要让不求甚解的JavaScript开发者迎难而上，深入语言内部，弄清楚JavaScript每一个零部件的用途。

书号：978-7-115-38573-4
定价：49.00元

- 深入挖掘JavaScript语言本质，简练形象地解释抽象概念，打通JavaScript的任督二脉
- 2016年最受欢迎电子书 技术类TOP10

书号：978-7-115-43116-5
定价：79.00元

- CSS一姐Lea Verou作品
- 近年来最重要的CSS技术书
- 全新解答网页设计经典难题

书号：978-7-115-41694-0
定价：99.00元

- Web应用防火墙技术世界级专家实战经验总结
- 阿里巴巴一线技术高手精准演绎
- 用HTTPS加密网页，让用户数据通信更安全

书号：978-7-115-43272-8
定价：99.00元

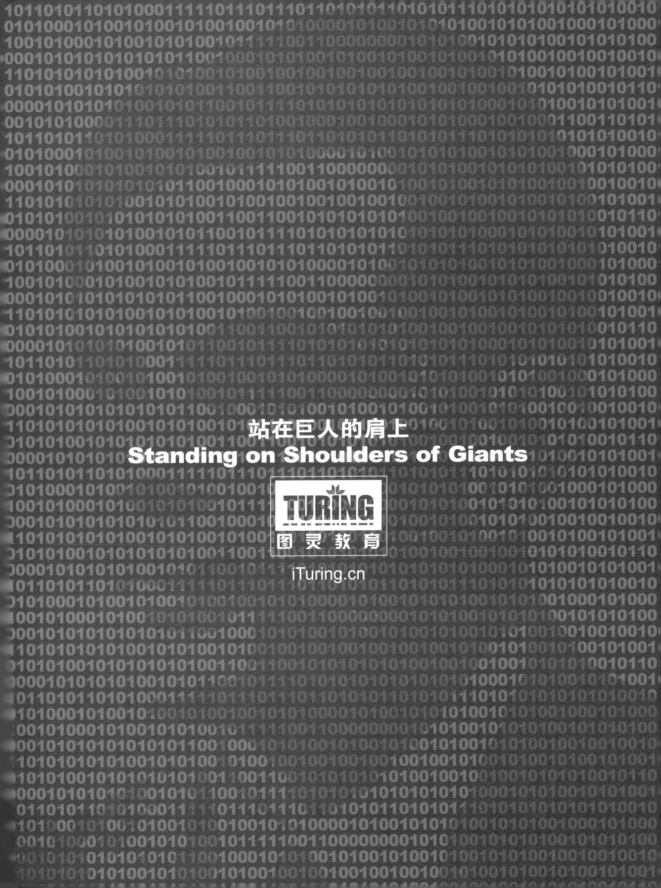

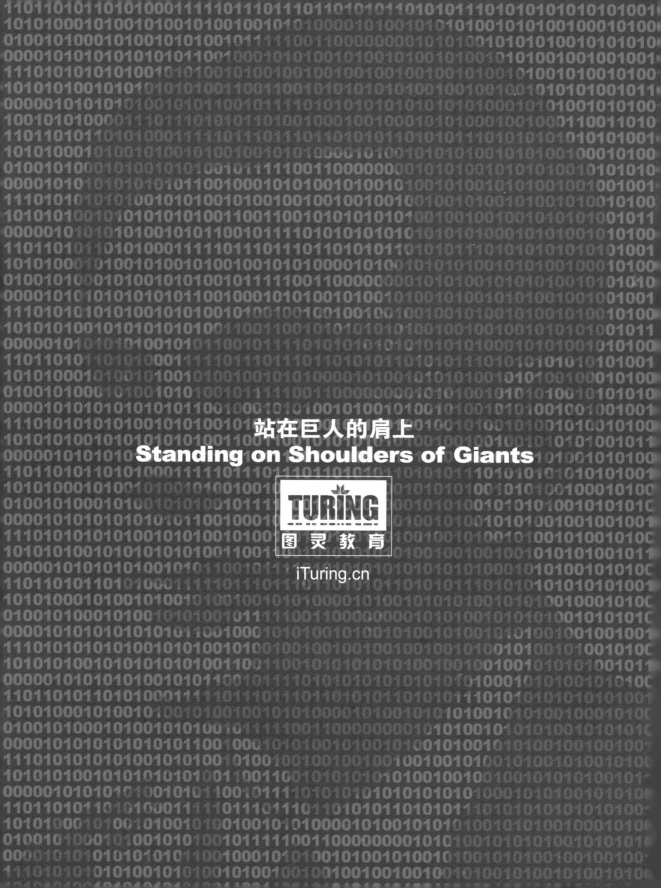